ANWENDUNGEN DER SCHWINGUNGSSPEKTROSKOPIE IN DER ANORGANISCHEN CHEMIE

ANORGANISCHE UND ALLGEMEINE CHEMIE
IN EINZELDARSTELLUNGEN
HERAUSGEGEBEN VON
MARGOT BECKE-GOEHRING

BAND VII

ANWENDUNGEN DER SCHWINGUNGSSPEKTROSKOPIE IN DER ANORGANISCHEN CHEMIE

VON

DR. HANS SIEBERT
APL. PROFESSOR AN DER FAKULTÄT FÜR NATUR- UND GEISTES-WISSENSCHAFTEN DER BERGAKADEMIE CLAUSTHAL
TECHNISCHE HOCHSCHULE

MIT 28 ABBILDUNGEN

SPRINGER-VERLAG
BERLIN · HEIDELBERG · NEW YORK
1966

Softcover reprint of the hardcover 1st edition 1966
Library of Congress Catalog Card Number 65–27794

ISBN-13: 978-3-642-85630-3 e-ISBN-13: 978-3-642-85629-7
DOI: 10.1007/ 978-3-642-85629-7

Titel-Nr. 4274

Vorwort

Gern bin ich der Anregung der verehrten Frau Herausgeberin gefolgt, das vorliegende Buch zu schreiben. Die Schwingungsspektroskopie — insbesondere die Ultrarotspektroskopie — ist heute eine der verbreitetsten Untersuchungsmethoden des Chemikers. Es ist eine Reihe vorzüglicher Bücher über die Theorie und Praxis der Schwingungsspektroskopie erschienen, jedoch fehlt bisher ein zusammenfassender Bericht über Anwendung und Ergebnisse im Bereich der anorganischen Chemie.

Wegen der gebotenen Umfangsbegrenzung war eine enzyklopädische Darstellung des Sachgebietes nicht möglich; ich habe mich darauf beschränkt, eine Anleitung zum Auswerten von Schwingungsspektren und einen Überblick über die bisher erzielten Erkenntnisse zu geben. Eine vollständige Zitierung der einschlägigen Literatur hätte zuviel Raum beansprucht; wenn ein Gegenstand mehrfach bearbeitet worden ist, sind daher nur die neuesten Publikationen zitiert. Im Aufbau des Buches habe ich mich teilweise an das ausgezeichnete Werk von K. W. F. KOHLRAUSCH: „Ramanspektren“ (1943) gehalten.

Herrn Prof. Dr. W. LÜTTKE, Göttingen, danke ich herzlich für seine kritische Durchsicht großer Teile des Manuskripts sowie für die Überlassung unveröffentlichter *UR*-Spektren. Ganz besonderen Dank schulde ich Frl. H. GRAUSTEIN für ihre umfangreiche Mitarbeit bei der Literaturdurchsicht, dem Anfertigen der Zeichnungen und des Registers, der Niederschrift des Manuskripts und dem Lesen der Korrekturen.

Clausthal-Zellerfeld, im Dezember 1965

H. SIEBERT

Inhaltsverzeichnis

Seite

I. Allgemeines über Molekülschwingungen 1
1. Messung der Molekülschwingungen 1
a) Einleitung 1
b) Ultrarotspektren 2
c) Raman-Spektren 4
2. Theorie der Molekülschwingungen 4
a) Zweiatomige Moleküle 5
b) Mehratomige Moleküle 8
c) Symmetrie von Molekülen und Normalschwingungen 12
d) Einfluß des Aggregatzustandes auf die Schwingungsspektren . . . 19
e) Spektren isotoper Moleküle 21
3. Analyse von Schwingungsspektren 23
a) Zuordnung und Ermittlung der Symmetrie 23
b) Berechnung von Kraftkonstanten 28
c) Zusammenhänge zwischen Kraftkonstanten und Bindungseigenschaften 34
d) Ermittlung weiterer Molekülparameter aus dem Schwingungsspektrum 37

II. Schwingungsspektren einfacher Moleküle 38
1. Zweiatomige Moleküle 38
2. Dreiatomige Moleküle 41
a) XY_2, linear ($D_{\infty h}$) 41
b) XYZ, linear ($C_{\infty v}$) 44
c) XY_2, gewinkelt (C_{2v}) 48
d) XYZ, gewinkelt (C_s) 50
3. Vieratomige Moleküle 52
a) XY_3, eben, sternförmig (D_{3h}) 52
b) ZXY_2, eben, sternförmig (C_{2v}) 54
c) XY_3, pyramidenförmig (C_{3v}) 56
d) ZXY_2, pyramidenförmig (C_s) 59
e) Vieratomige kettenförmige Moleküle 60
f) Weitere vieratomige Moleküle 63
4. Fünfatomige Moleküle 63
a) XY_4, tetraederförmig (T_d) 63
b) ZXY_3, tetraederförmig (C_{3v}) 69
c) Y_2XZ_2, tetraederförmig (C_{2v}) 72
d) XY_4, eben, sternförmig (D_{4h}) 74
5. Weitere einfache Moleküle 76
a) XY_5 und verwandte Moleküle 76
b) X_2Y_4 78
c) XY_6, oktaederförmig (O_h) 80
d) XY_7 83
e) X_2Y_6 84
f) XY_9 85
g) Moleküle mit Ringen X_3Y_3 86

Seite

III. Schwingungsspektren nichtkomplexer anorganischer Verbindungen . . . 87
1. Wasserstoffverbindungen . . . 87
2. Sauerstoffverbindungen . . . 93
a) Verbindungen mit (O—O)-Bindung . . . 93
b) Stickstoff-Sauerstoff-Verbindungen . . . 94
c) Sauerstoffverbindungen von Schwefel, Selen und Tellur . . . 99
d) Halogen-Sauerstoff-Verbindungen . . . 104
e) Sauerstoffverbindungen von Phosphor, Arsen und Antimon . . . 106
f) Sauerstoffverbindungen von Silicium, Germanium und Zinn . . . 112
g) Bor-Sauerstoff-Verbindungen . . . 117
h) Sauerstoffverbindungen der Übergangsmetalle . . . 119
3. Stickstoffverbindungen . . . 122
a) Moleküle mit (NN)-Bindung . . . 122
b) Cyanide, Cyanate, Thiocyanate und Cyanamide . . . 124
c) Schwefel-Stickstoff-Verbindungen . . . 127
d) Phosphor-Stickstoff-Verbindungen . . . 130
e) Silicium-Stickstoff-Verbindungen . . . 132
f) Bor-Stickstoff-Verbindungen . . . 133
g) Stickstoffverbindungen von Übergangsmetallen . . . 134
4. Sonstiges . . . 134
a) Methylverbindungen der Elemente . . . 134
b) Schwefelverbindungen . . . 136
c) Phosphorverbindungen . . . 138
d) Silicium- und Germaniumverbindungen . . . 139

IV. Koordinationsverbindungen . . . 140
1. Verbindungen von Hauptgruppenelementen . . . 140
2. Ammine . . . 143
3. Aquo- und Hydroxo-Komplexe . . . 145
4. Nitro-Komplexe . . . 145
5. Sulfito-Komplexe . . . 147
6. Komplexe mit Ionen von Sauerstoffsäuren . . . 148
a) Nitrato-Komplexe . . . 148
b) Nitrito-Komplexe . . . 149
c) Sulfato-Komplexe . . . 149
d) Phosphato-Komplexe . . . 150
e) Carbonato-Komplexe . . . 150
f) Oxalato-Komplexe . . . 150
7. Cyano-Komplexe . . . 151
8. Thiocyanato- und Selenocyanato-Komplexe . . . 155
9. Carbonyle . . . 157
10. Nitrosyle . . . 160
11. Hydrogeno-Komplexe . . . 161
12. Komplexe mit ungesättigten Kohlenwasserstoffen . . . 162
13. Sonstige Liganden . . . 164
a) PF_3 . . . 164
b) $(CH_3)_2SO$ . . . 165
c) Acetylid C_2H^- . . . 165
d) SO_2 . . . 165
e) $S_2O_3^{2-}$ . . . 165
f) Fulminat CNO^- . . . 166
g) N_2H_4 . . . 166
h) Cyanat NCO^- . . . 166

Literaturverzeichnis . . . 167
Substanzenverzeichnis . . . 194
Sachverzeichnis . . . 208

I. Allgemeines über Molekülschwingungen

1. Messung der Molekülschwingungen

a) Einleitung

Die Schwingungsspektroskopie der Moleküle hat sich in den letzten Jahrzehnten zu einem wertvollen Hilfsmittel für den anorganischen Chemiker entwickelt. Dies beruht auf den fundamentalen Tatsachen, daß jedes Molekül oder Molekülion ein ihm eigentümliches Schwingungsspektrum hat und daß dieses in enger Beziehung zur Struktur des Moleküls im weitesten Sinne des Wortes steht.

Hieraus ergeben sich die Anwendungen der Schwingungsspektroskopie. Sie dient einmal analytischen Zwecken, wie zur Identifizierung und Reinheitsprüfung, zum Nachweis neuer Verbindungen sowie zur Untersuchung von Gleichgewichten und der Kinetik chemischer Reaktionen. Ferner kann die Schwingungsspektroskopie zur quantitativen Analyse von Gemischen benutzt werden, in der anorganischen Chemie ist dies jedoch bisher nur wenig der Fall gewesen. Weiterhin gestatten die Schwingungsspektren Aussagen über die Struktur eines Moleküls, und zwar sowohl über Geometrie und Symmetrie als auch über die Bindungsverhältnisse. Dieses Buch berichtet über solche Anwendungen im Bereich der anorganischen Chemie.

Für die Messung eines Molekülschwingungsspektrums stehen zwei Methoden zur Verfügung: die Lichtabsorption im ultraroten Spektralbereich und die Lichtstreuung im Raman-Effekt. Je nach der Meßmethode spricht man von Ultrarotspektren und von Raman-Spektren*. Grundsätzlich besteht noch die Möglichkeit, durch eine Analyse der Schwingungsfeinstruktur des Elektronenbandenspektrums im Sichtbaren und *UV* zu einer Kenntnis des Schwingungsspektrums zu gelangen. Diese Methode ist aber auf zweiatomige und sehr einfache mehratomige Moleküle beschränkt und findet Anwendung zur Erforschung von angeregten Molekülen und Radikalen.

Zu Beginn der systematischen Erforschung der Schwingungsspektren bis etwa 1945 dominierte aus experimentellen Gründen die Raman-Spektroskopie. Heute wird dagegen die Ultrarotspektroskopie wesentlich häufiger angewandt. Diese Erscheinung hat mit der Aussagemöglichkeit der beiden Methoden nichts zu tun, sondern beruht allein auf der Entwicklung der experimentellen Technik. Es ist heute meist einfacher, von einer Substanz ein Ultrarotspektrum zu messen als ein Raman-Spektrum.

---

* Im folgenden abgekürzt als *UR*-Spektren oder *UR* bzw. *Ra*-Spektren oder *Ra*.

Die aus beiden Spektren zu gewinnenden Aussagen ergänzen sich in hohem Maße, so daß es grundsätzlich wünschenswert ist, beide Spektren eines Moleküls zu kennen.

b) Ultrarotspektren

Die von einem isolierten Molekül aufgenommene Energie läßt sich in vier Arten einteilen:

1. Translationsenergie
2. Rotationsenergie
3. Schwingungsenergie
4. Elektronenanregungsenergie

Die drei letzten Energiearten werden quantenhaft aufgenommen; nur mit ihnen wollen wir uns befassen. Die Energien sind in hinreichender Näherung unabhängig voneinander (Born-Oppenheimer-Näherung), so daß die Möglichkeit besteht, die Schwingungsenergie und damit das Schwingungsspektrum für sich zu betrachten.

Die zur Anregung der Molekülrotation erforderliche Energie ist ihrem Betrage nach die kleinste der genannten Arten. Sie liegt für den ersten angeregten Rotationszustand zwischen 0,1 und etwa 100 cal/Mol. Wenn die Anregung durch elektromagnetische Strahlung erfolgt, liegen die entsprechenden Frequenzen, bei denen Absorption stattfindet, zwischen 10^9 und 10^{12} Hz, die Wellenlängen zwischen 0,1 und 100 mm. Hiernach werden die Rotationsspektren der Moleküle auch als Mikrowellenspektren bezeichnet. Ihre Kenntnis ist von besonderer Bedeutung für die Ermittlung von Kernabständen und Valenzwinkeln der Moleküle.

Zur Anregung der Molekülschwingungen sind für den niedrigsten Zustand etwa 0,1—10 kcal/Mol erforderlich. Die Absorption und Emission von elektromagnetischer Strahlung erfolgt also im ultraroten Spektralbereich der Wellenlängen 10^{-4} bis 10^{-2} cm. Die in diesem Bereich gemessenen Schwingungsspektren heißen daher Ultrarotspektren. Zahlenangaben über das Schwingungsspektrum werden allgemein nicht in Wellenlängen λ, sondern in den energieproportionalen Wellenzahlen $\tilde{\nu}$ der Dimension [cm^{-1}] gemacht. Häufig findet man hierfür auch die Bezeichnung „Frequenz", nicht zu verwechseln mit der eigentlichen Frequenz der Dimension [sec^{-1}]. Die Definitionen sind (c = Lichtgeschwindigkeit):

Wellenzahl: $$\tilde{\nu} = \frac{1}{\lambda} \quad [\mathrm{cm}^{-1}]$$

Frequenz: $$\nu = \frac{c}{\lambda} = \tilde{\nu} \cdot c \quad [\mathrm{sec}^{-1}].$$

Die Anregung der Elektronen eines Moleküls erfolgt mit Energien $>$ 10 kcal/Mol. Die entsprechenden Absorptions- bzw. Emissionsgebiete für elektromagnetische Strahlung liegen im sichtbaren und ultravioletten Spektralbereich.

Die Messung des ultraroten Spektrums erfolgt meist durch Absorption von Licht. Gelegentlich wird aber auch die Lichtemission von Gasen bei höheren Temperaturen ($>$ 500°) benutzt, z. B. von Flammen.

Beschreibung der experimentellen Technik für Ultrarotmessungen vgl. etwa[4].

Bei der Messung fällt nun nicht das reine Schwingungsspektrum an. Mit der Schwingung werden in Gasmolekülen auch gleichzeitig die Molekülrotationen angeregt, so daß jeder Absorption oder Emission, die von einer Schwingung herrührt, ein Rotationsspektrum überlagert wird. Statt einer einzelnen Spektrallinie findet man also eine Bande, die je nach Auflösungsvermögen des Spektrometers aus einer größeren Zahl dicht beieinanderliegender Spektrallinien oder nur als breite „Bande“ erscheint. Man spricht hier von dem Rotationsschwingungsspektrum. Abb. 1 zeigt die Rotationsschwingungsbande des CO im Ultraroten. In flüssiger Phase ist eine gequantelte Rotation wegen der zwischenmolekularen Wechselwirkung meist nicht mehr vorhanden, so daß man hier eine Rotationsstruktur der Schwingungsbanden nur noch andeutungs-

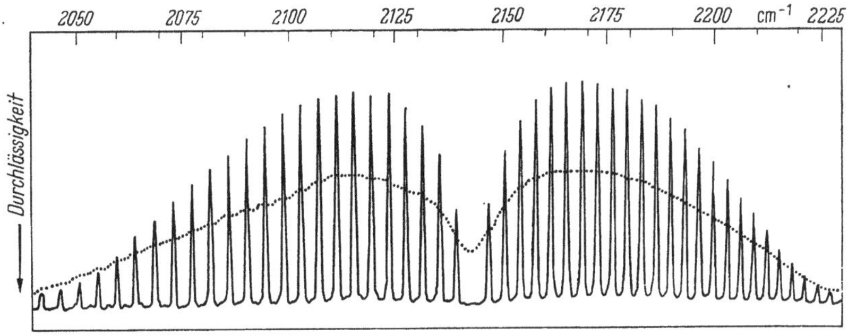

Abb. 1. Rotationsschwingungsbande des CO; ——— aufgelöst, ... nicht aufgelöst[709]

weise beobachtet. Im festen Zustand schließlich treten außer den „inneren“ Schwingungen der Moleküle noch die Schwingungen der Gitterbausteine unter sich auf („äußere“ oder „Gitterschwingungen“), die jedoch bei Frequenzen $< 200\ \mathrm{cm}^{-1}$ liegen und daher meist die Beobachtung der eigentlichen Molekülschwingungen nicht stören.

Der Mechanismus der Lichtabsorption im Ultraroten soll hier nicht im einzelnen erörtert werden. Es sei nur hervorgehoben, daß eine Absorption nur stattfinden kann, wenn sich während einer Schwingung das Dipolmoment des Moleküls ändert. Daher haben zweiatomige Moleküle mit gleichen Kernen (H_2, N_2, O_2 usw.), welche kein Dipolmoment besitzen, kein Ultrarotspektrum (und auch kein Mikrowellenspektrum). Auch bei mehratomigen Molekülen kommt es vor, zufällig oder aus Symmetriegründen, daß sich bei einzelnen Schwingungen des Moleküls das Dipolmoment nicht ändert. Die entsprechenden Frequenzen treten dann im Ultrarotspektrum nicht auf, sie sind „inaktiv“ oder „verboten“. Aus einer solchen Nichtbeobachtbarkeit lassen sich wichtige Schlüsse über die Symmetrieeigenschaften des Moleküls ziehen.

Die Intensität einer Ultrarotbande ist proportional zum Quadrat der Dipolmomentsänderung. Man kann also aus solchen Intensitätsdaten Angaben über die Polaritätsverhältnisse im Molekül machen; z. B. wird eine stark polare chemische Bindung im allgemeinen zu einer besonders intensiven Ultrarotabsorption Anlaß geben.

c) Raman-Spektren

Das Raman-Spektrum entsteht durch Streuung von monochromatischem Licht an einem Molekül. Im Streulicht beobachtet man neben dem unveränderten Erregerlicht noch Spektrallinien anderer Frequenz. Diese Linien heißen *Raman-Linien*. Als *Raman-Spektrum* wird die Differenz der Wellenzahlen dieser Linien gegen die Wellenzahl des Erregerlichts (in cm^{-1}) angegeben. Das Raman-Spektrum ist unabhängig von dem Absolutwert der Wellenzahl des Erregerlichts. Aus experimentellen Gründen werden meist einige Linien des Quecksilberspektrums im sichtbaren Bereich als Erregerlicht benutzt. Gelegentlich finden auch die ultraviolette Resonanzlinie des Hg oder (bei gefärbten Substanzen) Heliumlinien im Roten oder nahen Ultrarot Verwendung. Ferner gewinnt die Verwendung von Laser-Licht zur Erregung von Raman-Spektren zunehmend an Bedeutung.

Anlaß zu der Frequenzverschiebung geben wiederum die Rotationen und Schwingungen des Moleküls. Man beobachtet also wie im Ultraroten das Rotations- und das Rotationsschwingungsspektrum der Moleküle. Im kondensierten Zustand entfällt wieder im wesentlichen das Rotationsspektrum und die Rotationsstruktur des Schwingungsspektrums. Im festen Zustand beobachtet man zusätzlich ein Spektrum der Gitterschwingungen.

Grundsätzlich sind die Frequenzen des Raman-Spektrums die gleichen wie die des Ultrarotspektrums. Da das Raman-Spektrum jedoch durch einen anderen physikalischen Vorgang entsteht als das Ultrarotspektrum, sind die Spektren nicht in allen Zügen identisch. Eine Raman-Linie kann dann zustande kommen, wenn sich während der Schwingung die Polarisierbarkeit des Moleküls ändert. Die Intensität der Raman-Linie ist proportional dem Quadrat der Polarisierbarkeitsänderung. Wenn die Polarisierbarkeit sich nicht ändert, ist die Raman-Linie nicht beobachtbar („verboten“). Im allgemeinen sind dies andere Frequenzen als die im Ultraroten verbotenen. Z. B. ist das Rotations- und das Rotationsschwingungsspektrum zweiatomiger Moleküle mit gleichen Kernen im Raman-Effekt erlaubt. Die Verhältnisse hängen von der Symmetrie der Moleküle ab und werden später noch genauer behandelt werden.

Ganz allgemein läßt sich über die Intensität von Raman-Linien sagen, daß stark polare Atombindungen oder Ionenbindungen schwache, unpolare oder schwach polare dagegen intensive Raman-Spektren ergeben.

Weiterhin ist der Polarisationszustand der Raman-Linien für die Strukturanalyse von Bedeutung. Auch bei Erregung mit unpolarisiertem Licht erweist sich das Raman-Streulicht als mehr oder weniger stark polarisiert. Gemessen wird der „Depolarisationsgrad“, welcher mit der Molekülsymmetrie in gesetzmäßigem Zusammenhang steht.

Beschreibung der experimentellen Technik für Untersuchungen des Raman-Effektes vgl. etwa [3].

2. Theorie der Molekülschwingungen

Es kann hier nur eine elementare Einführung der Begriffe gegeben werden, welche in diesem Buch benötigt werden. Eine weiterführende, sehr instruktive Behandlung findet man in [1], umfassendere Darstellungen in [4, 3, 6].

a) Zweiatomige Moleküle

Um zu einer Vorstellung von Molekülschwingungen zu kommen, betrachten wir zunächst den einfachsten Fall des zweiatomigen Moleküls. Dessen Energie ist eine Funktion des Kernabstandes, wenn von Änderungen der Elektronenenergie abgesehen wird. Die Änderung der potentiellen Energie $V(r)$ mit dem Kernabstand r zeigt Abb. 2. In der Gleichgewichtslage des Moleküls befindet man sich im Minimum der Potentialkurve, der zugehörige Gleichgewichtskernabstand ist r_e. Für unsere Betrachtungen ist zunächst nur die nähere Umgebung der Gleichgewichtslage von Interesse. Bei Verzerrung des Systems, d. h. Änderung des Kernabstandes gegenüber r_e, tritt eine rücktreibende Kraft

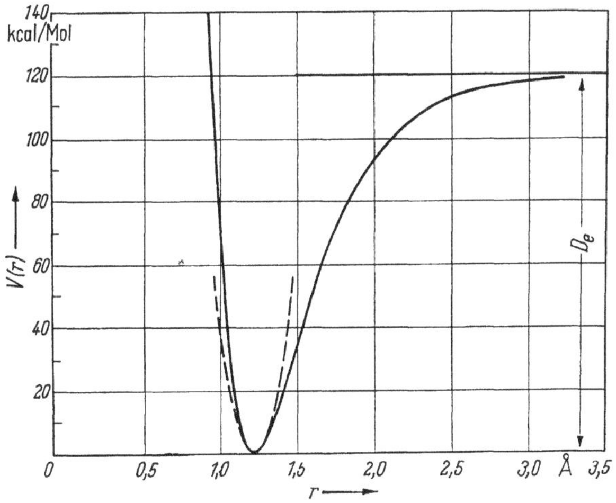

Abb. 2. Potentialfunktion eines zweiatomigen Moleküls (O_2); ——— Morse-Funktion: $V = 120\,(1 - e^{-2{,}65\,\Delta r})^2$; - - - - quadratische Parabel: $V = 846\,(\Delta r)^2$

auf, bei Vergrößerung des Kernabstandes eine Anziehung, bei Verkleinerung eine Abstoßung. Diese Kraft können wir in erster Näherung als proportional zur Entfernung aus der Ruhelage ansetzen:

$$K = f(r - r_e) = f\Delta r. \tag{1}$$

Die Proportionalitätskonstante f heißt Kraftkonstante. Die zugehörige potentielle Energie ist

$$V(r) = \int f\Delta r \cdot d(\Delta r) = \frac{1}{2} f(\Delta r)^2. \tag{2}$$

Wir haben also die Potentialfunktion in der Nähe der Gleichgewichtslage durch eine Parabel angenähert („harmonisches Potential"); diese Näherung ist für die meisten hier zu treffenden Erörterungen hinreichend. In Abb. 2 ist die Näherungsparabel gestrichelt angedeutet.

Wenn wir das verzerrte System freilassen, führt es eine Schwingungsbewegung um die Gleichgewichtslage aus. Für ein harmonisches Potential heißt diese Schwingung „harmonisch". Sie wird in der klassischen Mechanik durch folgendes Modell beschrieben: Betrachtet werden zwei Massenpunkte m_1 und m_2, die durch eine elastische Feder verbunden sind (Abb. 3). Bei Verrückung der Massen aus der Gleichgewichtslage (Δx_1 und Δx_2) ist die auftretende potentielle Energie

$$V = \frac{1}{2} f (\Delta x_1 - \Delta x_2)^2, \tag{3}$$

die kinetische Energie

$$T = \frac{1}{2} m_1 (\Delta \dot{x}_1)^2 + \frac{1}{2} m_2 (\Delta \dot{x}_2)^2. \tag{4}$$

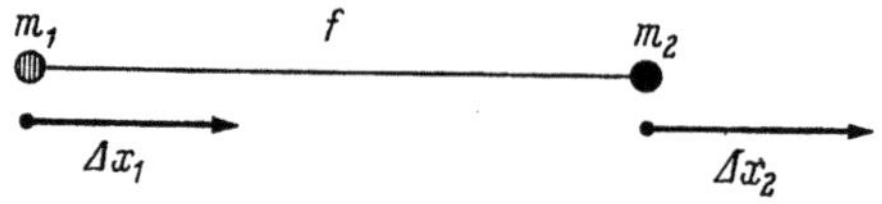

Abb. 3. Modell des zweiatomigen Moleküls

Die Bewegungsgleichungen

$$\frac{d}{dt} \frac{\partial T}{\partial \Delta \dot{x}_i} + \frac{\partial V}{\partial \Delta x_i} = 0 \tag{5}$$

lauten dann

$$m_1 \Delta \ddot{x}_1 + f (\Delta x_1 - \Delta x_2) = 0, \tag{6}$$

$$m_2 \Delta \ddot{x}_2 - f (\Delta x_1 - \Delta x_2) = 0. \tag{7}$$

Da das System keine Translationsbewegung ausführen soll, muß der Schwerpunkt in Ruhe bleiben:

$$m_1 \Delta x_1 + m_2 \Delta x_2 = 0. \tag{8}$$

Bei Eliminierung von x_2 aus (6) unter Benutzung von (8) erhält man

$$\Delta \ddot{x}_1 + f \Delta x_1 \left(\frac{1}{m_1} + \frac{1}{m_2}\right) = 0. \tag{9}$$

Die Lösung dieser Differentialgleichung ist

$$\Delta x_1 = A_1 \cos 2 \pi \nu t. \tag{10}$$

Ebenso erhält man für Δx_2:

$$\Delta x_2 = A_2 \cos 2 \pi \nu t. \tag{11}$$

Die beiden Massenpunkte bewegen sich also mit gleicher Frequenz und Phase; wegen der Verschiedenheit der Massen sind aber ihre Amplituden verschieden. Mit (10) und (11) erhält man aus dem Schwerpunktsatz (8):

$$\frac{A_1}{A_2} = - \frac{m_2}{m_1}. \tag{12}$$

Einsetzen von (10) in (9) führt zu der Gleichung

$$-4 \pi^2 \nu^2 + f \left(\frac{1}{m_1} + \frac{1}{m_2}\right) = 0. \tag{13}$$

Es ist üblich, die Größe $4\pi^2\nu^2$ mit λ abzukürzen und mit reziproken Massen μ_i zu rechnen:

$$\mu_i = \frac{1}{m_i}. \tag{14}$$

Damit erhält man für (13) die Gleichung

$$\lambda = f (\mu_1 + \mu_2). \tag{15}$$

Die Kraftkonstante f wird in der Dimension [mdyn/Å] angegeben. Wählt man statt der Frequenzen ν (in sec^{-1}) die Wellenzahlen $\tilde{\nu}$ (in cm^{-1}) und gibt die Massen in Atomgewichtseinheiten (auf die Basis $C^{12} = 12$ bezogen) an, so wird der Umrechnungsfaktor von $\tilde{\nu}^2$ in λ:

$$\lambda = \frac{4\pi^2 c^2 \cdot 10^{-5}}{N_L} \tilde{\nu}^2 = 5{,}891 \cdot 10^{-7} \tilde{\nu}^2 .$$

Gl. (15) gestattet, aus der gemessenen Schwingungsfrequenz $\tilde{\nu}$ die Kraftkonstante f zu berechnen, eine Größe, die sich als wesentlich für die Diskussion von Bindungsfragen der Moleküle erweist.

Die Gl. (15) wurde oben aus den Verrückungen Δx_i der einzelnen Massenpunkte erhalten. Wegen des Schwerpunktsatzes (8) genügt aber schon eine Koordinate zur Beschreibung des schwingenden Systems. Zweckmäßigerweise wählt man von vornherein als beschreibende Koordinate des Systems die Änderung Δr des Kernabstandes

$$\Delta r = \Delta x_1 - \Delta x_2$$

und erhält damit die Gleichungen

$$2T = \frac{(\Delta \dot{r})^2}{\mu_1 + \mu_2}, \tag{16}$$

$$2V = f(\Delta r)^2$$

$$\frac{\Delta \ddot{r}}{\mu_1 + \mu_2} + f \Delta r = 0, \tag{17}$$

was ebenfalls auf (15) führt. Eine solche Koordinate Δr heißt „innere Koordinate".

Die quantentheoretische Behandlung des Problems führt ebenfalls zu Gl. (15), wenn ein harmonisches Potential angenommen wird. Für die Energieeigenwerte des harmonischen Oszillators erhält man

$$E_v = h c \nu \left(v + \frac{1}{2}\right), \tag{18}$$

wobei v die Schwingungsquantenzahl ist. Der niedrigste Energiezustand ($v = 0$) hat noch die Energie $E_0 = \frac{1}{2} h c \nu$; einen schwingungslosen Zustand gibt es also nicht. Die bei Aufnahme eines Energiequants $h\nu$ experimentell beobachtbare Schwingungsfrequenz entspricht dem Übergang von $v = 0$ nach $v = 1$ (genauer von v nach $v + 1$) und heißt *Grundschwingung*.

In Wirklichkeit sind die Molekülschwingungen nicht, wie bisher vorausgesetzt wurde (vgl. Abb. 2), streng harmonisch. Dieser Anharmonizität kann dadurch näherungsweise Rechnung getragen werden, daß man für die Eigenwerte schreibt

$$E_v = h c \nu_e \left(v + \frac{1}{2}\right) - h c \nu_e x_e \left(v + \frac{1}{2}\right)^2, \tag{19}$$

wobei die Korrekturgröße $x_e \ll 1$ ist. Die beobachtete Grundschwingung ν_{01} ist dann

$$\nu_{01} = \frac{1}{h c}(E_1 - E_0) = \nu_e - 2\nu_e x_e,$$

also etwas kleiner als die „harmonische“ Frequenz ν_e. Entsprechend sind die aus ν_{01} berechneten Kraftkonstanten f kleiner als f_e. Die Anharmonizität der Schwingungen hat zur Folge, daß neben der Grundschwingung noch Oberschwingungen auftreten, welche im streng harmonischen Fall verboten sind. Die Obertöne sind wegen der Anharmonizität nicht genau ganzzahlige Vielfache der Grundschwingung ν. Aus (19) folgt

$$\begin{aligned}
&\text{Grundschwingung:} && \nu_{01} = \nu_e - 2\nu_e x_e \\
&\text{1. Oberton:} && \nu_{02} = 2\nu_e - 6\nu_e x_e = 2\nu_{01} - 2\nu_e x_e \qquad (20)\\
&\text{2. Oberton:} && \nu_{03} = 3\nu_e - 12\nu_e x_e = 3\nu_{01} - 6\nu_e x_e \quad \text{usw.}
\end{aligned}$$

Als Beispiel für die Ausführungen dieses Abschnittes sei das Molekül HCl^{35} behandelt. Im *UR*-Spektrum wurde gemessen [901]: $\tilde{\nu}_{01} = 2886{,}0$, $\tilde{\nu}_{02} = 5668{,}0$ und $\tilde{\nu}_{03} = 8346{,}8\ \text{cm}^{-1}$. Aus den Gln. (20) berechnet sich hiermit $\tilde{\nu}_e x_e = 51{,}9$, $\tilde{\nu}_e = 2989{,}8\text{cm}^{-1}$ und $x_e = 0{,}0174$. Mit (15) ergibt sich aus der gemessenen Grundschwingung $\tilde{\nu}_0 : f_0 = 4{,}81$, aus $\tilde{\nu}_e : f_e = 5{,}16$ mdyn/Å. Für das Amplitudenverhältnis erhält man aus (12) $A_H : A_{Cl} = -34{,}7 : 1$.

b) Mehratomige Moleküle

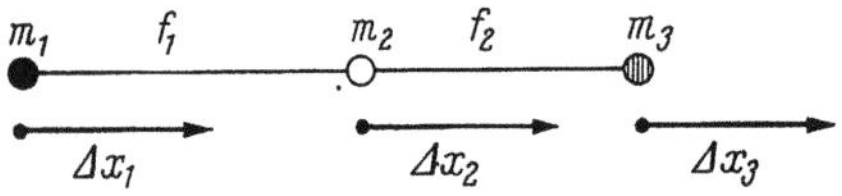

Abb. 4. Modell des linearen dreiatomigen Moleküls

Besteht ein Molekül aus mehr als zwei Atomen, so hat es mehrere Schwingungsmöglichkeiten. Allgemein sind bei N Atomen 3N Bewegungsfreiheitsgrade vorhanden; davon entfallen 3 auf die Translation und 3 auf die Rotation, so daß 3N − 6 Schwingungsfreiheitsgrade verbleiben. Bei linearen Molekülen entfällt die Rotation in der Molekülachse, so daß hier 3N − 5 Schwingungsfreiheitsgrade existieren.

Die Verhältnisse sollen an einem einfachen Beispiel, den Bewegungsformen eines linearen dreiatomigen Moleküls in der Molekülachse, untersucht werden. Das Molekülmodell besteht hier aus drei Massenpunkten m_1, m_2 und m_3, die durch zwei elastische Federn f_1 und f_2 zusammengehalten werden. Die potentielle und kinetische Energie des Systems ist dann (vgl. Abb. 4)

$$V = \frac{1}{2} f_1 (\Delta x_1 - \Delta x_2)^2 + \frac{1}{2} f_2 (\Delta x_2 - \Delta x_3)^2, \tag{21}$$

$$T = \frac{1}{2} m_1 (\Delta \dot{x}_1)^2 + \frac{1}{2} m_2 (\Delta \dot{x}_2)^2 + \frac{1}{2} m_3 (\Delta \dot{x}_3)^2. \tag{22}$$

Die Bewegungsgleichungen lauten mit (5)

$$\begin{aligned}
m_1 \Delta \ddot{x}_1 + f_1 (\Delta x_1 - \Delta x_2) \qquad\qquad\qquad\quad &= 0 \\
m_2 \Delta \ddot{x}_2 - f_1 (\Delta x_1 - \Delta x_2) + f_2 (\Delta x_2 - \Delta x_3) &= 0 \qquad (23)\\
m_3 \Delta \ddot{x}_3 \qquad\qquad\qquad - f_2 (\Delta x_2 - \Delta x_3) &= 0.
\end{aligned}$$

Mit Hilfe des Schwerpunktsatzes

$$m_1 \Delta x_1 + m_2 \Delta x_2 + m_3 \Delta x_3 = 0 \tag{24}$$

kann man Δx_2 eliminieren und erhält

$$\begin{aligned}
\Delta \ddot{x}_1 + f_1 \left(\frac{1}{m_1} + \frac{1}{m_2}\right) \Delta x_1 + f_1 \frac{m_3}{m_1 m_2} \Delta x_3 &= 0 \\
\Delta \ddot{x}_3 + f_2 \frac{m_1}{m_2 m_3} \Delta x_1 + f_2 \left(\frac{1}{m_2} + \frac{1}{m_3}\right) \Delta x_3 &= 0.
\end{aligned} \tag{25}$$

Aus den Lösungen dieser Differentialgleichungen

$$\Delta x_i = A_i \cos 2\pi\nu t \tag{26}$$

und Einführung reziproker Massen ergibt sich:

$$\begin{aligned} A_1[f_1(\mu_1+\mu_2)-\lambda] + A_3 f_1 \frac{\mu_1\mu_2}{\mu_3} &= 0 \\ A_1 f_2 \frac{\mu_2\mu_3}{\mu_1} + A_3[f_2(\mu_2+\mu_3)-\lambda] &= 0. \end{aligned} \tag{27}$$

Dies sind zwei lineare homogene Gleichungen für die Amplituden A_1 und A_3. Damit reelle Lösungen existieren, muß nach der Theorie der linearen Gleichungen die Determinante der Koeffizienten der Amplituden (die hier als „Säkulardeterminante" bezeichnet wird) gleich Null sein. Die Auflösung der Determinante ergibt

$$\lambda^2 - \lambda[f_1(\mu_1+\mu_2)+f_2(\mu_2+\mu_3)] + f_1 f_2(\mu_1\mu_2+\mu_1\mu_3+\mu_2\mu_3) = 0.$$

Für die Wurzeln dieser Gleichung läßt sich wegen des VIETAschen Wurzelsatzes schreiben

$$\lambda_1+\lambda_2 = f_1(\mu_1+\mu_2)+f_2(\mu_2+\mu_3) \tag{28}$$

$$\lambda_1\cdot\lambda_2 = f_1 f_2(\mu_1\mu_2+\mu_1\mu_3+\mu_2\mu_3). \tag{29}$$

Das System führt also zwei Schwingungen λ_1 und λ_2 aus, die als *Normalschwingungen* bezeichnet werden. Sie zeichnen sich durch folgende Eigenschaften aus:

1. Bei einer Normalschwingung bewegen sich alle Atome eines Moleküls mit gleicher Frequenz λ und gleicher Phase, d. h. sie gehen gleichzeitig durch die Ruhelage und die Maximalauslenkung. Dagegen sind die Amplituden A_i der einzelnen Massenpunkte verschieden.

2. Die Normalschwingungen sind „orthogonal" zueinander, d. h. sie leisten keine Arbeit aneinander. Mit anderen Worten, wenn man ein Molekül so verzerrt, daß es frei gelassen eine Normalschwingung ausführt, so gibt diese Bewegung nicht Anlaß zu einer anderen Normalschwingung.

3. Die Gesamtbewegung eines schwingenden Moleküls kann durch eine Überlagerung von $3N-6$ bzw. $3N-5$ Normalschwingungen dargestellt werden.

Für die Diskussion der Schwingungsspektren mehratomiger Moleküle ist eine Näherungsbeschreibung der Normalschwingungen von außerordentlicher Bedeutung. Wir betrachten zunächst zwei isolierte zweiatomige Moleküle m_1-m_2 und m_2-m_3. Ihre Schwingungsfrequenzen sind gegeben durch

$$\begin{aligned} \lambda_1' &= f_1(\mu_1+\mu_2) \quad \text{für} \quad m_1-m_2 \\ \lambda_2' &= f_2(\mu_2+\mu_3) \quad \text{für} \quad m_2-m_3. \end{aligned} \tag{30}$$

Nun denken wir uns diese beiden Moleküle zu einem dreiatomigen Molekül $m_1-m_2-m_3$ mit gemeinsamer Zentralmasse m_2 verknüpft. Für dieses gelten die Gln. (28) und (29). Der Vergleich mit (30) zeigt, daß die Summe der Frequenzen des dreiatomigen Moleküls $\lambda_1+\lambda_2$ gleich der Frequenzsumme der beiden gedachten zweiatomigen Moleküle $\lambda_1' + \lambda_2'$ ist. Dagegen ist das Produkt $\lambda_1 \cdot \lambda_2$ um die Größe $f_1 f_2 \mu_2^2$ *kleiner* als $\lambda_1' \cdot \lambda_2'$. Dies bedeutet, daß sowohl die Frequenz als auch die Form der Normalschwingungen gegenüber denen der gedachten isolierten zweiatomigen Moleküle geändert sind.

Die Verhältnisse sollen an einem realen Fall erörtert werden. Für das (lineare) Molekül HCN wurden die beiden Frequenzen 3311 und 2097 cm^{-1} gemessen. Aus den Gln. (28) und (29) berechnen sich daraus die Kraftkonstanten: für die (CH)-Bindung $f_1 = 5{,}82$, für die (CN)-Bindung $f_2 = 18{,}02$ mdyn/Å. Für die „freien“ Schwingungen einer isolierten (CH)- und einer isolierten (CN)-Gruppe erhält man damit nach Gl. (15) $\nu_1' = 3260$ und $\nu_2' = 2176$ cm^{-1}. Die Frequenzen der Normalschwingungen sind also gegenüber denen der freien Schwingungen verschoben, die niedrigere nach tieferen, die höhere nach höheren Frequenzen. Die Verschiebungen sind prozentual nicht sehr groß.

Die relativen Auslenkungen der Atome bei den Normalschwingungen lassen sich ebenfalls angeben. Aus (27) erhält man das Verhältnis A_3/A_1. Unter Berücksichtigung von (26) liefert der Schwerpunktsatz (24):

$$\frac{A_2}{A_1} = 1 - \frac{\lambda}{f_1 \mu_1}.$$

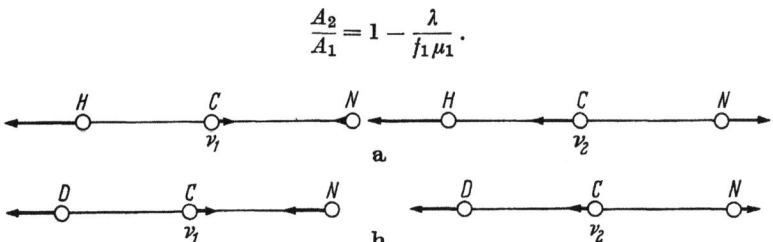

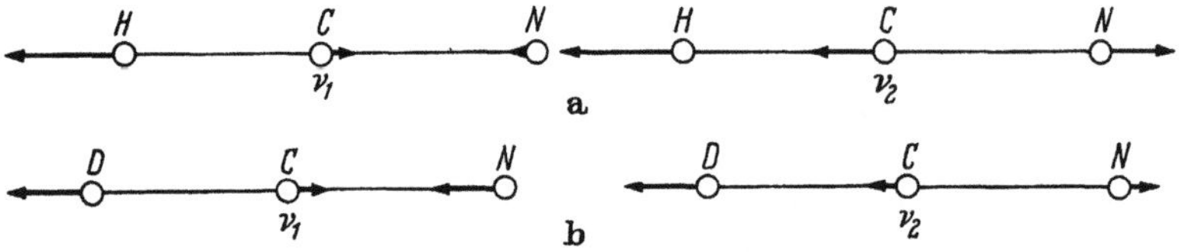

Abb. 5. Form der Normalschwingungen von a) HCN, b) DCN

Hiermit berechnete Auslenkungen zeigt Abb. 5. Der Vergleich mit der freien Schwingung zeigt, daß bei der Normalschwingung ν_1 in erster Linie noch der Kernabstand H—C verändert wird, bei ν_2 der Abstand C—N. Man ist also berechtigt, bei ν_1 von einer (CH)-Schwingung zu sprechen, bei ν_2 von einer (CN)-Schwingung. Da die Schwingungen in der Valenzrichtung erfolgen, nennt man ν_1 die (CH)-Valenzschwingung, ν_2 die (CN)-Valenzschwingung. Diese Bezeichnungen sind nach dem Gesagten nicht ganz exakt, kennzeichnen aber in guter Annäherung den Charakter der betreffenden Normalschwingung. Noch deutlicher wird dieses, wenn man die Verteilung der potentiellen Energie während einer Normalschwingung auf die beiden Bindungen betrachtet. Diese erhält man durch Einführen der berechneten relativen Amplituden mit Hilfe von (26) in (21). Bei ν_1 trägt die Änderung des Abstandes C—H 95% zur potentiellen Energie bei, C—N nur 5%. Umgekehrt ist es bei ν_2.

Allgemein werden solche Frequenzen, die man eindeutig den Bewegungen eines bestimmten Molekülbruchteils zuordnen kann, als charakteristische oder Gruppenfrequenzen bezeichnet. Sie sind von Bedeutung für die Interpretation der Schwingungsspektren vielatomiger Moleküle.

Eine solche Näherungsbeschreibung ist dadurch möglich, daß die Frequenzen der freien Schwingungen verhältnismäßig weit auseinanderliegen. Dies ist nicht immer der Fall. Betrachten wir etwa das Molekül DCN. Mit den Kraftkonstanten von HCN berechnen sich aus (28) und (30) mit μ_D statt μ_H die freien Schwingungen $\nu_1' = 2379$, $\nu_2' = 2176$ und für die Normalschwingungen $\nu_1' = 2600$, $\nu_2' = 1924$ cm^{-1}. Die Frequenzverschiebungen sind hier viel größer. Auch die Form der Normalschwingungen (vgl. Abb. 5) läßt den Charakter der Schwingung nicht mehr so eindeutig erkennen. Schließlich ist die Potentialverteilung in ν_1 66% für C—D und 34% für CN. Umgekehrt ist es bei ν_2. Zusammenfassend ist zu sagen, daß man hier nicht mehr berechtigt ist, von einer (CD)- und einer (CN)-Valenzschwingung zu sprechen.

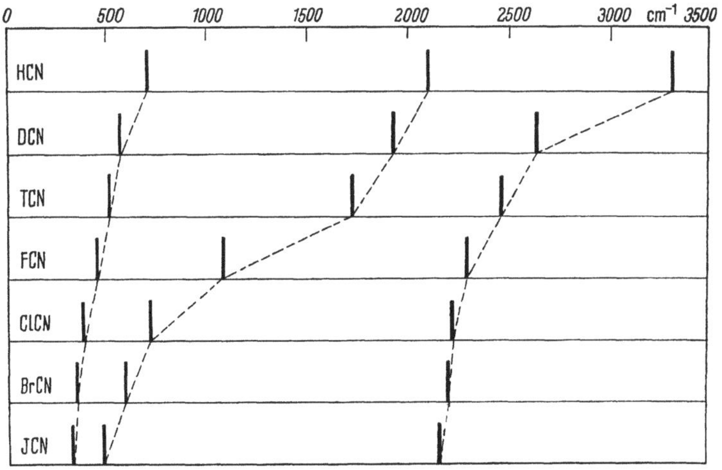

Abb. 6. Frequenzen der Moleküle XCN

Setzt man das Gedankenexperiment durch systematische Vergrößerung der Masse m_1 fort, so wird ν_1' kleiner als ν_2'. Nach genügender Entfernung voneinander werden die zugehörigen Normalschwingungen wieder charakteristisch, nur hat sich ihr Schwingungscharakter vertauscht: die höhere Schwingung ist jetzt die (CN)-Valenzschwingung, die niedrigere die (CX)-Valenzschwingung. Abb. 6 zeigt diesen Frequenzgang an Hand der gemessenen Frequenzen der Moleküle XCN. Der extreme Fall der Frequenzkopplung liegt vor, wenn $m_1 = m_3$ und $f_1 = f_2$ ist, etwa beim CO_2. Die Schwingungsformen zeigt Abb. 7. Hier ist es sinnlos, die gemessenen Schwingungen den einzelnen Bindungen zuordnen zu wollen. In solchen Fällen mit gleichartigen Bindungen spricht man nicht mehr von Gruppenfrequenzen, sondern statt dessen von einer symmetrischen (ν_s) und einer antisymmetrischen Valenzschwingung (ν_{as}).

Bisher wurden nur die Bewegungen in Richtung der Molekülachse des linearen dreiatomigen Moleküls besprochen. Entsprechend den Vorstellungen von gerichteten Atombindungen bedarf es aber auch eines

Energieaufwandes, um das Molekül aus seiner gestreckten Lage zu verbiegen. Dies gibt Anlaß zu einer weiteren Normalschwingung, bei welcher sich die Massen senkrecht zur Molekülachse bewegen (für CO_2 schematisch in Abb. 7). Eine solche Schwingung, bei der ein Valenzwinkel (hier 180°) verändert wird, heißt *Deformationsschwingung* (δ), die zugehörige Kraftkonstante *Deformationskonstante* (d). Die Deformationsschwingung kann natürlich in jeder beliebigen Raumrichtung senkrecht zur Molekülachse erfolgen. Eine solche räumliche Bewegung läßt sich stets zerlegen in zwei Komponenten aus zwei Schwingungen gleicher Frequenz, aber beliebiger Phase, die senkrecht zueinander erfolgen. Die Deformationsschwingung des linearen dreiatomigen Moleküls besteht also in Wirklichkeit aus zwei Schwingungen gleicher Frequenz. Solche

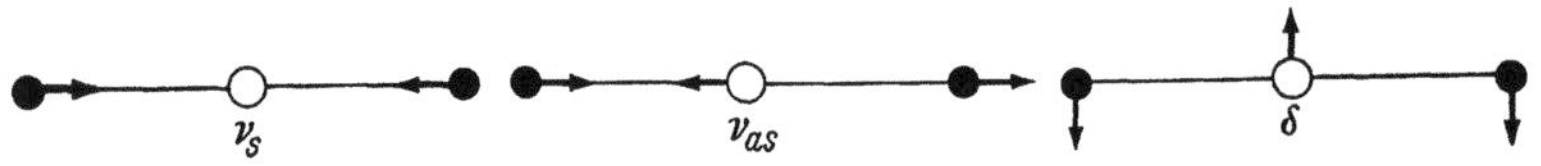

Abb. 7. Schwingungsformen des linearen, symmetrischen Moleküls Y—X—Y

Schwingungen heißen *entartet*, sie treten nur bei Molekülen hoher Symmetrie auf, die eine drei- oder mehrzählige Symmetrieachse enthalten.

Die $3N - 5 = 4$ Schwingungsfreiheitsgrade eines linearen dreiatomigen Moleküls sind somit durch die beiden Valenzschwingungen und die zweifach entartete Deformationsschwingung vollständig beschrieben.

Die Anharmonizität der Normalschwingungen führt bei mehratomigen Molekülen zu ähnlichen Konsequenzen wie bei den zweiatomigen; die beobachteten Frequenzen ν sind im allgemeinen kleiner als die harmonischen Eigenfrequenzen ν_e, und es treten Obertöne der Grundschwingungen mit geringerer Intensität auf. Ferner beobachtet man hier noch Kombinationstöne, die durch gleichzeitige Anregung verschiedener Grundschwingungen zustande kommen. Schließlich sind auch noch Differenztöne möglich, die gelegentlich auch — allerdings mit *sehr* geringer Intensität — beobachtet werden.

c) Symmetrie von Molekülen und Normalschwingungen

Voraussetzung für eine erfolgreiche Diskussion eines Schwingungsspektrums ist die Kenntnis der Symmetrieeigenschaften von Molekülen und Normalschwingungen, da sie die spektroskopischen Eigenschaften entscheidend bestimmen.

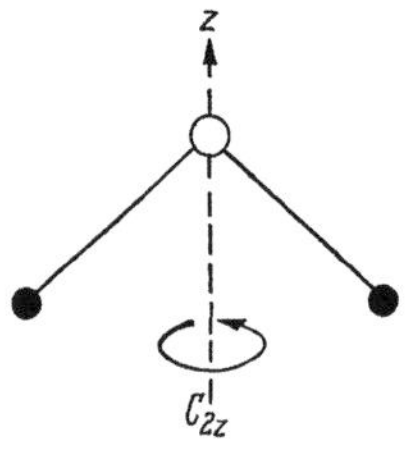

Abb. 8. Zur Definition der Drehachse

Symmetrieoperationen und Symmetrieelemente. Es ist ohne weiteres ersichtlich, daß in einem Molekül wie H_2O die beiden H-Atome gleichartig (ununterscheidbar) sind; die exakte Beschreibung eines solchen Sachverhaltes erfolgt durch Symmetrieangaben über das Molekül. Wir denken uns beim H_2O eine mit dem Molekül starr verbundene Achse, welche den Valenzwinkel halbiert (vgl. Abb. 8). Wenn wir um diese Achse das Molekül um 180° drehen, gelangen wir zu einem Zustand, der von dem Ausgangszustand nicht zu unterscheiden ist; das Molekül ist „mit sich selbst zur Deckung gebracht“ oder „in sich selbst überführt“ worden. Eine solche Operation nennt man *Symmetrieoperation*. Das Werkzeug, mit dem die Operation durchgeführt wird, heißt *Symmetrieelement*. Im genannten Beispiel ist also die Drehung um 180° die Symmetrieoperation, die Drehachse das Symmetrieelement.

Für die Beschreibung der Symmetrie von Molekülen sind nun folgende Symmetrieelemente notwendig:

1. Drehachsen oder Symmetrieachsen. Diese werden mit C symbolisiert. Ferner wird durch einen Index die *Zähligkeit* der Drehachse angegeben; sie gibt an, wie oft man die Symmetrieoperation wiederholen muß, um zum Ausgangszustand zurückzugelangen. Im Beispiel des H_2O ist die Drehachse zweizählig (C_2), da man nach zweimaliger Drehung um 180° zur Ausgangsposition zurückkommt. Bei Molekülen sind Zähligkeiten von 2 bis 8 bekannt. Beispiele für Moleküle mit mehrzähligen Achsen sind BF_3, NH_3 (C_3); XeF_4, JF_5(C_4); Cyclopentan, $Fe(C_5H_5)_2$ (C_5); Benzol (C_6), Tropyliumion $C_7H_7^+$ (C_7); Cyclooktatetraen-Dianion $C_8H_8^{2-}$ (C_8). Bei allen linearen Molekülen (HCN, N_2O) hat die Molekülachse die Zähligkeit unendlich (C_∞), denn das Molekül kann durch unendlich viele Drehungen in sich selbst überführt werden. C_5, C_7, C_8 und C_∞ gibt es nur bei isolierten Molekülen; in Kristallen sind sie unmöglich. Die einzählige Drehachse C_1 (Drehung um 360°) ist ein triviales Symmetrieelement, das jeder beliebigen Atomanordnung zukommt.

2. Symmetrieebenen oder **Spiegelebenen** (Symbol σ). Zugehörige Symmetrieoperation ist die Spiegelung an einer Ebene. Am Beispiel des H_2O finden wir zwei Symmetrieebenen. Die eine ist die Molekülebene selbst (dies gilt für alle ebenen Moleküle); bei Durchführung der Symmetrieoperation bleiben alle Atome des Moleküls ungeändert. Die andere Symmetrieebene steht senkrecht auf der Molekülebene und enthält das O-Atom in sich; Schnittlinie mit der Molekülebene ist die Drehachse. Bei der Durchführung der Spiegelung bleibt das O-Atom ungeändert, das H-Atom 1 wird in das H-Atom 2 überführt und umgekehrt.

3. Symmetriezentrum oder **Inversionszentrum** (Symbol i). Die entsprechende Operation ist gleichbedeutend mit der Spiegelung an einem Punkt; durch sie wird ein Atom in eine bezüglich des Zentrums diametral gegenüberliegende Lage gebracht. Ein Beispiel für ein Molekül mit Inversionszentrum ist das CO_2, wo i mit dem C-Atom zusammenfällt.

4. Drehspiegelachse (Symbol S). Die Symmetrieoperation ist zusammengesetzt aus einer Drehung mit nachfolgender Spiegelung an einer zur Drehachse senkrechten Spiegelebene; die Reihenfolge der Teiloperation ist gleichgültig. Die Zähligkeit der Drehspiegelachse kann nur geradzahlig sein. Bekannt sind S_4 (etwa im N_4S_4), S_6 (in Cyclohexan), S_8 (im Schwefel S_8). S_2 ist identisch mit dem Inversionszentrum i.

5. Die Identität *E* ist ein triviales Symmetrieelement, welches jedem Molekül zukommt.

Die in der Kristallographie bekannten Symmetrieelemente Gleitspiegelebene und Schraubenachse gibt es bei räumlich begrenzten Molekülen nicht.

Punktgruppen. Man teilt die Punktsysteme (also auch die Moleküle) nach den ihnen eigentümlichen Symmetrieelementen in Gruppen ein. Jede mögliche Kombination von Symmetrieelementen (genauer: Symmetrieoperationen) heißt *Punktgruppe*. Es gibt nur eine begrenzte Zahl von Punktgruppen (Voraussetzung für diesen Satz ist allerdings, daß man nicht jede beliebige Zahl von Zähligkeiten von Drehachsen zuläßt; in diesem Fall gäbe es ∞ viele Punktgruppen).

Die Punktgruppen werden allgemein durch die Bezeichnungsweise von SCHOENFLIESS symbolisiert.

Mit C werden alle Gruppen bezeichnet, die eine und nur eine Drehachse aufweisen. Ein Index kennzeichnet die Zähligkeit der Achse. Weiter werden durch die Indizes h und v Symmetrieebenen gekennzeichnet, wobei h horizontal und v vertikal bedeutet. (Die Drehachse wird stets vertikal angeordnet.) Mit dem Index i wird ein Inversionszentrum angedeutet. Das Symbol D_n („Diedergruppen") haben solche Gruppen, die außer einer n-zähligen Drehachse C_n noch n zweizählige Achsen senkrecht zu C_n haben. Mit T („Tetraedergruppen") werden Punktgruppen bezeichnet, welche 4 dreizählige Achsen aufweisen, die sich unter dem Tetraederwinkel ($\approx$ 109,5°) schneiden. Schließlich deutet O („Oktaedergruppen") drei vierzählige zueinander senkrechte Achsen an. Tetraeder- und Oktaedergruppen werden auch als „kubische Gruppen" bezeichnet.

Symmetrie der Normalschwingungen. Im voranstehenden wurden die Symmetrieeigenschaften ruhender Moleküle angegeben. Die Normalschwingungen der Moleküle besitzen nun ebenfalls Symmetrieeigenschaften, die mit Hilfe der Gruppentheorie der Punktsysteme beschrieben werden. Eine Kenntnis dieser gruppentheoretischen Methoden ist für das eingehende Studium der Molekülschwingungen sehr nützlich, kann aber im Rahmen dieses Buches nicht vermittelt werden. Hier sollen nur die wichtigsten Ergebnisse dieser Theorie angegeben werden.

Man wendet die Symmetrieoperationen, die das ruhende Molekül mit sich selbst zur Deckung bringen und seine Punktgruppe kennzeichnen, nun auf das verzerrte Molekül an, welches eine Normalschwingung ausführt. Zu unterscheiden ist dann folgendes Verhalten:

1. Das verzerrte Molekül kommt nach Ausführung der betreffenden Symmetrieoperation mit sich zur Deckung; die Normalschwingung heißt *symmetrisch* zu diesem Symmetrieelement. Beispiel: ν_1 im CO_2 (vgl. Abb. 7) ist symmetrisch zum Inversionszentrum.

2. Das verzerrte Molekül kommt *nicht* zur Deckung. Hier unterscheidet man noch:

a) Nach Ausführung der Operation haben die Auslenkungen der einzelnen Punktmassen nur ihr Vorzeichen (d. h. ihre Richtung) geändert; die Schwingung heißt dann *antisymmetrisch* zu dem Symmetrieelement. Beispiel: ν_2 des CO_2 ist antisymmetrisch zu i.

b) Es ändert sich nach Ausführung der Operation mehr als nur die Vorzeichen der Auslenkungen; die Schwingung ist dann *entartet*. Beispiel: Die Deformationsschwingung des linearen dreiatomigen Moleküls (vgl. Abb. 7) ist entartet zu C_∞. (Beide Valenzschwingungen ν_1 und ν_2 sind symmetrisch zu C_∞.)

Je nach ihrem Verhalten gegenüber den Symmetrieoperationen werden nun Normalschwingungen bestimmten *Symmetrieklassen* zugeordnet.

Alle Schwingungen eines Moleküls, die die gleiche Symmetrie haben, gehören ein und derselben Klasse an. Jede Punktgruppe hat nur eine kleine Zahl von Symmetrieklassen, die mit Buchstaben gekennzeichnet werden.

A bedeutet Symmetrie zu einer ausgezeichneten Drehachse, *B* Antisymmetrie, *E* bezeichnet zweifache, *F* dreifache Entartung. Weitere Unterteilungen werden durch Indizes vorgenommen, insbesondere bedeutet g (= gerade) symmetrisch zu einem Inversionszentrum, u (= ungerade) antisymmetrisch. Bei linearen Molekülen sind andere Bezeichnungsweisen üblich (Σ, Π usw.), die von den Elektronentermen übernommen werden; Σ bedeutet Schwingungen in der Molekülachse, Π senkrecht dazu.

Die Theorie gestattet nun eine Reihe von Aussagen über die Eigenschaften der Normalschwingungen eines Moleküls, wenn dessen Symmetrie bekannt ist (Placzek):

1. Zahl und Symmetrieeigenschaften der Normalschwingungen für jede Symmetrieklasse.

2. Auswahlregeln für Ultrarot- bzw. Raman-Spektrum. Die Auswahlregel gibt an, ob die Schwingungen der entsprechenden Symmetrieklasse im Ultrarot- bzw. Raman-Spektrum erlaubt oder verboten sind. Allgemein sind folgende Sätze wichtig:

a) Im Ultrarotspektrum sind die Schwingungen dreier Symmetrieklassen erlaubt; bei Punktgruppen mit einer mehr als zweizähligen Achse sind dies nur zwei Klassen; bei kubischen Punktgruppen eine.

b) Schwingungen, die zu allen Symmetrieelementen symmetrisch sind (totalsymmetrische Schwingungen), sind im Raman-Spektrum stets erlaubt und pflegen die größte Intensität zu besitzen.

c) Hat das Molekül ein Inversionszentrum, so sind alle zu diesem symmetrischen Schwingungen im Ultraroten verboten, alle dazu antisymmetrischen im Raman-Spektrum verboten (Alternativverbot).

3. Polarisationszustand der erlaubten Raman-Linien. Alle totalsymmetrischen Schwingungen ergeben polarisierte Raman-Linien. Der Depolarisationsgrad ϱ kann hier (für unpolarisiertes Erregerlicht) zwischen 0 und 6/7 liegen; für kubische Symmetrie (Punktgruppen *T* und *O*) ist $\varrho = 0$. Alle nicht totalsymmetrischen Schwingungen ergeben depolarisierte Raman-Linien ($\varrho = 6/7$).

Ins einzelne gehende Aussagen für die wichtigsten Punktgruppen sind im Kapitel II zu finden. Als Beispiel sollen hier Symmetrie und Normalschwingungen des H_2O behandelt werden. Die Symmetrieelemente wurden oben (S. 12f.) angegeben; die zugehörige Punktgruppe ist C_{2v}. Die zweizählige Achse wird in die z-Richtung gelegt (C_{2z}); die Lage der Symmetrieebenen wird durch ihre Normale festgelegt (σ_y und σ_x). In Tab. 1 sind in der ersten Spalte die Klassen, in der zweiten Spalte das Verhalten der Schwingungen zu den einzelnen Symmetrieelementen angegeben (s = symmetrisch, as = antisymmetrisch, für entartete Schwingungen noch e = entartet*). In der dritten Spalte sind die Auswahlregeln für

* Statt dieser allgemeinen Angaben findet man heute meist die Charaktere der Symmetrieoperationen zahlenmäßig angegeben. Diese sind für die Ableitung der Auswahlregeln notwendig, erfordern aber zu ihrer Benutzung Kenntnisse der Gruppentheorie.

das Raman-(*Ra*) und das Ultrarot-(*UR*)-Spektrum angegeben. Verbotene Schwingungen sind durch einen Strich gekennzeichnet. Bei den erlaubten Schwingungen ist für das Raman-Spektrum der Polarisationszustand (p = polarisiert, dp = depolarisiert) und für das Ultrarotspektrum die Richtung des schwingenden Dipolmoments $\mathfrak{M}$ angegeben. In der letzten Spalte ist die Zahl der Normalschwingungen für eine Reihe von Molekültypen dieser Punktgruppe angegeben. ν bedeuten Valenzschwingungen,

Tabelle 1. *Punktgruppe* C_{2v}. *Symmetrieelemente:* C_{2z}, σ_x, σ_y

Klasse	C_{2z}	σ_x	σ_y	*Ra*	*UR*	Abzählung			
						XY_2 gewinkelt	ZXY_2 eben	XYYX cis	Z_2XY_2 tetraedr.
A_1	s	s	s	p	$\mathfrak{M}_z$	1ν, 1δ	2ν, 1δ	2ν, 1δ	2ν, 1δ
A_2	s	as	as	dp	—	—	—	1τ	1τ
B_1	as	as	s	dp	$\mathfrak{M}_x$	1ν	1ν, 1δ	1ν, 1δ	1ν, 1δ
B_2	as	s	as	dp	$\mathfrak{M}_y$	—	1γ	—	1ν, 1δ

δ Deformationsschwingungen, τ Torsionsschwingungen und γ nichtebene Deformationsschwingungen (vgl. Kap. II). Vorschriften für das Abzählen der Normalschwingungen sind in [3, 4, 7, 8] zu finden.

Die Form der Normalschwingungen geht aus den Symmetriebetrachtungen allein nicht hervor, da sie noch von Massen und Kraftkonstanten des speziell betrachteten Moleküls abhängt. Die exakte Form ist aber bei den Strukturdiskussionen im allgemeinen nur von untergeordnetem Interesse; es genügt die Angabe einer schematisierten Schwingungsform, die den Symmetrieforderungen genügt und den Charakter (Valenz- oder Deformationsschwingung) zu erkennen gestattet. Am Beispiel des H_2O möge gezeigt werden, wie dies vor sich geht.

In den früheren Betrachtungen waren die Auslenkungen der Atome durch cartesische Koordinaten angegeben. Es ist zweckmäßig, statt

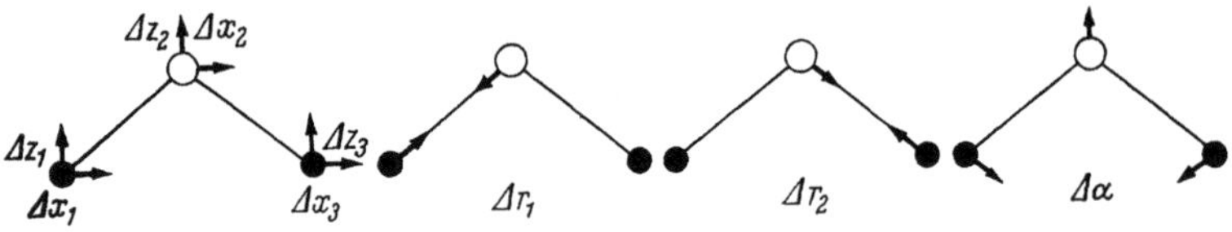

Abb. 9. Cartesische und innere Koordinaten für das gewinkelte Molekül XY_2

dessen gewisse Linearkombinationen von ihnen, die *inneren Koordinaten* anzugeben. Diese werden so gewählt, daß sie den Vorstellungen von der chemischen Bindung gerecht werden; d. h., die inneren Koordinaten setzen sich zusammen aus den Abstandsveränderungen chemisch gebundener Atome und den Veränderungen der Valenzwinkel (Abb. 9).

Die inneren Koordinaten müssen nun in *Symmetriekoordinaten* transformiert werden, welche den Symmetrieforderungen genügen. Diese Symmetriekoordinaten $\mathfrak{S}$ sind Linearkombinationen der inneren Koordinaten; die Kombinationskoeffizienten ergeben sich aus der Gruppentheorie. Abb. 9 zeigt, daß $\Delta\alpha$ bereits eine Symmetriekoordinate ist ($\mathfrak{S}_3$); das verzerrte Molekül hat die gleiche Symmetrie wie das ruhende. Die

Koordinate gehört zur Klasse A_1. Die beiden anderen Symmetriekoordinaten sind

$$\begin{aligned} \mathfrak{S}_1 &= \sqrt{\frac{1}{2}}\,(\Delta r_1 + \Delta r_2) \\ \mathfrak{S}_2 &= \sqrt{\frac{1}{2}}\,(\Delta r_1 - \Delta r_2). \end{aligned} \tag{31}$$

Die entsprechenden Auslenkungen zeigt Abb. 10. $\mathfrak{S}_1$ ist totalsymmetrisch, gehört also zur Klasse A_1. $\mathfrak{S}_2$ ist antisymmetrisch zu C_2 und σ_x, symmetrisch zu σ_y, gehört demnach zur Klasse B_1.

Die Symmetriekoordinaten kann man nun in Näherung mit den wirklichen Schwingungsformen („Normalkoordinaten") identifizieren.

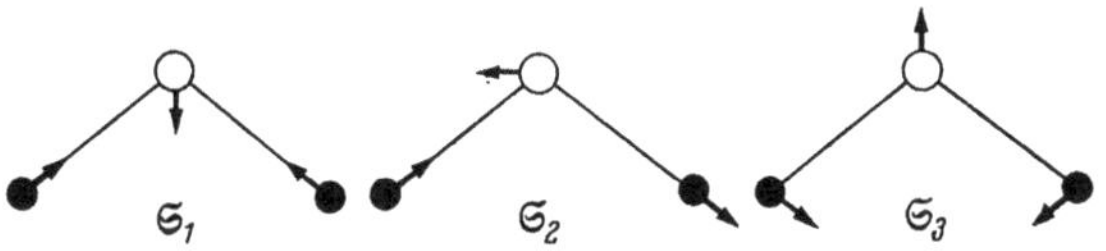

Abb. 10. Symmetriekoordinaten für das gewinkelte Molekül XY_2

Natürlich werden die Absolutwerte der wirklichen Auslenkungen in den Symmetriekoordinaten nicht richtig wiedergegeben, wohl aber in etwa die Bewegungsrichtungen bei der Schwingung, auf die es hier im wesentlichen ankommt. Dies trifft auch nur dann zu, wenn die Kopplung zwischen den Normalschwingungen einer Klasse nicht allzu groß ist.

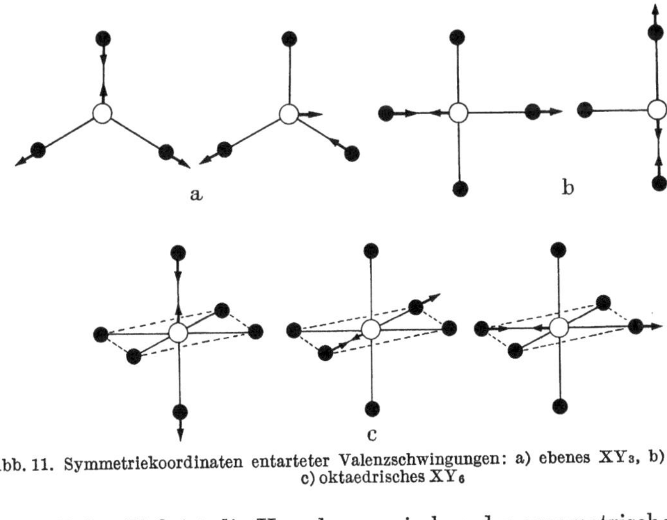

Abb. 11. Symmetriekoordinaten entarteter Valenzschwingungen: a) ebenes XY_3, b) ebenes XY_4, c) oktaedrisches XY_6

Im Fall des H_2O ist die Kopplung zwischen der symmetrischen Valenzschwingung (ν_s) und der Deformationsschwingung (δ) klein, so daß die Symmetriekoordinaten eine gute Näherung an die Normalkoordinaten darstellen. Dies gilt natürlich auch für die antisymmetrische Valenzschwingung (ν_{as}), welche ja nicht mit einer anderen Systemschwingung gekoppelt ist. Ein Beispiel, bei dem diese Näherung wegen starker

Kopplung nicht hinreichend ist, ist das oben schon besprochene DCN. Bei der in Kap. II folgenden Besprechung einfacher Moleküle werden stets nur die Symmetriekoordinaten als repräsentativ für die Schwingungsformen angegeben.

Zweifach entartete Schwingungen müssen durch zwei Symmetriekoordinaten beschrieben werden, deren Überlagerung mit beliebiger Phase die Normalschwingung ergibt. Bei dreifach entarteten Schwingungen (nur bei kubischen Punktgruppen) sind es drei Komponenten. Abb. 11 zeigt die Symmetriekoordinaten für einige entartete Valenzschwingungen. In den Beispielen des Kap. II ist jeweils nur eine Komponente angegeben.

Einfluß der Symmetrie auf die Rotationsstruktur der Schwingungsspektren. Die quantenhafte Energieaufnahme bei der Molekülrotation wird durch die drei Trägheitsmomente I_x, I_y, I_z des Moleküls bestimmt, welche bezüglich der drei Raumrichtungen (Trägheitsachsen) angegeben werden. Hat das Molekül eine Symmetrie, so legt man die z-Achse in Richtung einer ausgezeichneten Drehachse. Alle Moleküle lassen sich dann nach der Größe der drei Momente in 4 Typen (Kreiseltypen) einteilen:

Lineare Moleküle	$I_x = I_y;\quad I_z = 0$
Symmetrische Kreisel	$I_x = I_y \neq I_z$
Kugelkreisel	$I_x = I_y = I_z$
Asymmetrische Kreisel	$I_x \neq I_y \neq I_z$

Symmetrische Kreisel sind alle Moleküle mit einer drei- oder höherzähligen Achse; Kugelkreisel sind die Moleküle mit kubischer Symmetrie. Alle Moleküle mit geringerer Symmetrie (höchstens zweizählige Drehachsen) sind asymmetrische Kreisel. Diesen Typen entsprechen nun ganz bestimmte Bandenformen (Rotationskonturen) der Rotationsschwingungsbanden, die rein theoretisch berechnet werden können. Die Konturen sind im allgemeinen verschieden für Schwingungen verschiedener Symmetrieklassen, aber gleich für alle Schwingungen ein und derselben Klasse. Hieraus ergibt sich die Bedeutung der Rotationsstruktur für Zuordnungsprobleme und Ermittlung der Symmetrie. Nur einige charakteristische Fälle sollen hier angedeutet werden.

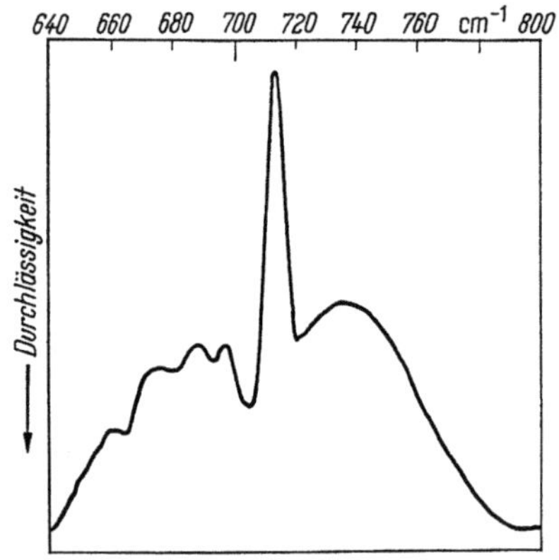

Abb. 12. Senkrechtbande eines linearen Moleküls (ν_2 des HCN)[709]

Ultrarot-Spektrum. Im *UR*-Spektrum linearer Moleküle bestehen die Banden von Schwingungen, welche in der Molekülachse erfolgen (Parallelbanden), aus Zweigen von Spektrallinien; der Zweig mit den kleineren Wellenzahlen heißt P-Zweig, der andere R-Zweig. Der reine Schwingungsübergang ohne gleichzeitige Rotationsanregung ist verboten, so daß an dieser Stelle des Spektrums eine Linie ausfällt. Bei geringerer Auflösung zeigt die Bande ein Intensitätsminimum an dieser Stelle (vgl. Abb. 1, S. 3). Die Banden von Schwingungen senkrecht zur Molekülachse („Senkrechtbanden“) zeigen neben schwachem P- und R-Zweig ein intensives und verhältnismäßig scharfes zentrales Maximum (Q-Zweig), das von dem (hier erlaubten) reinen Schwingungsübergang herrührt (vgl. Abb. 12).

Bei symmetrischen Kreiseln haben die Banden der Schwingungen, welche symmetrisch zur Achse sind („Parallelbanden“, alle *A*-Klassen), neben P- und R-Zweig einen schmalen Q-Zweig (vgl. Abb. 13).

Raman-Spektrum. Für lineare und symmetrische Kreiselmoleküle gilt, daß die totalsymmetrischen Schwingungen Banden mit sehr intensivem und scharfem Q-Zweig neben schwächeren anderen Zweigen liefern. Bei Kugelkreiseln fehlen die Nebenzweige ganz. Banden nicht totalsymmetrischer Schwingungen weisen keine Zweige mit ausgezeichneter Intensität auf.

d) Einfluß des Aggregatzustandes auf die Schwingungsspektren

Die bisherigen Überlegungen waren für isolierte Moleküle angestellt worden. Im Realfall hat man noch die Umgebungseinflüsse zu berücksichtigen, insbesondere die zwischenmolekularen Kräfte. Bei Gasen unter geringem Druck (bis etwa 1 atm) machen sich diese Kräfte kaum bemerkbar. Bei höheren Drucken beobachtet man gelegentlich Schwingungsfrequenzen, die im freien Molekül aus Symmetriegründen verboten sind.

Im flüssigen Zustand oder in Lösung bleibt das Schwingungsspek-

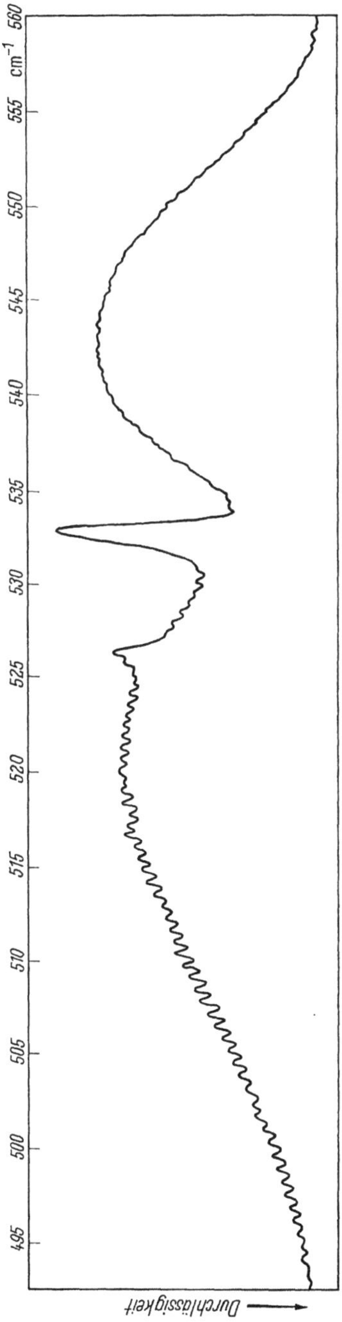

Abb. 13. Parallelbande eines symmetrischen Kreisels (ν_1 des CH_3J)[709]

trum des Moleküls im wesentlichen erhalten, falls keine chemischen Änderungen (z. B. Assoziation oder Dissoziation) gegenüber dem Gaszustand eintreten. Die Schwingungsfrequenzen werden geringfügig (Größenordnung 1%) verschoben, und zwar meist nach kleineren Wellenzahlen. Die Verschiebungen sind um so größer, je größer das Dipolmoment des Moleküls ist. Ferner kann die Symmetrie des freien Moleküls in der Flüssigkeit gestört sein, so daß symmetriebedingte Verbote und Entartungen aufgehoben werden. Die hierdurch bedingten Änderungen des Spektrums sind aber im allgemeinen geringfügig; so ist etwa die Intensität solcher nicht mehr verbotener Schwingungsbanden gering. Aufhebung einer Entartung kann Aufspaltung einer Schwingungsbande in 2 oder 3 dicht beieinanderliegende Komponenten hervorrufen.

Da die Moleküle in der Flüssigkeit nicht mehr frei rotieren können, ist die Rotationsstruktur der Schwingungsspektren nur noch andeutungsweise vorhanden. So liefern z. B. totalsymmetrische Schwingungen von linearen Molekülen, symmetrischen und Kugelkreiseln meist scharfe, nicht totalsymmetrische dagegen diffuse Raman-Linien. Entsprechendes gilt für das *UR*-Spektrum.

Gelöste Moleküle zeigen im allgemeinen Schwingungsfrequenzen, die zwischen denen der gasförmigen und der flüssigen Reinsubstanz liegen. Man hat vielfach versucht, einen Zusammenhang zwischen den Frequenzverschiebungen gegenüber dem Gaszustand und der Dielektrizitätskonstanten des Lösungsmittels nachzuweisen (Kirkwood, Bauer, Magat), jedoch ist dies bisher noch nicht allgemein gelungen. Sind die Frequenzen von Substanzen in Lösung noch niedriger als im flüssigen Zustand, so muß man auf eine chemische Wechselwirkung, wie etwa Komplexbildung, mit dem Lösungsmittel schließen. Beispiele:

Cl_2 (flüssig) 548, Lösung in C_6H_6 526 cm^{-1} [840];
HCl (flüssig) 2822, Lösung in $(C_2H_5)_2O$ 2393 cm^{-1} [600].

Im festen Zustand erscheinen die Schwingungsfrequenzen weiter verschoben, auch entfällt hier die Rotationsstruktur vollständig. Im kristallisierten Festkörper wird die Symmetrie des Moleküls durch die Kristallgittersymmetrie bestimmt und ist meist geringer als die des freien Moleküls. Diese „Lagesymmetrie“ (bzw. Lagegruppe) läßt sich aus der Raumgruppe und der Zahl der Moleküle in der Elementarzelle ermitteln [500, 1135, 2]. Die Lagegruppe ist eine Untergruppe der Punktgruppe des freien Moleküls. Ist die Lagesymmetrie geringer als die des freien Moleküls, so können dort verbotene Schwingungsfrequenzen aktiv werden und Aufspaltung entarteter Frequenzen eintreten. Sind mehrere Moleküle in der Elementarzelle vorhanden, so können unter Umständen alle Schwingungen auch noch mit geringen Frequenzunterschieden mehrfach auftreten. Auskunft über diese Verhältnisse gibt die sog. „Faktorgruppenanalyse“ [2, 500, 1135]. Hier wird noch eine Symmetrie definiert, die Faktorgruppe oder Korrelationssymmetrie [654]. Die Faktorgruppen entsprechen den 32 Kristallklassen. Trotz dieser Komplizierungen kann man die Schwingungsspektren von Molekülen in Kristallen im allgemeinen so diskutieren, als ob die Symmetrie gegenüber dem freien Zustand nur geringfügig gestört sei.

Neben diesen „inneren" Schwingungen der Moleküle im Kristall treten nun noch „äußere" oder „Gitterschwingungen" auf, die von den Bewegungen der Gitterbausteine als Ganzes gegeneinander herrühren. Über die Zahl dieser Schwingungen gibt ebenfalls die Faktorgruppenanalyse Auskunft. Die Frequenzen liegen im allgemeinen unter 200 cm^{-1}. Die Trennung von inneren und äußeren Schwingungen in diesem Frequenzbereich ist schwierig; man behilft sich hier vielfach durch Aufnahme der Spektren von Lösungen, in denen nur noch die inneren Schwingungen auftreten.

e) Spektren isotoper Moleküle

Ersetzt man in einem Molekül ein Atom durch ein Isotop, so bleiben die Kernabstände, Valenzwinkel und Kraftkonstanten gleich. Die Symmetrie des Moleküls braucht dagegen nicht erhalten zu bleiben. Für die Frequenzen eines solchen Systems gilt der Satz von RAYLEIGH: *Bei Einführung eines schweren Atoms nehmen alle Frequenzen ab; nur wenn aus Symmetriegründen oder zufällig bei einer Normalschwingung das substituierte Atom in Ruhe bleibt, ändert sich die betreffende Frequenz nicht.* Z. B. seien die Frequenzen von $C^{12}O_2$ und $C^{13}O_2$ betrachtet. Bei ν_1 bewegt sich das C-Atom nicht mit (vgl. Abb. 7), die Frequenz ist für beide Moleküle gleich. Dagegen ist bei ν_2 und ν_3 das C-Atom in Bewegung, also sind diese beiden Frequenzen des $C^{13}O_2$ niedriger als im $C^{12}O_2$.

Die Verschiebungen, welche die einzelnen Frequenzen erleiden, hängen von der Geometrie und dem Kraftfeld des Moleküls ab. Aber es läßt sich eine Aussage über die Veränderung des Produkts aller Frequenzen einer Symmetrieklasse machen (TELLER-REDLICHsche Produktregel). Am Beispiel des linearen dreiatomigen Moleküls läßt sich dies leicht zeigen. Gl. (29) (S. 9) gibt den Zusammenhang zwischen dem Produkt der beiden Valenzschwingungen und den Kraftkonstanten und Massen. Bildet man den gleichen Ausdruck für ein „isotopes" Molekül und setzt ihn ins Verhältnis zum ersten, so heben sich die Kraftkonstanten heraus. Es gilt:

$$\frac{\lambda_1 \cdot \lambda_2}{\lambda_1' \cdot \lambda_2'} = \frac{(\mu_1 \mu_2 + \mu_1 \mu_3 + \mu_2 \mu_3)}{(\mu_1' \mu_2' + \mu_1' \mu_3' + \mu_2' \mu_3')} \tag{32}$$

oder auch

$$\frac{\nu_1 \cdot \nu_2}{\nu_1' \cdot \nu_2'} = \sqrt{\frac{\mu_1 \mu_2 + \mu_1 \mu_3 + \mu_2 \mu_3}{\mu_1' \mu_2' + \mu_1' \mu_3' + \mu_2' \mu_3'}}, \tag{33}$$

wobei sich die gestrichenen Größen auf das isotope Molekül beziehen. Die Verhältnisse der Frequenzprodukte hängen also nur noch von den Massen (in anderen Fällen auch noch von den Kernabständen und Valenzwinkeln), aber nicht von den Kraftkonstanten ab. Bei gegebener Geometrie des Moleküls kann man stets Ausdrücke der obigen Art ableiten und an Hand der Spektren isotoper Moleküle die Zuordnung prüfen.

Wie weit die Produktregel mitunter erfüllt ist, möge das Beispiel des N_2O zeigen. In Tab. 2 sind die gemessenen Zahlen [491, 881, 1119] und die Frequenzverhältnisse angegeben, welche immer zu dem leichtesten Molekül $N_2^{14}O^{16}$ gebildet wurden. Die letzte Spalte gibt die berechneten Zahlen aus der rechten Seite der Gl. (33).

Tabelle 2. *Prüfung der Produktregel am* N_2O

Molekül	ν_1	ν_2	$\frac{\nu_1 \nu_2}{\nu_1' \nu_2'}$	Rechte S. Gl. (33)
$N^{14}N^{14}O^{16}$	1284,91	2223,76	—	—
$N^{14}N^{15}O^{16}$	1281,0	2177,6	1,0243	1,0235
$N^{15}N^{14}O^{16}$	1269,89	2201,61	1,0220	1,0235
$N^{15}N^{15}O^{16}$	1265,33	2154,73	1,0480	1,0477
$N^{14}N^{14}O^{18}$	1245,6	2218,0	1,0342	1,0374

Von besonderer Bedeutung ist die Isotopenverschiebung für Zuordnungsprobleme (vgl. den nächsten Abschnitt). Am deutlichsten zeigt sich dies bei Wasserstoffverbindungen. Bei Ersatz von H durch Deuterium sind die Frequenzverschiebungen sehr groß, da die Massenänderung hier am größten ist. Außerdem fallen die reziproken Massen aller schwereren Atome in Massenausdrücken wie (33) nicht mehr ins Gewicht, so daß sich der Ausdruck vereinfacht zu

$$\frac{\nu(\mathrm{H})}{\nu(\mathrm{D})} = \sqrt{\frac{\mu_{\mathrm{H}}}{\mu_{\mathrm{D}}}} \approx \sqrt{2} = 1{,}41. \tag{34}$$

Wegen der geringeren Anharmonizität der Frequenzen von D-Verbindungen sowie wegen der Kopplung kann man in praktischen Fällen damit rechnen, daß das Frequenzverhältnis $\nu(\mathrm{H})/\nu(\mathrm{D})$ zwischen 1,2 und 1,4 liegt. Die übrigen Frequenzen solcher Moleküle verschieben sich meist nur wenig; in ungünstigen Fällen bis höchstens 10%. Hiermit kann man also in beliebigen Molekülen — von ganz ungünstigen Kopplungsverhältnissen abgesehen — die Frequenzen, an denen Wasserstoff beteiligt ist, schnell identifizieren. Als Beispiel seien die Moleküle HNSO und DNSO angeführt [912]. Das Ausprobieren der Frequenzverhältnisse führt zwangsläufig zu der Zuordnung in Tab. 3.

Tabelle 3. *Schwingungen des* HNSO

HNSO	DNSO	$\frac{\nu(\mathrm{H})}{\nu(\mathrm{D})}$	Schwingungsform
3345	2480	1,35	(NH)-Valenzschwingung
1261	1257	1,00	Valenzschwingungen
1090	1055	1,03	der Gruppe N–S–O
911	757	1,20	(HNS)-Deformationsschw.
759	594	1,28	und Torsionsschwingung
453	410	1,10	(NSO)-Deformationsschw.

Auch bei komplizierteren Molekülen trägt die Kenntnis von Isotopenfrequenzen vielfach zur sicheren Zuordnung bei; die größten Frequenzverschiebungen sind nach der Substitution *den* Molekülbruchteilen zuzuordnen, denen das veränderte Atom angehört. Ferner sind Isotopenspektren für Berechnung zuverlässiger Kraftkonstanten wichtig (s. w. u.).

Praktisch werden meist verwandt die Isotopenpaare H/D, B^{10}/B^{11}, C^{12}/C^{13}, N^{14}/N^{15}, O^{16}/O^{18}, seltener S^{32}/S^{34} und Cl^{35}/Cl^{37}. Bei noch schwereren Isotopen werden die beobachteten Effekte wegen der geringen relativen Massenänderung zu klein, um mit den gebräuchlichen Spektrometern noch erfaßt zu werden.

Außer der genannten Produktregel sind noch andere Regeln über das spektrale Verhalten isotoper Moleküle angegeben [278, 516].

3. Analyse von Schwingungsspektren

In diesem Abschnitt soll erörtert werden, wie man ausgehend vom gemessenen Schwingungsspektrum zu Aussagen über das Molekül gelangt.

a) Zuordnung und Ermittlung der Symmetrie

Allgemeines. Der erste Schritt jeder Analyse eines Schwingungsspektrums ist die *Zuordnung* der gemessenen Frequenzen ν. Nach dem oben Gesagten läßt sich die gesamte Schwingungsbewegung eines Moleküls in $3N - 6$ Normalschwingungen auflösen. Jede Normalschwingung ist durch die Bewegungsrichtungen und Amplituden der Atome, also durch die Schwingungsform, charakterisiert und erfolgt mit bestimmter Frequenz. Den Vorgang, zu jeder gemessenen Frequenz die zugehörige Schwingungsform zu finden, bezeichnet man als Zuordnung. Dabei genügt es, die angenäherten Schwingungsformen zu benutzen, also etwa die Symmetriekoordinaten. Wenn der geometrische Aufbau des Moleküls, also auch die Symmetrie, bekannt ist, kann man die angenäherten Schwingungsformen meist leicht angeben. Kennt man die Symmetrie nicht, so macht man sich verschiedene Molekülmodelle und vergleicht deren spektrale Eigenschaften mit der Wirklichkeit. Meist ist das Problem der Zuordnung mit dem der Symmetrieermittlung verknüpft.

An Zuordnungskriterien stehen zur Verfügung:

1. Symmetrieverbote im *UR*- und *Ra*-Spektrum (Auswahlregeln);
2. Relative (geschätzte) Intensitäten im *UR*- und *Ra*-Spektrum;
3. Rotationsstruktur der *UR*-Banden von Gasen; Schärfe der Raman-Linien von Gasen und Flüssigkeiten;
4. Depolarisationsgrade der Raman-Linien;
5. Vergleich der Frequenzen isotoper Moleküle;
6. Vergleich der Spektren ähnlicher Moleküle;
7. Modellmäßige Berechnung der Frequenzen;
8. Auftreten charakteristischer Frequenzen.

Eine exakte und vollständige Zuordnung ist bisher, trotz Anwendung aller aufgeführten Kriterien, nur für eine begrenzte Zahl einfacher Moleküle möglich gewesen. Ergebnisse sind in Kap. II zusammengestellt. Bei komplizierteren Molekülen, insbesondere solchen geringer Symmetrie, kann man meist nur noch eine Zuordnung einer begrenzten Zahl beobachteter Schwingungen zu bestimmten Molekülbruchteilen angeben. Aber auch dies ermöglicht vielfach noch wertvolle Aussagen über das Molekül. Immerhin ist das Zuordnen für komplizierte Moleküle ein nicht einfaches Problem, welches ein sorgfältiges Abwägen der Aussagen der einzelnen Kriterien gegeneinander verlangt.

Die Bedeutung der Kriterien 1—5 geht aus dem vorigen Abschnitt bereits hervor. Zu erwähnen wäre noch, daß ein gemessenes Schwingungsspektrum ja noch eine Anzahl von Ober- und Kombinationstönen enthält. Es gehört also ebenfalls zum Zuordnungsvorgang, zu entscheiden, welche gemessenen Banden den Grundschwingungen entsprechen. Vielfach, aber durchaus nicht immer, dürften dies die intensivsten Banden des Spektrums sein. Ein Kriterium für die Richtigkeit der getroffenen Auswahl der Grundschwingungen ist, daß sich die restlichen gemessenen Frequenzen als Kombinationen dieser Grundschwingungen darstellen lassen.

Einfache Moleküle. Für die Ermittlung der Symmetrie eines einfachen Moleküls kommt man meist mit den oben angeführten Kriterien 1—5 aus. Praktisch geht man so vor, daß man ein Molekülmodell annimmt und dessen Symmetriegruppe feststellt. Mit Hilfe der symmetriebedingten Auswahlregeln ermittelt man nun Zahl, Beobachtbarkeit und Art der Normalschwingungen für die einzelnen Symmetrieklassen. Durch Vergleich dieser Aussagen mit dem gemessenen Spektrum kann man dann entscheiden, ob das gewählte Modell richtig ist.

Beispiele für Symmetriebestimmungen:

1. SiF_4. Raman-Spektrum der flüssigen Substanz [576]: 268 (3), 390 (2), 800 (10), 1010 (1). *UR*-Spektrum der gasförmigen Substanz [517]: 389, 1032. Für das Molekül ist Tetraedersymmetrie T_d zu erwarten; die Abzählung (vgl. Tab. 31, S. 64) ergibt vier Normalschwingungen: eine Valenzschwingung in der Klasse A_1, eine Deformationsschwingung in der Klasse E, je eine Valenz- und Deformationsschwingung in der Klasse F_2. Alle Schwingungen sind im Raman-Effekt erlaubt; im *UR* nur die der Klasse F_2. Im Raman-Spektrum wurden vier Frequenzen beobachtet, im *UR* nur zwei, so daß die angenommene Symmetrie zutrifft. Die Raman-Frequenzen 268 und 800 fehlen im *UR*, gehören also zu A_1 und E. Die höhere ist die Valenzschwingung, die tiefere die Deformationsschwingung. Eine solche Frequenzverteilung entspricht der allgemeinen Erfahrung für binäre Verbindungen. Eine exakte Unterscheidung wäre möglich bei Kenntnis der Depolarisationsfaktoren der Raman-Linien; die Frequenz der Klasse A_1 muß polarisiert sein (hier $\varrho = 0$), die der Klasse E_1 depolarisiert ($\varrho = 6/7$). Die beiden übrigen Frequenzen (389 und 1032 im *UR*, 390 und 1010 im Raman-Spektrum) gehören also der Klasse F_2 an; wieder ist die höhere die Valenzschwingung. Daß die Frequenz um 1000 im Raman- und *UR*-Spektrum nicht genau übereinstimmt, beruht auf dem unterschiedlichen Aggregatzustand. Auch ohne Kenntnis des *UR*-Spektrums kann eine Zuordnung der Valenzschwingungen vorgenommen werden: Wegen ihrer hohen Intensität im Raman-Spektrum muß 800 zu einer symmetrischen Schwingung gehören. Die Zuordnung der beiden Deformationsschwingungen allein aus dem Raman-Spektrum ist nicht möglich.

2. $SOCl_2$. Gegeben ist das Raman-Spektrum mit Depolarisationsfaktoren [28]: 194 (*p*), 284 (*dp*), 344 (*p*), 445 (*dp*), 490 (*p*), 1230 (*p*). Es kommen zwei Molekülmodelle in Betracht: a) ein ebenes sternförmiges Molekül mit dem S-Atom im

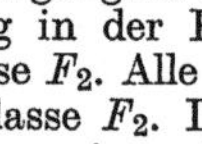

C_{2v}

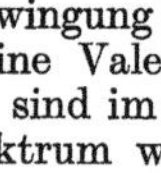

C_s

Zentrum, b) eine Pyramide mit S an der Spitze. Das erste Modell enthält eine zweizählige Achse, welche durch O und S geht, sowie zwei Symmetrieebenen. Die eine ist die Molekülebene, die andere steht senkrecht dazu; die Schnittlinie der beiden Ebenen ist die Drehachse. Dies sind die Symmetrieelemente der Punktgruppe C_{2v}. Das Pyramidenmodell weist nur eine Symmetrieebene auf, welche die Atome O und S enthält und den Winkel Cl—S—Cl halbiert: Punktgruppe C_s. Die Abzählung (vgl. Tab. 1, S. 16 und Tab. 15, S. 50) ergibt für beide Modelle sechs Frequenzen, die alle ramanaktiv sind. C_{2v} verlangt drei polarisierte Raman-Linien, C_s dagegen vier. Beobachtet wurden vier polarisierte Linien, so daß das Molekül nichteben gebaut ist. Die Zuordnung der Frequenzen zu den einzelnen Schwingungsformen ist hier *a* priori nicht möglich, sondern verlangt einen Vergleich mit den Spektren ähnlicher Moleküle (s. w. u.).

3. $(H_3Si)_2O$. Die Gruppe Si—O—Si kann gewinkelt oder linear sein. Im ersten Fall gehört das Molekül zur Punktgruppe C_{2v} wie H_2O (s. S. 15); die beiden Valenzschwingungen ν_s(SiOSi) und ν_{as}(SiOSi) sind dann im Raman- und *UR*-Spektrum erlaubt. Bei linearer Anordnung SiOSi ist die Punktgruppe D_{3h} oder D_{3d}; hier ist ν_s (Klasse A_1' für D_{3h} bzw. A_{1g} für D_{3d}) nur im Raman-Spektrum, ν_{as} (A_2'' bzw. A_{2u}) nur im *UR*-Spektrum erlaubt (vgl. Tab. 18, S. 53 und 47, S. 84). Tatsächlich wird ν_s (606) nur im Raman-Spektrum, ν_{as} (1107) nur im *UR*-Spektrum beobachtet [703]. Im Falle der linearen Anordnung müßte das O-Atom bei der symmetrischen Valenzschwingung in Ruhe bleiben — ähnlich wie bei CO_2 (s. S. 12) —; die Frequenz dürfte sich also bei Isotopensubstitution mit O^{18} nicht ändern. Beobachtet wurde dagegen eine Erniedrigung der Frequenz bei dieser Substitution, so daß die lineare Anordnung ausgeschlossen ist [765]. Daß trotzdem einzelne Frequenzen nicht beobachtet wurden, beruht daher auf zu geringer Intensität, nicht auf einem Symmetrieverbot.

Nach dem Gesagten ist aus symmetriebedingten Phänomenen in den Spektren einfacher Moleküle eine Zuordnung der beobachteten Frequenzen zu den Schwingungsklassen meist möglich, nicht dagegen a priori zu den mechanisch möglichen Normalschwingungen oder Schwingungsformen. Hierzu bedarf es weiteren Erfahrungsmaterials, wobei am einfachsten ein Vergleich mit dem Spektrum eines ähnlichen Moleküls vorgenommen wird, dessen Zuordnung feststeht. Als ähnlich kann man solche Moleküle bezeichnen, die in Geometrie, Massen und Kraftkonstanten annähernd übereinstimmen, so daß auch die Frequenzverteilung ihrer Schwingungsspektren ähnlich ist.

Man kann folgende Fälle unterscheiden:

1. Geometrie, Massen und Kraftkonstanten sind ähnlich; die Symmetrie (Punktgruppe) ist gleich. Beispiele sind isoelektronische oder isostere Moleküle wie POF_3 — NSF_3, SO_2F_2 — $PO_2F_2^-$ (vgl. Kap. II).

2. Geometrie, Massen und Kraftkonstanten sind ähnlich; die Symmetrie ist verschieden. Hierbei ändern sich die Auswahlregeln, so daß Symmetrieverbote aufgehoben werden können. Ein Beispiel ist C_6H_6 (D_{6h}) und $B_3N_3H_6$ (D_{3h}). Außerdem kann eine Aufspaltung entarteter Frequenzen beobachtet werden, was ebenfalls nützliche Zuordnungshinweise liefern kann.

Beispiel: Der Übergang $SiCl_4$ (T_d) → $BrSiCl_3$ (C_{3v}). Es läßt sich rein theoretisch zeigen, daß die beiden dreifach entarteten Schwingungen der Klasse F_2 des $SiCl_4$ beim Übergang zur Symmetrie C_{3v} aufspalten müssen je in eine einfache (A_1) und eine zweifach entartete (E) Schwingung. Das ergibt folgendes Bild:

$SiCl_4$	150 (E)	221 (F_2)		424 (A_1)	608 (F_2)		
$BrSiCl_3$	135 (E)	191 (A_1)	205 (E)	368 (A_1)	545 (A_1)	610 (E)	

Die Zuordnung der Frequenzen des $BrSiCl_3$ ergibt sich aus Polarisationsmessungen am Raman-Spektrum. Hieraus ist z. B. zu entnehmen, daß die Frequenz 221 des

$SiCl_4$ zu F_2 gehören muß, da sie beim Übergang zum unsymmetrischeren Molekül aufspaltet. Hier ist also ein Weg gegeben, auch ohne Kenntnis des *UR*-Spektrums eine Zuordnung der beiden Deformationsschwingungen eines Tetraedermoleküls vornehmen zu können. Man kann den spektralen Übergang noch vervollständigen zu $SiCl_4$ — $SiCl_3Br$ — $SiCl_2Br_2$ — $SiClBr_3$ — $SiBr_4$ und so auch zu einer Zuordnung für die übrigen Moleküle gelangen.

3. Die Symmetrie ist gleich, Geometrie und Kraftkonstanten ähnlich, nur die Massen variieren stärker. Hier empfiehlt es sich, eine möglichst große Reihe solcher Moleküle zu betrachten. So wird z.B. bei Halogeniden die „spektrale Reihe" Fluorid-Chlorid-Bromid-Jodid verglichen. Wenn richtig zugeordnet ist, beobachtet man einen gleichmäßigen Gang

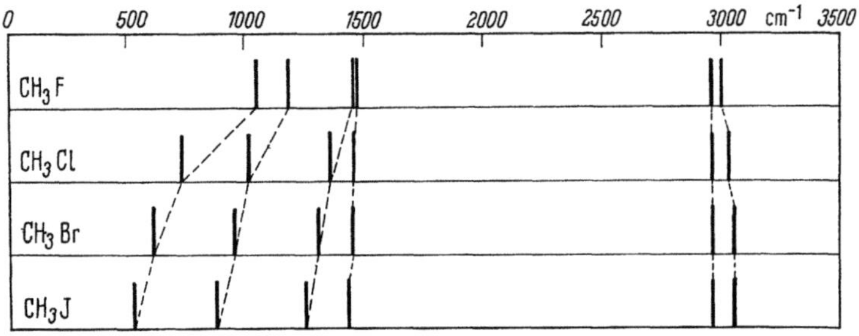

Abb. 14. Die spektrale Reihe der Methylhalogenide

der Frequenzen. Abb. 14 zeigt dies für Methylhalogenide. Eine andere spektrale Reihe, die der Moleküle XCN mit X = H, D, T, F, Cl, Br und J, wurde schon erwähnt (s. Abb. 6).

4. Außer den Massen kann nun auch noch die Symmetrie geändert werden, so daß man zu spektralen Übergängen mit stark variierenden Frequenzen gelangt. Beispiel:

$$SiH_4 - SiH_3Cl - SiH_2Cl_2 - SiHCl_3 - SiCl_4$$

Außerdem kann man versuchen, die Frequenzen eines Moleküls zu berechnen und dann durch Vergleich mit dem gemessenen Spektrum eine Zuordnung zu erreichen. Hierzu werden die Frequenzgleichungen für das gewählte Molekülmodell aufgestellt (vgl. S. 28), in die plausible Kraftkonstanten eingesetzt werden. Umgekehrt kann man mit einer angenommenen Zuordnung die Kraftkonstanten berechnen und prüfen, ob diese sich in das allgemeine Erfahrungsbild einordnen. Trifft dies zu, so ist die angenommene Zuordnung, wenn auch nicht gesichert, so doch wahrscheinlich gemacht.

Mit Hilfe solcher Überlegungen ist eine vollständige und weitgehend gesicherte Zuordnung für eine Reihe einfacher Moleküle gelungen, wie sie in Auswahl in Kap. II aufgeführt sind. Diese Ergebnisse bilden die Grundlage für die Zuordnung der Spektren komplizierterer Moleküle.

Kompliziertere Moleküle. Vielatomige Moleküle haben nur noch selten eine hohe Symmetrie, die zu Entartungen oder Verboten Anlaß gibt. Eine Zuordnung auf Grund von Symmetriebetrachtungen ist dann sehr erschwert oder sogar unmöglich. An Hand der allgemeinen Erfahrung ist es jedoch vielfach trotzdem möglich, auch komplizierte Spektren zu entwirren. Das hierzu wesentliche Hilfsmittel ist das Aufsuchen von *charakteristischen* oder *Gruppenfrequenzen.*

Im Falle des HCN war gezeigt worden, daß man eine Normalschwingung näherungsweise so beschreiben kann, als wenn nur ein bestimmter Molekülbruchteil für sich schwingt. Dies ist dann der Fall, wenn der größte Teil der potentiellen Energie der Normalschwingung auf diesen Molekülbruchteil konzentriert ist. Für HCN war die Frequenz 3311 als (CH)-, 2097 als (CN)-Valenzschwingung charakterisiert worden. Die Erfahrung hat nun gelehrt, daß solche Schwingungen, die man eindeutig einem Molekülteil zuordnen kann, mit annähernd gleicher Frequenz auch in anderen Molekülen beobachtet werden, die diesen Teil enthalten. Beispielsweise findet man in allen Molekülen mit einer (CN)-Dreifachbindung (Nitrile, Halogencyane, Cyanokomplexe, Cyanid-Ion) die (CN)-Valenzschwingung zwischen 2080 und 2270 cm^{-1}. Ebenso liegt die Valenzschwingung einer (CH)-Gruppe, die einer Dreifachbindung benachbart ist, stets um 3300 cm^{-1}. Solche immer wieder auftretenden Frequenzen bezeichnet man als „charakteristische Frequenzen" oder „Gruppenfrequenzen".

Bei organischen Verbindungen ist die Lagekonstanz von Gruppenfrequenzen besonders gut ausgeprägt; bei anorganischen Molekülen ist die Variabilität häufig größer, jedoch lassen sich auch hier charakteristische Frequenzbereiche angeben. Beispiele von charakteristischen Valenzschwingungen: $-O-H$, $-S-H$, $-O-O-$, $-S-S-$, $-N=O$, $\gt P=O$, $>S=O$ und $-C\equiv O$ (in Komplexen). Auch größeren Gruppen lassen sich charakteristische Frequenzen zuordnen, z. B. $-CH_3$, $-SiH_3$ und $-GeH_3$. Hier sind weitgehend unabhängig vom Molekülrest die symmetrische und die entartete (XH)-Valenzschwingung sowie die entartete (HXH)-Deformationsschwingung. Für $-CH_3$ ist dies an Abb. 14 gut zu erkennen ($\nu_s \approx 2970$, $\nu_e \approx 3040$, $\delta_e \approx 1450$). Der Rest $-CH_3$ besitzt für sich und in den Methylhalogeniden die Symmetrie C_{3v}; in anderen Molekülen ist die Symmetrie häufig gestört (z. B. CH_3OH mit gewinkelt angesetzter (OH)-Bindung), so daß die entarteten (CH_3)-Schwingungen aufspalten. Diese Aufspaltungen sind aber so klein, daß die charakteristischen Frequenzwerte auch hier noch Gültigkeit besitzen. Weitere Gruppen mit charakteristischen Frequenzen sind etwa $-NO_2$, $-N_3$, $-NCS$, $-NCO$, $>SO_2$, $-SiCl_3$, $-Si(CH_3)_3$, $-OCH_3$, $-NH_3$ (in Komplexen). Natürlich kann es vorkommen, daß diese Frequenzen in einem betrachteten Molekül aus Kopplungsgründen nicht mehr charakteristisch sind; hierauf ist von Fall zu Fall zu achten.

Als einfaches Beispiel für die Zuordnung mit Hilfe von Gruppenfrequenzen sei das Spektrum des $S(SiH_3)_2$ [315] diskutiert. Für die (SiH_3)-Gruppe sind charakteristisch (vgl. Kap. III): ν_s(SiH), ν_e(SiH) 2150—2210, δ_e 940. Die entsprechenden Frequenzen für $S(SiH_3)_2$ sind: Raman-Spektrum 2165—2185, 938; *UR*-Spektrum 2180, 951 + 962. Die symmetrische (SiH_3)-Deformationsschwingung und die entartete (HSiX)-Deformationsschwingung sind nicht so charakteristisch: δ_s(HSiH) 870—990, δ_e(HSiX) 550—760. Im Spektrum des $S(SiH_3)_2$ fallen in diese Bereiche: 886 (*Ra*) bzw. 901 + 907 + 914 (*UR*) und 634, 678 (*Ra*) bzw. 610, 635, 675 (*UR*). Auf eine Zuordnung dieser Frequenzen zu Symmetrieklassen der Punktgruppe C_{2v} des Gesamtmoleküls wird verzichtet; sie ist hier wie auch in anderen ähnlichen

Fällen schwierig, wenn nicht unmöglich. Nicht zugeordnet sind nur noch: *Ra* 159 (*s*, *b*, *p*), 480 (*vs*, *p*), 508 (*s*, *dp*); *UR* 480 (*ms*, *Sch*), 510 + 524 (*s*), 1010 (*ms*, *Sch*). Dies sind die Schwingungen des Bruchteils Si—S—Si, und zwar ist ν_s(SSi) = 480, ν_{as}(SSi) ≈ 510, δ(SiSSi) = 159. Die Zuordnung der Valenzschwingungen ergibt sich aus den Polarisationsverhältnissen im Raman-Spektrum, kann aber auch aus den Intensitätsverhältnissen entnommen werden. Im Raman-Spektrum pflegt die symmetrische Schwingung die intensivere zu sein, im *UR*-Spektrum die antisymmetrische. Die restliche Frequenz 1010 im *UR*-Spektrum ist wahrscheinlich ein Oberton der Valenzschwingung bei 510 cm^{-1}. Die Zuordnung der Schwingungen der (Si—S—Si)-Gruppe kann noch geprüft werden durch Vergleich mit dem ähnlich gebauten SCl_2; hier ist $\nu_s = 514$, $\nu_{as} = 535$, $\delta = 208$.

b) Berechnung von Kraftkonstanten

Allgemeine Methodik. Wie schon erwähnt, hängen die Schwingungsfrequenzen eines Moleküls von der Geometrie des Moleküls, von seinen Massen und den Kraftkonstanten ab. Wenn die Geometrie bekannt ist, lassen sich also die Kraftkonstanten berechnen. Diese stehen in enger Beziehung zu der Natur der chemischen Bindungen; ihre Ermittlung ist daher eine der Hauptaufgaben der Schwingungsspektroskopie.

Zur Berechnung der Kraftkonstanten ist zunächst die Aufstellung der Schwingungsgleichungen erforderlich. An dem einfachen Beispiel des linearen Dreimassenmoleküls wurde dieser Prozeß bereits erörtert (vgl. S. 8). Für größere Moleküle ist das angegebene Verfahren zu umständlich. Man benutzt daher heute allgemein eine einfachere Methode, welche zuerst von E. B. Wilson jun. (1939) angegeben wurde. Diese arbeitet mit Matrizen und wird daher als Wilsonsche *FG*-Matrixmethode bezeichnet. Ihre genaue Entwicklung würde hier zu weit führen; eine Kenntnis dieser Methode ist aber außerordentlich nützlich für den Schwingungsspektroskopiker. Darstellungen findet man etwa in [1, 10]. Zahlreiche Molekülmodelle wurden nach diesem Verfahren behandelt; da die Angabe der expliziten Schwingungsgleichungen für kompliziertere Moleküle viel zu umständlich wäre, werden in der Literatur meist nur die Wilsonschen Matrizen *G* und *F* angegeben. Die Matrix *G* (Matrix der kinetischen Energie) ergibt sich aus den Symmetriekoordinaten; sie enthält nur Massen, Valenzwinkel und Kernabstände. Die Matrix *F* (Matrix der potentiellen Energie) wird aus der gewählten Potentialfunktion abgeleitet und enthält nur Kraftkonstanten und Kernabstände. Die Ordnung der (quadratischen und symmetrischen) Matrizen ist gleich der Zahl der Normalschwingungen der betreffenden Symmetrieklasse.

Am Beispiel des gewinkelten symmetrischen Moleküls XY_2 soll gezeigt werden, wie man ausgehend von der *G*- und *F*-Matrix zur Säkulargleichung gelangt.

Klasse A_1: $G = \begin{vmatrix} G_{11} & G_{12} \\ G_{12} & G_{22} \end{vmatrix}$; $F = \begin{vmatrix} F_{11} & F_{12} \\ F_{12} & F_{22} \end{vmatrix}$

Klasse B_1: $G = G_{33}$ $F = F_{33}$

$$G_{11} = \mu_x(1 + \cos\alpha) + \mu_y; \qquad G_{12} = -\frac{\sqrt{2}}{r}\sin\alpha\,\mu_x;$$

$$G_{22} = \frac{2}{r^2}[\mu_x(1 - \cos\alpha) + \mu_y]; \quad G_{33} = \mu_x(1 - \cos\alpha) + \mu_y;$$

$$F_{11} = f + f'; \quad F_{12} = \sqrt{2}\,r\,g; \quad F_{22} = r^2 d; \quad F_{33} = f - f'.$$

Hierin bedeutet α den Valenzwinkel, μ_i die reziproken Massen, r den Kernabstand im ruhenden Molekül. Die Kraftkonstanten f, f', d und g sind die des „allgemeinen Valenzkraftfeldes" (s. w. u.). Die Matrizen G und F werden nun nach den Regeln der Matrixrechnung multipliziert und ergeben eine neue (nicht symmetrische) Matrix $|GF|$:

$$(GF)_{ik} = \sum_l G_{il} F_{lk}$$

Klasse A_1: $$GF = \begin{vmatrix} (G_{11}F_{11} + G_{12}F_{12}) & (G_{11}F_{12} + G_{12}F_{22}) \\ (G_{12}F_{11} + G_{22}F_{12}) & (G_{12}F_{12} + G_{22}F_{22}) \end{vmatrix}$$

Klasse B_1: $GF = G_{33}F_{33}$.

In dieser Matrix $|GF|$ wird nun zu jedem Glied der Hauptdiagonale $-\lambda (= 4\pi^2 \nu^2)$ hinzugefügt und die Determinante dieser Matrix gleich Null gesetzt. Die Ausrechnung der Determinante ergibt die Säkulargleichung:

Klasse A_1: $$\lambda^2 - \lambda(G_{11}F_{11} + G_{22}F_{22} + 2\,G_{12}F_{12}) + (F_{11}F_{22} - F_{12}^2)(G_{11}G_{22} - G_{12}^2) = 0$$

Klasse B_1: $$\lambda = G_{33}F_{33}.$$

Explizit lauten die Formeln (unter Berücksichtigung des VIETAschen Wurzelsatzes):

Klasse A_1: $$\lambda_1 + \lambda_2 = (f + f')\,[\mu_x(1 + \cos\alpha) + \mu_y] + 2d[\mu_x(1 - \cos\alpha) + \mu_y] - 4g \sin\alpha\, \mu_x,$$

$$\lambda_1 \cdot \lambda_2 = [(f + f')d - 2g^2]\, 2\mu_y(2\mu_x + \mu_y).$$

Klasse B_1: $$\lambda_3 = (f - f')\,[\mu_x(1 - \cos\alpha) + \mu_y].$$

Sind die Gleichungen wie hier vom Grade 1 oder 2, so kann man die Kraftkonstanten durch Einsetzen der Zahlen direkt ermitteln. Bei Gleichungen höheren Grades ist dies nicht mehr möglich. Man muß nach einem Iterationsverfahren arbeiten, indem man plausible Werte annimmt und mit Hilfe der Schwingungsgleichungen die λ-Werte berechnet. Diese stimmen mit den gemessenen Werten zunächst nicht überein, und man muß die Kraftkonstanten so lange variieren, bis berechnete und gemessene Frequenzen hinreichende Übereinstimmung zeigen. Bei Benutzung von elektronischen Rechenmaschinen erfordern solche Rechnungen keinen hohen Zeitaufwand.

Eine grundsätzliche Schwierigkeit ist aus den oben angegebenen Schwingungsgleichungen zu ersehen. Es treten 4 Kraftkonstanten auf, während nur 3 Schwingungsfrequenzen gemessen werden. Aus n Frequenzen kann man aber natürlich höchstens n Kraftkonstanten bestimmen. Ganz allgemein bedarf es außer dem Schwingungsspektrum noch zusätzlicher Informationen, um alle Kraftkonstanten eines Moleküls ermitteln zu können. An experimentellen Daten kommen hierfür in Frage:

1. Frequenzen isotoper Moleküle. Kraftfeld und Geometrie sind bei isotopen Molekülen hinreichend gleich. Falls die Symmetrie bei der Isotopensubstitution gleichbleibt, ändern sich in den Frequenzgleichungen nur Massenausdrücke. Man erhält also eine Reihe weiterer Frequenzen zur Berechnung der gleichen Kraftkonstanten. Zu beachten ist jedoch, daß die Frequenzen isotoper Moleküle nicht vollständig voneinander unabhängig sind. Nach der TELLER-REDLICHschen Regel (s. S. 21) ist das Produkt der Frequenzen einer Klasse mit dem entsprechenden

Produkt für ein isotopes Molekül eindeutig verknüpft und nicht mehr von den Kraftkonstanten abhängig. Es werden also für jede Klasse mit n Schwingungen nur $n - 1$ zusätzliche Informationen aus einem Isotopenspektrum erhalten. Voraussetzung für die Verwendbarkeit dieser Methode ist eine sehr genaue Frequenzmessung (Fehler $< 0{,}1\ \text{cm}^{-1}$).

2. Zentrifugaldehnungseffekt. Bei rotierenden Molekülen tritt mit steigender Rotationsfrequenz (steigender Rotationsquantenzahl) eine zunehmende Verzerrung des Moleküls durch Zentrifugalkräfte auf. Diese bedingen eine Vergrößerung der Trägheitsmomente und machen sich daher in den Rotations- und Rotationsschwingungsspektren bemerkbar (Rotationskonstanten D). Da bei der Verzerrung des Moleküls Arbeit gegen die rücktreibenden Kräfte geleistet werden muß, besteht ein Zusammenhang zwischen dem Zentrifugaldehnungseffekt und den Kraftkonstanten [619, 1185].

3. Coriolis-Kräfte. Die bei der Rotation der Moleküle auftretenden Coriolis-Kräfte führen bei den entarteten Schwingungen von symmetrischen und Kugelkreiselmolekülen zu Wechselwirkungen der einzelnen Komponenten einer entarteten Schwingung. Diese machen sich in der Rotationsstruktur der Schwingungsspektren bemerkbar und werden durch die Coriolis-Konstanten ζ quantitativ erfaßt, welche ihrerseits zu den Kraftkonstanten in Beziehung stehen.

4. Trägheitsdefekt. Für die Trägheitsmomente eines ebenen Moleküls in der Ruhelage gilt

$$I_x + I_y = I_z .$$

Die effektiven Trägheitsmomente, welche man experimentell für das schwingende Molekül bestimmt, erfüllen die Gleichung nicht genau. Die Differenz

$$\Delta = I_z^{\text{eff}} - I_x^{\text{eff}} - I_y^{\text{eff}}$$

heißt Trägheitsdefekt und hängt ebenfalls mit den Kraftkonstanten zusammen [836].

5. Zur Berechnung von Kraftkonstanten lassen sich ferner benutzen die aus Elektronenbeugungsversuchen bestimmbaren Schwingungsamplituden hochsymmetrischer Moleküle [246, 800] sowie in Einzelfällen die Intensitäten von Raman-Linien [177].

Potentialfunktionen. Alle diese im voranstehenden beschriebenen Methoden erlauben eine numerische Bestimmung der Glieder der F-Matrix; eine genaue Aussage über die Form des Potentialgebirges eines mehratomigen Moleküls lassen sie jedoch nicht zu. Man ist also genötigt, sich hierüber aus anderen Erfahrungen und der Theorie der chemischen Bindung spezielle Vorstellungen zu machen.

Als gesichert darf gelten, daß der größte Teil der potentiellen Energie eines Moleküls durch das (einfache) *Valenzkraftfeld* (Bjerrum, Mecke) erfaßt wird. Dies macht Gebrauch von der üblichen Vorstellung von der gerichteten chemischen Bindung, indem rücktreibende Kräfte bei der Verzerrung des Moleküls entlang den Valenzbindungen sowie bei Veränderung des Valenzwinkels zwischen zwei Bindungen auftreten.

Die Potentialfunktion hat dann die Gestalt:

$$2V = \sum_i f_i (\Delta r_i)^2 + \sum_{ij} r_i r_j d_{ij} (\Delta \alpha_{ij})^2. \tag{35}$$

Hierbei sind r_i die Kernabstände chemisch gebundener Atome, α_{ij} die Valenzwinkel zwischen zwei Bindungen i und j. f_i sind die oben schon benutzten Valenzkraft-, d_{ij} die Deformationskonstanten. Der Faktor $r_i r_j$ in der rechten Summe von Gl. (35) dient zur Normierung der d_{ij} auf die gleiche Dimension wie die f_i (mdyn/Å). Die Valenzkraftkonstanten haben Werte zwischen etwa 1 und 25 mdyn/Å, die Deformationskonstanten sind etwa eine Größenordnung kleiner, was im Hinblick auf die Vorstellungen von der chemischen Bindung durchaus plausibel erscheint (MECKE).

Die Gültigkeit dieses einfachen Valenzkraftfeldes läßt sich überprüfen an Molekülen, welche mehr meßbare Schwingungsfrequenzen besitzen, als Kraftkonstanten in der Potentialfunktion auftreten. Es zeigt sich, daß die Verhältnisse nur recht roh wiedergegeben werden. Beispielsweise berechnet man für CO_2 die Valenzkraftkonstante der (CO)-Bindung zu 17,0 mdyn/Å aus der symmetrischen Valenzschwingung; aus der antisymmetrischen Valenzschwingung erhält man dagegen 14,2 mdyn/Å.

Man kann das einfache Valenzkraftfeld durch Einführung weiterer Potentialkonstanten verbessern. Man nimmt hierzu an, daß die Verzerrung irgendeiner Bindung oder eines Winkels die Verzerrung benachbarter Bindungen oder Winkel mit sich bringt. Dies wird berücksichtigt durch Wechselwirkungsglieder in der Potentialfunktion. Solche Wechselwirkungen lassen sich valenztheoretisch begründen (COULSON, DUCHESNE, LINNETT). Für ein symmetrisch gewinkeltes Molekül XY_2 würde dann die Potentialfunktion lauten:

$$\begin{aligned} 2V &= f(\Delta r_1^2 + \Delta r_2^2) + r^2 d(\Delta\alpha)^2 \\ &\quad + 2f' \Delta r_1 \Delta r_2 + 2 r g \,\Delta\alpha (\Delta r_1 + \Delta r_2) \end{aligned} \tag{36}$$

Hierin erfaßt f' die Wechselwirkung der Bindungen unter sich, g die der Bindungen mit dem Winkel (diese Potentialfunktion wurde oben zur Ableitung der Schwingungsgleichungen für XY_2 bereits benutzt). Bei Molekülen mit mehreren Valenzwinkeln treten noch Wechselwirkungsgrößen der Winkel unter sich auf (d'). Im erwähnten Fall des CO_2 berechnet man hiermit für die Valenzkraftkonstante $f = 15{,}6$ mdyn/Å, als Wechselwirkungskonstante der (CO)-Bindungen $f' = 1{,}4$ mdyn/Å.

Die physikalische Bedeutung solcher Wechselwirkungsgrößen wird ersichtlich, wenn man annimmt, daß die Bindungselektronen der Kernbewegung folgen, daß also der Bindungszustand sich während der Schwingung ändert. Als Beispiel sei das CO_2 erörtert [1118]. Im Ruhezustand haben wir zwei σ-Bindungen und zwei nicht lokalisierte π-Bindungen anzunehmen, was man durch die Mesomerie ausdrücken kann:

$$|O{\equiv}C{-}\overline{\underline{O}}| \longleftrightarrow \langle O{=}C{=}O \rangle \longleftrightarrow |\overline{\underline{O}}{-}C{\equiv}O|.$$

Wird jetzt eine Bindung verlängert, dann wird die Überlappung der π-Orbitale an dieser Molekülhälfte geringer. Dadurch werden die π-Bindungen auf die unverzerrte Seite des Moleküls konzentriert. Diese Bindung wird dadurch fester, was zu einer Verkürzung des Kernabstandes führt. Verlängerung der einen (CO)-Bindung bedeutet also eine gleichzeitige Verkürzung der anderen. Die nähere Überlegung zeigt, daß dies eine positive Wechselwirkungskonstante bedingt.

Zur Erläuterung von Wechselwirkungen zwischen Winkeln und Bindungen sei das Beispiel des H_2O [513] erörtert. Reine *p*-Bindungen haben einen Valenzwinkel von 90°, reine sp^3-Bindungen von 109,5°; die sp^3-Bindung ist fester (kürzer) als die *p*-Bindung. Im ruhenden Molekül H_2O ist der Valenzwinkel 105°. Bei Vergrößerung des Winkels während der Deformationsschwingung tritt Annäherung an den sp^3-Zustand des Sauerstoffatoms ein und die (OH)-Bindung wird kürzer. Umgekehrt wird sie bei Verkleinerung des Winkels wegen Annäherung an den *p*-Zustand länger. Dies bedeutet eine positive Wechselwirkungskonstante *g*. Für H_2O ist $g = +0{,}23$ mdyn/Å. Eine wirkliche physikalische Signifikanz darf man den Wechselwirkungskonstanten wohl nur zuerkennen, wenn sie zahlenmäßig eine nennenswerte Größe (Größenordnung 0,1 mdyn/Å) erreichen. Weiterführung solcher Überlegungen: [586, 790].

Eine weitere Verbesserung der Potentialfunktion ist möglich durch Berücksichtigung der Kräfte, welche die untereinander nicht chemisch gebundenen Atome eines Moleküls aufeinander ausüben. Die Potentialfunktion ist dann nicht mehr rein quadratisch, sondern enthält lineare Glieder. Dies bedeutet, daß die partiellen Ableitungen der Potentialfunktion nach den inneren Koordinaten für die Gleichgewichtslage nicht mehr verschwinden, das Molekül also nicht spannungsfrei ist. Dies sei an Hand des gewinkelten XY_2-Moleküls erläutert (vgl. Abb. 15). Die Potentialkurve der Winkeldeformation wird im Minimum im allgemeinen zu einer anderen Entfernung der Atome Y und Y′ führen als dem Minimum der Potentialkurve für die Kraft zwischen Y_1 und Y_2 entspricht. Im resultierenden Zustand liegt der wahre Abstand zwischen diesen Grenzen, so daß das Molekül sowohl hinsichtlich des Valenzwinkels als auch des Abstandes Y—Y′ unter Spannung steht.

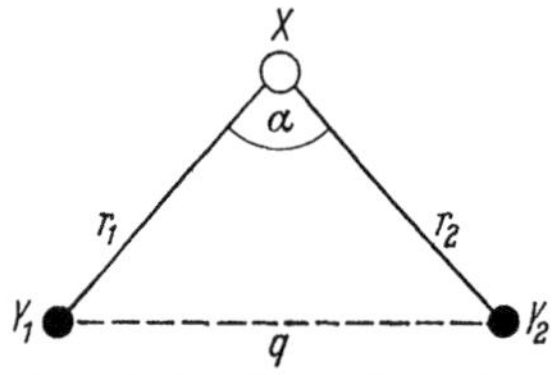

Abb. 15. Zur Beschreibung des UREY-BRADLEY-Feldes

Diese Potentialfunktion mit linearen Gliedern wird nach ihren ersten Bearbeitern als UREY-BRADLEY-Feld bezeichnet [1000]. Sie hat für das gewinkelte XY_2-Molekül die Gestalt

$$\begin{aligned} 2V = {} & K(\Delta r_1^2 + \Delta r_2^2) + 2K' r(\Delta r_1 + \Delta r_2) + \\ & + H r^2 (\Delta\alpha)^2 + 2H' r^2 \alpha\, \Delta\alpha + \\ & + F(\Delta q)^2 + 2F' q\, \Delta q. \end{aligned} \tag{37}$$

Hier ist *K* die Valenzkraft-, *H* die Deformationskonstante, *F* ist die Kraftkonstante für *q*. Diese Funktion läßt sich in eine rein quadratische Funktion transformieren, weil Δr, $\Delta\alpha$ und Δq sowie K', H' und F' nicht unabhängig voneinander sind. So erhält man

$$\begin{aligned} 2V = {} & (K + s^2 F + c^2 F')(\Delta r_1^2 + \Delta r_2^2) + \\ & + (H + c^2 F - s^2 F') r^2 (\Delta\alpha)^2 + \\ & + 2(s^2 F - c^2 F')\, \Delta r_1 \Delta r_2 + \\ & + 2 s\, c (F + F') r\, \Delta\alpha (\Delta r_1 + \Delta r_2) \end{aligned} \tag{38}$$

mit $$s = \sin\frac{\alpha}{2}; \quad c = \cos\frac{\alpha}{2}.$$

Berechnet man nach solchen Ansätzen die Kraftkonstanten, so erhält man für *F* vielfach Werte, die mit den bekannten Kräften zwischen den entsprechenden Edelgasen größenordnungsmäßig übereinstimmen, besonders bei Annahme eines r^{-6}-r^{-12}-Potentials. Dies wird als Beweis dafür angesehen, daß das UREY-BRADLEY-Feld in den Molekülen verwirklicht ist.

Nichtsdestoweniger müssen hiergegen Bedenken erhoben werden. Gewiß sind Wechselwirkungen zwischen den nichtgebundenen Atomen vorhanden. Die Vernachlässigung aller im allgemeinen Valenzkraftfeld als signifikant erkannten Wechselwirkungsgrößen führt aber zu einer Überbetonung der Kräfte zwischen nichtgebundenen Atomen. Dies macht sich darin bemerkbar, daß die Valenzkraft- und Deformationskonstanten nach dem UREY-BRADLEY-Feld vielfach unplausibel niedrige Werte annehmen. Man dürfte der Wirklichkeit am nächsten kommen, wenn man das allgemeine Valenzkraftfeld beibehält und die Kräfte zwischen nichtgebundenen Atomen als kleine Korrekturgrößen zufügt. Die Konstanten F könnte man etwa einem BUCKINGHAM-Potential entnehmen; die linearen Glieder der Potentialfunktion sind dann vernachlässigbar klein. In diesem Buch werden nur Kraftkonstanten diskutiert, die aus dem allgemeinen Valenzkraftfeld resultieren.

Näherungsrechnungen. In den meisten praktischen Fällen der Kraftkonstantenberechnung, insbesondere bei größeren Molekülen, reichen die experimentellen Daten nicht aus, um sämtliche Konstanten des allgemeinen Valenzkraftfeldes zu berechnen. Man ist dann zu gewissen Vereinfachungen gezwungen. Die bisher gebräuchlichste Methode bestand darin, alle Glieder der F-Matrix außerhalb der Hauptdiagonalen (F_{ik} für $i \neq k$) gleich Null zu setzen, da diese nur Wechselwirkungsgrößen enthalten und erfahrungsgemäß klein sind. Dieses Verfahren liefert nur brauchbare Werte für die (hauptsächlich interessierenden) Valenzkraftkonstanten und auch nur dann, wenn die Schwingungen nicht zu stark gekoppelt sind. Gelegentlich wurden auch Wechselwirkungsgrößen abgeschätzt oder aus ähnlichen Molekülen entnommen.

Eine bessere Näherung — die beste bisher bekannte — wird nach dem Verfahren von FADINI [1247, 945] erhalten. Hier werden die Nichtdiagonalglieder der F-Matrix nach einem Minimumprinzip ermittelt. Die so erhaltenen Zahlen passen sich gut in das allgemeine Erfahrungsbild ein, aber auch hier nur dann, wenn die Schwingungen hinreichend charakteristisch sind, also weitgehend durch *eine* Symmetriekoordinate beschrieben werden können.

Sind die Schwingungen besonders charakteristisch, so kann man noch brauchbare Abschätzungen der Kraftkonstanten erhalten, indem man die Kopplung ganz vernachlässigt. Beispiel: NOCl. Charakteristische (NO)-Valenzschwingung 1800 cm^{-1}. Daraus nach Zweimassenmodell [Gl. (15), S. 6] $f = 14{,}3$ mdyn/Å. Aus dem ganzen Spektrum wurde $f = 14{,}1$ mdyn/Å berechnet. Liegen mehrere gleichartige Bindungen vor, die zu charakteristischen Frequenzen Anlaß geben, kann man die Näherungsrechnung ebenfalls auf ein Zweimassenmodell zurückführen, indem man die Frequenzen quadratisch mittelt:

$$\bar{\nu}^2 = \frac{1}{n} \sum_{i=1}^{n} \nu_i^2 .$$

Beispiel: SO_2Cl_2. Charakteristische (SO)-Valenzschwingungen 1205, 1434 cm^{-1}; $\bar{\nu} = 1324{,}5$. Hieraus folgt $f = 11{,}0$; richtiger Wert 10,6 mdyn/Å. Aus den Änderungen einer charakteristischen Frequenz in zwei vergleichbaren Molekülen kann man in recht guter Näherung die Änderung der Kraftkonstanten abschätzen. Da im ungekoppelten Fall $f \sim \nu^2$ ist, sollte gelten

$$\frac{\Delta f}{f} \approx 2\frac{\Delta \nu}{\nu}.$$

Beispiel: Die charakteristische (SO)-Valenzschwingung ist im $SOCl_2$ 1251, in SOF_2 1333 cm^{-1}, steigt also um 6,6%. Danach sollte die (SO)-Valenzkraftkonstante in SOF_2 um 13,2% größer sein als in $SOCl_2$ (richtiger Wert: 13,5%).

c) Zusammenhänge zwischen Kraftkonstanten und Bindungseigenschaften

Veränderlichkeit der Kraftkonstanten. Die Erfahrung hat gezeigt, daß die Kraftkonstante ein und derselben Bindung in verschiedenen Molekülen häufig praktisch gleich ist. Das gleiche gilt für Deformations- und Wechselwirkungskonstanten. Dies ist letzten Endes verantwortlich für das Auftreten von lagekonstanten charakteristischen Bindungs- oder Gruppenfrequenzen. Da die Kraftkonstanten als Ableitung der Potentialfunktion von der Elektronenkonfiguration der Bindungen abhängen, ist es verständlich, daß eine gleiche Konfiguration zu einer gleichen Kraftkonstante führt. Andererseits sollte eine Änderung des Bindungszustandes zu einer Änderung der Kraftkonstanten führen.

Es hat sich gezeigt, daß man die Valenzkraftkonstanten in ähnlicher Weise diskutieren kann wie die Kernabstände. Der Kernabstand einer normalen Atombindung läßt sich bekanntlich durch die Summe der normalen Kovalenzradien der beteiligten Atome darstellen. Für Kraftkonstanten normaler Atombindungen gilt näherungsweise die empirische Gleichung [987]:

$$f(\mathrm{XY}) = 7{,}20\,\frac{Z_x Z_y}{n_x^3 n_y^3}. \tag{39}$$

Hierin ist $f(\mathrm{XY})$ die Valenzkraftkonstante der Bindung X—Y; Z_i ist die Kernladungszahl des Atoms i, n_i die Hauptquantenzahl seiner Valenzelektronen. Die Gleichung resultierte aus einer Verallgemeinerung der Beobachtung, daß die Valenzkraftkonstanten von Hydriden und Methylen mit der Gruppennummer im Periodensystem linear zunehmen. Das Produkt $Z_x Z_y$ tritt auch in theoretischen Ansätzen für die Kraftkonstante auf [371, 805, 937].

Zusammenhänge zwischen Kraftkonstante und Kernabstand bzw. Bindungsenergie. Da die Kraftkonstante eine Bindungskonstante ist, erscheint es naheliegend, sie mit anderen Bindungskonstanten zu vergleichen. Sehr viele Versuche sind unternommen worden, um einen quantitativen Zusammenhang zwischen dem Kernabstand und der Valenzkraftkonstanten zu finden. Eine Zusammenstellung findet sich bei [1132]. Den Verhältnissen am besten gerecht wird die Regel von BADGER (1934)

$$r - a = \frac{b}{\sqrt[3]{f}}, \tag{40}$$

wobei a und b Konstanten sind, die nur von der Stellung der verbundenen Atome in den Perioden des Periodensystems abhängen. Werte für diese

Konstanten s. [523]. Die Regel läßt sich auch theoretisch begründen [352, 1133]; über eine Verbesserung vgl. [569].

Es bestehen auch Zusammenhänge zwischen der Kraftkonstanten und der Dissoziations- bzw. Bindungsenergie. Die Potentialfunktion einer Bindung kann durch eine Exponentialfunktion dargestellt werden, wie etwa die von MORSE (1929)

$$V = D_e[1 - e^{-a\Delta r}]^2 \tag{41}$$

mit $a = \sqrt{f_e/2D_e}$ und $\Delta r = r - r_e$, wobei sich der Index e auf den Gleichgewichtszustand bezieht. Noch besser werden die Verhältnisse wiedergegeben durch die Funktion von LIPPINCOTT [682].

$$V = D_e\left[1 - e^{-\frac{b\Delta r^2}{2r}}\right], \tag{42}$$

wobei $b = \frac{f_e r_e}{D_e}$ ist. Vergleichende Diskussion empirischer Potentialfunktionen [1063].

Diese Funktionen zeigen, daß in dem Zusammenhang zwischen D und f noch die Anharmonizität eingehen muß. Bindungsenergien aus bekannten Zahlen für r_e, f_e und $\nu_e x_e$ sind von LIPPINCOTT [682] berechnet und in befriedigender Übereinstimmung mit der Beobachtung gefunden worden. Qualitativ ist festzustellen, daß die Bindungsenergie parallel zur Kraftkonstanten ansteigt.

Einfluß des Bindungszustandes auf die Kraftkonstanten. Die mannigfaltigen Erscheinungsformen der chemischen Bindung spiegeln sich meist in irgendeiner Weise in den Kraftkonstanten wider. Nur einige Gesichtspunkte sollen hier angedeutet werden.

Der Einfluß des *Hybridisierungszustandes* der an einer Bindung beteiligten Atome läßt sich am deutlichsten an den (C—H)-Verbindungen erkennen. Tab. 4 zeigt die Abhängigkeit der Kraftkonstanten mit der

Tabelle 4. *Kraftkonstanten von* (CH)-*Bindungen*

Hybridisierung	Molekül	f_{CH}	S
p	CH-Radikal	4,09	0,49
sp^3	CH_4	4,95	0,72
sp^2	C_2H_4	5,12	0,74
sp	C_2H_2	5,90	0,76

Hybridisierung des C-Atoms. Hiernach steigt f mit zunehmendem s-Charakter. Die Werte gehen parallel zur Bindungsstärke, repräsentiert durch das entsprechende Überlappungsintegral S [713]. Entsprechend findet man für die (XC)-Valenzkraftkonstanten in $P(CH_3)_4^+$, $As(CH_3)_4^+$ und $Sb(CH_3)_4^+$ mit sp^3-Bindungen um etwa 20 % höhere Werte als in dem entsprechenden Trimethylderivaten, in denen man p-Bindungen annehmen kann (vgl. Kap. III).

Schließlich ist die Kraftkonstante der (C—C)-Einfachbindung im $CH_3—C \equiv C—CH_3$ (sp-Bindung) mit 5,31 und im CH_3CN mit 5,16 mdyn/Å höher als im Äthan mit 4,45 mdyn/Å [294]. Allerdings kommt hier als Erklärungsmöglichkeit noch Hyperkonjugation in Betracht. Ähnliche Verhältnisse trifft man für die Halogencyane an, wo f(HalC) etwa 40 %

höher liegt als in den Methylhalogeniden. Hier ist noch Mesomerie denkbar (vgl. Kap. II).

Die Kraftkonstanten *mehrfacher Bindungen* sind sehr viel höher als die von Einfachbindungen. Es wurde schon sehr früh festgestellt, daß die Kraftkonstanten der Ein-, Zwei- und Dreifachbindungen sich grob wie 1 : 2 : 3 verhalten. Genauer gilt dies für die rücktreibende Kraft bei gleicher prozentualer Dehnung der Bindungen. Für Verdopplung des Kernabstandes ist diese Kraft $K = f \cdot r$. Allgemein läßt sich für den Zusammenhang zwischen der Bindungsordnung (Bindungsgrad) N und der Kraftkonstanten schreiben [659, 987]:

$$N = \frac{f_N r_N}{f_1 r_1}, \tag{43}$$

wobei der Index N sich auf die fragliche Bindung der Ordnung N, 1 auf die Einfachbindung bezieht. Wegen des Zusammenhangs zwischen r und f ist die Formel gleichwertig:

$$N = 0{,}57 \frac{f_N}{f_1} + 0{,}43 \sqrt{\frac{f_N}{f_1}}. \tag{44}$$

f_1 läßt sich etwa der Gl. (39) entnehmen. Die nach (43) oder (44) ermittelten Bindungsordnungen stehen näherungsweise in Übereinstimmung mit den Bindungsordnungen, welche sich nach der Molekülorbitalmethode für π-Bindungen berechnen lassen [226]. Beispiele sind in Tab. 5

Tabelle 5. *Bindungsordnungen von* (CO)-, (NO)- *und* (SO)-*Bindungen*

Molekül	N aus *MO* [574, 1141]	N aus f	Molekül	N aus *MO* [793]	N aus f
(C—O)-Bindungen			(S—O)-Bindungen		
CO_2	2,32	2,38	R_2SO	1,82	1,6
CO	2,72	2,76	R_2SO_2	1,89	1,9
CO^+	2,82	2,85	$SOCl_2$	1,9	1,94
			SO_2	1,93	2,00
(N—O)-Bindungen			SO_2Cl_2	2,0	2,09
NO_3^-	1,20	1,20	SO_3	2,08	2,05
NO_2^-	1,35	1,18	SOF_2	2,12	2,17
NO_2	1,68	1,50	SO_2F_2	2,14	2,21
N_2O	1,80	1,74			
NO_2^+	2,35	2,26			
NO	2,38	2,08			
$NO(A^2\Sigma^+)$	2,93	3,02			

aufgeführt. Hieraus ist zu ersehen, daß (43) und (44) nicht nur für $p\pi - p\pi$-Bindungen zwischen Elementen der ersten Periode zutrifft, sondern auch für $p\pi - d\pi$-Bindungen mit Elementen der zweiten Periode.

Induktive Effekte benachbarter Substituenten sind besonders für Kraftkonstanten von Bindungen mit Wasserstoff nachgewiesen worden, scheinen aber auch bei anderen Bindungen zu existieren. Bei den Hydriden lassen sich die Kraftkonstanten zu den Taftschen σ^*-Konstanten in Beziehung setzen (vgl. Kap. III).

Falls ein Element in mehreren *Oxydationsstufen* existiert, haben gleichartige Bindungen der höheren Oxydationsstufe größere Valenzkraftkonstanten.

Schließlich spielt die *Koordinationszahl* eine Rolle. Beispielsweise sind die Valenzkraftkonstanten von Halogenokomplexen erheblich niedriger als die der entsprechenden neutralen Halogenide (vgl. Kap. IV).

d) Ermittlung weiterer Molekülparameter aus dem Schwingungsspektrum

In diesem Abschnitt sollen einige weitere Aussagen über molekulare Eigenschaften aus den Schwingungsspektren kurz gestreift werden. Diese Aussagen sind zwar von grundsätzlicher Bedeutung, haben aber speziell in der anorganischen Chemie bisher nur eine begrenzte Anwendung gefunden.

Ermittlung von Kernabständen und Valenzwinkeln. Die Rotationsstruktur der Schwingungsbanden gasförmiger Molekeln erlaubt die Ermittlung der Molekülgeometrie. Nur für den einfachsten Fall des zweiatomigen Moleküls seien die Zusammenhänge angegeben. Für den R-Zweig der Grundschwingung gilt:

$$\nu_R = \nu_0 + 2B_1 + (3B_1 - B_0)J + (B_1 - B_0)J^2. \qquad (45)$$

Entsprechend gilt für den P-Zweig:

$$\nu_P = \nu_0 - (B_1 + B_0)J + (B_1 - B_0)J^2. \qquad (46)$$

Hierin ist ν_0 die Frequenz der Grundschwingung, J ist die Rotationsquantenzahl, B_v die Rotationskonstante (meist in cm^{-1} angegeben). Diese sind etwas verschieden für die Werte der Schwingungsquantenzahl v. Für die Nullpunktsschwingung ($v = 0$) ist B etwas größer als für die Grundschwingung ($v = 1$). Die Rotationskonstante steht im Zusammenhang mit dem Trägheitsmoment I:

$$I = \frac{h}{8\pi^2 c B} = \frac{22{,}986 \cdot 10^{-40}}{B} \cdot \quad [\mathrm{g\,cm^2}] \qquad (47)$$

Aus dem Trägheitsmoment erhält man den Kernabstand:

$$r^2 = I\left(\frac{1}{m_1} + \frac{1}{m_2}\right). \qquad (48)$$

Für mehratomige Moleküle erhält man aus den Rotationsschwingungsspektren höchstens drei Trägheitsmomente. Sind daraus nicht alle Kernabstände und Valenzwinkel zu ermitteln, so kann man noch die Spektren isotopensubstituierter Moleküle heranziehen. Für genaue Untersuchungen muß auch noch der Einfluß der Zentrifugalkraft (Einführung der Rotationskonstanten D) sowie der Anharmonizität berücksichtigt werden.

Bindungsmomente. Zwischen der Intensität einer Absorptionsbande im Ultraroten und der Ladungsverteilung im Molekül bestehen Zusammenhänge. So steht die integrale Absorption

$$A = \int \varepsilon\, d\nu$$

(ε = Extinktionskoeffizient) mit der Ableitung des Bindungsmoments nach dem Kernabstand für ein zweiatomiges Molekül in der Beziehung

$$\left(\frac{\partial \mu}{\partial \Delta r}\right)_{\Delta r = 0} \sim \pm \sqrt{A}\,. \qquad (49)$$

Bei Kenntnis dieser Größe auch für die Obertöne einer Schwingung läßt sich auf das Bindungsmoment μ extrapolieren [610, 767]. Das so erhaltene Material ist für anorganische Verbindungen noch nicht sehr umfangreich; auch bestehen noch gewisse methodische Schwierigkeiten. Nichtsdestoweniger dürfte den Intensitätsbetrachtungen in Zukunft eine steigende Bedeutung für die Kenntnis der Ladungsverteilungen in Molekülen zukommen. Zusammenfassende Darstellungen: [556, 227, 1115].

Bindungspolarisierbarkeiten. Die Intensität einer Raman-Linie hängt von der Polarisierbarkeit des Moleküls ab. Man erhält wiederum die Ableitungen der Polarisierbarkeit nach den Kernabstandsänderungen $\partial\alpha/\partial\Delta r$ (zusammenfassende Darstellung [3]). Hier bestehen Beziehungen zwischen $\partial\alpha/\partial\Delta r$ und der Polarität sowie der Bindungsordnung. Je größer die Polarität der Bindung ist, um so kleiner wird $\partial\alpha/\partial\Delta r$ (ionische Bindungen geben keine Raman-Linien!). Andererseits steigt $\partial\alpha/\partial\Delta r$ mit der Bindungsordnung.

Thermodynamische Größen. Die Kenntnis der Schwingungsfrequenzen eines Moleküls gestattet die Berechnung einer Reihe thermodynamischer Größen. Die Zustandssumme eines Gases läßt sich in 4 Faktoren zerlegen, die die Anteile der Translations-, der Rotations-, der Elektronen- und der Schwingungsenergie enthalten. Der Schwingungsanteil ist

$$Z_{\text{vibr}} = \prod_i e^{-\frac{h\tilde{\nu}_i}{kT}} \left(1 - e^{-\frac{h\tilde{\nu}_i}{kT}}\right)^{-g_i}, \qquad (50)$$

wobei $\tilde{\nu}_i$ die Frequenzen, g_i deren Entartungsgrad ist. Der Elektronenanteil der Zustandssumme kann vernachlässigt werden, Translations- und Rotationsanteil sind berechenbar. Aus der Zustandssumme ergeben sich durch Differentiation Enthalpie, Molwärme, Entropie sowie freie Energie und freie Enthalpie.

Man hat in Einzelfällen versucht, mit diesen Zusammenhängen, etwa mit der bekannten Molwärme und ihrer Temperaturabhängigkeit, die Zuordnung der gemessenen Schwingungen zu überprüfen oder die Frequenzen von Schwingungen zu ermitteln, die sowohl im Raman- wie auch im *UR*-Spektrum verboten sind.

II. Schwingungsspektren einfacher Moleküle

Dieses Kapitel bringt eine Zusammenstellung der Grundschwingungen einfacher Moleküle nach physikalischen Gesichtspunkten (Geometrie und Symmetrie). Außer den gemessenen Frequenzen wird die Zuordnung zu den Normalschwingungen angegeben und die Kraftkonstanten, soweit diese ermittelt sind.

Die Frequenzen sind — gemäß der Bezeichnungsweise von Herzberg — nach Symmetrieklassen entsprechend deren Reihenfolge in den Punktgruppentabellen geordnet. Die fortlaufende Numerierung ν_1, ν_2 usw. beginnt im allgemeinen mit der höchsten Frequenz jeder Symmetrieklasse.

In den Tabellen werden folgende Abkürzungen verwandt:

Meßmethode:	*Ra*	Raman-Spektrum
	UR	Ultrarotspektrum

Aggregatzustand:	gas	gasförmig
	fl	flüssig
	krist	kristallisiert
	Lsg	Lösung (falls nicht anders angegeben, in H_2O)
	Schm	Schmelze
Schwingungsformen:	ν_s, ν_{as}, ν_e	Valenzschwingungen (s = symmetrisch, as = antisymmetrisch, e = entartet)
	δ_s, δ_{as}, δ_e	Deformationsschwingungen
	τ	Torsionsschwingung
	γ	nichtebene Deformationsschwingung
Kraftkonstanten:	f	Valenzkraftkonstante
	d	Deformationskonstante
	f', d', g	Wechselwirkungskonstanten
Geometrie:	r	Kernabstand
	α	Valenzwinkel

Schwingungsformen und Kraftkonstanten können genauer charakterisiert werden durch Angabe der zugehörigen Bindungen, z. B. $\nu(XY)$ = Valenzschwingung der Bindung X—Y; $d(XYZ)$ = Deformationskonstante der Gruppe X—Y—Z.

Gelegentlich sind einzelne Grundschwingungen nicht direkt beobachtet, sondern aus Ober- oder Kombinationstönen ermittelt worden; solche Zahlen sind in den folgenden Tabellen eckig geklammert aufgeführt.

Frequenzen sind stets in [cm^{-1}], Kraftkonstanten in [mdyn/Å] und Kernabstände in [Å] angegeben.

Geschätzte relative Intensitäten werden für das Raman-Spektrum meist in Zahlen von 0—10 angegeben. Für die Intensitäten der Ultrarotbanden wird in diesem Buch die in der englischsprachigen Literatur übliche Bezeichnungsweise übernommen, da sie unmißverständlich ist. Es bedeuten:

vs	sehr stark
s	stark
ms	mäßig stark
m	mäßig
mw	mäßig schwach
w	schwach
vw	sehr schwach

Bandenform und Depolarisationsgrad werden bezeichnet durch:

b	breit
vb	sehr breit
d	diffus
Bd	Band
Sch	Schulter
p	polarisiert
dp	depolarisiert

In den Tabellen dieses Kapitels wird auf Intensitäts- und Polarisationsangaben verzichtet.

1. Zweiatomige Moleküle

In Tab. 6 sind die Schwingungsfrequenzen zweiatomiger Moleküle zusammengestellt. Dabei wurde die große Zahl der nur emissionsspektroskopisch bekannten Moleküle weggelassen, da sie für den Chemiker weniger wichtig sind. Vielfach sind die Schwingungsfrequenzen noch auf mehrere Stellen genauer bekannt als in Tab. 6 angegeben, und zwar in den Fällen, in denen eine Analyse der Rotationsfeinstruktur vorgenommen wurde.

Die Einflüsse der Anharmonizität der Schwingungen sind bei den zweiatomigen Molekülen meist aus Untersuchungen der Obertöne gut bekannt oder aus der Rotationsstruktur der Spektren der Gase. Die Anharmonizität macht sich am stärksten bemerkbar bei den Wasserstoffverbindungen, da hier die Amplitude der Schwingungen wegen der geringen Masse am größten ist. Die dadurch bedingte Frequenzerniedrigung beträgt bei H_2 5,4%, HD 4,7% und D_2 4,0%. Bei den sonstigen zweiatomigen

Tabelle 6. *Zweiatomige Moleküle*

Mol.	Methode Zustand	ν	f	r	Lit.
H_2	*Ra*, gas	4161	5,14	0,750	1081
HD	*Ra*, gas	3632	5,22	0,750	1081
D_2	*Ra*, gas	2994	5,32	0,748	1081
O_2	*Ra*, gas	1556	11,41	1,207	1160
O_2^-	*Ra*, KO_2 krist	1145	6,18	1,34	241
N_2	*Ra*, gas	2330	22,39	1,100	1080
F_2	*Ra*, gas	892	4,45	1,417	37
Cl_2^{35}	*Ra*, gas	558	3,20	1,99	1052
Br_2	*Ra*, gas	317	2,36	2,28	1052
J_2	*Ra*, *Lsg* ($CHCl_3$)	207	1,60	2,66	1052
Cd_2^{2+}	*Ra*, *Schm* $Cd_2(AlCl_4)_2$	183	1,11	—	212
Hg_2^{2+}	*Ra*, *Lsg* $Hg_2(NO_3)_2$	169	1,69	2,54	1193
HF	*UR*, gas	3961	8,87	0,926	521
DF	*UR*, gas	2907		0,926	1092
TF	*UR*, gas	2444		0,926	593
HCl^{35}	*UR*, gas	2886	4,81	1,284	901
DCl^{35}	*UR*, gas	2091		1,284	901
TCl^{35}	*UR*, gas	1739		1,284	596
HBr^{79}	*UR*, gas	2559	3,84	1,421	878
DBr^{79}	*UR*, gas	1840		1,421	608
TBr^{79}	*UR*, gas	1519		1,421	596
HJ	*UR*, gas	2227	2,92	1,617	133
DJ	*UR*, gas	1600		1,617	579
CO	*UR*, gas	2143	18,56	1,131	900
NO	*UR*, gas	1876	15,48	1,154	977, 1117
NO^+	*UR*, $NOBF_4$ krist	2387	25,06	—	976
OH^-	*UR*, NaOH krist	3635	7,39	—	166, 645, 866
OD^-	*UR*, NaOD krist	2681		—	166
ClF	*UR*, gas	774	4,34	1,635	824
BrCl	*UR*, gas	440	2,77	2,14	143, 1052
JCl	*UR*, gas	382	2,35	2,32	143, 1052
JBr	*Ra*, *Lsg* (CCl_4)	262	1,98	2,49	1052
CN^-	*Ra*, *UR*, KCN krist	2076	16,41	1,15	736, 776
ClO^-	*Ra*, *Lsg* NaClO	713	3,29	—	653

Hydriden ist die Erniedrigung etwa 4%, bei den Deuteriden 2,5%. Die Frequenzen aller wasserstofffreien Moleküle werden dagegen nur um rund 1% erniedrigt.

Die Kraftkonstanten wurden nach Gl. (15), S. 6 ermittelt. Durchweg wurde von den beobachteten Frequenzen ν ausgegangen, nicht von den harmonischen Frequenzen ν_e. Dadurch sind die angegebenen Konstanten gegenüber den wahren Werten um einige Prozent erniedrigt. Für die weitere Verwertung der Kraftkonstanten ist der Unterschied kaum von Bedeutung, daher werden in diesem Buch meist die aus den beobachteten Frequenzen berechneten Kraftkonstanten verwandt. Aus den Frequenzen isotoper Moleküle erhält man gleiche Kraftkonstanten mit Ausnahme der Verbindungen, in denen H durch D oder T ersetzt ist. Wegen der verschiedenen Anharmonizitätskorrekturen berechnen sich aus den D- und T-Verbindungen höhere Kraftkonstanten als aus H-Verbindungen. Geht man dagegen von ν_e aus, so erhält man stets übereinstimmende Werte.

Der Einfluß des Aggregatzustandes auf die Schwingungsfrequenz ist unterschiedlich. Beim Übergang gasförmig—flüssig nimmt die Frequenz bei H_2, O_2, N_2 und CO um etwa 0,2% ab. Bei den Halogenmolekülen Cl_2, ClF, BrCl und JCl beträgt die Abnahme 1,3—2,0%, bei Br_2 sogar 3,5%. Die Vergrößerung des Effektes läßt sich auf die größere Polarisierbarkeit dieser Moleküle zurückführen. Die Halogenwasserstoffe HCl, HBr, HJ zeigen Frequenzerniedrigungen von 3% beim Übergang gasförmig—flüssig und ebenfalls weitere 3% beim Übergang zum festen Zustand. Diese Erscheinung ist durch die Assoziation im kondensierten Zustand zu deuten. Infolge der Ausbildung von Wasserstoffbrückenbindungen wird die H-Halogenbildung gelockert, was zu einem Absinken der Schwingungsfrequenz führt. Beim flüssigen HF ist die Assoziation so stark, daß man nicht mehr von einzelnen (HF)-Molekülen sprechen kann. Man beobachtet eine breite Schwingungsbande bei $\sim$ 3400 cm^{-1}, also 14% niedriger als im Gas (s. Abschn. H-Brücken).

Das NO dimerisiert im flüssigen und kristallisierten Zustand zu N_2O_2 (s.w.u.); gelöst in einem inerten Lösungsmittel (CCl_4) oder eingefroren in eine inerte Matrix (Ar) findet man die gleiche Frequenz wie im Gaszustand.

Die Schwingungsspektren von Molekülionen sind meist stark von der Umgebung abhängig. Man erhält also verschiedene Spektren, wenn man an festen oder gelösten Ionen beobachtet. Bei den festen Substanzen hängt das Spektrum noch vom Gegenion ab; z. B. steigt die Frequenz des Hydroxylions im allgemeinen mit fallendem Kation-Radius (KOH 3600, NaOH 3637, LiOH 3678 [166, 645, 866]). In den wasserhaltigen Hydroxiden bilden sich Wasserstoffbrücken zum Kristallwasser; daher sinkt die (OH)-Frequenz (3480—3570). Für NO^+ liegt die Frequenz in Fluorosalzen zwischen 2330 und 2390, in Oxosalzen zwischen 2310 und 2340 und in Chlorosalzen zwischen 2165 und 2330 [976].

An Hand ihrer Schwingungsfrequenz wurde die Existenz der Radikale NF ($\nu = 1115$), NCl (819), NBr (686), NH (3133) [787], OF (1029) [1218] und LiO (745) [1175] nachgewiesen. Hierzu kam das Verfahren der „Matrixisolierung“ zur Anwendung, wobei die fragliche Substanz mit einem großen Überschuß eines inerten Stoffes (N_2, Edelgase) eingefroren wird.

Weiterhin sind die Frequenzen monomerer Alkalihalogenide im Gaszustand oder in einer Matrix isoliert gemessen worden [623, 915, 949].

2. Dreiatomige Moleküle

a) XY_2, linear ($D_{\infty h}$)

Die bestimmenden Symmetrieelemente dieser Moleküle sind eine Drehachse der Zähligkeit ∞ in der Molekülachse und ein Inversionszentrum, das hier durch das Atom X besetzt ist. Weitere aus C_∞ und i

folgende Symmetrieelemente sind: eine senkrecht zu C_∞ liegende Symmetrieebene σ_h, in welcher i liegt, und eine unendliche Zahl von zweizähligen Achsen C_2 senkrecht zu C_∞ sowie von Spiegelebenen σ_v parallel zu C_∞. Dies sind die Symmetrieelemente der Punktgruppe $D_{\infty h}$. Außer den hier besprochenen Molekülen XY_2 gehören die zweiatomigen Moleküle mit gleichen Kernen X_2 zu dieser Punktgruppe. Tab. 7 zeigt das Symmetrieverhalten der Schwingungen sowie ihre Anzahl und Verteilung auf die Symmetrieklassen für eine Reihe hierhergehöriger Molekül-

Tabelle 7. *Punktgruppe* $D_{\infty h}$. *Symmetrieelemente*: C_∞, ∞C_2, σ_h, $\infty\, \sigma_v$, i

Klasse	C_∞	σ_h	C_2	σ_v	i	*Ra*	*UR*	Abzählung X_2	XY_2	X_2Y_2	$X(YZ)_2$
Σ_g^+	*s*	*s*	*s*	*s*	*s*	*p*	—	1ν	1ν	2ν	2ν
Σ_u^-	*s*	*as*	*as*	*s*	*as*	—	$\mathfrak{M}_z$	—	1ν	1ν	2ν
Π_g	*e*	*as*	*e*	*e*	*s*	*dp*	—	—	—	1δ	1δ
Π_u	*e*	*s*	*e*	*e*	*as*	—	$\mathfrak{M}_\perp$	—	1δ	1δ	2δ

typen. Die Schwingungsformen der drei Normalschwingungen des Typs XY_2 sind in Abb. 7, S. 12 dargestellt.

Tab. 8 enthält die Frequenzen der bisher untersuchten Moleküle dieses Typs*. Im einzelnen ist hierzu noch zu bemerken:

Das Raman-Spektrum des CO_2 sollte nach den Auswahlregeln nur aus einer einzelnen Linie ν_1 bestehen. Tatsächlich werden aber zwei Linien gleicher und hoher Intensität (1286, 1388) beobachtet. Dies hat seinen Grund darin, daß die Deformationsschwingung ν_2 (667 cm^{-1}) ihren Oberton $2\nu_2$ bei 1329 cm^{-1} hat, die wahre Grundschwingung ν_1 aber ganz in der Nähe bei 1345 cm^{-1} liegt. Da $2\nu_2$ eine Komponente der Klasse Σ_g^+ wie ν_1 besitzt, müssen die zugehörigen fast gleichen Energieniveaus miteinander in Wechselwirkung treten. Dies äußert sich in einem „Auseinanderrücken" der Energieniveaus und damit auch der Schwingungsfrequenzen. Gleichzeitig wird auch die Intensität angeglichen, was sich in einer Intensitätssteigerung des Obertons bemerkbar macht. Dieser Effekt — nach seinem Entdecker FERMI-Resonanz genannt — tritt beim CS_2 weniger deutlich in Erscheinung. Hier wird ν_1 gegenüber dem ungestörten Wert nur um 10 cm^{-1} erniedrigt. Andere Moleküle, bei denen FERMI-Resonanz einzelner Schwingungen beobachtet wurde, sind z. B. NCO^-, ClCN, CCl_4, NH_4^+ (Cl^-).

Das monomere Metaborat-Ion BO_2^- ist in einem Wirtsgitter nachgewiesen worden. Die Erdalkalihalogenide existieren als isolierte Moleküle nur im Gaszustand. Dagegen sind Zn- und Cd-Halogenidmoleküle auch in Lösung (Aceton oder höhere Alkohole) ramanspektroskopisch identifiziert worden [268]. Für ν_1 wurde so gemessen: $ZnCl_2$ 305, $ZnBr_2$ 208, ZnJ_2 163, CdJ_2 163. Dagegen bestehen die Quecksilberhalogenide auch im festen Zustand noch aus isolierten Molekülen. Deren Schwingungsfrequenzen sind gegenüber den Werten im Gaszustand stark erniedrigt (vgl. $HgCl_2$ in Tab. 8). Dies ist wohl so zu erklären, daß die Bindungen polarisiert sind und daher durch das Kristallfeld stärker beeinflußt werden. Die Zahlen für ν_2 der Quecksilberhalogenide stammen aus Beobachtungen des Bandenspektrums im *UV*.

* Es ist üblich, bei dreiatomigen linearen Molekülen die Valenzschwingungen mit ν_1 und ν_3 zu bezeichnen, mit ν_2 die Deformationsschwingung.

Weiter gehören hierher die Ionen HCl_2^- ($\nu_2 = 1160$, $\nu_3 = 1565$), HBr_2^- (1170, 1670), HJ_2^- (1165, 1650), deren *UR*-Spektren an den kristallisierten Tetraalkylammoniumsalzen gemessen wurden [755]. Für eine Reihe von Halogenidmolekülen, die im Gaszustand wahrscheinlich linear sind, wurde ν_3 im *UR*-Spektrum gemessen [622, 669, 898]: $MgBr_2$ (490), ZnJ_2 (340), $MnCl_2$ (467), $FeCl_2$ (492), $CoCl_2$ (493), $NiCl_2$ (510), $CuCl_2$ (496), $CoBr_2$ (396); ν_1 im *Ra*-Spektrum ätherischer Lösungen von $CuCl_2^-$ (296) und $CuBr_2^-$ (190) [240]. Für ClF_2^- ist $\nu_3 = 635$ [1315].

Tabelle 8. *Frequenzen linearer Moleküle* XY_2 ($D_{\infty h}$)

Molekül	Methode Zustand	$\nu_1(\Sigma_g^+)$	$\nu_2(\Pi_u)$	$\nu_3(\Sigma_u^+)$	Lit.
CO_2	*Ra*, *UR* gas	1388 1286	667	2349	714, 879, 1082
CS_2	*Ra*, *UR* gas	658	397	1533	1082, 1169
CSe_2	*Ra* fl, *UR* gas	368	[308]	1303	1169
NO_2^+	*Ra*, *UR* NO_2ClO_4krist	1396	570	2360	545, 773, 1034
BO_2^-	*UR* KBr-Matrix	—	587	1959	548, 797
N_3^-	*Ra*, *UR* KN_3 krist	1344	647	2036	149, 601, 855
CN_2^{2-}	*UR*, Na_2CN_2 krist	1234	598	2120	257
BN_2^{3-}	*UR*, $Ca_3(BN_2)_2$ krist	—	578	1690	443
KrF_2	*Ra*, *UR* gas	449	233	588	1129, 1240
XeF_2	*Ra*, *UR* gas	515	213	557	24, 1263
BeF_2	*UR* gas	—	825	1520	152
$BeCl_2$	*UR* gas	—	482	1113	152
$MgCl_2$	*UR* gas	—	295	597	152
$ZnCl_2$	*UR* gas	—	295	516	153, 622
$ZnBr_2$	*UR* gas	—	225	413	153, 622
$HgCl_2$	*Ra*, *UR* gas	360	[70]	413	} 18, 135,
	Ra, *UR* krist	313	74	375	} 566, 624
$HgBr_2$	*Ra*, *UR* gas	225	[41]	293	18, 566, 624
HgJ_2	*Ra*, *UR* gas	155	[33]	237	622
HF_2^-	*Ra*, *UR* KHF_2 krist	600	1230	1455	595, 612, 738
DF_2^-	*Ra*, *UR* KDF_2 krist	(600)	888	1045	595, 612, 738
$BrCl_2^-$	*Ra Lsg*, *UR* krist	280	—	305	864
JCl_2^-	*Ra Lsg*, *UR* krist	272	—	218	864
Br_3^-	*Ra Lsg*, *UR* krist	162	—	193	864

In inerter Matrix wurde das C_3-Radikal *UR*-spektroskopisch nachgewiesen ($\nu_3 = 2038$ [1166]). Auch das monomere Li_2O ist in Krypton-Matrix linear gebaut ($\nu_3 = 987$ [1175]); dies deutet darauf hin, daß die (LiO)-Bindungen ionischer Natur sind, da für Atombindungen Winkelung am O-Atom erwartet werden muß.

Zu den linearen dreiatomigen Systemen werden häufig die Oxoionen der Actiniden UO_2^{2+}, NpO_2^{2+}, PuO_2^{2+}, AmO_2^{2+}, NpO_2^+ und AmO_2^+ gerechnet (vgl. Kap. III). Dies ist jedoch nur eine Näherungsbeschreibung, da sich bei diesen Ionen in der Ebene senkrecht zur Achse O—Me—O weitere Liganden befinden.

Die Kraftkonstanten wurden aus den Gleichungen

$$\lambda_1 = (f + f')\,\mu_y$$

$$\lambda_2 = 2d(2\mu_x + \mu_y)$$

$$\lambda_3 = (f - f')\,(2\mu_x + \mu_y)$$

berechnet und sind in Tab. 9 aufgeführt. Bei Vorliegen von FERMI-Resonanz (CO_2, CS_2) wurden korrigierte Werte von ν_1 zur Berechnung benutzt. In den Fällen, in denen ν_1 nicht gemessen ist, wurde für f' ein plausibler Wert geschätzt.

Die Moleküle mit mehrfachen Bindungen weisen stets eine relativ große Wechselwirkungskonstante f' auf (6—14% von f). Die Ursachen hierfür wurden bereits im Kap. I, S. 31 erörtert. Dagegen ist f' in neutralen Molekülen mit einfachen Bindungen meist vernachlässigbar klein; allerdings sind hierfür nur wenige Beispiele bekannt ($HgCl_2$, $HgBr_2$, HgJ_2). In den Ionen $BrCl_2^-$, JCl_2^- und Br_3^- findet man dagegen wieder

Tabelle 9. *Kraftkonstanten und Kernabstände linearer Moleküle* XY_2

Molekül	f	f'	d	r
CO_2	15,61	1,43	0,57	1,162
CS_2	7,67	0,70	0,23	1,555
CSe_2	5,94	0,36	0,16	—
NO_2^+	17,17	1,19	0,47	1,10
BO_2^-	10,3	(1,0)	0,42	—
N_3^-	13,15	1,75	0,58	1,15
CN_2^{2-}	11,84	0,72	0,44	1,22
BN_2^{3-}	7,2	(0,5)	0,39	—
KrF_2	2,46	−0,20	0,21	—
XeF_2	2,83	0,14	0,20	1,98
BeF_2	5,0	(0)	0,13	1,40
$BeCl_2$	2,9	(0)	0,27	1,72
$MgCl_2$	1,9	(0)	0,23	2,18
$ZnCl_2$	2,7	(0)	0,43	2,05
$ZnBr_2$	2,3	(0)	0,35	2,21
$HgCl_2$	2,64	0,03	0,037	2,29
$HgBr_2$	2,32	0,07	0,022	2,41
HgJ_2	1,84	−0,02	0,018	2,59
HF_2^-	2,32	1,71	0,22	1,13
$BrCl_2^-$	1,32	0,30	—	—
JCl_2^-	0,94	0,31	—	2,55
Br_3^-	0,91	0,33	—	—

sehr große Werte für f' (f'/f 0,3), was hier durch einen besonderen Bindungsmechanismus gedeutet wird. Extrem ist in dieser Hinsicht der Fall des HF_2^- ($f'/f = 0{,}7$).

Bei den Erdalkalihalogeniden BeF_2, $BeCl_2$, $MgCl_2$, $ZnCl_2$ und $ZnBr_2$ ist d im Vergleich zu f recht groß. Dies wird so gedeutet, daß hier Atombindungen vorliegen [152, 153]. Für ionische Bindungen wäre eine kleine Deformationskonstante zu erwarten. Auffällig ist jedoch in diesem Zusammenhang, daß bei den Quecksilberhalogeniden d sehr klein ist.

b) XYZ, linear ($C_{\infty v}$)

Bei diesen Molekülen fallen das Symmetriezentrum und die zweizähligen Achsen weg. Es verbleiben nur die ∞-zählige Drehachse und die dazu parallelen Spiegelebenen. Dies sind die Symmetrieelemente der Punktgruppe $C_{\infty v}$ (vgl. Tab. 10). Zu dieser Gruppe gehören auch die zweiatomigen Moleküle mit ungleichen Kernen.

Die Spektren der untersuchten Substanzen sind in Tab. 11 zusammengestellt. Die Deformationsschwingung läßt sich leicht an Hand des Depolarisationsgrades (*Ra*) oder der Rotationsstruktur (*UR*, vgl. S. 18) erkennen. Es ist stets die niedrigste der drei Grundschwingungen. Die beiden Valenzschwingungen ν_1 und ν_3 fallen hier in die gleiche Klasse Σ^+. Man

Tabelle 10. *Punktgruppe* $C_{\infty v}$. *Symmetrieelemente:* C_∞, $\infty\,\sigma_v$

Klasse	C_∞	σ_v	*Ra*	*UR*	Abzählung XY	Abzählung XY_2
Σ^+	*s*	*s*	*p*	$\mathfrak{M}_z$	1ν	2ν
Π	*e*	*e*	*dp*	$\mathfrak{M}_\perp$	—	1δ

kann versuchen, diese den zwei Molekülbruchteilen X—Y und Y—Z zuzuordnen, m. a. W. nach charakteristischen Frequenzen suchen.

Wie früher in Kap. I schon erörtert, ist in HCN, FCN, ClCN, BrCN und JCN die Schwingung um 2000 — 2200 cm^{-1} als Valenzschwingung ν(CN) zu bezeichnen; entsprechend die andere Valenzschwingung als

Tabelle 11. *Frequenzen linearer Moleküle* XYZ ($C_{\infty v}$)

Molekül	Methode Zustand	$\nu_1(\Sigma^+)$	$\nu_2(\Pi)$	$\nu_3(\Sigma^+)$	Lit.
HCN	*UR*, gas	2097	712	3311	31, 902
DCN	*UR*, gas	1925	569	2630	31
TCN	*UR*, gas	1724	513	2460	1043
HNC	*UR*, Ar-Matrix	2032	535	3583	786
DNC	*UR*, Ar-Matrix	1940	413	2733	786
HCC^-	*UR*, NaHCC krist	1867	647	3225	447, 815
HCP	*UR*, krist	1265	671	3180	411
N_2O	*UR*, gas	1285	589	2224	491, 881
NCO^-	*UR*, KNCO krist	{1207, 1302	632	2165	717, 1140
CNO^-	*UR*, NaCNO krist	1112	471	2098	91
OCS	*UR*, gas	859	520	2062	719
OCSe	*UR*, gas	642	466	2021	759
SCSe	*UR*, gas	506	[355]	1435	1169
SCTe	*UR*, *Lsg* (CS_2)	423	[337]	1347	1169
FCN	*UR*, gas	1078	451	2290	334
ClCN	*UR*, gas	{714, 784	380	2219	370
BrCN	*UR*, gas	586	342	2198	716
JCN	*Ra*, *Lsg* ($CHCl_3$)	470	321	2158	8
SCN^-	*UR*, *Lsg*	743	470	2066	578, 614
$SeCN^-$	*UR*, KSeCN krist	561	422	2070	477, 796
$(CH_3)CN$	*UR*, gas	920	362	2267	} vgl. Kap. III
$(CH_3)NC$	*UR*, gas	945	263	2166	

ν(CX). Nicht zulässig ist dieses bei DCN und TCN. Allgemein kann man mit einigem Recht bei den Molekülen, bei denen das eine Außenatom viel leichter ist als das andere, die höhere Valenzschwingung diesem leichteren Atom zuordnen. Dies ist noch der Fall bei HCN, OCS, OCSe, SCSe, SCTe, HCC^-, SCN^- und $SeCN^-$.

Eine solche Zuordnung ist nicht möglich, wenn die Massen der Außenatome und auch die Kraftkonstanten der Bindungen von vergleichbarer

Größe sind, also beim NCO^-, N_2O und CNO^-. Diese Moleküle sind daher fast so symmetrisch wie das CO_2, und man kann hier näherungsweise von einer symmetrischen und einer antisymmetrischen Schwingung sprechen. Man erkennt dies bei dem Verhalten bei Isotopensubstitution des mittleren Atoms. Im streng symmetrischen Fall (CO_2) darf sich die symmetrische Valenzschwingung bei Ersatz des C^{12} durch C^{13} oder C^{14} nicht ändern, sondern nur die antisymmetrische Valenzschwingung. Ähnliche Verhältnisse findet man beim N_2O (vgl. Formel I, S. 48): Substituiert man das mittlere N^{14}-Atom durch N^{15}, so sinkt ν_1 nur um 4 cm^{-1} ($\sim$0,3%), dagegen ν_3 um 46 cm^{-1} ($\sim$2,1%). Entsprechendes gilt für NCO^- [717].

Eine starke Abhängigkeit vom Aggregatzustand wird für ν_3 des HCN beobachtet (Gas 3311, Matrix 3292, flüssig 3213, kristallisiert 3132). Dies beruht auf der Ausbildung von Wasserstoffbrücken C—H . . . N im kondensierten Zustand.

Fermi-Resonanz zwischen ν_1 und $2\nu_2$ tritt hier auffällig bei ClCN und NCO^- in Erscheinung. Dagegen verschiebt sie ν_1 des N_2O, dessen Spektrum sonst dem des CO_2 sehr ähnlich ist, um nur 9 cm^{-1}.

In Tab. 11 sind noch zwei Moleküle (CH_3CN und CH_3NC) aufgeführt, die man näherungsweise als lineare Dreimassenmoleküle auffassen kann, indem man die Gruppe CH_3 als einen Massenpunkt betrachtet. Hier werden also alle Schwingungen, an denen Wasserstoff beteiligt ist, vernachlässigt. Diese Betrachtungsweise ist sehr nützlich für die Zuordnung der Spektren komplizierterer Moleküle, führt aber nur zum Ziele, wenn die Schwingungen mit Wasserstoff hinreichend charakteristisch sind. Dies ist in der Regel der Fall bei Hydroxiden X—OH, häufig auch bei Methyl- und Amido-Verbindungen.

Im $N_2F_2 \cdot AsF_5$ liegt das lineare Ion N_2F^+ mit ν(NF) = 1050 vor [1287].

Die Schwingungsgleichungen lauten für das allgemeine Valenzkraftfeld:

$$\lambda_1 + \lambda_3 = f_{xy}(\mu_x + \mu_y) + f_{yz}(\mu_y + \mu_z) - 2f'\,\mu_y$$

$$\lambda_1 \cdot \lambda_3 = [f_{xy} f_{yz} - (f')^2]\,(\mu_x \mu_y + \mu_x \mu_z + \mu_y \mu_z)$$

$$\lambda_2 = r_{xy} r_{yz} d \left[\frac{\mu_x}{r_{xy}^2} + \mu_y \left(\frac{1}{r_{xy}} + \frac{1}{r_{yz}}\right)^2 + \frac{\mu_z}{r_{xy}^2}\right].$$

Die Deformationskonstante d ist bei Kenntnis der Kernabstände aus ν_2 zu ermitteln. Die drei Konstanten f_{xy}, f_{yz} und f' kann man aus ν_1 und ν_3 allein nicht erhalten, hier bedarf es noch zusätzlicher experimenteller Daten. In einigen Fällen sind mit Erfolg die Spektren isotoper Moleküle herangezogen worden.

Beispielsweise wurden die Frequenzen von $HC^{12}N^{14}$ ($\nu_1 = 2096{,}68$, $\nu_3 = 3311{,}473$) und $HC^{13}N^{14}$ ($\nu_1' = 2062{,}268$, $\nu_3' = 3293{,}506$) mit großer Genauigkeit gemessen [902]. Die Produktregel (vgl. S. 21) ist hier gut erfüllt:

$$\frac{\nu_1 \nu_3}{\nu_1' \nu_3'} = 1{,}02223.$$

Rechte Seite von Gl. (33), S. 21: 1,02216.

Man erhält mit diesen Frequenzen: $f(HC) = 5{,}82$, $f(CN) = 18{,}02$ und $f' = 0{,}00$ mdyn/Å. Mit diesen Konstanten lassen sich die Frequenzen wie folgt darstellen:

$HC^{12}N$:	2096,8	3311,1
$HC^{13}N$:	2062,5	3293,5

So gut wie in diesem Beispiel gelingt die Rechnung mit Frequenzen isotoper Moleküle meist nicht, weil entweder die Frequenzen nicht genau genug bekannt sind oder weil Störungen durch FERMI-Resonanz vorliegen. Von den Kraftkonstanten der Tab. 12 sind aus Isotopenspektren berechnet die für N_2O (aus $N^{14}N^{14}O^{16}$, $N^{15}N^{14}O^{16}$ und $N^{15}N^{15}O^{16}$), NCO^- (aus $N^{14}C^{12}O^{16}$, $N^{15}C^{12}O^{16}$ und $N^{14}C^{13}O^{16}$) sowie SCN^- (aus $S^{32}C^{12}N^{14}$ und $S^{32}C^{13}N^{14}$). Bei N_2O und NCO^- wurden dabei die Frequenzverschiebungen durch FERMI-Resonanz berücksichtigt.

Mit Hilfe des Zentrifugaldehnungseffektes wurden die Kraftkonstanten von OCS und ClCN ermittelt. In den übrigen Fällen wurde das Verfahren von FADINI benutzt (vgl. S. 33).

$f(CH)$ ist in HCN 20% größer als im CH_4. Dies läßt sich auf die unterschiedliche Hybridisierung des C-Atoms zurückführen (*sp* in HCN, sp^3 in CH_4; vgl. S. 35). Ganz ähnlich ist $f(CHal)$ in den Halogencyanen 24—40% größer als in den entsprechenden Methylhalogeniden. Die noch stärkere Erhöhung beruht hier möglicherweise auf Mesomerie:

$$Hal{-}C{\equiv}N \longleftrightarrow Hal{=}C{=}N,$$

wobei die linke Grenzstruktur aber weit überwiegen dürfte.

Die Kraftkonstante der (CC)-Dreifachbindung ist im HCC^- um 17% niedriger als im C_2H_2 ($f = 15{,}74$ mdyn/Å). Zum Teil dürfte dies darauf

Tabelle 12. *Kraftkonstanten und Kernabstände linearer Moleküle* XYZ

Molekül	f(XY)	f(YZ)	f'	d	r(XY)	r(YZ)	Lit.
HCN	5,82	18,02	0,00	0,20	1,064	1,156	
FCN	7,95	19,2	1,66	0,26	1,262	1,159	1248
ClCN	4,76	18,45	1,33	0,18	1,631	1,159	598
BrCN	3,90	18,2	0,87	0,15	1,789	1,158	1248
JCN	3,06	17,7	0,77	0,12	1,994	1,159	1248
HNC	7,01	16,45	0,06	0,11	(1,01)	(1,17)	997
HCP	5,48	8,72	0,04	0,15	1,07	1,54	997
HCC^-	5,60	13,05	0,07	0,17	(1,07)	(1,25)	997
NNO	17,7	11,4	1,2	0,50	1,129	1,191	
NCO^-	15,9	11,0	1,4	0,51	(1,18)	(1,24)	717
NCS^-	16,0	5,2	0,9	0,29	1,59	1,25	578
$NCSe^-$	16,06	3,72	0,79	0,22	1,12	1,83	997
CNO^-	15,87	7,70	1,16	0,30	(1,20)	(1,34)	997
OCS	15,7	7,2	1,1	0,37	1,164	1,558	598, 1138

zurückzuführen sein, daß das äußere C-Atom des HCC^- nicht mehr *sp*-hybridisiert ist. Weiterhin spielt die negative Ladung offenbar eine Rolle, da auch $f(CH)$ im HCC^- um 5% niedriger ist als im C_2H_2 (5,90 mdyn/Å). Ganz entsprechend ist $f(CN)$ im Cyanid-Ion CN^- um 9% niedriger als im HCN.

Über die Bindungszustände in N_2O, NCO^-, CNO^- und SCN^- lassen sich Aussagen mit Hilfe der Bindungsordnungen machen. Aus den Valenzkraftkonstanten der Tab. 12 errechnen sich mit Gl. (44), S. 36 die Bindungsordnungen: N—N 2,6, N—O 1,6. Näherungsweise läßt sich das Molekül demnach durch die Mesomerie I beschreiben, wobei beide Grenzstrukturen annähernd mit gleichem Gewicht beteiligt sind.

$$N{\equiv}N{-}O \longleftrightarrow N{=}N{=}O \qquad \text{I}$$

$$(N{\equiv}C{-}O)^- \longleftrightarrow (N{=}C{=}O)^- \qquad \text{II}$$

$$(N{\equiv}C{-}S)^- \longleftrightarrow (N{=}C{=}S)^- \qquad \text{III}$$

$$(C{\equiv}N{-}O)^- \longleftrightarrow (C{=}N{=}O)^- \qquad \text{IV}$$

Ähnliche Verhältnisse liegen im Cyanat-Ion NCO^- (Bindungsordnung N—C 2,7, C—O 1,8) und im Thiocyanat-Ion NCS^- (N—C 2,7, C—S 1,5) vor. Dagegen dürfte im Fulminat-Ion CNO^- (C—N 2,7, N—O 1,2) die linke Grenzstruktur in der Mesomerie IV überwiegen.

In den gemischten Molekülen OCS, OCSe und SCSe sind die Valenzkraftkonstanten ähnlich denen in CO_2, CS_2 und CSe_2 [1169].

c) XY_2, gewinkelt (C_{2v})

Diese Moleküle gehören zur Punktgruppe C_{2v}; ihre Normalschwingungen sind schon in Kap. I, S. 16 beschrieben worden. Die Grundschwingungsfrequenzen sind in Tab. 13 zusammengestellt. Die Zuord-

Tabelle 13. *Frequenzen gewinkelter Moleküle* XY_2 (C_{2v})

Molekül	Methode Zustand	$\nu_1(A_1)$	$\nu_2(A_1)$	$\nu_3(B_1)$	Lit.
H_2O	*UR*, gas	3657	1595	3756	105
D_2O	*UR*, gas	2671	1178	2788	105
H_2S	*UR*, gas	2615	1183	[2628]	29
H_2Se	*UR*, gas	2345	1034	2358	853
D_2Se	*UR*, gas	1687	741	1697	853
NH_2	*UR*, gas	3200	[1060]	3280	1097
NH_2^-	*UR*, $NaNH_2$ krist	3213	1540	3263	1289
O_3	*UR*, gas	1110	701	1042	439, 602, 1186
SO_2	*UR*, gas	1151	518	1362	980
SeO_2	*UR*, gas	~905	—	967	414
NO_2	*UR*, gas	1320	750	1618	38
NO_2^-	*Ra*, *UR*, $NaNO_2$ krist	1323	827	1269	7, 709
ClO_2	*UR*, gas	945	445	1111	211, 825
ClO_2^-	*Ra*, $NaClO_2$ krist	786	402	844	735
NF_2	*UR*, Matrix	1070	573	931	503
F_2O	*UR*, gas	928	461	831	577
Cl_2O	*UR*, gas	640	300	686	514, 1299
SCl_2	*Ra*, fl	514	208	535	1048

nung gründet sich auf Polarisationsmessungen an den *Ra*-Spektren und Untersuchungen der Rotationsfeinstruktur der *UR*-Spektren. Die symmetrische Valenzschwingung ν_1 pflegt im *Ra*-Spektrum am intensivsten zu sein, im *UR*-Spektrum die antisymmetrische Valenzschwingung ν_3. Meist ist ν_3 größer als ν_1; Ausnahmen sind O_3, NO_2, NF_2, NO_2^- und F_2O.

Infolge der Ausbildung von Wasserstoffbrücken O—H ... O sinken die Valenzschwingungen des H_2O beim Übergang vom Gas zum kondensierten Zustand erheblich ab (vgl. Kap. III). Wesentlich geringer sind diese Frequenzabnahmen bei den analogen Molekülen H_2S und H_2Se.

In inerter Matrix wurden *UR*-spektroskopisch die gewinkelten Radikale CF_2 (668, 1102, 1222 [789]) und Al_2O (715, 994 [679]) nachgewiesen. Die Verbindung $ClF_3 \cdot AsF_5$ enthält das gewinkelte Ion ClF_2^+ mit $\nu_s = 519$ und $\nu_{as} = 558$ [1239].

Die Schwingungsgleichungen des allgemeinen Valenzkraftsystems sind für diesen Molekültyp bereits in Kap. I, S. 29 angegeben. Damit berechnete Kraftkonstanten zeigt Tab. 14. Eine Berechnung aller vier Konstanten f, f', d und g aus den drei Schwingungsfrequenzen allein ist nicht möglich; bei NO_2, NO_2^-, SO_2 und ClO_2 wurden die Frequenzen isotopensubstituierter Moleküle herangezogen ($N^{15}O_2$, $N^{15}O_2^-$*, $O^{16}SO^{18}$ und $Cl^{37}O_2$).

Aus den Spektren der Hydride und der entsprechenden Deuteride kann man nicht ohne weiteres die Kraftkonstanten berechnen, da der Anharmonizitätseinfluß verschieden und von nicht vernachlässigbarer Größe ist. Es muß an den gemessenen Frequenzen zunächst eine Anharmonizitätskorrektur vorgenommen werden. Für H_2O sind z. B. die korrigierten Frequenzen ν_e 3832,2, 1648,5 und 3942,5, für D_2O 2783, 8, 1206,4 und 2888,8 [105]. Daraus wurden die Kraftkonstanten erhalten [651]: $f = 8{,}45$, $f' = -0{,}10$, $d = 0{,}76$ und $g = 0{,}23$ mdyn/Å. Recht gute Näherungen erhält man für die Konstanten f, f' und d der Hydride, wenn man die Wechselwirkungskonstante g vernachlässigt. Aus den Frequenzen ν_e des H_2O erhält man so $f = 8{,}45$, $f' = -0{,}11$, $d = 0{,}75$, für D_2O entsprechend $f = 8{,}47$, $f' = -0{,}08$, $d = 0{,}76$.

Vielfach sind nicht genügend experimentelle Unterlagen vorhanden, um die gemessenen Frequenzen von Hydriden auf Anharmonizität korrigieren zu können. Um trotzdem zu vergleichbaren und hinreichend genauen Kraftkonstanten zu gelangen, kann man von den gemessenen Frequenzen ausgehen und die Wechselwirkungskonstanten g vernachlässigen. Natürlich erhält man dann für Hydride und Deuteride etwas verschiedene Werte. Die Zahlen der Tab. 14 für H_2O, D_2O, H_2S, H_2Se und D_2Se wurden auf diese Weise erhalten.

Der Zentrifugaldehnungseffekt wurde zur Berechnung der Kraftkonstanten von NO_2, F_2O, SO_2 und ClO_2 herangezogen. In den vergleichbaren Fällen stimmen die Konstanten gut mit denen aus Isotopenspektren erhaltenen überein.

Für ClO_2^-, NF_2, Cl_2O und SCl_2 sind bisher nicht genügend Informationen vorhanden, um alle Konstanten berechnen zu können. Hier wurde von dem Fadini-Verfahren Gebrauch gemacht.

Bei den Molekülen O_3, NO_2, F_2O und NO_2^- sind f' und d ungewöhnlich groß. Es ist anzunehmen, daß diese Werte durch die Vernachlässigung der Abstoßungskräfte zwischen den Außenatomen verfälscht sind. Rechnet man andererseits nach dem Urey-Bradley-Feld, so erhält man für

* *UR*-Spektrum des kristallisierten $NaNO_2$ [709]: N^{14} 1323,2, 826,6, 1269,0; N^{15} 1300,0, 821,9, 1242,0.

die Abstoßungskraft F bei NO_2 3, bei NO_2^- 5 mdyn/Å [543]. Diese Werte erscheinen viel zu hoch, in erster Linie wegen der Vernachlässigung von f', welches hier wegen des Vorliegens von Mesomerie sicher merkliche

Tabelle 14. *Kraftkonstanten und geometrische Daten gewinkelter Moleküle* XY_2

Molekül	f	f'	d	g	r	α	Lit.
H_2O	7,67	−0,10	0,70	(0)	0.957	105.0°	
D_2O	7,84	−0,12	0,72	(0)			
H_2S	3,95	−0,02	0,40	(0)	1.328	92.2°	
H_2Se	3,24	−0,02	0,31	(0)	1.475	90.9°	
D_2Se	3,31	−0,02	0,32	(0)			
O_3	5,70	1,52	1,28	0,33	1.276	117.0°	837, 867
SO_2	10,02	0,03	0,79	0,20	1.432	119.0°	837, 618, 799, 883
NO_2	10,41	2,02	1,10	0,54	1.197	134.3°	38, 837, 1296, 1227
NO_2^-	7,73	1,99	1,72	0,51	1.24	115.4°	
ClO_2	7,01	−0,17	0,65	0,01	1.473	117.6°	870, 1153
ClO_2^-	4,26	0,11	0,52	0,02	1.57	110.5°	997
F_2O	3,95	0,81	0,72	0,14	1.409	103.3°	868
NF_2	4,83	1,24	1,07	0,28		(105°)	997
Cl_2O	2,92	0,45	0,45	0,18	1.70	110°	997
SCl_2	2,68	0,16	0,27	0,04	2.00	103°	997

Größe erreicht [982]. Die besonderen Kraftverhältnisse in diesen Molekülen äußern sich unmittelbar in der oben erwähnten ungewöhnlichen Tatsache, daß $\nu_3 < \nu_1$ ist.

d) XYZ, gewinkelt (C_s)

Diese Moleküle enthalten als Symmetrieelement nur noch die Molekülebene als Spiegelebene; die zugehörige Punktgruppe ist C_s (vgl. Tab. 15). Die drei Normalschwingungen müssen in der Molekülebene erfolgen und gehören zur gleichen Klasse A'. Tab. 16 enthält die bisher bekannten Spektren dieses Molekültyps. Die Zuordnung ist hier durch allgemeine Erfahrung gesichert, indem charakteristische Valenzschwingungen auftreten, z. B. X—H $\sim$ 3000, N=O 1600—1800. Auch sind

Tabelle 15. *Punktgruppe* C_s. *Symmetrieelement:* σ

Klasse	σ_y	Ra	UR	Abzählung XYZ	XYZ₂ nicht eben	WXYZ eben	ClONO₂ eben
A'	s	p	$\mathfrak{M}_\perp$	$2\nu, 1\delta$	$2\nu, 2\delta$	$3\nu, 2\delta$	$4\nu, 3\delta$
A''	as	dp	$\mathfrak{M}_y$	—	$1\nu, 1\delta$	1γ	2γ

zum Teil die Spektren von Deuteriumverbindungen gemessen worden, deren Frequenzunterschiede gegenüber den Spektren der H-Verbindungen eine eindeutige Zuordnung ermöglichen (vgl. Kap. I, S. 22).

Die Spektren der Moleküle NOCl und NOBr zeigen beim Übergang vom Gas zum festen Zustand unerwartete Veränderungen, indem die (NO)-Valenzschwingung zunimmt, die beiden anderen abnehmen. Dies unterstützt die schon früher geäußerte Ansicht (PAULING), daß eine Mesomerie vorliegt:

$$\mathrm{Cl—N{=}O} \longleftrightarrow \mathrm{Cl^-\ N{\equiv}O^+},$$

Tabelle 16. *Frequenzen gewinkelter Moleküle* XYZ (C_s)

Molekül	Methode Zustand	$\nu_1(A')$ $\nu(XY)$	$\nu_2(A')$ $\nu(YZ)$	$\nu_3(A')$ δ	Lit.
ONF	*UR*, gas	1844	767	521	8
ONCl	*UR*, gas	1800	596	332	657
	krist in NO	1948	491	[243]	547
ONBr	*UR*, gas	1801	542	[265]	8
	krist in NO	1888	487	[208]	547
HO_2	*UR*, Ar-Matrix	3414	1101	1389	785
HO_2^-	*Ra*, *UR*, NH_4HO_2 krist	3112	836	1100	625, 1003
HNO	*UR*, Ar-Matrix	3300	1570	1110	788
DNO	*UR*, Ar-Matrix	2481	1560	822	788
HCO	*UR*, CO-Matrix	2488	1861	1090	1280
DCO	*UR*, CO-Matrix	1937	1800	852	1280
HOCl	*UR*, gas	3626	736	1242	515
DOCl	*UR*, gas	2674	739	911	515
NSF	*UR*, gas	1372	640	366	913
S_2O	*UR*, krist	679	1165	388	1229

wobei die rechte Grenzstruktur mit einer dreifachen (NO)-Bindung im festen Zustand mit größerem Gewicht beteiligt ist als im Gas.

Für NSF bestehen zwei Strukturmöglichkeiten:

I II

Aus der Lage der Frequenzen des *UR*-Spektrums war eine Unterscheidung nicht möglich [913]; das Mikrowellenspektrum ergab das Vorliegen der Struktur I. Dieser Sachverhalt ist auch aus den Kraftkonstanten zu ersehen. Für beide Modelle ergibt sich $f(NS)$ zu etwa 10,5 mdyn/Å [913]. Die entsprechende Bindungsordnung nach Gl. (44), S. 36 ist 2,3, für die (NO)-Bindung im ONF erhält man entsprechend 2,0. Erfahrungsgemäß sind aber die Bindungsordnungen von Thioverbindungen niedriger als die der entsprechenden Oxoverbindungen, so daß hier die Formulierung als Thionitrosylfluorid (II) unwahrscheinlich ist. Das gleiche gilt für NSCl ($\nu(NS) = 1322$ [432]).

Die Substanz, die nach ihrem *UR*-Spektrum als S_2O_2 angesprochen wurde [575], ist nach Auskunft des Mikrowellenspektrums S_2O. *UR*-spektroskopisch wurde in inerter Matrix das Radikal FCO nachgewiesen [1281].

Statt der umständlichen Frequenzgleichungen seien hier die *G*- und *F*-Matrix angegeben:

$$|G| \quad G_{11} = \mu_1 + \mu_2; \quad G_{12} = \mu_2 \cos\alpha; \quad G_{13} = -\frac{\mu_2 \sin\alpha}{r_2};$$

$$G_{22} = \mu_2 + \mu_3; \quad G_{23} = -\frac{\mu_2 \sin\alpha}{r_1};$$

$$G_{33} = \frac{\mu_1}{r_1^2} + \mu_2\left(\frac{1}{r_1^2} + \frac{1}{r_2^2} - \frac{2\cos\alpha}{r_1 r_2}\right) + \frac{\mu_3}{r_2^2}.$$

$$|F| \quad F_{11} = f_1; \quad F_{12} = f'; \quad F_{13} = r_1 g_1;$$

$$F_{22} = f_2; \quad F_{23} = r_2 g_2; \quad F_{33} = r_1 r_2 d.$$

Die Bedeutung der Größen ist aus Abb. 16 zu ersehen. Das allgemeine Valenzkraftfeld enthält also 6 Konstanten; zur vollständigen Ermittlung genügt hier die Kenntnis *eines* Isotopenspektrums (etwa $ON^{14}Cl/ON^{15}Cl$) nicht mehr, da wegen der Produktregel aus den 6 Frequenzen nur 5 Konstanten berechenbar wären. Infolgedessen ist bisher für kein Molekül das vollständige Kraftfeld bekannt. Für ONF, ONCl, ONBr und NSF liegen Näherungswerte nach der Methode von FADINI vor [945]. Für die wasserstoffhaltigen Verbindungen dürfte das einfache Valenzkraftfeld ($f' = g_1 = g_2 = 0$) eine brauchbare Näherung sein. Die hauptsächlich interessierenden Konstanten sind in Tab. 17 zusammengestellt.

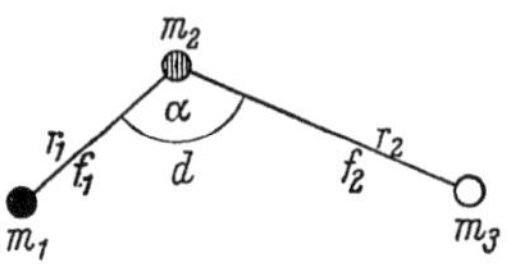

Abb. 16. Modell des dreiatomigen Moleküls

Tabelle 17. *Kraftkonstanten und geometrische Daten gewinkelter Moleküle* XYZ

XYZ	f(XY)	f(YZ)	d	r(XY)	r(YZ)	α	Lit.
ONF	14,83	2,79	0,75	1,13	1,52	110°	945
ONCl	14,14	2,24	0,30	1,14	1,98	113°	945
ONBr	14,16	2,21	0,20	1,14	2,14	114°	945
HO_2	6,5	6,1	0,84	—	—	(120°)	785
HNO	—	10,5	0,54	(1,02)	(1,23)	(110°)	788
HCO	3,32	14,07	0,68	(1,08)	1,20	119,5°	1280
HOCl	7,4	3,9	0,85	—	—	104°	515
NSF	10,72	2,88	0,41	1,45	1,65	116,0°	945

3. Vieratomige Moleküle

a) XY_3, eben, sternförmig (D_{3h})

Diese Moleküle besitzen als Symmetrieelemente eine dreizählige Achse C_{3z} senkrecht zur Molekülebene σ_h, drei zweizählige Achsen, welche die Bindungen X—Y enthalten, sowie drei Symmetrieebenen senkrecht zur Molekülebene. Die Punktgruppe ist D_{3h} (vgl. Tab. 18). Die Schwingungsformen der vier Normalschwingungen sind in Abb. 17

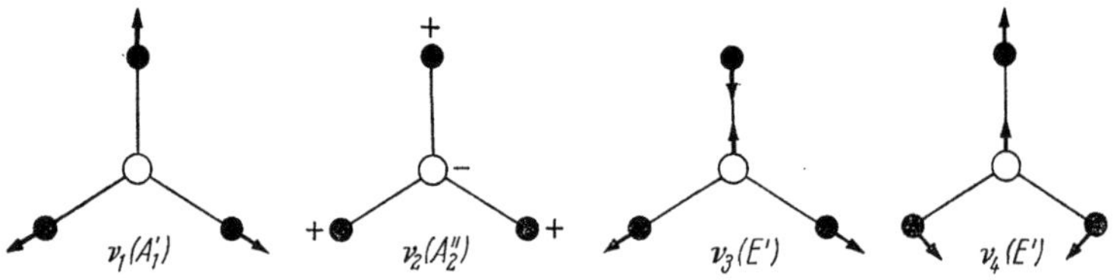

Abb. 17. Schwingungsformen ebener Moleküle XY_3 (D_{3h})

dargestellt; von den entarteten Schwingungen der Klasse E' ist nur je eine Komponente gezeichnet (vgl. auch Abb. 11, S. 17). Die Schwingungen $\nu_1(A_1')$, $\nu_3(E')$ und $\nu_4(E')$ erfolgen in der Molekülebene, nur bei $\nu_2(A_2'')$ wird diese deformiert. Solche nichtebenen Deformationsschwingungen ebener Moleküle werden als „γ-Schwingungen" bezeichnet.

Die Spektren der untersuchten Substanzen zeigt Tab. 19. Die Schwingungsspektren von Borverbindungen weisen auch bei geringer spektraler Auflösung wegen der günstigen natürlichen Isotopenzusammensetzung (80% B^{11}, 20% B^{10}) vielfach Frequenzaufspaltung auf. Bei anderen Elementen tritt dieser Effekt allgemein weniger in Erscheinung, weil entweder (bei schwereren Elementen wie Cl^{35}/Cl^{37}) die spektrale Auflösung meist nicht ausreicht oder weil die Konzentration der Isotope zu gering ist (z. B. C^{12} 99%, C^{13} 1%).

Viel untersucht wurden die Spektren von Carbonaten und Nitraten in kristallisiertem Zustand. Es zeigt sich hier eine starke Abhängigkeit vom Kation, indem allgemein die Frequenzen steigen, wenn der Kationenradius kleiner oder die Ladung größer wird. Das gleiche gilt für Salzschmelzen. Die Spektren von Salzhydraten nähern sich denen von Lösungen.

Tabelle 18. *Punktgruppe* D_{3h}. *Symmetrieelemente:* C_{3z}, C_y, $2C_2$, σ_x, $2\sigma_v$, σ_h

Klasse	C_{3z}	C_y	σ_h	σ_x	*Ra*	*UR*	Abzählung XY_3 eben	 XY_3Z_2 Bipyramide	 X_3Y_3 Ring	 X_2Y_6
A_1'	*s*	*s*	*s*	*s*	*p*	—	1ν	2ν	$1\nu, 1\delta$	$2\nu, 1\delta$
A_1''	*s*	*as*	*as*	*s*	—	—	—	—	—	1τ
A_2'	*s*	*as*	*s*	*as*	—	—	—	—	1ν	—
A_2''	*s*	*s*	*as*	*as*	—	$\mathfrak{M}_z$	1γ	$1\nu, 1\delta$	1γ	$1\nu, 1\delta$
E'	*e*	*e*	*s*	*e*	*dp*	$\mathfrak{M}_\perp$	$1\nu, 1\delta$	$1\nu, 2\delta$	$2\nu, 1\delta$	$1\nu, 2\delta$
E''	*e*	*e*	*as*	*e*	*dp*	—	—	1δ	1γ	$1\nu, 2\delta$

Tabelle 19. *Frequenzen ebener Moleküle* XY_3 (D_{3h})

Molekül	Methode Zustand	$\nu_1(A_1')$	$\nu_2(A_2'')$	$\nu_3(E')$	$\nu_4(E')$	Lit.
$B^{11}F_3$	*Ra*, *UR* gas	888	691	1454	480	677
$B^{11}Cl_3$	*Ra* fl, *UR* gas	472	455	954	243	677
$B^{11}Br_3$	*Ra*, *UR* fl	279	371	801	151	677, 1170
$B^{11}J_3$	*UR* Lsg	189	305	693	[101]	1170, 1251
CO_3^{2-}	*Ra*, *UR Lsg*	1063	880	1415	680	7, 8, 997
NO_3^-	*Ra*, *UR Lsg*	1050	830	1390	720	7, 8, 997
$B^{10}O_3^{3-}$	*UR* $LaBO_3$ krist	939	741	1330	606	1064
SO_3	*Ra*, *UR* gas	1068	496	1391	529	108, 706
CS_3^{2-}	*UR*, $SrCS_3$ krist	—	508	938	327	1305
$B^{11}(OH)_3$	*Ra*, *UR* krist	880	647	1460	547	vgl. Kap. III

SO_3 tritt außer im Gaszustand auch in Lösung monomer auf; $AlCl_3$ ($\nu_3 = 610$ [621]) und AlF_3 (945 [753]) existieren als monomere Moleküle nur im Gas. Anhaltspunkte für die Existenz der Ionen $ZnCl_3^-$ ($\nu_1 = 292$) und $CdCl_3^-$ ($\nu_1 = 259$) wurden aus *Ra*-Spektren der Schmelzen KCl + $ZnCl_2$ und KCl + $CdCl_2$ erhalten [156, 1094]. $HgCl_3^-$ ($\nu_1 = 294$), $HgBr_3^-$ (179) und HgJ_3^- (125) wurden ramanspektroskopisch in Lösung (Tributylphosphat) gefunden [983], $HgCl_3^-$ auch in Schmelzen [567]. Die Ionen ZnJ_3^- ($\nu_1 = 140$) und $ZnBr_3^-$ ($\nu_1 = 184$) werden in wäßrigen Lösungen von ZnJ_2 und $ZnBr_2$ vermutet [268]. Möglicherweise ist aber noch ein Molekül H_2O koordiniert, womit sie nicht mehr zu den hier besprochenen Molekülen gehören würden. Ein instabiles Zwischenprodukt der Thermolyse von B_2H_6 wird als ebenes BH_3 angesehen (*UR*-Frequenzen 1200, 1560 und 2600 [801]). Aus dem Auftreten der *Ra*-Linien 382, 470 und 541 in Schmelzen von $BaCl_2$ + KCl wurde auf das Vorhandensein von ebenen Ionen $BaCl_3^-$ geschlossen[1312].

Das Borsäuremolekül $B(OH)_3$ kann als hierhergehörig betrachtet werden, wenn man die (OH)-Gruppen als Massenpunkte ansieht. Strenggenommen hat das Molekül zwar die Symmetrie C_{3h} (vgl. Kap. III), jedoch sind die Auswahlregeln dieser Punktgruppe für die Schwingungen des „Molekülgerüstes" BO_3 die gleichen wie für D_{3h}.

Die Schwingungsgleichungen lauten für dieses Modell:

$$\lambda_1 = (f + 2f')\mu_y$$

$$\lambda_2 = d_\gamma(3\mu_x + \mu_y)$$

$$\lambda_3 + \lambda_4 = [(f - f') + 3(d - d')]\left(\frac{3}{2}\mu_x + \mu_y\right) - 3\sqrt{3}(g' - g'')\mu_x$$

$$\lambda_3 \cdot \lambda_4 = [(f - f')(d - d') - (g' - g'')^2]\, 3\mu_y(3\mu_x + \mu_y).$$

Zur allgemeinen Beschreibung des Systems sind also 7 Konstanten erforderlich. Jeweils zwei davon treten nur als Differenzen in Erscheinung ($d - d'$ und $g' - g''$). g' bezieht sich auf die Wechselwirkung Bindung/anliegender Winkel, g'' entsprechend auf nichtanliegende Winkel. Für die Borverbindungen und NO_3^- * sind Isotopenfrequenzen zur Berechnung der Kraftkonstanten herangezogen worden, für BF_3 auch die Coriolis-Kopplungskonstante ζ [296]. In Tab. 20 sind außer beim NO_3^- die Kraftkonstanten aufgeführt, die nach dem FADINI-Verfahren erhalten wurden. In den vergleichbaren Fällen stimmen diese gut mit den anderweitig bestimmten Zahlen überein.

Tabelle 20. *Kraftkonstanten und Kernabstände ebener Moleküle* XY_3

Molekül	f	f'	$d-d'$	$g'-g''$	d_γ	r	Lit.
BF_3	7,29	0,77	0,52	0,33	0,87	1,295	945, 296
BCl_3	3,81	0,44	0,23	0,21	0,41	1,75	945
BBr_3	3,17	0,25	0,19	0,23	0,28	1,87	945
BJ_3	2,41	0,15	0,13	0,18	0,26	2,10	945
BO_3^{3-}	6,01	1,15	0,72	0,46	0,89	1,38	997
CO_3^{2-}	7,61	1,52	0,94	0,53	1,46	1,29	997
NO_3^-	7,96	1,21	1,03	0,65	1,45	1,22	
SO_3	10,35	0,20	0,63	0,09	0,93	1,43	997

b) ZXY_2, eben, sternförmig (C_{2v})

Ersetzt man in einem ebenen Sternmolekül XY_3 (D_{3h}) ein Atom Y durch ein anderes Z, so bleiben als Symmetrieelemente nur eine zweizählige Achse durch die Verbindungslinie Z—X sowie zwei Symmetrieebenen übrig, von denen eine die Molekülebene ist. Das Molekül gehört dann zur Punktgruppe C_{2v} (vgl. Tab. 1, S. 16). Die Schwingungsformen sind schematisch in Abb. 18 dargestellt, Tab. 21 enthält die gemessenen Frequenzen und die Zuordnung. Berechnung der Kraftkonstanten ergab für H_2CO: f(CO) 12,4 mdyn/Å [869, 989]. f(NO) wird für NO_2F zu 12,3, für NO_2Cl zu 10,3 mdyn/Å berechnet [895].

* *UR* KNO_3 krist [709]: N^{14} 1049,7, 824,5, 1383,0, 715,0; N^{15} 1050,3, 803,3, 1351,2, 713,0.

An gasförmigem H_2BCl wurden die UR-Frequenzen 1040 (ν_2), 1305 (ν_3) und 2600 (ν_4) gemessen [1298].

Die Valenzwinkel ZXY und YXY sind im allgemeinen $120 \pm 10°$ entsprechend der Hybridisierung sp^2 des Zentralatoms X. Eine Ausnahme bildet das ClF_3:

$$\underset{F}{\overset{185°}{F\text{---}Cl\overset{1,70}{\text{---}}F}}$$
$$|1{,}60$$

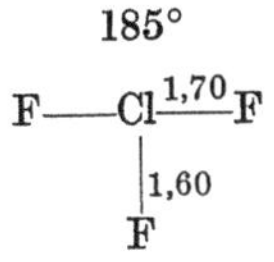

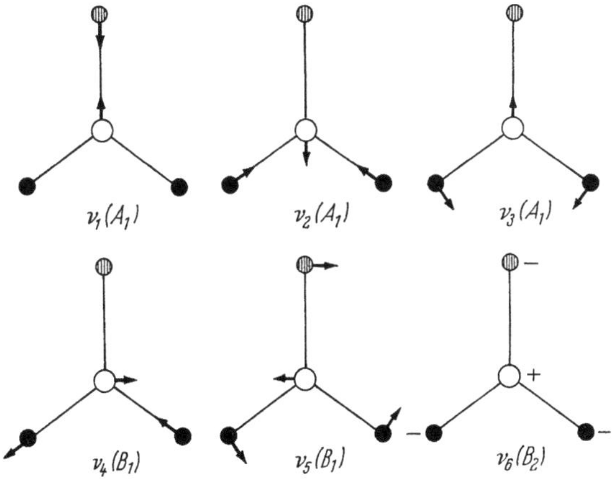

Abb. 18. Schwingungsformen ebener Moleküle XYZ_2 (C_{2v})

Tabelle 21. *Frequenzen ebener Moleküle* ZXY_2 (C_{2v})

Molekül	Methode Zustand	$\nu_1(A_1)$ $\nu(ZX)$	$\nu_2(A_1)$ $\nu_s(XY)$	$\nu_3(A_1)$ δ_s	$\nu_4(B_1)$ $\nu_{as}(XY)$	$\nu_5(B_1)$ δ_{as}	$\nu_6(B_2)$ γ	Lit.
OCH_2	UR gas	1746	2766	1501	2843	1247	1167	120
OCD_2	UR gas	1700	2056	1106	2160	990	938	8
OCF_2	UR gas	1928	965	584	1249	626	774	845
$OCCl_2$	UR gas	1827	569	285	849	440	580	845
$OCBr_2$	UR gas	1828	425	181	757	350	512	845
SCF_2	UR gas	1368	787	526	1189	417	622	286
$SCCl_2$	Ra fl, UR gas	1137	505	200	816	287	473	7, 286
FNO_2	UR gas	822	1312	460	1793	570	742	282
$ClNO_2$	UR gas	794	1293	411	1685	367	651	930
$FClF_2$	UR gas	753	528	326	703	434	364	204
$HB^{11}F_2$	UR gas	2619	1162	543	1455	1402	924	232, 1274
$HB^{11}Cl_2$	UR gas	2617	740	—	892	1089	784	69
$HB^{11}Br_2$	UR gas	2622	612	—	770	1042	780	1231, 1275
HCO_2^-	UR $NaHCO_2$ krist	2828	1355	769	1590	1385	1062	285, 506
DCO_2^-	UR $NaDCO_2$ krist	2130	1327	762	1580	1010	912	506
$(OH)-NO_2$	Ra, UR fl	920	1294	610	1672	674	770	
$(OH)-CO_2^-$	UR, $KHCO_3$ krist	1005	1385	657	1638	698	831	834
$(CH_3)-NO_2$	Ra, UR fl	919	1379	658	1564	480	608	392

Die Struktur leitet sich von einer trigonalen Bipyramide ab; die kurze (ClF)-Bindung liegt in der Basisebene, die beiden anderen Plätze sind durch freie Elektronenpaare besetzt. Die Hybridisierung des Cl-Atoms ist dann sp^3d. Ähnliche Verhältnisse liegen im BrF_3 vor, dessen Schwingungsspektrum bisher nur unvollständig bekannt ist [204].

In Gemischen von BF_3, BCl_3 und BBr_3 lassen sich schwingungsspektroskopisch die Moleküle BF_2Cl, $BFCl_2$, BF_2Br, $BFBr_2$ [677] sowie BCl_2Br und $BClBr_2$ [677, 466, 697] nachweisen.

Unter Vernachlässigung der Schwingungen, an denen Wasserstoff beteiligt ist, kann man die Moleküle HNO_3, HCO_3^- und CH_3NO_2 zu dem hier besprochenen Molekültyp rechnen.

c) XY_3, pyramidenförmig (C_{3v})

Diese Moleküle enthalten als Symmetrieelemente eine dreizählige Achse und drei Symmetrieebenen, in welchen die Bindungen X—Y liegen. Die zugehörige Punktgruppe ist C_{3v}; Abzählung der Normalschwingungen und ihre Symmetrieeigenschaften zeigt Tab. 22.

Tabelle 22. *Punktgruppe* C_{3v}. *Symmetrieelemente:* C_{3z}, σ_x, $2\sigma_v$

Klasse	C_{3z}	σ_x	*Ra*	*UR*	Abzählung: XY_3 Pyramide	ZXY_3 Tetraeder	CH_3CN	H_3SiNCS	P_4S_3	$NH_3 \cdot BF_3$
A_1	*s*	*s*	*p*	$\mathfrak{M}_z$	$2\nu, 1\delta$	$2\nu, 1\delta$	$3\nu, 1\delta$	$4\nu, 1\delta$	$3\nu, 1\delta$	$3\nu, 2\delta$
A_2	*s*	*as*	—	—	—	—	—	—	1τ	1τ
E	*e*	*e*	*dp*	$\mathfrak{M}_\perp$	$1\nu, 1\delta$	$1\nu, 2\delta$	$1\nu, 3\delta$	$1\nu, 4\delta$	$3\nu, 2\delta$	$2\nu, 4\delta$t

Die Zuordnung ergibt sich aus den Polarisationsverhältnissen im Raman-Effekt und aus der Rotationsstruktur der *UR*-Banden (symmetrische Kreisel). Ferner ist ν_1 im *Ra* im allgemeinen stark, ν_3 schwach. Im *UR*-Spektrum liegen die Verhältnisse umgekehrt. Die Schwingungsformen zeigt Abb. 19, die Frequenzen der untersuchten Moleküle Tab. 23.

Im NH_3 erscheinen alle Frequenzen doppelt; die Aufspaltung ist besonders auffällig bei ν_2. Dies beruht auf der Tatsache, daß das Molekül

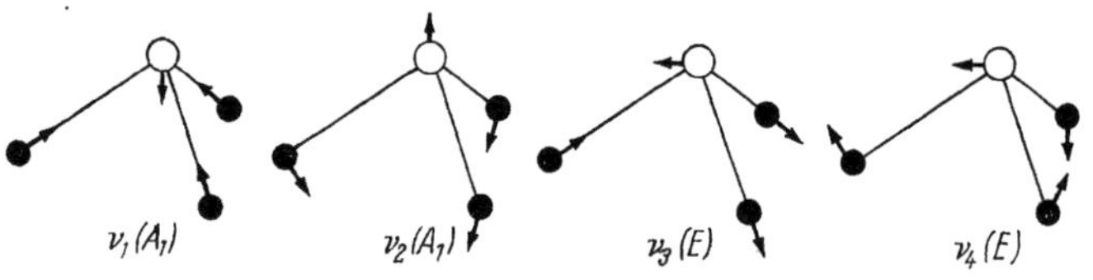

Abb. 19. Schwingungsformen pyramidenförmiger Moleküle XY_3 (C_{3v})

zwei Gleichgewichtslagen besitzt, das N-Atom also durch die Ebene der drei H-Atome hindurchschwingen kann*. Dadurch tritt Aufspaltung aller Schwingungsniveaus ein. Die gleiche Erscheinung wird im Spektrum des ND_3 beobachtet, die Frequenzaufspaltungen sind hier jedoch gerin-

* Diese Beschreibung ist nicht exakt, da sich wegen des Schwerpunktsatzes bei diesem Vorgang hauptsächlich die H-Atome bewegen.

ger. Bei PH_3 und AsH_3 sind die Potentialschwellen bereits zu hoch, um einen entsprechenden Effekt zuzulassen [215].

Das Spektrum des flüssigen NH_3 unterscheidet sich wegen Assoziation erheblich von dem der gasförmigen Substanz; das weniger assoziierende PH_3 zeigt die entsprechenden Veränderungen in erheblich geringerem Maße. Starke Assoziation im flüssigen Zustand wurde auch für AsF_3 nachgewiesen, da dessen Valenzschwingungen im Gaszustand höher liegen ($\nu_1 = 738$, $\nu_2 = 701$ [44]) als in der Flüssigkeit.

Das hierher gehörende Ion SF_3^+ wurde durch seine Valenzschwingungen (908, 940) im *UR*-Spektrum des $SF_4 \cdot BF_3$ (= $[SF_3]^+ [BF_4]^-$) nachgewiesen [968]. Ebenso erweisen die Raman-Spektren der Verbindungen

Tabelle 23. *Frequenzen pyramidenförmiger Moleküle* XY_3 (C_{3v})

Molekül	Methode Zustand	$\nu_1(A_1)$	$\nu_2(A_1)$	$\nu_3(E)$	$\nu_4(E)$	Lit.
NH_3	*UR* gas	3337 3336	968 932	3443 3443	1626 1621	106, 803
NH_3	*Ra*, *UR* fl	3294	1054	3380	1628	276, 616
ND_3	*UR* gas	2421 2420	749 746	2564	1191	106
NT_3	*UR* gas	2014	657	2185	996	592
PH_3	*UR* gas	2323	992	2328	1118	550, 752
AsH_3	*UR* gas	2116	906	2123	1003	751
AsD_3	*UR* gas	1523	660	1529	714	751
SbH_3	*UR* gas	1891	782	1894	831	512
SbD_3	*UR* gas	1359	561	1362	593	512
H_3O^+	*UR* $(H_3O)_2PtCl_6$ krist	3226	1070	2825	1695	421
NF_3	*UR* gas	1031	642	907	497	846, 1188
PF_3	*UR* gas	892	487	860	344	1188
PCl_3	*Ra* fl	511	258	484	190	8, 256, 705
PBr_3	*Ra* fl	380	162	400	116	8, 256
PJ_3	*Ra Lsg* (C_6H_6)	303	111	325	79	275, 1049
AsF_3	*Ra* fl	707	341	644	274	8, 44
$AsCl_3$	*Ra* fl	405	194	370	158	8, 256
$AsBr_3$	*Ra*, *UR* fl	[284]	128	275	98	777
AsJ_3	*Ra Lsg* (CS_2)	216	94	221	70	1049
$SbCl_3$	*Ra* fl	360	165	320	134	7, 1183
$SbBr_3$	*Ra Lsg* (CCl_4)	254	101	245	81	256, 329
$SeCl_3^+$	*Ra* krist $(SeCl_3)(AlCl_4)$	416	234	395	186	402
$TeCl_3^+$	*Ra* krist $(TeCl_3)(AlCl_4)$	391	185	367	139	402
$GeCl_3^-$	*Ra* Lsg	320	162	253	139	266
$SnCl_3^-$	*Ra* Lsg	297	128	256	103	1202
$SnBr_3^-$	*Ra* Lsg	211	83	181	65	1202
XeO_3	*Ra* Lsg	780	344	833	317	199, 1023
ClO_3^-	*Ra* Lsg	932	613	982	479	7, 920
BrO_3^-	*Ra* Lsg	805	418	830	356	7, 920
JO_3^-	*Ra* Lsg	790	360	820	326	7, 920
SO_3^{2-}	*Ra* Lsg	967	620	933	469	331, 920
SeO_3^{2-}	*Ra* Lsg	810	425	740	372	920, 1145
TeO_3^{2-}	*Ra* Lsg	758	364	703	326	989
$Se(OH)_3^+$	*Ra* krist $Se(OH)_3ClO_4$	781	426	748	343	1294

$SeCl_4$ und $SeCl_4 \cdot AlCl_3$ ihre Struktur als $[SeCl_3]^+Cl^-$ bzw. $[SeCl_3]^+$ $[AlCl_4]^-$ und entsprechend $TeCl_4$ und $TeCl_4 \cdot AlCl_3$ als $[TeCl_3]^+Cl^-$ bzw. $[TeCl_3]^+$ $[AlCl_4]^-$ [402]. Das Spektrum des $GeCl_3^-$ beobachtet man an wäßrigen Lösungen von $HGeCl_3$ [266], die von $SnCl_3^-$ und $SnBr_3^-$ an Lösungen von $SnCl_2 + HCl$ bzw. $SnBr_2 + HBr$ [1202].

Die G- und F-Matrizen lauten für dieses Modell

$$A_1: \quad G_{11} = (1 + 2\cos\alpha)\mu_x + \mu_y; \quad G_{12} = -\frac{2(1 + 2\cos\alpha)\sin\alpha}{r(1 + \cos\alpha)}\mu_x;$$

$$G_{22} = \frac{2(1 + 2\cos\alpha)}{r^2(1 + \cos\alpha)}[2(1 - \cos\alpha)\mu_x + \mu_y];$$

$$F_{11} = f + 2f'; \quad F_{12} = r(2g' + g''); \quad F_{22} = r^2(d + 2d').$$

$$E: \quad G_{33} = (1 - \cos\alpha)\mu_x + \mu_y; \quad G_{34} = \frac{(1 - \cos\alpha)^2}{r\sin\alpha}\mu_x;$$

$$G_{44} = \frac{1}{r^2(1 + \cos\alpha)}[(1 - \cos\alpha)^2\mu_x + (2 + \cos\alpha)\mu_y];$$

$$F_{33} = f - f'; \quad F_{34} = r(-g' + g''); \quad F_{44} = r^2(d - d').$$

Hierin bezieht sich g' auf die Wechselwirkung von Bindungen mit anliegenden, g'' mit nichtanliegenden Winkeln. Zur Berechnung der 6 Kraftkonstanten kann man die Frequenzen zweier isotoper Moleküle benutzen. Solche sind nur bei Hydriden bekannt, wo noch die Anharmonizität berücksichtigt werden muß. So berechnete Konstanten für NH_3, PH_3, AsH_3, SbH_3, s. z. B. [34]. Ganz ähnliche Zahlen erhält man unter Heranziehung der Coriolis-Kopplungskonstanten [297]. Für NF_3, PF_3 und

Tabelle 24. *Kraftkonstanten und geometrische Daten von Pyramidenmolekülen* XY_3

Molekül	f	d	r	α
NH_3	6,54	0,53	1,014	107,3°
PH_3	3,10	0,33	1,421	93,5°
AsH_3	2,60	0,28	1,519	91,8°
SbH_3	2,05	0,20	1,707	91,3°
H_3O^+	4,92	0,65	—	112°
NF_3	4,35	1,03	1,371	104°
PF_3	5,21	0,62	1,55	104°
PCl_3	2,32	0,29	2,04	100,1°
AsF_3	4,54	0,41	1,71	102°
$AsCl_3$	2,02	0,22	2,16	98,5°
$SbCl_3$	1,78	0,17	2,93	99,5°
$SeCl_3^+$	2,26	0,32	—	[98,5°]
$TeCl_3^+$	2,27	0,20	—	[99,5°]
$GeCl_3^-$	1,05	0,17	—	[98,5°]
$SnCl_3^-$	1,16	0,10	2,57	90°
XeO_3	5,57	0,46	1,76	103°
ClO_3^-	5,87	1,01	1,49	106,6°
BrO_3^-	5,28	0,64	1,68	[109,5°]
JO_3^-	5,48	0,55	1,82	[109,5°]
SO_3^{2-}	5,52	0,98	—	107,4°
SeO_3^{2-}	4,55	0,61	1,76	100°
TeO_3^{2-}	4,36	0,49	—	[100°]

PCl_3 hat man den Zentrifugaldehnungseffekt zur Berechnung der Kraftkonstanten herangezogen [946, 1282], für PCl_3 auch die Schwingungsamplituden [1296]. Die erhaltenen Werte zeigen, daß alle Wechselwirkungskonstanten von nicht vernachlässigbarer Größe sind.

Die wichtigsten Konstanten f und d kann man für die Hydride wieder in guter Näherung erhalten, wenn man g' und g'' vernachlässigt. Für die übrigen Moleküle erhält man so nur dann plausible Zahlen, wenn die Masse des Zentralatoms X größer ist als die der Außenatome Y. Tab. 24 gibt eine Zusammenstellung der hauptsächlich interessierenden Konstanten f und d. Die Werte für die Hydride [297] wurden der Literatur entnommen, die übrigen nach der Methode von FADINI berechnet [997].

d) ZXY_2, pyramidenförmig (C_s)

Wird in einem Pyramidenmolekül XY_3 ein Atom Y durch ein anderes Z ersetzt, so fallen alle Symmetrieelemente weg bis auf eine Symmetrieebene, die durch X und Z verläuft und den Winkel XY_2 halbiert. Die Moleküle gehören zur Punktgruppe C_s (vgl. Tab. 15, S. 50). Die Zahl der Normalschwingungen ist die gleiche wie die der ebenen Moleküle

Tabelle 25. *Frequenzen pyramidenförmiger Moleküle* ZXY_2 (C_s)

Molekül	Methode Zustand	$\nu_1(A')$ $\nu(ZX)$	$\nu_2(A')$ $\nu_s(XY)$	$\nu_3(A')$ $\delta(XY_2)$	$\nu_4(A')$ $\delta_s(ZXY)$	$\nu_5(A'')$ $\nu_{as}(XY)$	$\nu_6(A'')$ $\delta_{as}(ZXY)$	Lit.
HNF_2	*UR* gas	3193	972	500	1307	888	1424	210
$HNCl_2$	*UR* gas	3279	666	—	1002	687	1295	795
$ClNH_2$	*UR* gas	686	—	1553	1032	3380	—	795
$ClNF_2$	*UR* gas	697	930	556	378	854	—	327
$FClO_2$	*UR* gas	630	1106	547	402	1271	367	1027
FSO_2^-	*UR* KSO_2F krist	595	1105	496	—	1182	—	1293
$FSeO_2^-$	*Ra*, *UR* $KSeO_2F$ krist	440	885	415	282	906	348	1293
OSF_2	*UR* gas	1333	806	530	[410]	748	390	104, 839
$OSCl_2$	*Ra* fl	1230	490	194	344	445	284	28, 732
$OSBr_2$	*Ra* fl	1121	405	120	267	379	223	1050
$OSeF_2$	*Ra* fl	1005	659	368	271	601	305	847
$OSeCl_2$	*Ra* fl	950	390	162	278	348	250	847
$OSe(OH)_2$	*Ra*, *UR* krist	831	702	430	336	690	364	vgl.
$(OH)SeO_2^-$	*Ra* Lsg	621	865	420	250	807	348	Kap. III

ZXY_2 (C_{2v}). Eine Unterscheidung zwischen ebenem und nichtebenem Molekül ist spektroskopisch durch Messung der Depolarisationsgrade im *Ra*-Spektrum möglich (ebenes Molekül 3, nichtebenes 4 polarisierte Linien).

Die Spektren einer Reihe hierhergehöriger Moleküle sind in Tab. 25 zusammengestellt, wo auch die angenäherten Schwingungsformen angegeben sind. Die unsymmetrische Form des S_2F_2 (Thio-thionylfluorid SSF_2) hat das *UR*-Spektrum [967]: 334 (*w*), 415 (*vw*), 689 (*s*), 714 (*ms*), 757 (*vs*). Die (SS)- und (SF)-Valenzschwingungen liegen im gleichen Bereich um 700. Weiter sind Spektren bekannt von $NFCl_2$, PCl_2Br,

$PClBr_2$, $PFCl_2$, PCl_2J, $PClJ_2$, $PBrJ_2$, PBr_2J, $AsCl_2Br$, $AsClBr_2$ [275, 269, 948]. Die gemischten Halogenide von P und As, welche in reiner Form nicht isolierbar sind, wurden ramanspektroskopisch in Gemischen der entsprechenden Trihalogenide nachgewiesen.

Tab. 25 enthält ferner die Frequenzen von H_2SeO_3 und $HSeO_3^-$, wobei die Schwingungen, an denen Wasserstoff beteiligt ist, weggelassen sind.

Kraftkonstanten wurden für die Thionyl- [221] und Seleninylhalogenide [847] ermittelt. Die hauptsächlich interessierenden Valenzkraftkonstanten sind für SOF_2: $f(SO)$ 11,0, $f(SF)$ 3,8; $SOCl_2$: $f(SO)$ 9,7, $f(SCl)$ 1,8; $SOBr_2$: $f(SO)$ 7,8, $f(SBr)$ 1,6; $SeOF_2$: $f(SeO)$ 7,8, $f(SeF)$ 3,6; $SeOCl_2$: $f(SeO)$ 7,0, $f(SeCl)$ 1,9. Hiervon dürften die Konstanten $f(SO)$ und $f(SeO)$ einigermaßen zuverlässig sein, da es sich bei den betreffenden Valenzschwingungen um charakteristische Schwingungen handelt. Für $FClO_2$ wurde gefunden [1027]: $f(ClO) = 9{,}1$, $f(ClF) = 2{,}5$.

e) Vieratomige kettenförmige Moleküle

Ein wichtiger Typ sind die Moleküle Y—X—X—Y. Die höchstmögliche Symmetrie wird erreicht, wenn die Atome linear angedeutet sind

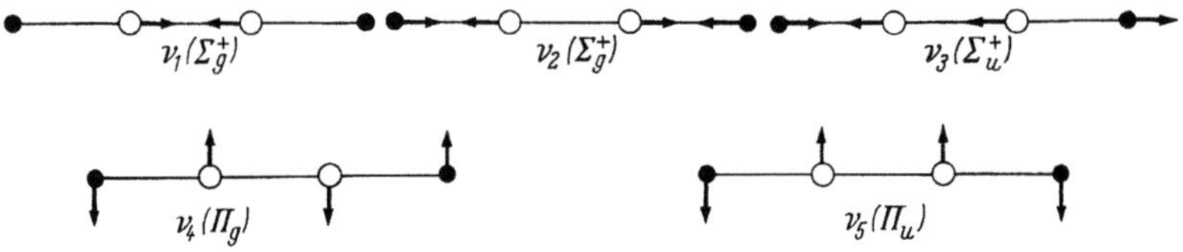

Abb. 20. Schwingungsformen linearer Moleküle X_2Y_2 ($D_{\infty h}$)

($D_{\infty h}$, vgl. Tab. 8, S. 42). Die Schwingungsformen zeigt Abb. 20, die Frequenzen der untersuchten Moleküle Tab. 26. Hierher gehört auch das B_2O_2 (vgl. S. 118).

Tabelle 26. *Frequenzen linearer Moleküle* X_2Y_2 ($D_{\infty h}$)

Molekül	Methode Zustand	$\nu_1(\Sigma_g^+)$ $\nu(XX)$	$\nu_2(\Sigma_g^+)$ $\nu_s(XY)$	$\nu_3(\Sigma_u^+)$ $\nu_{as}(XY)$	$\nu_4(\Pi_g)$ δ_s	$\nu_5(\Pi_u)$ δ_{as}	Lit.
C_2H_2	*Ra*, *UR* gas	1974	3373	3282	614	729	346, 32 1178, 1210
C_2D_2	*Ra*, *UR* gas	1764	2704	2439	511	539	631, 1093
C_2J_2	*Ra*, *UR* Lsg	2109	191	710	310	[115]	768
C_2N_2	*UR* gas, *Ra* fl	851	2329	2157	507	226	237, 658
Hg_2Cl_2	*Ra*, *UR* krist	167	270	261	42	33	18, 499

Liegen die vier Atome des Moleküls X_2Y_2 in einer Ebene, so existieren zwei Anordnungsmöglichkeiten:

I cis II trans

Die cis-Form gehört zur Punktgruppe C_{2v}, die zweizählige Achse liegt in der Molekülebene senkrecht zur Verbindungslinie X—X. In der trans-Form ist eine zweizählige Achse senkrecht zur Molekülebene vorhanden; der Durchstoßungspunkt liegt in der Mitte zwischen X—X und ist gleichzeitig ein Symmetriezentrum. Die zugehörige Punktgruppe ist C_{2h} (vgl. Tab. 27).

Tabelle 27. *Punktgruppe* C_{2h}. *Symmetrieelemente:* C_{2z}, σ_h, i

Klasse	C_{2z}	σ_h	i	*Ra*	*UR*	Abzählung YXXY eben, trans
A_g	*s*	*s*	*s*	*p*	—	2ν, 1δ
A_u	*s*	*as*	*as*	—	$\mathfrak{M}_z$	1τ
B_g	*as*	*as*	*s*	*dp*	—	—
B_u	*as*	*s*	*as*	—	$\mathfrak{M}_\perp$	1ν, 1δ

Schließlich kann noch eine räumliche Form der vieratomigen Kette existieren, bei der die beiden durch $Y_1—X_1—X_2$ und $X_1—X_2—Y_2$ definierten Ebenen um einen bestimmten Winkel (Diederwinkel) φ verdreht sind. Die ebenen Formen sind dann die Grenzfälle dieser allgemeinen Beschreibung ($\varphi = 0°$: cis; $\varphi = 180°$: trans). Das räumliche Molekül hat nur mehr eine zweizähige Achse, welche senkrecht zu X—X steht und den Diederwinkel halbiert, und gehört zur Punktgruppe C_2 (vgl. Tab. 28).

Tabelle 28. *Punktgruppe* C_2. *Symmetrieelement:* C_{2z}

Klasse	C_{2z}	*Ra*	*UR*	Abzählung YXXY nichteben	Abzählung N_2H_4
A	*s*	*p*	$\mathfrak{M}_z$	2ν, 1δ, 1τ	3ν, 3δ, 1τ
B	*as*	*dp*	$\mathfrak{M}_\perp$	1ν, 1δ	2ν, 3δ

Alle diese Moleküle X_2Y_2 haben 6 Normalschwingungen, von denen 4 symmetrisch, 2 antisymmetrisch zur zweizähligen Achse sind. Ihre Verteilung auf die Symmetrieklassen ist aus den Tab. 1, 27 und 28 zu entnehmen und am Kopf der Tab. 29 noch einmal aufgeführt. Hier ist auch die Form der Normalschwingungen angedeutet*. Das Vorliegen der ebenen trans-Form ist aus den Schwingungsspektren leicht zu erkennen, da wegen des Symmetriezentrums das Alternativverbot (s. S. 15) für *Ra*- und *UR*-Spektrum gilt. Die Unterscheidung zwischen der räumlichen und der ebenen cis-Form ist zwar möglich, aber in praxi meist nicht einfach. Hier helfen andere Überlegungen, z. B. ist bei Vorliegen mehrfacher Bindungen Ebenheit zu erwarten. Sind nur einfache Bindungen vorhanden, ist die räumliche C_2-Form am wahrscheinlichsten.

Die Frequenzen der hierhergehörigen Moleküle sind in Tab. 29 zusammengestellt. Im einzelnen ist hierzu noch zu bemerken: Das reaktionsfähigere cis-N_2F_2 wurde ursprünglich als 1,1-Difluordiazin (III) angesehen; erst das Mikrowellenspektrum ergab die richtige Struktur (I).

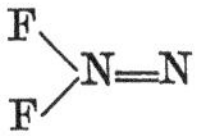

III

* Über die Definition der Torsionsschwingung vgl. den Abschnitt über X_2Y_4, S. 79.

Stickstoffoxid NO dimerisiert im kondensierten Zustand zu N_2O_2. Im flüssigen Zustand scheint die cis-Form vorzuherrschen [1021]; in einer CO_2-Matrix wurde auch die trans-Form nachgewiesen [333]. Ferner gehört das N_2H_2 hierher, für das wegen der zentralen Doppelbindung Ebenheit anzunehmen ist. Das *UR*-Spektrum des festen Produktes bei −190° spricht für das Vorliegen der cis-Form (1362, 1406, 1495, 2898, 3095, 3205) [119].

Tabelle 29. *Frequenzen von Kettenmolekülen* X_2Y_2

Molekül	Methode Zustand	ν_1 ν_s(XY)	ν_2 ν(XX)	ν_3 δ_s	ν_4 τ	ν_5 ν_{as}(XY)	ν_6 δ_{as}	Lit.
	C_{2h}:	A_g	A_g	A_g	A_u	B_u	B_u	
trans-N_2F_2	*UR* gas	[1010]	[1636]	[592]	360	989	421	938
trans-$N_2O_2^{2-}$	*Ra* Lsg *UR* krist	1115	1383	—	[370]	1020	504	774
	C_{2v}:	A_1	A_1	A_1	A_2	B_1	B_1	
cis-N_2F_2	*UR* gas	896	1524	552	—	952	737	938
cis-N_2O_2	*Ra*, *UR* fl	1862	262	167	—	1770	196	1021
cis-$N_2O_2^{2-}$	*UR* krist	830	1314	584	—	1047	330	461
	C_2:	A	A	A	A	B	B	
H_2O_2	*UR* gas	3600	880	[1380]	314	3610	1266	194, 907 1002, 1107
H_2S_2	*Ra* fl, *UR* gas	2509	509	883	416	2577	886	339,906,1187
S_2Cl_2	*Ra* fl	436	540	206	102	449	240	109, 1046
S_2Br_2	*Ra* fl	302	529	172	66	356	200	1046, 1324
Se_2Cl_2	*Ra* fl	418	288	130	87	367	146	1046
Se_2Br_2	*Ra* fl	205	292	94	50	265	106	1046

Für H_2O_2 und H_2S_2 ist die nichtebene Struktur gesichert; für die Schwefel- und Selenhalogenide ist sie wahrscheinlich. Bei letzteren ist ferner die Zuordnung der niedrigsten beobachteten Frequenz zur Torsionsschwingung nicht gesichert. Bei den angegebenen Zahlen kann es sich auch um den Oberton dieser Schwingung handeln [710]. Für die hierhergehörige Form des S_2F_2 (Difluordisulfan) wurden die *UR*-Frequenzen 326, 612, 677 und 713 gemessen [967].

Einige Kraftkonstanten wurden berechnet: Im trans-N_2F_2 ist $f(NN) = 11{,}1$, $f(NF) = 4{,}6$ [938], im cis-$N_2O_2^{2-}$ $f(NN) = 5{,}7$, $f(NO) = 4{,}1$ [461]. Für H_2O_2 wurde gefunden $f(OO) = 4{,}6$ [541], für H_2S_2 $f(SS) = 2{,}57$ mdyn/Å [987].

Die bisher schwingungsspektroskopisch untersuchten unsymmetrischen Kettenmoleküle WXYZ sind eben gebaut und gehören damit zur Punktgruppe C_s (vgl. Tab. 15, S. 50). Die bekannten Spektren sind in Tab. 30 aufgeführt. Im einzelnen kann man noch drei Strukturtypen unterscheiden:

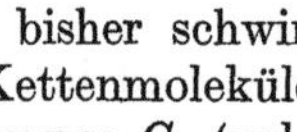
I XYZ linear

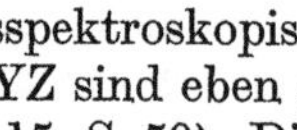
II trans

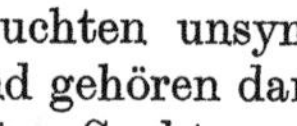
III cis

Linear sind die Gruppen N—N—N, N—C—O, N—C—S und O—B—O.

Tabelle 30. *UR-Spektren von Kettenmolekülen* WXYZ (C_s)

Molekül	Zustand	$\nu_1(A')$ $\nu(WX)$	$\nu_2(A')$ ν	$\nu_3(A')$ ν	$\nu_4(A')$ $\delta(WXY)$	$\nu_5(A')$ $\delta(XYZ)$	$\nu_6(A'')$ τ	Lit.
HN_3	gas	3336	2140	1274	1150	522	672	288
DN_3	gas	2480	2141	1183	955	498	638	288
FN_3	Matrix	869	2034	1086	654	503	—	787
ClN_3	Matrix	723	2066	1144	—	520	—	787
BrN_3	Matrix	687	2062	1160	—	530	—	787
HNCO	gas	3531	2274	1327	797	572	670	524
HNCS	gas	3539	1980	851	470	542	615	59
DNCS	gas	2644	1944	854	374	483	566	59
HOCN	Matrix	3506	2294	1098	1241	460	(438)	562
DOCN	Matrix	2590	2292	1093	957	437	—	562
ClSCN	Lsg	520	2162	678	—	353	—	826
BrSCN	Lsg	451	2157	676	—	369	—	826
JSCN	Lsg	372	2130	700	—	362	—	826
HOBO	gas	3680	2030	—	1420	650	—	1174
trans-HONO	gas	3590	1700	793	1267	598	545	502
cis-HONO	gas	3425	1639	855	1370	525	638	591
trans-DONO	gas	2658	1695	739	1015	592	416	
cis-DONO	gas	2537	1620	817	1086	517	—	842
cis-HNSO	gas	3345	1261	1090	911	453	759	912
cis-DNSO	gas	2480	1257	1055	757	410	594	912

Das F—N=N—Cl ist wahrscheinlich eben (Typ II oder III). *UR*-Banden wurden bei 1540 = ν(NN), 1060 = ν(NF) und 670 = ν(NCl) beobachtet [882].

f) Weitere vieratomige Moleküle

Im P_4 sind die P-Atome in den Ecken eines Tetraeders angeordnet. Die Punktgruppe ist T_d (vgl. Tab. 31). Das *Ra*-Spektrum der flüssigen Substanz ist [109, 1136] 606 = $\nu_1(A_1)$, 363 = $\nu_2(E)$, 465 = $\nu_3(F_2)$. Für die Kraftkonstante f(PP) wird 2,07 mdyn/Å berechnet [875].

Die Moleküle Li_2O_2 [1175] und Li_2F_2 [949] wurden schwingungsspektroskopisch in inerter Matrix nachgewiesen. Sie sind ringförmig gebaut:

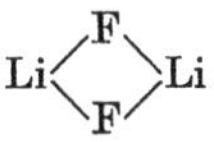

die Symmetrie ist D_{2h} (vgl. Tab. 43, S. 78).

4. Fünfatomige Moleküle

a) XY_4, tetraederförmig (T_d)

Das Atom X liegt im Schwerpunkt eines Tetraeders, die Atome Y in den Ecken. Es sind vier dreizählige Achsen vorhanden, welche durch die Bindungen X—Y gehen, ferner drei zweizählige Achsen, welche senkrecht zueinander stehen und die Valenzwinkel halbieren. Diese zweizähligen Achsen sind gleichzeitig vierzählige Drehspiegelachsen. Jede der 6 denkbaren Bruchteile XY_2 des Moleküls definiert eine Symmetrieebene; die Schnittlinien von je drei dieser Ebenen sind die dreizähligen Achsen. Die zugehörige Punktgruppe ist T_d (vgl. Tab. 31). Die

Schwingungsformen zeigt Abb. 21; für die entarteten Schwingungen ist nur je eine Komponente angegeben. Die Zuordnung der beobachteten Frequenzen zu den Normalschwingungen ist in Kap. I, S. 24 beschrieben.

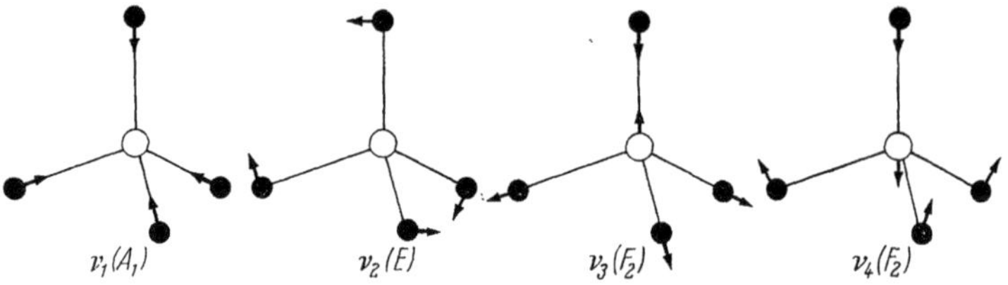

Abb. 21. Schwingungsformen von Tetraedermolekülen XY_4 (T_d)

Die Tetraedermoleküle sind der spektroskopisch am häufigsten untersuchte Molekültyp. Zweckmäßigerweise wird daher eine Unterteilung in drei Gruppen vorgenommen: 1. Hydride, 2. Halogenide, 3. Oxide, Oxo- und Thioionen.

Tabelle 31. *Punktgruppe T_d. Symmetrieelemente:* $4C_3$, C_x, C_y, C_z, S_{4x}, S_{4y}, S_{4z}, σ_x, σ_x, σ_z, $3\sigma_v$

Klasse	C_3	S_4	C_2	σ	*Ra*	*UR*	Abzählung X_4 Tetraeder	Abzählung XY_4 Tetraeder	Abzählung $X(YZ)_4$ Tetraeder
A_1	*s*	*s*	*s*	*s*	*p*	—	1ν	1ν	2ν
A_2	*s*	*as*	*s*	*as*	—	—	—	—	—
E	*e*	*e*	*s*	*e*	*dp*	—	1δ	1δ	2δ
F_1	*e*	*e*	*e*	*e*	—	—	—	—	1δ
F_2	*e*	*e*	*e*	*e*	*dp*	𝔐	1ν	1ν, 1δ	2ν, 2δ

1. Hydride. Im *Ra*-Spektrum ist ν_1 stets sehr intensiv (bei CH_4 auch ν_3), ν_2 und ν_4 sind schwächer als ν_1, ν_3 ist meist sehr schwach. Im *UR* wird bei gasförmigen Substanzen erwartungsgemäß ν_1 nicht gefunden, was als Beweis für streng kubische Symmetrie gewertet werden kann. Dagegen tritt ν_2 im *UR* von gasförmigen CH_4, CD_4, SiH_4, GeH_4 und GeD_4 — wenn auch sehr schwach — auf. Dies bedeutet keine Unsymmetrie, sondern ist auf eine Coriolis-Wechselwirkung zwischen ν_4 und ν_2 zurückzuführen. Die Veränderungen der Spektren beim Übergang vom gasförmigen zum flüssigen, festen oder gelösten Zustand sind sehr gering. Die Frequenzen verschieben sich um höchstens 1% nach kleineren Wellenzahlen.

Bei den Hydrid-Ionen ist in Lösung die Tetraedersymmetrie gewahrt (BH_4^- und AlH_4^-). Im festen Zustand bedingt die Gitterstruktur meist eine Unsymmetrie, so daß Aufspaltungen der Frequenzen beobachtet wird. Diese Aufspaltungen sind im allgemeinen nicht groß, so daß man der Einfachheit halber die beobachteten Schwingungen so zuordnet, als ob Tetraedersymmetrie vorläge, so z. B. bei PH_4^+ und AsH_4^+. Die Ammoniumsalze sind eingehend untersucht worden. Tetraedersymmetrie des NH_4^+-Ions wurde beim NH_4Cl, NH_4Br, $(NH_4)_2SnCl_6$ und $(NH_4)_2SiF_6$ gefunden, in allen übrigen untersuchten Fällen geringere Symmetrien. Die

Lage der Frequenzen hängt stark vom Kristallfeld ab, wie aus den Angaben der Tab. 32 hervorgeht. Trotz vorliegender Tetraedersymmetrie beobachtet man bei NH_4Cl und NH_4Br eine Aufspaltung von ν_3. Dies ist auf FERMI-Resonanz zurückzuführen, indem die Kombination $(\nu_2 + \nu_4)$, welche eine F_2-Komponente besitzt, in die Nähe von ν_3 fällt.

2. Halogenide. Diese Substanzen sind meist in flüssigem, festem oder gelöstem Zustand untersucht worden. Soweit auch Messungen am Gas vorliegen, kann man feststellen, daß beim Übergang gasförmig-flüssig ν_3 um 1—2% sinkt; die übrigen Frequenzen werden weniger beeinflußt. Im *Ra*-Spektrum wird ν_1 stets sehr intensiv und scharf beobachtet, ν_2 und ν_4 sind breit und weniger intensiv, ν_3 ist schwach und meist diffus.

Tab. 33 enthält die vollständig bekannten Spektren dieser Gruppe. Im einzelnen ist dazu noch zu bemerken: ν_3 des CCl_4 ist durch FERMI-Resonanz mit $(\nu_1 + \nu_4)$ aufgespalten. Im flüssigen Zustand sind beide Komponenten etwa gleich intensiv; im Gas ist die höhere Komponente erheblich intensiver, die Resonanz also weniger ausgeprägt. Die Tetrahalogeno-ionen von Ga, In, Tl und Fe wurden auf ramanspektroskopischem Wege an sauren Lösungen der Trihalogenide in H_2O oder Äther nachgewiesen, $GaCl_4^-$ und $GaBr_4^-$ auch in geschmolzenem $GaCl_2$ bzw. $GaBr_2$. Die Ionen $AsCl_4^+$ und $SbCl_4^+$ wurden ebenfalls

Tabelle 32. *Hydride* XH_4 (T_d)

Molekül	Methode Zustand	$\nu_1(A_1)$	$\nu_2(E)$	$\nu_3(F_2)$	$\nu_4(F_2)$	f	d	r	Lit.
CH_4	*Ra*, *UR* gas	~2917	1534	3019	~1306	4,95	0,43	1,093	30, 160, 344, 522, 1083
CD_4	*Ra*, *UR* gas	2109	1092	2259	996			1,092	606, 838
SiH_4	*Ra*, *UR* gas	2187	975	2190	914	2,77	0,23	1,48	7, 1120
GeH_4	*Ra*, *UR* gas	2106	931	2114	819	2,61	0,19	1,53	678, 1085
GeD_4	*Ra*, *UR* gas	1504	665	1522	596			1,53	678
SnH_4	*UR* gas	—	—	1860	703	2,03	0,14	1,70	746
NH_4^+	*Ra*, *UR*, $(NH_4)_2SiF_6$ krist	3233	1701	3314	1427	6,00	0,52	1,03	132, 230, 740, 1143
	Ra, *UR*, $(NH_4)_2SnCl_6$ krist	3162	1670	3245	1407	5,75	0,50	1,03	
	Ra, *UR*, NH_4Cl krist	3042	1711	{3043 3135	1403			1,03	
PH_4^+	*Ra*, *UR*, PH_4J krist	2306	[1093]	2372	932	3,19	0,33	—	518, 1201
AsH_4^+	*UR*, AsH_4Br krist	2119	1002	2225	845	2,83	0,20	—	518
$B^{11}H_4^-$	*Ra*, Lsg (NH_3)	2264	1210	2244	1080	2,75	0,29	—	325, 957
$B^{11}D_4^-$	*Ra*, Lsg (NH_3)	1570	855	1696	823				325, 957
AlH_4^-	*Ra*, *UR*, Lsg Äther	1790	799	1741	769	1,76	0,16	—	841

Tabelle 33. *Halogenide* XY_4 (T_d)

Molekül	Methode Zustand	$\nu_1(A_1)$	$\nu_2(E)$	$\nu_3(F_2)$	$\nu_4(F_2)$	f	d	r	Lit.
CF_4	*Ra*, *UR* gas	909	435	1283	632	6,93	1,02	1,32	450, 718, 794
CCl_4	*Ra* fl	459	217	{ 762, 791	315	3,25	0.42	1,76	8, 694
CBr_4	*Ra* fl	268	128	673	182	2,84	0 29	1,94	8, 270, 694
CJ_4	*Ra*, *UR* krist	178	90	555	123	2,08	0,20	2,12	1061
SiF_4	*Ra* fl, *UR* gas	800	268	1032	389	6,33	0,45	1,54	517, 576
$SiCl_4$	*Ra* fl	424	150	608	221	3,03	0,23	2,02	8, 125, 270, 694
$SiBr_4$	*Ra* fl	249	90	487	137	2,54	0,18	2,14	8, 270, 694
SiJ_4	*Ra* fl	168	63	405	94	1,94	0,12	2,43	270
GeF_4	*Ra*, *UR* gas	738	[205]	800	260	5,46	0,25	1,67	390, 1191
$GeCl_4$	*Ra* fl	396	132	453	172	2,68	0,18	2,08	125, 270, 694, 819
$GeBr_4$	*Ra* fl	235	79	327	112	2,14	0,14	2,32	270, 694
GeJ_4	*Ra* Lsg (CS_2)	159	60	264	80	1,64	0,10	2,48	1051
$SnCl_4$	*Ra* fl	366	104	403	134	2,47	0,12	2,31	8, 125, 270. 694
$SnBr_4$	*Ra* fl	221	68	280	88	2,00	0,10	2,44	8, 270, 694
SnJ_4	*Ra* Lsg (CCl_4)	149	47	216	63	1,48	0,07	2,64	394, 1051
$PbCl_4$	*Ra* fl	327	90	348	90	2,07	0,06	2,43	819
$TiCl_4$	*Ra*, *UR* fl	389	120	490	140	2,62	0,10	2,19	125, 290
$TiBr_4$	*Ra* fl	230	74	391	91	2,39	0,08	2,31	780
$ZrCl_4$	*Ra* Lsg, *UR* gas	383	120	421	120	2,56	0,09	2,32	270, 1183
VCl_4	*Ra* fl	383	128	475	[150]	2,53	0,12	2,03	290, 492
PCl_4^+	*UR*, *Ra* krist [PCl_4] [PCl_6]	458	171	653	251	3,67	0,31	1,98	171
PBr_4^+	*Ra*, [PBr_4] Br krist	227	72	474	140	2,47	0,19	—	408
$AsCl_4^+$	*Ra* krist [$AsCl_4$] [AsF_6]	422	156	500	187	3,24	0,21		1161
$SbCl_4^+$	*Ra* krist $SbCl_4$ F	353	143	399	153	2,39	0,16		265
$B^{11}F_4^-$	*Ra*, *UR* Lsg	769	353	1075	524	4,87	0,72	1,40	449, 611, 997
$AlCl_4^-$	*Ra*, *UR* krist [PCl_4] [$AlCl_4$]	352	147	490	176	1,97	0,15	2,13	171
$GaCl_4^-$	*Ra* Lsg	346	114	386	149	1,96	0,13	2,19	1194
$GaBr_4^-$	*Ra* Lsg	210	71	278	102	1,57	0,12	—	829, 1194
GaJ_4^-	*Ra* Lsg	145	52	222	73	1,20	0,09	—	1194
$InCl_4^-$	*Ra* Lsg	321	89	337	112	1,76	0,08	—	1194
$InBr_4^-$	*Ra* Lsg	197	55	239	79	1,48	0,08	—	1194
$InJr_4^-$	*Ra* Lsg	139	42	185	58	1,04	0,06	—	1194
$TlBr_4^-$	*Ra* Lsg	190	51	209	64	1,42	0,06	—	267
$ZnCl_4^{2-}$	*Ra* Lsg, *UR* krist	282	~100	292	~100	1,16	0,06	2,26	205, 268, 802
$ZnBr_4^{2-}$	*Ra* Lsg	172	61	210	82	0,93	0,07	—	268, 802
ZnJ_4^{2-}	*Ra* Lsg	122	44	170	62	0,74	0,06	—	268
$CdBr_4^{2-}$	*Ra* Lsg	165	53	183	62	0,91	0,05	—	268, 923

schwingungsspektroskopisch in festem $As_2Cl_4F_6$ ($\equiv AsCl_4^+ AsF_6^-$) und $SbCl_4F$ ($\equiv SbCl_4^+ F^-$) nachgewiesen.

Unvollständige Spektren sind bekannt von ZrF_4, HfF_4, ThF_4, $HfCl_4$ und $ThCl_4$ [151]; BeF_4^{2-}, CoF_4^{2-}, CuF_4^{2-} und ZnF_4^{2-} [666]; $HgBr_4^{2-}$ und HgJ_4^{2-} [268, 1272]; $MeCl_4^{2-}$ und $MeBr_4^{2-}$ mit Me = Mn, Fe, Co, Ni, Cu sowie $FeBr_4^-$ [14, 205, 932].

3. Oxide, Ionen von Sauerstoff- und Thiosäuren. Die meisten hierhergehörigen Substanzen sind die Ionen von Sauerstoffsäuren. Tetraedersymmetrie wird meist nur an wäßrigen Lösungen der neutralen Salze und der stark verdünnten Lösungen der Säuren beobachtet. In den reinen Säuren, in ihren konzentrierteren Lösungen sowie in Lösungen von sauren Salzen liegen wegen der Bindung von Wasserstoff an den Säurerest andere Bindungsverhältnisse vor (vgl. Kap. III).

Die Zuordnung ist bei ν_1 und ν_3 wegen der Intensitäts- und Polarisationsverhältnisse im Raman-Spektrum und der Aktivität im *UR* in allen Fällen gesichert. Für ν_2 und ν_4 liegen bisher nur wenige *UR*-Beobachtungen vor. Wie bei den Halogeniden wird hier allgemein angenommen, daß $\nu_4 > \nu_2$ ist. Dies ist nicht immer gesichert, entspricht aber am besten dem spektralen Verhalten und ist auch nach der Modellrechnung am wahrscheinlichsten.

Auffällig sind die Verhältnisse bei den Ionen MoO_4^{2-}, WO_4^{2-} und ReO_4^-. Hier werden im Raman-Spektrum nur drei Linien gefunden, außerdem liegt die entartete Valenzschwingung niedriger als die symmetrische. Da dies dem Raman-Spektrum von Oktaedermolekülen entspricht, wurde zunächst verschiedentlich angenommen, daß auch hier oktaedrische Koordination vorliegt. Heute wird allgemein die Auffassung vertreten, daß tetraedrische Koordination vorliegt und $\nu_2 \approx \nu_4$ ist. Die gleiche Frequenzverteilung zeigt nämlich das OsO_4, in welchem die tetraedrische Koordination gesichert ist.

Ein charakteristisches Spektrum für das SiO_4^{4-} läßt sich bei dem augenblicklichen Stand der Kenntnisse kaum angeben. Alkali-orthosilicate Me_4SiO_4 sind in festem Zustand oder in der Schmelze bisher kaum untersucht worden; in wäßriger Lösung existieren nur Hydrogensilicationen. Die Spektren der festen Orthosilicate mit mehrwertigen Kationen zeigen (und das hier besonders stark) Beeinflussung der Frequenzhöhe und Aufspaltung infolge Symmetriestörungen. Ferner treten hier noch die (Me—O)-Schwingungen in Erscheinung. Durch die „Methode der isomorphen Substitution" gelang es, die (MeO)-Schwingungen von den (SiO_4)-Schwingungen zu trennen [1101].

Unverzerrte SiO_4^{4-}-Tetraeder liegen im Spinelltyp vor; als Beispiel wurde das *UR*-Spektrum des Ni_2SiO_4 untersucht ($\nu_3 = 826$, $\nu_4 = 516$ [1101]). In den Orthosilicaten vom Olivintyp wurden alle (SiO_4)-Frequenzen identifiziert. Als Beispiel wurde das γ-Ca_2SiO_4 in Tab. 34 aufgenommen, da hier keine (CaO)-Frequenzen beobachtet werden und die Beeinflussung der Frequenzhöhe am geringsten sein dürfte. Die Symmetriestörung ist aber so erheblich, daß die Aufspaltungen von ν_3 und ν_4 beträchtlich sind.

Tabelle 34. *Oxo- und Thioverbindungen* XO_4, XS_4 (T_d)

Molekül	Methode Zustand	$\nu_1(A_1)$	$\nu_2(E)$	$\nu_3(F_2)$	$\nu_4(F_2)$	f	d	r	Lit.
				953	565				
SiO_4^{4-}	*UR* krist γ-Ca_2SiO_4	819	340	859	520	4,75	0,76	1,63	1101
					496				
PO_4^{3-}	*Ra*, *UR* Lsg	938	420	1017	567	6,16	0,90	1,56	1070, 1076
AsO_4^{3-}	*Ra* Lsg	810	342	810	398	5,07	0,53	1,75	7, 494
SO_4^{2-}	*Ra*, *UR* Lsg	981	451	1104	613	7,15	1,05	1,50	7, 927
SeO_4^{2-}	*Ra* Lsg	837	345	873	413	5,81	0,58	1,68	305, 849
ClO_4^-	*Ra*, *UR* Lsg	928	460	1120	625	7,23	1,12	1,45	926, 1019
JO_4^-	*Ra* Lsg	791	256	853	325	5,85	0,39	1,82	988
VO_4^{3-}	*Ra*, Lsg	874	345	855	345	5,33	0,36	1,71	989, 997
CrO_4^{2-}	*Ra* Lsg	847	348	884	368	5,52	0,41	1,60	299, 1044
MoO_4^{2-}	*Ra* Lsg	897	(318)	841	318	5,92	0,35	1,83	165, 776
WO_4^{2-}	*Ra* Lsg	931	(324)	833	324	6,42	0,41	1,79	165, 567, 776
MnO_4^-	*UR* krist $KMnO_4$	846	—	900	402	5,70	0,50	1,55	776, 1068
TcO_4^-	*Ra*, *UR* Lsg	912	—	912	325	6,76	0,36		165
ReO_4^-	*Ra* Lsg	972	332	916	332	7,54	0,43	1,9	165, 307
FeO_4^{2-}	*UR* krist K_2FeO_4	782	—	809	330	4,72	0,34		1102
RuO_4	*UR* fl	[880]	—	913	330	6,65	0,38		844
OsO_4	*Ra* fl	965	335	954	335	7,96	0,44	1,71	510, 1200
AsS_4^{3-}	*Ra* Lsg	386	171	419	216	2,21	0,27	2,22	8
SbS_4^{3-}	*Ra* Lsg	366	156	380	178	2,10	0,20	2,37	8
$B(OH)_4^-$	*Ra*, *UR* Lsg	754	379	945	533				

Weitere hierhergehörige Substanzen sind GeO_4^{4-} (im Spinelltyp mit unverzerrten Tetraedern $\nu_3 \approx 690$, $\nu_4 \approx 430$ [1101]), XeO_4 (*UR* gas $\nu_3 = 877$, $\nu_4 = 306$ [972]), TiO_4^{4-} (Ba_2TiO_4 $\nu_1 = 745$ [126], $\nu_3 \approx 720$ [1100]), CrO_4^{3-} ($\nu_3 = 880$) und CrO_4^{4-} ($\nu_3 = 770$) [1233], MnO_4^{2-} ($\nu_3 = 850$) und MnO_4^{3-} ($\nu_3 = 770$) [922], RuO_4^- ($\nu_3 \approx 835$ [1192]).

Die Frequenzgleichungen lauten hier:

$$\lambda_1 = (f + 3f')\mu_y$$

$$\lambda_2 = (d - 2d' + d'')3\mu_y$$

$$\lambda_3 + \lambda_4 = (f - f')\left(\frac{4}{3}\mu_x + \mu_y\right) + 2(d - d'')\left(\frac{8}{3}\mu_x + \mu_y\right) - \frac{16}{3}\sqrt{2}(g' - g'')\mu_x$$

$$\lambda_3 \cdot \lambda_4 = [(f - f')(d - d'') - 2(g' - g'')^2]\, 2\mu_y(4\mu_x + \mu_y).$$

Zur Berechnung der Kraftkonstanten sind Isotopenfrequenzen, Coriolis-Kopplungskonstanten, Schwingungsamplituden und Raman-Intensitäten herangezogen worden. Einige so erhaltene Ergebnisse zeigt Tab. 35. Die Methode von Fadini (vgl. S. 33) liefert hier gute Näherungswerte. In den Tab. 32, 33 und 34 sind die wichtigsten Konstanten f und d mit aufgeführt, die hiernach erhalten wurden [997].

Als einfache Näherung kann man noch willkürlich $(g' - g'') = 0$ setzen. Dies ergibt für die anderen Konstanten bei den Hydriden gute Werte. Für die übrigen Moleküle erhält man nur dann brauchbare Zahlen, wenn das Zentralatom X schwerer als die Außenatome Y ist, da dann der Einfluß von $(g' - g'')$ weniger ins Gewicht fällt.

Tabelle 35. *Kraftkonstanten einiger Tetraedermoleküle*

Molekül	Methode	f	f'	$d-d''$	$d'-d''$	$g'-g''$	Lit.
CH_4	Coriolis	4,95	0,03	0,42	− 0,02	0,14	297
	$(g' - g'') = 0$	4,90	0,05	0,42	− 0,02	[0]	
CF_4	Isotopen	6,27	0,99	1,12	0,21	0,45	450
	Coriolis	6,97	0,75	1,01	0,15	0,59	297
	Fadini	6,93	0,77	1,02	0,16	0,57	997
SiF_4	Isotopen	6,57	0,21	0,44	0,09	0,19	517
	Coriolis	6,16	0,33	0,47	0,10	0,03	297
	Fadini	6,33	0,28	0,45	0,09	0,09	997
	$(g' - g'') = 0$	6,11	0,36	0,47	0,10	[0]	
BF_4^-	Isotopen	5,19	0,51	0,69	0,11	0,51	996
	Fadini	4,87	0,62	0,72	0,13	0,43	997
CCl_4	Amplituden	3,59	0,24	0,38	0,03	0,36	800
	Ra-Int.	3,12	0,42	0,44	0,05	0,29	177
	Fadini	3,25	0,37	0,42	0,05	0,31	997
$SiCl_4$	Amplituden	2,97	0,26	0,26	0,05	0,05	1284
	Fadini	3,03	0,23	0,23	0,04	0,09	997
	$(g' - g'') = 0$	2,79	0,30	0,27	0,06	[0]	

b) ZXY_3, tetraederförmig (C_{3v})

Diese Moleküle leiten sich von den vollsymmetrischen Tetraedern XY_4 ab, worin ein Atom Y durch ein Atom Z substituiert ist. Es ist dann nur noch eine dreizählige Achse vorhanden sowie drei dazu senkrechte Symmetrieebenen (Punktgruppe C_{3v}, vgl. Tab. 22, S. 56). Die Schwingungsformen sind in Abb. 22 dargestellt, für die entarteten Schwingungen ist wieder nur eine Komponente angegeben. Die symmetrische Deformationsschwingung der Klasse A_1 verändert sowohl die Winkel YXY als auch ZXY; dagegen werden bei der entarteten Deformationsschwingung ν_5 im wesentlichen nur die Winkel YXY verändert, bei ν_6 die Winkel ZXY. Die letztere wird häufig als „rocking"-Schwingung bezeichnet.

Tab. 36 enthält die Spektren einer Reihe hierhergehöriger Substanzen. Die Zuordnung zu den Klassen ist meist gesichert und stützt sich auf

Tabelle 36. *Frequenzen von tetraederförmigen Molekülen* ZXY_3 (C_{3v})

Molekül	Methode Zustand	$\nu_1(A_1)$ $\nu(ZX)$	$\nu_2(A_1)$ $\nu_s(XY)$	$\nu_3(A_1)$ δ_s	$\nu_4(E)$ $\nu_e(XY)$	$\nu_5(E)$ $\delta_e(XY_2)$	$\nu_6(E)$ $\delta_e(ZXY)$	Lit.
CH_3F	*UR* gas	1049	2965	1464	3006	1467	1182	1030
CH_3Cl	*Ra*, *UR* gas	732	2967	1355	3042	1455	1015	279, 1165, 1285
CH_3Br	*Ra*, *UR* gas	610	2972	1306	3060	1449	954	279, 1165, 1285
CH_3J	*UR* gas	533	2970	1251	3062	1439	881	279, 1285
SiH_3F	*UR* gas	872	2206	990	2196	943	728	820, 1222
SiH_3Cl	*UR* gas	551	2201	949	2195	954	664	820, 1222
SiH_3Br	*UR* gas	430	2200	930	2196	950	633	747, 820, 1222
SiH_3J	*UR* gas	362	2192	903	2206	941	592	280, 680, 1222
GeH_3F	*UR* gas	689	2121	859	2132	874	643	369
GeH_3Cl	*UR* gas	422	2120	848	2129	874	602	369
GeH_3Br	*UR* gas	308	2115	833	2127	871	578	369
GeH_3J	*UR* gas	248	2110	808	2121	854	558	369
$HSiF_3$	*UR* gas	2315	859	425	999	305	845	821
$HSiCl_3$	*Ra* fl	2258	489	250	587	179	799	273
$HSiBr_3$	*Ra* fl	2236	362	166	470	115	770	273
$HGeCl_3$	*Ra* fl	2159	409	181	438	149	699	273
$HGeBr_3$	*Ra* fl	2116	273	128	~325	95	674	273
HPO_3^{2-}	*Ra*, *UR* Lsg	2323	986	567	1085	462	1030	1124
HSO_3^-	*UR* krist $RbHSO_3$	2615	1045	630	1200	510	1135	1013
NSF_3	*UR* gas	1515	775	521	811	429	342	913
OPF_3	*Ra* fl	1395	875	476	982	476	337	272, 496
$OPCl_3$	*Ra* fl	1290	486	267	581	193	337	272
$OPBr_3$	*Ra* fl	1261	340	173	488	118	267	272
$OVCl_3$	*Ra*, *UR* fl	1035	409	164	504	131	249	401, 784
$OVBr_3$	*UR* fl	1025	271	120	400	83	212	777
SPF_3	*Ra* fl	695	854	440	940	402	276	271
$SPCl_3$	*Ra* fl	752	431	(247)	539	171	247	197, 272
$SPBr_3$	*Ra* fl	718	299	165	438	115	179	272
FPO_3^{2-}	*Ra* Lsg	795	1002	520	1136	520	379	730
FSO_3^-	*Ra* Lsg	786	1082	566	1287	592	409	424, 975, 990
$FClO_3$	*UR* gas	715	1061	550	1315	591	405	675, 715, 888
$FCrO_3^-$	*UR* krist $KCrO_3F$	635	912	338	952	370	257	299, 1058
$ClSO_3^-$	*Ra* Lsg	416	1050	535	1195	585	220	424
$ClCrO_3^-$	*Ra* Lsg	438	907	295	954	365	209	299, 1059
$ClReO_3$	*Ra*, *UR* fl	293	1001	435	961	344	196	781
$BrReO_3$	*UR* fl	195	997	350	963	332	168	781
SPO_3^{3-}	*Ra* Lsg	436	961	610	1037	519	367	1074
$S_2O_3^{2-}$	*Ra* Lsg	447	1004	670	1106	538	339	397, 989
$NOsO_3^-$	*Ra* Lsg	1021	897	309	871	372	309	673, 1197
$NReO_3^-$	*UR* krist $KReO_3N$	1025	909	—	936	—	—	206
$OH{-}ClO_3$	*Ra*, *UR* fl	742	1036	577	1230	577	430	vgl. Kap. III
$OH{-}SO_3^-$	*Ra* Lsg	887	1051	594	1200	594	429	
$OH{-}PO_3^{2-}$	*Ra*, *UR* Lsg	891	970	528	1082	528	389	
$OH{-}SeO_3^-$	*Ra* Lsg	742	866	394	920	394	322	

Polarisationsmessungen am *Ra*-Spektrum, auf die Rotationsstruktur der *UR*-Banden (symmetrische Kreisel) und auf die Untersuchung spektraler Übergänge. Die Zuordnung zu den Schwingungsformen ist nur dann gerechtfertigt, wenn die Schwingungen hinreichend charakteristisch sind.

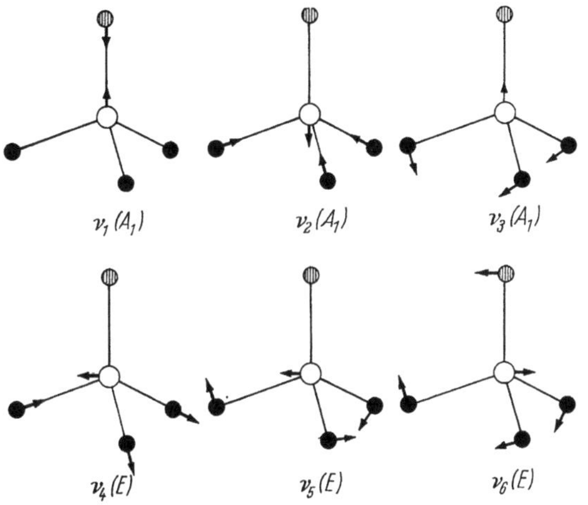

Abb. 22. Schwingungsformen von Tetraedermolekülen ZXY_3 (C_{3v})

Dies ist meist der Fall mit Ausnahme von ν_1 und ν_3 des SiH_3F, $ClReO_3$ und $BrReO_3$, ν_4 und ν_6 von HPO_3^{2-} und HSO_3^- sowie ν_1 und ν_2 des SPF_3.

Untersucht wurden ferner die Spektren einer Reihe gemischter Halogenide von C, Si, Ge, Sn und Ti. Die Verbindungen von C und Si sind in reiner Form darstellbar, die von Ge, Sn und Ti treten jedoch nur

Tabelle 37. *Kraftkonstanten und Kernabstände von Tetraedermolekülen* ZXY_3

Molekül	f(ZX)	f(XY)	r(ZX)	r(XY)	Lit.
FCH_3	5,79	5,38	1,39	1,11	26
$ClCH_3$	3,42	5,48	1,78	1,10	26
$BrCH_3$	2,90	5,47	1,94	1,10	26
JCH_3	2,34	5,52	2,14	1,10	26
$FSiH_3$	5,32	2,77	1,59	1,48	295
$ClSiH_3$	2,98	2,81	2,05	1,48	295
$BrSiH_3$	2,45	2,81	2,21	1,48	295
$JSiH_3$	1,95	2,80	2,44	1,48	295
$FGeH_3$	4,21	2,67	1,73	1,52	369
$ClGeH_3$	2,56	2,67	2,15	1,52	369
$BrGeH_3$	2,12	2,66	2,30	1,55	369
$JGeH_3$	1,75	2,64	2,55		369
NSF_3	12,55	4,49	1,42	1,55	945
OPF_3	11,38	6,35	1,45	1,52	945
$OPCl_3$	9,98	2,45	1,45	1,99	989
$OVCl_3$	7,85	1,41			903
$SPCl_3$	4,14	2,49	1,85	2,02	989
$FClO_3$	3,91	9,41	1,66	1,45	945
$ClReO_3$	1,56	8,27	2,23	1,70	904

in Gemischen der entsprechenden Tetrahalogenide auf und sind hier ramanspektroskopisch entdeckt worden [274]. Unvollständige Spektren sind bekannt von BH_3F^- [21] und PSJ_3 (ν(PS) = 673 [73]). Das für BF_3O^{2-} angegebene Spektrum [691] ist so ungewöhnlich, daß hier wohl eine Nachprüfung notwendig ist. Weiterhin wurden die *UR*-Spektren von $AsOF_3$ und $SbOF_3$ gemessen [263], vgl. auch Kap. III, S. 111. *UR* von gasförmigen VOF_3: 1060 (ν_1), 720 (ν_2), 805 (ν_4) [1228].

Für die meisten in Tab. 36 aufgeführten Moleküle liegen auch Kraftkonstantenberechnungen vor. Einige Ergebnisse für die hauptsächlich interessierenden Konstanten sind in Tab. 37 zusammengefaßt.

c) Y_2XZ_2, tetraederförmig (C_{2v})

Die Atomgruppen XY_2 und XZ_2 definieren je eine Symmetrieebene, deren Schnittlinie eine zweizählige Achse ist (Punktgruppe C_{2v}, vgl. Tab. 1, S. 16). Die Formen der neun Normalschwingungen sind in Abb. 23 dargestellt. ν_1, ν_2, ν_6 und ν_8 stellen danach Valenzschwingungen dar. ν_3 ist die Deformationsschwingung des Winkels XY_2, ν_4 entsprechend

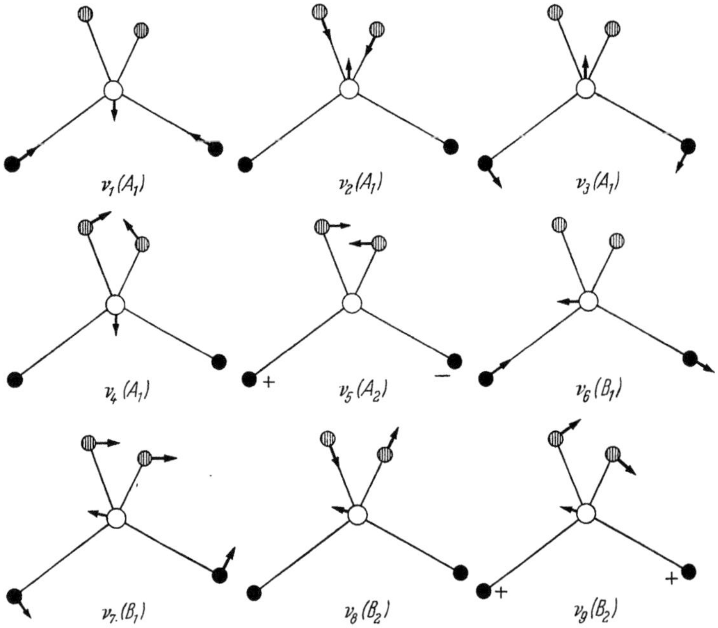

Abb. 23. Schwingungsformen von Tetraedermolekülen Y_2XZ_2 (C_{2v})

für XZ_2. Bei ν_5 werden die Gruppen XY_2 und XZ_2 symmetrisch zur Symmetrieachse gegeneinander verdreht, wobei das X-Atom fast in Ruhe bleibt. Solche Schwingungen werden als „Torsionsschwingungen" τ (im englischsprachigen Schrifttum „twisting") bezeichnet. Weitere Moleküle mit Torsionsschwingungen sind etwa die vieratomigen Ketten (s. S. 60) sowie X_2Y_4 und X_2Y_6 (s. S. 78, 84). ν_7 und ν_9

sind als Deformationsschwingungen der Winkel YXZ anzusehen, wobei die Winkel XY$_2$ und XZ$_2$ nahezu unverändert bleiben. Bei Hydriden H$_2$XY$_2$ wird ν_7 (Bewegung der H-Atome in der XH$_2$-Ebene) häufig als „rocking"-Schwingung, ν_9 (Bewegung der H-Atome senkrecht zur XH$_2$-Ebene) als „wagging"-Schwingung bezeichnet. Diese Bezeichnungsweise wird auch auf andere Moleküle mit XY$_2$-Gruppe übertragen.

Die Spektren einer Reihe der untersuchten Substanzen enthält Tab. 38. Die Zuordnung ist für die Valenzschwingungen gesichert, dagegen nicht durchweg für die Deformationsschwingungen. Ferner sind die Spektren von gemischten Halogeniden von C, Si, Ge und Sn gemessen worden. Ganz entsprechend den gemischten Halogeniden ZXY$_3$ sind die Verbindungen von Ge und Sn nicht in reiner Form darstellbar, sondern nur in Gemischen ramanspektroskopisch nachgewiesen worden [274].

Die Valenzwinkel dieser Verbindungen liegen im allgemeinen zwischen 90 und 120°, so daß man annähernd von einer Tetraederform sprechen kann. Eine Ausnahme bildet das SF$_4$, in welchem ein Winkel annähernd gestreckt ist:

$$\begin{array}{c} 185° \\ F\!-\!S\!-\!F \\ \diagup\ \diagdown \\ F\quad F \end{array}$$

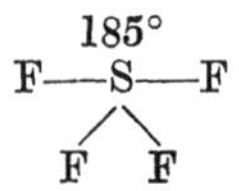

Tabelle 38. *Frequenzen von Tetraedermolekülen* Y$_2$XZ$_2$ (C$_{2v}$)

Molekül	Methode Zustand	$\nu_1(A_1)$ $\nu_s(XY)$	$\nu_2(A_1)$ $\nu_s(XZ)$	$\nu_3(A_1)$ $\delta(XY_2)$	$\nu_4(A_1)$ $\delta(XZ_2)$	$\nu_5(A_2)$ τ	$\nu_6(B_1)$ $\nu_{as}(XY)$	$\nu_7(B_1)$ $\delta(YXZ)$	$\nu_8(B_2)$ $\nu_{as}(XZ)$	$\nu_9(B_2)$ $\delta(YXZ)$	Lit.
H$_2$SiF$_2$	UR gas	2246	897	982	322	—	2251	730	981	903	233
H$_2$SiCl$_2$	Ra fl, UR gas	2221	520	950	190	710	2200	620	580	870	508
H$_2$SiBr$_2$	Ra fl, UR gas	2200	400	940	122	688	2220	556	465	835	366, 508, 747
H$_2$GeF$_2$	UR gas	2155	720	860	—	—	2174	596	720	814	314
H$_2$GeCl$_2$	UR gas	2135	410	855	—	—	2150	524	435	779	314
H$_2$GeBr$_2$	UR gas	2121	290	847	—	—	2138	489	322	754	314
H$_2$PO$_2^-$	Ra, UR Lsg	2362	1046	1159	467	927	2312	818	1194	1087	707, 1124, 1212
O$_2$PF$_2^-$	UR KPO$_2$F$_2$ krist	1145	834	535	286	(365)	1311	512	857	481	155
O$_2$SF$_2$	Ra, UR gas	1269	848	544	384	388	1502	553	885	539	558, 676, 104
O$_2$SCl$_2$	Ra fl	1182	560	408	218	282	1419	388	580	362	423, 732
O$_2$SeF$_2$	Ra fl	971	702	360	277	1059	360	702	340		1295
O$_2$CrF$_2$	UR gas	1006	727	304	[182]	[422]	1016	274	789	[259]	549
O$_2$CrCl$_2$	Ra, UR fl	983	465	357	142	230	995	214	497	263	549, 783, 1055
F$_2$SF$_2$	Ra fl, UR gas	894	715	557	239	401	863	534	728	463	283
O$_2$S(OH)$_2$	Ra, UR fl	1137	910	563	392	422	1368	563	967	563	vgl. Kap. III
O$_2$Se(OH)$_2^-$	Ra, UR fl	899	759	391	291	311	984	391	775	391	vgl. Kap. III
O$_2$P(OH)$_2^-$	Ra, UR Lsg	1071	877	520	370	370	1156	520	942	520	vgl. Kap. III

Die Struktur dieses Moleküls leitet sich von einer trigonalen Bipyramide ab (vgl. die Moleküle XY_5, S. 76); zwei Ecken des Basisdreiecks sind von F-Atomen besetzt, das dritte aber von einem freien Elektronenpaar (Hybridisierung sp^3d des S-Atoms). Entsprechendes gilt für SeF_4 [924]. Gleichartigen Bau weist nach der Kristallstrukturanalyse das $JO_2F_2^-$ auf; die Gruppe F—J—F ist annähernd linear. *UR* des KJO_2F_2: 722 (*w*), 820 (*vs*), 847 (*s*), 855 (*s*) [1297].

Einige Werte bisher ermittelter Kraftkonstanten: $H_2PO_2^-$ $f(PH) = 3{,}15$, $f(PO) = 9{,}35$ [1212]; SO_2F_2 $f(SO) = 11{,}32$, $f(SF) = 5{,}14$ [558]; SO_2Cl_2 $f(SO) = 10{,}58$, $f(SCl) = 2{,}26$ [558]; CrO_2Cl_2 $f(CrO) = 7{,}17$, $f(CrCl) = 2{,}56$ [1055].

d) XY_4, eben, sternförmig (D_{4h})

Die Atome Y besetzen bei diesem Typ die Ecken eines Quadrates, X den Schwerpunkt. In der Molekülebene befinden sich 4 zweizählige

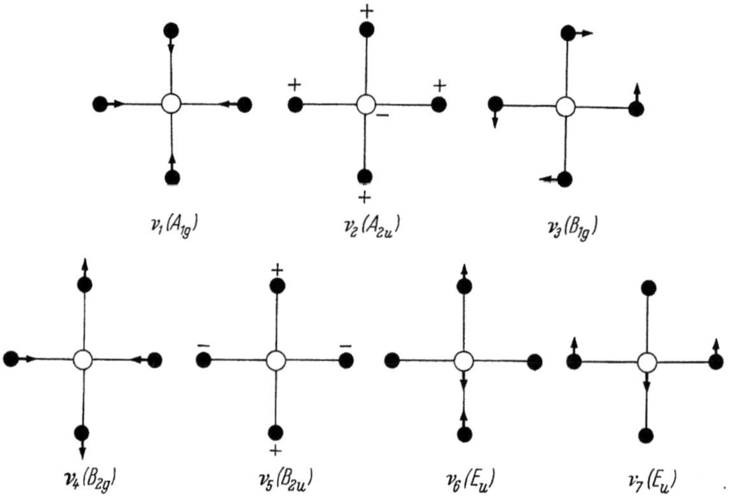

Abb. 24. Schwingungsformen von ebenen Molekülen XY_4 (D_{4h})

Achsen, senkrecht dazu eine vierzählige Achse. Deren Durchstoßungspunkt durch die Molekülebene (Atom X) ist gleichzeitig Symmetriezentrum. Dies ist die Punktgruppe D_{4h} (vgl. Tab. 39).

Abb. 24 zeigt die Formen der Normalschwingungen; ν_1, ν_4 und ν_6 sind Valenzschwingungen, ν_3 und ν_7 ebene, ν_2 und ν_5 nichtebene Deformationsschwingungen. Tab. 40 faßt die Spektren der bisher untersuchten Moleküle zusammen. Die Zuordnung erscheint im wesentlichen gesichert bis auf ν_2 und ν_7. Die Schwingung ν_5 ist im *Ra*- und *UR*-Spektrum verboten, also nicht direkt beobachtbar. Man kann sie nur indirekt bestimmen, etwa durch eine Analyse der beobachteten Ober- und Kombinationstöne.

Die Schwingungsgleichungen lauten hier

$$\lambda_1 = (f + 2f' + f'')\,\mu_y$$
$$\lambda_2 = d_\gamma\,(4\mu_x + \mu_y)$$
$$\lambda_3 = 4\,(d - 2d' + d'')\,\mu_y$$
$$\lambda_4 = (f - 2f' + f'')\,\mu_y$$
$$\lambda_6 + \lambda_7 = (f - f'' + 2d - 2d'')\,(2\mu_x + \mu_y) - 8\,(g' - g'')\,\mu_x$$
$$\lambda_6 \cdot \lambda_7 = [(f - f'')\,(d - d'') - 2\,(g' - g'')^2]\,2\mu_y\,(4\mu_x + \mu_y).$$

Da hier nur Moleküle mit schwerem Zentralatom untersucht worden sind, kann man in guter Näherung $(g' - g'')$ vernachlässigen. So wurden die in Tab. 40 mitaufgeführten Valenzkraftkonstanten berechnet.

Tabelle 39. *Punktgruppe* D_{4h}. *Symmetrieelemente*: $C_{4z}, C_y, C_x, 2C_v, \sigma_h, \sigma_x, \sigma_y, 2\sigma_v, i$

Klasse	C_{4z}	C_{2z}	C_y	C_2	σ_h	i	*Ra*	*UR*	Abzählung: XY_4 eben	Abzählung: $X(YZ)_4$ eben
A_{1g}	*s*	*s*	*s*	*s*	*s*	*s*	*p*	—	1ν	2ν
A_{1u}	*s*	*s*	*s*	*s*	*as*	*as*	—	—	—	—
A_{2g}	*s*	*s*	*as*	*as*	*s*	*s*	—	—	—	1δ
A_{2u}	*s*	*s*	*as*	*as*	*as*	*as*	—	$\mathfrak{M}_z$	1γ	2γ
B_{1g}	*as*	*s*	*s*	*as*	*s*	*s*	*dp*	—	1δ	2δ
B_{1u}	*as*	*s*	*s*	*as*	*as*	*as*	—	—	—	—
B_{2g}	*as*	*s*	*as*	*s*	*s*	*s*	*dp*	—	1ν	2ν
B_{2u}	*as*	*s*	*as*	*s*	*as*	*as*	—	—	1γ	2γ
E_g	*e*	*as*	*e*	*e*	*as*	*s*	*dp*	—	—	1γ
E_u	*e*	*as*	*e*	*e*	*s*	*as*	—	$\mathfrak{M}_\perp$	$1\nu, 1\delta$	$2\nu, 2\delta$

Tabelle 40. *Ebene Moleküle* XY_4 (D_{4h})

Molekül	Methode Zustand	$\nu_1(A_{1g})$	$\nu_2(A_{2u})$	$\nu_3(B_{1g})$	$\nu_4(B_{2g})$	$\nu_6(E_u)$	$\nu_7(E_u)$	f	r	Lit.
XeF_4	*Ra* krist, *UR* gas	543	291	235	502	586	123	3,02	1,94	198, 1263
JCl_4^-	*Ra*, *UR* Lsg	288	—	128	261	266	—	1,25	2,5	864, 1047
$PtCl_4^{2-}$	*Ra* Lsg, *UR* krist	335	93	164	304	320	183	1,81	2,32	16, 889, 1047
$PtBr_4^{2-}$	*UR* krist	—	80	—	—	233	135	(1,4)	—	16
$AuCl_4^-$	*Ra* Lsg, *UR* krist	347	–	171	324	356	—	2,1	2,17	1047
$AuBr_4^-$	*Ra* Lsg, *UR* krist	212	87	102	196	252	139	1,69	2,57	16, 1047
$[Pt(NH_3)_4]^{2+}$	*Ra* Lsg, *UR* krist	524	150	265	508	510	236			889

5. Weitere einfache Moleküle

a) XY_5 und verwandte Moleküle

Die Moleküle XY_5 kommen in zwei Strukturen vor, als trigonale Bipyramide (Punktgruppe D_{3h}) und als tetragonale Pyramide (Symmetrie C_{4v}). Die bipyramidale Form tritt

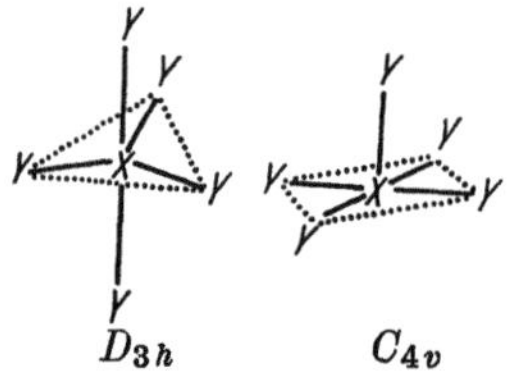

auf, wenn das Zentralatom X die Hybridisierung sp^3d aufweist und kein freies Elektronenpaar besitzt. Von dieser Struktur lassen sich andere Molekültypen ableiten, wenn aus der Basisebene ein oder mehrere Atome Y entfernt und durch freie Elektronenpaare ersetzt werden. So entstehen die Molekülformen von SF_4, ClF_3 und XeF_2. Die Pyramidenstruktur der Symmetrie C_{4v} leitet sich von einem Oktaeder ab (Hybridi-

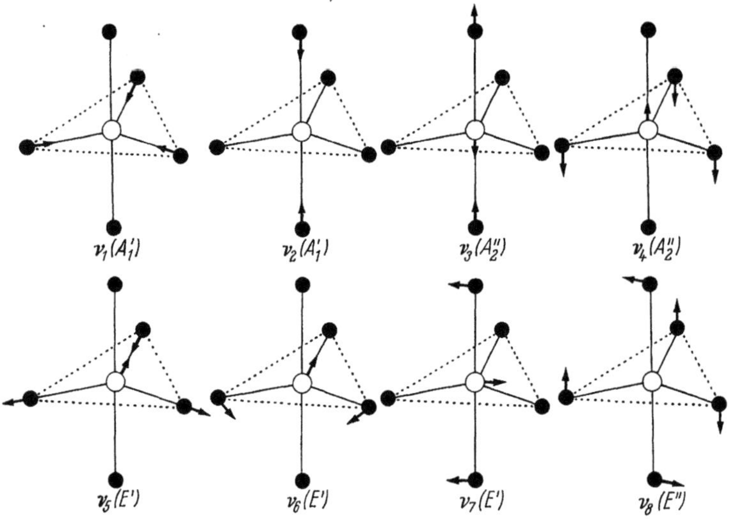

Abb. 25. Schwingungsformen von bipyramidalen Molekülen XY_5 (D_{3h})

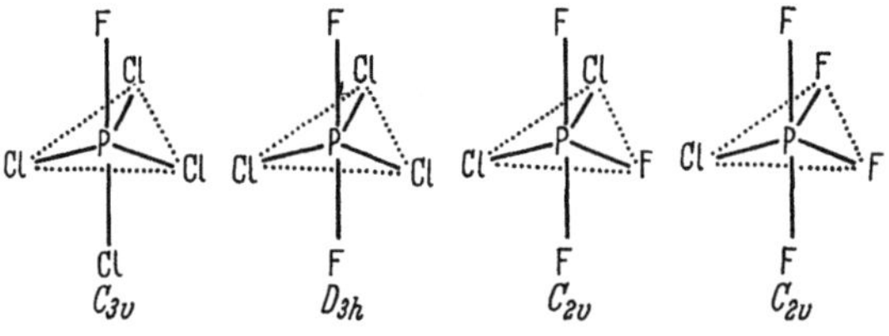

sierung sp^3d^2 des Zentralatoms X), worin die sechste Koordinationsstelle durch ein freies Elektronenpaar besetzt ist. Das Zentralatom X befindet sich daher annähernd im Schwerpunkt des Basisquadrates.

Tab. 18, S. 53 enthält bereits die Abzählung der Normalschwingungen für den bipyramidalen D_{3h}-Typ; Abb. 25 zeigt die zugehörigen Schwingungsformen. In diese Gruppe gehören PF_5, PCl_5 (gasförmig, flüssig und gelöst in C_6H_6, CCl_4 oder CS_2) sowie $SbCl_5$, deren Spektren Tab. 41 zeigt. Die Zuordnung ist nicht in allen Punkten gesichert. Zu

Tabelle 41. *Frequenzen trigonal-bipyramidaler Moleküle* XY_5 (D_{3h})

Molekül	Methode Zustand	$\nu_1(A_1')$	$\nu_2(A_1')$	$\nu_3(A_2'')$	$\nu_4(A_2'')$	$\nu_5(E')$	$\nu_6(E')$	$\nu_7(E')$	$\nu_8(E'')$	Lit.
PF_5	*Ra* fl, *UR* gas	817	640	945	576	1026	533	301	514	481
PCl_5	*Ra*, *UR* Lsg	395	370	441	301	582	281	100	261	80, 171, 1109,
$SbCl_5$	*Ra*, *UR* fl	357	307	371	154	396	175	74	165	171, 1183
SbF_3Cl_2	*Ra*, *UR* fl	610	392	399	—	645	444	147	292	264
PF_2Cl_3	*Ra* fl, *UR* gas	387	633	867	328	625	404	122	357	481

der gleichen Punktgruppe D_{3h} gehören das PF_2Cl_3, worin die Fluoratome die Spitzen der Bipyramide besetzen, und das SbF_3Cl_2, wo die Fluoratome sich in der Basis befinden. Das Spektrum des AsF_5 ist bisher nur unvollständig bekannt: *UR* gas 786, 409 (A_2''), 811 (E') [1218]. Wahrscheinlich hat auch das gasförmige VF_5 die bipyramidale Struktur; *UR*-Spektrum: 784, 330 (A_2''), 810, 290, 223 (E') [1235].

PCl_5 zerfällt in festem Zustand und gelöst in CH_3CN in die Ionen PCl_4^+ und PCl_6^- [80]. SbF_5 ist in flüssigem Zustand nach seinem kernmagnetischen Resonanzspektrum polymer; Schwingungsspektrum: [389]. Die Struktur von $NbCl_5$ und $TaCl_5$ steht noch nicht fest; Schwingungsspektren: [171, 389].

Die Verbindungen $(CH_3)_3SbHal_2$ haben nach ihrem *UR*-Spektrum ebenfalls trigonal-bipyramidale D_{3h}-Struktur [696], dagegen sind die ent-

Tabelle 42. *Punktgruppe* C_{4v}. *Symmetrieelemente*: C_{4z}, C_{2z}, σ_y, σ_x, $2\sigma_d$

Klasse	C_{4z}	C_{2z}	σ_y	σ_d	*Ra*	*UR*	Abzählung: XY_4 Pyramide	Abzählung: XY_5 Pyramide	Abzählung: JOF_5 Oktaeder
A_1	*s*	*s*	*s*	*s*	*p*	$\mathfrak{M}_z$	$1\nu, 1\delta$	$2\nu, 1\delta$	$3\nu, 1\delta$
A_2	*s*	*s*	*as*	*as*	—	—	—	—	—
B_1	*as*	*s*	*s*	*as*	*dp*	—	$1\nu, 1\delta$	$1\nu, 1\delta$	$1\nu, 1\delta$
B_2	*as*	*s*	*as*	*s*	*dp*	—	1δ	1δ	1δ
E	*e*	*as*	*e*	*e*	*dp*	$\mathfrak{M}_\perp$	$1\nu, 1\delta$	$1\nu, 2\delta$	$1\nu, 3\delta$

sprechenden Phosphorverbindungen ionisch aufgebaut: $[(CH_3)_3PHal]^+$ Hal^- [444]. Das PF_3Cl_2 hat wahrscheinlich eine Struktur der Symmetrie C_{2v}, indem sich beide Cl-Atome in der Basisfläche befinden [481].

Das Schwingungsspektrum des $PFCl_4$ [481] und des gelösten $SbFCl_4$ [265] weisen auf einen bipyramidalen Aufbau mit dem F-Atom an einer Spitze hin. Die horizontale Spiegelebene ist hier verlorengegangen, so daß die Gesamtsymmetrie nur noch C_{3v} ist. Im festen Zustand tritt Zerfall in Ionen auf: $SbCl_4^+$ F^- [265].

Das analog zusammengesetzte SOF_4 hat zwar wieder die gleiche Molekülgestalt, jedoch befindet sich das O-Atom in einer Ecke des Basisdreiecks, so daß die Symmetrie C_{2v} ist; Schwingungsspektrum s. S. 101. Das komplizierte *UR*-Spektrum des PF_4Cl [1234] deutet auf einen gleichartigen Bau mit dem Cl-Atom in der Basisebene hin.

ClF_5, BrF_5 und JF_5 bilden die Gruppe mit tetragonal-pyramidaler Struktur (C_{4v}). Abzählung und Symmetrieeigenschaften der Normalschwingungen sind in Tab. 42 enthalten, die Frequenzen in Tab. 42a.

Tabelle 42a. *Frequenzen* (*Ra* fl, *UR* gas) *tetragonal-pyramidaler Moleküle* XY_5 (C_{4v}) [1226]

Molekül	$\nu_1(A_1)$	$\nu_2(A_1)$	$\nu_3(A_1)$	$\nu_4(B_1)$	$\nu_5(B_1)$	$\nu_6(B_2)$	$\nu_7(E)$	$\nu_8(E)$	$\nu_9(E)$
ClF_5	709	541	486	480	—	375	732	—	302
BrF_5	683	587	369	535	—	321	644	415	237
JF_5	710	593	318	575	—	273	640	372	189
$XeOF_4$	926	576	294	527	—	233	608	361	161

Weitere wahrscheinlich hierhergehörige Ionen sind XeF_5^+ [971], SF_5^- [1126], SbF_5^{2-} und TeF_5^- (*UR* $CsTeF_5$ krist: 475 (*vs, b*), 627 (*s*), 642 (*ms, Sch*) [320]).

Zum gleichen Strukturtyp gehört das $XeOF_4$; das O-Atom befindet sich auf der vierzähligen Achse an der Spitze der Pyramide. Für f(XeO) wurde 7,08 mdyn/Å ermittelt [1226], entsprechend einer Bindungsordnung (nach Gl. (44), S. 36) von 1,95; f(XeF) ist 3,26 mdyn/Å. Wahrscheinlich hat auch $WOCl_4$ im Gaszustand und in Lösung die gleiche Struktur (ν(WO) = 1020; f(WO) = 9,0 mdyn/Å [525]).

b) X_2Y_4

Hier seien nur die Moleküle mit (XX)-Bindung betrachtet. Wenn das ganze Molekül eben ist, gehört es zu der Punktgruppe D_{2h}. Neben einem Symmetriezentrum haben wir hier drei zueinander senkrechte zweizählige Achsen sowie drei Symmetrieebenen. Die Verteilung der Frequenzen zeigt Tab. 43, in Abb. 26 sind die Schwingungsformen angegeben.

Das Äthylen C_2H_4 hat die Eigenschwingungen [139, 345, 1031]: A_g 3026, 1623, 1342; B_{1g} 3103, 1236; B_{1u} 949; B_{2g} 950; B_{2u} 3106, 826; B_{3u} 2989, 1444. Weiter wurden an Kohlenstoffverbindungen untersucht C_2D_4, C_2F_4, C_2Cl_4, C_2Br_4. Von anorganischen Verbindungen gehört das

Tabelle 43. *Punktgruppe* D_{2h}. *Symmetrieelemente:* C_{2z}, C_x, C_y, σ_x, σ_y, $\sigma_z = \sigma_h$, i

Klasse	C_{2z}	C_x	σ_x	σ_y	σ_h	i	*Ra*	*UR*	Abzählung X_2Y_2 Ring	X_2Y_4 eben	X_2Y_6 mit X_2Y_2-Ring
A_g	*s*	*s*	*s*	*s*	*s*	*s*	*p*	—	$1\nu, 1\delta$	$2\nu, 1\delta$	$2\nu, 2\delta$
A_u	*s*	*s*	*as*	*as*	*as*	*as*	—	—	—	1τ	1δ
B_{1g}	*s*	*as*	*as*	*as*	*s*	*s*	*dp*	—	1δ	$1\nu, 1\delta$	$1\nu, 1\delta$
B_{1u}	*s*	*as*	*s*	*s*	*as*	*as*	—	$\mathfrak{M}_z$	1γ	1γ	$1\nu, 2\delta$
B_{2g}	*as*	*as*	*s*	*s*	*as*	*as*	*dp*	—	—	1γ	$1\nu, 1\delta$
B_{2u}	*as*	*as*	*s*	*as*	*s*	*as*	—	$\mathfrak{M}_y$	1ν	$1\nu, 1\delta$	$1\nu, 1\delta$
B_{3g}	*as*	*s*	*s*	*as*	*as*	*s*	*dp*	—	—	—	1δ
B_{3u}	*as*	*s*	*as*	*s*	*s*	*as*	—	$\mathfrak{M}_x$	1ν	$1\nu, 1\delta$	$2\nu, 1\delta$

N_2O_4 zu diesem Typ. Aus dem Raman-Spektrum der Flüssigkeit und dem *UR*-Spektrum des Gases resultiert [100, 546]: A_g 1380, 809, 266; B_{1g} 1712, 482; B_{1u} 429; B_{2g} 669; B_{2u} 1748, 381; B_{3u} 1262, 750.

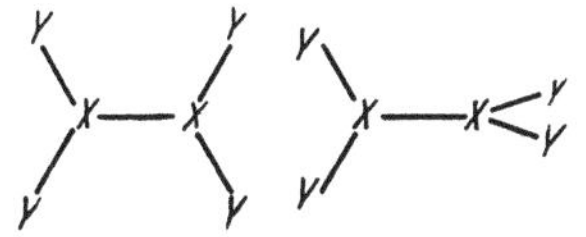

D_{2h} D_{2d}

Wenn die Ebenen der beiden XY_2-Gruppen senkrecht zueinander stehen, haben wir die Symmetrie D_{2d}. Auch hier sind drei zueinander senkrechte zweizählige Achsen vorhanden, jedoch ist die eine, welche durch X—X geht, gleichzeitig eine vierzählige Drehspiegelachse S_4. Die

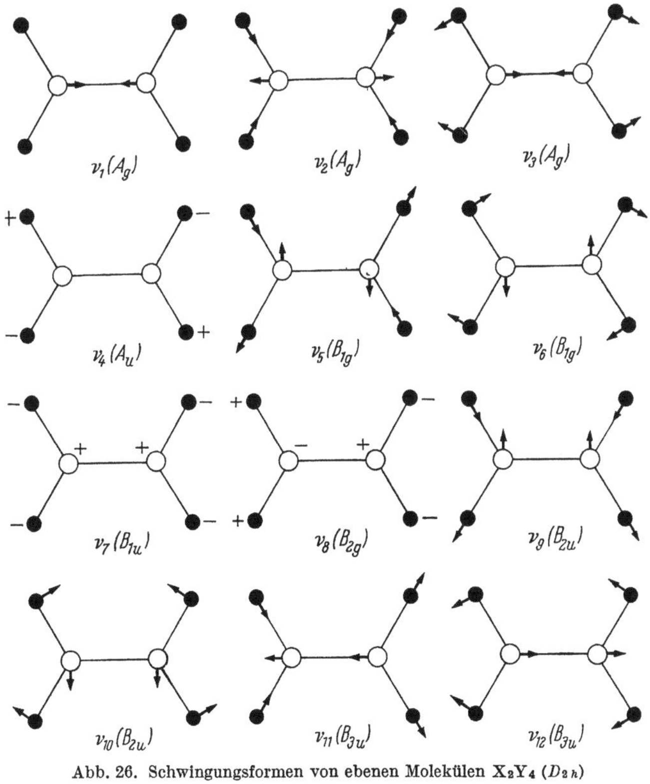

Abb. 26. Schwingungsformen von ebenen Molekülen X_2Y_4 (D_{2h})

Abzählung der Schwingungen ist in Tab. 44 angegeben. Die Schwingungsformen sind ähnlich denen des ebenen X_2Y_4 und aus Abb. 25 leicht zu entnehmen: A_g in D_{2h} entspricht A_1 in D_{2d}; $A_u(D_{2h}) \rightarrow B_1(D_{2d})$; $B_{2u}(D_{2h}) \rightarrow B_2(D_{2d})$. Die Schwingungen der Klassen B_{1g} und B_{3u} bzw. B_{2g} und B_{1u} für D_{2h} entarten beim Übergang nach D_{2d} miteinander.

Vertreter dieses Typs sind B_2F_4 und B_2Cl_4 in gasförmigem und flüssigem Zustand. Aus dem *Ra*-Spektrum des flüssigen und dem *UR*-Spektrum des gasförmigen B_2Cl_4 wurde entnommen [727]: A_1 1131, 401, 225; B_1 —; B_2 730, 291; E 917, 617, 180. Für B_2F_4 wurde bisher nur das *UR*-Spektrum des Gases gemessen [391]: B_2 1151, 541; E 1375, 657, 325. Das analoge $B_2(OCH_3)_4$ ist dagegen nach seinem Schwingungsspektrum eben gebaut[88].

Tabelle 44. *Punktgruppe* D_{2d}.
Symmetrieelemente: S_{4z}, C_{2z}, C_y, C_x, $2\sigma_v$

Klasse	S_{4z}	C_{2z}	C_y	σ_v	*Ra*	*UR*	Abzählung X_2Y_4	S_4N_4
A_1	*s*	*s*	*s*	*s*	*p*	—	$2\nu, 1\delta$	$2\nu, 1\delta$
A_2	*s*	*s*	*as*	*as*	—	—	—	$1\nu, 1\delta$
B_1	*as*	*s*	*s*	*as*	*dp*	—	1τ	$1\nu, 1\delta$
B_2	*as*	*s*	*as*	*s*	*dp*	$\mathfrak{M}_z$	$1\nu, 1\delta$	$2\nu, 1\delta$
E	*e*	*as*	*e*	*e*	*dp*	$\mathfrak{M}_\perp$	$1\nu, 2\delta$	$2\nu, 2\delta$

Ferner gehört das Oxalat-Ion in Lösung hierher [101, 527]; die Grundschwingungen sind: A_1 1486, 900, 449; B_1 —; B_2 1579, 524; E 1310, 761, 301. In den festen Salzen ist dagegen das Oxalat-Ion nach der Kristallstrukturanalyse eben gebaut; das gleiche gilt für kristallisiertes B_2F_4 und B_2Cl_4.

Weitere räumliche Anordnungsmöglichkeiten der X_2Y_4-Moleküle sind:

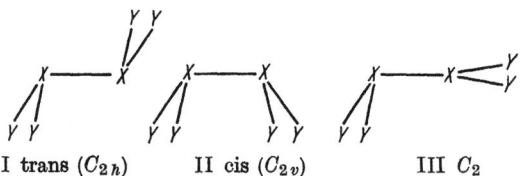

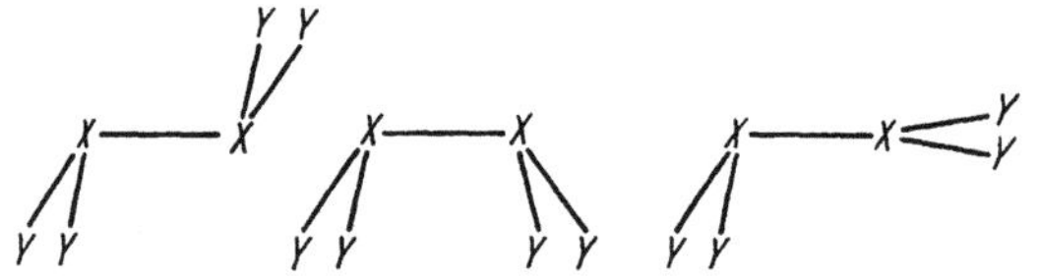

I trans (C_{2h}) II cis (C_{2v}) III C_2

Wenn die Winkelhalbierenden der XY_2-Gruppen mit der (X—X)-Verbindung eine Ebene bilden, liegt entweder trans-Struktur (C_{2h}) oder cis-Struktur (C_{2v}) vor. Das Raman-Spektrum des $S_2O_4^{2-}$ in Lösung deutet auf die trans-Struktur I hin [1008]. Für festes $Na_2S_2O_4$ ergab die Kristallstrukturanalyse die cis-Struktur II. P_2Cl_4 hat die Struktur I [1321].

Liegen die Winkelhalbierenden der XY_2-Gruppen nicht in einer Ebene, so ist nur eine zweizählige Achse senkrecht zu X—X vorhanden (Symmetrie C_2). Ein Beispiel für diesen Strukturtyp bildet das N_2H_4 (vgl. Kap. III).

c) XY_6, oktaederförmig (O_h)

Die hierhergehörigen Moleküle XY_6 haben die Form eines regulären Oktaeders, dessen Schwerpunkt durch das Atom X gebildet wird, seine 6 Ecken von Y-Atomen. Die Punktgruppe ist O_h mit den Symmetrieelementen: 3 zueinander senkrechte vierzählige Achsen durch die Oktaederecken, 4 dreizählige Achsen durch die Oktaederflächen, 6 zweizählige Achsen durch die Oktaederkanten, welche gleichzeitig vierzählige Drehspiegelachsen S_4 sind, dazu 9 Symmetrieebenen und ein Inversionszentrum. Abzählung und Symmetrieeigenschaften der Normalschwingungen zeigt Tab. 45, ihre Form Abb. 27. $\nu_6(F_{2u})$ ist sowohl im *Ra*- wie im *UR*-Spektrum verboten und daher nur indirekt zu ermitteln, etwa aus den hier besonders gut übersehbaren Ober- oder Kombinationstönen.

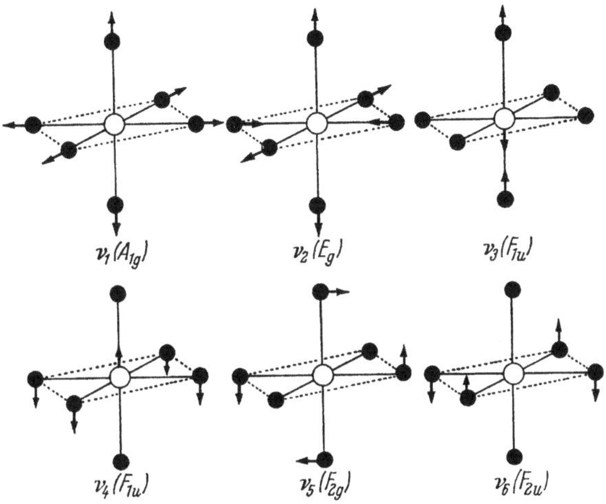

Abb. 27. Schwingungsformen von Oktaedermolekülen XY_6 (O_h)

Tabelle 45. *Punktgruppe* O_h.
Symmetrieelemente: C_{4z}, C_{4y}, C_{4x}, $4C_3$, $6C_2$, σ_z, σ_y, σ_x, $6\sigma_v$, i

Klasse	C_{4z}	C_{2z}	S_4	C_3	i	*Ra*	*UR*	Abzählung XY_6	$X(YZ)_6$
A_{1g}	*s*	*s*	*s*	*s*	*s*	*p*	—	1ν	2ν
A_{1u}	*s*	*s*	*as*	*s*	*as*	—	—	—	—
A_{2g}	*as*	*s*	*as*	*s*	*s*	—	—	—	—
A_{2u}	*as*	*s*	*s*	*s*	*as*	—	—	—	—
E_g	*e*	*s*	*e*	*e*	*s*	*dp*	—	1ν	2ν
E_u	*e*	*s*	*e*	*e*	*as*	—	—	—	—
F_{1g}	*e*	*e*	*e*	*e*	*s*	—	—	—	1δ
F_{1u}	*e*	*e*	*e*	*e*	*as*	—	$\mathfrak{M}$	$1\nu, 1\delta$	$2\nu, 2\delta$
F_{2g}	*e*	*e*	*e*	*e*	*s*	*dp*	—	1δ	2δ
F_{2u}	*e*	*e*	*e*	*e*	*as*	—	—	1δ	2δ

Tab. 46 enthält die bekannten Spektren, soweit mindestens 3 Grundschwingungen gemessen wurden. Von den ramanaktiven Grundschwingungen ist ν_1 meist intensiv und scharf, ν_2 und ν_5 sind schwächer und diffus. Lediglich bei IrF_6, $PdCl_6^{2-}$, $PtCl_6^{2-}$ und $PtBr_6^{2-}$ ist ν_2 intensiver als ν_1, was auf Wechselwirkungen mit den *d*-Elektronen des Zentralatoms zurückgeführt wird. Ferner ist eine große Zahl unvollständiger Spektren von Halogeno-Komplexen bekannt, meist nur ν_3, seltener auch ν_4 aus dem *UR*-Spektrum, s. z. B. [14, 16, 17, 51, 770, 860, 961].

Das Xe-Atom im XeF_6 besitzt noch ein freies Elektronenpaar; es wäre demnach eine pyramidale Struktur (C_{5v}) entsprechend der des JF_7 zu erwarten. Tatsächlich werden im *UR*-Spektrum zwei Valenzschwin-

Tabelle 46. *Oktaedermoleküle* XY_6 (O_h)

Molekül	Methode Zustand	$\nu_1(A_{1g})$	$\nu_2(E_g)$	$\nu_3(F_{1u})$	$\nu_4(F_{1u})$	$\nu_5(F_{2g})$	f	r	Lit.
SF_6	*Ra*, *UR* gas	769	640	932	613	522	4,89	1,56	388, 493
SeF_6	*Ra*, *UR* gas	708	662	780	437	405	4,75	1,69	7, 161, 388
TeF_6	*Ra*, *UR* gas	701	674	752	325	313	5,01	1,82	7, 161, 388
PF_6^-	*Ra* Schm, *UR* krist KPF_6	735	563	840	555	462	3,99	1,58	155, 860
AsF_6^-	*Ra* Schm, *UR* krist $KAsF_6$	679	565	700	400	372	3,77	1,85	154, 1161
SiF_6^{2-}	*Ra*, *UR* krist $(NH_4)_2SiF_6$	646	466	741	488	403	2,94	1,71	229, 663
GeF_6^{2-}	*Ra* Lsg, *UR* krist	627	454	598	349	318	2,74		482
SnF_6^{2-}	*Ra*, *UR* krist K_2SnF_6	593	—	564	—	342			641, 860
NbF_6^-	*Ra*, *UR* krist	683	562	580	—	280	3,38	2,14	609, 860
MoF_6	*Ra*, *UR* gas	741	644	741	262	322	4,74		162, 201, 1096
WF_6	*Ra* fl, *UR* gas	769	670	712	258	322	5,11	1,83	162, 388, 1096
UF_6	*Ra* fl, *UR* gas	667	535	{623 675	[189]	202	3,92	1,99	203, 388
NpF_6	*UR*, gas	[648]	[528]	624	[200]	[206]	3,71	1,98	725
PuF_6	*UR* gas	[627]	[523]	616	[204]	[211]	3,58	1,97	509, 725
TcF_6	*Ra* fl, *UR* gas	705	551	748	265	255	4,29		201
ReF_6	*Ra*, *UR* gas	755	596	715	257	246	4,75		200
RuF_6	*UR* gas	[675]	[573]	735	275	[262]	4,23		1162
RhF_6	*UR* gas	[634]	[595]	724	284	[269]	4,17		1162
OsF_6	*Ra* fl, *UR* gas	733	[632]	720	268	252	5,09	1,83	1163
IrF_6	*Ra* Lsg, *UR* gas	[705]	651	720	276	[260]	4,91	1,83	202, 744
PtF_6	*UR* gas	[655]	[601]	705	273	[242]	4,46		1163
PtF_6^{2-}	*Ra* Lsg, *UR* krist	600	576	571	281	210	3,42	1,91	1203
PCl_6^-	*Ra*, *UR* PCl_5 krist	360	281	449	62	150	1,62	2,07	171
$SbCl_6^-$	*Ra* Lsg, *UR* krist	337	277	336	—	172	1,66		8, 80
$SnCl_6^{2-}$	*Ra* Lsg, *UR* krist	311	229	313	—	158	1,33	2,43	540, 1195
$PbCl_6^{2-}$	*Ra* Lsg, *UR* krist	285	215	265	—	137	1,14	2,49	14, 242
$TiCl_6^{2-}$	*Ra* Lsg, *UR* krist	463	340	330	—	252	1,99	2,34	7, 14
$ReCl_6^{2-}$	*Ra* Lsg, *UR* krist	346	[275]	313	172	159	1,64		1204
$PdCl_6^{2-}$	*Ra* Lsg, *UR* krist	317	292	356	—	164	1,74	2,25	16, 1196
$OsCl_6^{2-}$	*Ra* Lsg, *UR* krist	346	[274]	314	177	165	1,64	2,44	1204
$PtCl_6^{2-}$	*Ra* Lsg, *UR* krist	344	320	342	186	162	1,96	2,34	16, 1196, 1203
$SnBr_6^{2-}$	*Ra* Lsg,	185	137	—	—	95			1195
$ReBr_6^{2-}$	*Ra* Lsg, *UR* krist	213	174	217	118	104	1,40		1204
$PtBr_6^{2-}$	*Ra* Lsg, *UR* krist	207	190	240	78	97	1,63		16
$Te(OH)_6$	*Ra* Lsg, *UR* krist	646	622	658	411	351		1,9	} vgl. Kap. III
H_5JO_6	*Ra* Lsg, *UR* krist	632	594	≈ 700	426	387		1,9	

gungen 612 (*s*) und 520 (*w*) beobachtet [1025]. Wegen der charakteristischen Obertöne wird aber auch die Ansicht vertreten, daß Oktaedersymmetrie vorliegt; die Bande 520 müßte dann von einer Verunreinigung herrühren [724, 1159]. Das Auftreten von drei *Ra*-Linien im Valenzschwingungsbereich [582 (4), 635 (8), 655 (10) [1263]] spricht ebenfalls für die unsymmetrische Struktur. Dagegen haben die analogen Ionen $SeCl_6^{2-}$ und $TeCl_6^{2-}$ nach der Kristallstrukturanalyse Oktaedersymmetrie; das gleiche zeigt das *Ra*-Spektrum des $SeCl_6^{2-}$: 346 (3b), 273 (2b), 166 (1) [7]. Über das „inerte einsame Elektronenpaar" in diesen Ionen vgl. [1311].

Die Schwingungsgleichungen für oktaedrisches XY_6 lauten unter bestimmten Vereinfachungen (alle Wechselwirkungsgrößen der Winkel unter sich vernachlässigt, nur die der Bindungen mit den anliegenden Winkeln berücksichtigt):

$$\lambda_1 = (f + 4f' + f'')\,\mu_y$$
$$\lambda_2 = (f - 2f' + f'')\,\mu_y$$
$$\lambda_3 + \lambda_4 = (f - f'')\,(2\mu_x + \mu_y) + 2d(4\mu_x + \mu_y) - 16g\,\mu_x$$
$$\lambda_3 \cdot \lambda_4 = [(f - f'')\,d - 4g^2]\,2\mu_y(6\mu_x + \mu_y)$$
$$\lambda_5 = 4d\,\mu_y$$
$$\lambda_6 = 2d\,\mu_y.$$

Hierin bezieht sich f' bzw. f'' auf die Wechselwirkung zweier Bindungen unter 90° bzw. 180°. Aus den Frequenzen allein sind nicht alle Konstanten berechenbar; zusätzliche Informationen wie etwa Isotopenfrequenzen sind bisher in keinem Fall bekannt. Eine Vernachlässigung von g ist hier nur eine schlechte Näherung, da diese Größe mit einem großen Zahlenfaktor auftritt und daher besonders stark ins Gewicht fällt. In Tab. 46 sind Valenzkraftkonstanten aufgeführt, die nach dem Verfahren von FADINI berechnet wurden [997].

Ersetzt man in einem Oktaedermolekül XY_6 ein Y durch ein anderes Atom Z, so bleibt nur eine vierzählige Achse bestehen, die X und Z enthält, sowie vier dazu parallele Spiegelebenen. Die Punktgruppe ist C_{4v}; Abzählung der Frequenzen in Tab. 42. Beispiele für diesen Typ sind SF_5Cl, JOF_5, $NbOF_5^{2-}$, $CrOCl_5^{2-}$, $MoOCl_5^{2-}$, $WOCl_5^{2-}$ und $OsNCl_5^{2-}$ (vgl. Kap. III).

d) XY_7

Das Schwingungsspektrum des JF_7 spricht für die Symmetrie D_{5h}. Das Molekül hat die Gestalt einer pentagonalen Bipyramide, indem 5 F-Atome ein regelmäßiges Fünfeck bilden, in dessen Schwerpunkt das

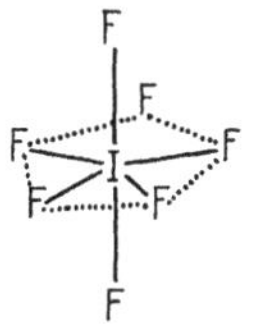

J-Atom liegt. Die beiden übrigen F-Atome liegen auf der fünfzähligen Achse ober- und unterhalb dieser Ebene. Beobachtetes Schwingungsspektrum und vorgeschlagene Zuordnung sind für JF_7 [699]: A_1' 678, 635; A_2'' 670, 368; E_1' 547, 426, —; E_1'' 360; E_2' 511, 313. Die Frequenzen zwischen 500 und 700 sind die Valenzschwingungen.

Die Struktur des ReF_7 ist noch nicht bekannt; im *UR*-Spektrum wurde eine Valenzschwingung 716 gemessen [723]. Über die Schwingungsspektren von Substanzen, in denen diskrete Ionen XF_7^{n-} vermutet werden können, ist bisher sehr wenig bekannt.

e) X_2Y_6

Im wesentlichen existieren hier zwei Strukturtypen, der eine mit (XX)-Bindung (Äthantyp), der andere mit zwei Y-Brücken zwischen

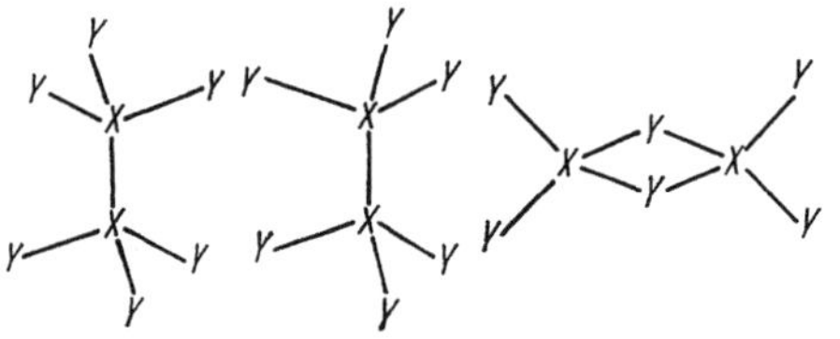

D3d D3h D2h

den X-Atomen (Diborantyp). Im Äthantyp liegt eine dreizählige Achse vor; die innere Rotation der $(XY)_3$-Gruppen gegeneinander ist mehr oder weniger stark behindert. Hierdurch ergibt sich die Frage, ob in der Ruhelage die Y-Atome „auf Deckung" (Punktgruppe D_{3h}) oder „auf Lücke" (D_{3d}) stehen. Grundsätzlich ist eine Entscheidung auf Grund der Auswahlregeln möglich (vgl. Tab. 18 und 47), da für den D_{3h}-Typ das *Ra*-Spektrum aus 9 Grundschwingungen besteht, für den D_{3d}-Typ jedoch nur aus 6. In den untersuchten Fällen reichte das experimentelle Material aber für diese Entscheidung nicht aus. Aus der Rotationsstruktur der Raman-Linien des gasförmigen C_2H_6 konnte jedoch die Symmetrie D_{3d} eindeutig festgelegt werden [925]. Das gleiche kann für die übrigen Moleküle angenommen werden, obgleich dies nicht gesichert ist.

Tabelle 47. *Punktgruppe* D_{3d}.
Symmetrieelemente: S_{6z}, C_{3z}, C_y, $2C_2$, σ_y, $2\sigma_v$, i

Klasse	C_{3z}	C_2	σ	i	*Ra*	*UR*	Abzählung X_2Y_6
A_{1g}	*s*	*s*	*s*	*s*	*p*	—	$2\nu, 1\delta$
A_{1u}	*s*	*s*	*as*	*as*	—	—	1τ
A_{2g}	*s*	*as*	*as*	*s*	—	—	—
A_{2u}	*s*	*as*	*s*	*as*	—	$\mathfrak{M}_z$	$1\nu, 1\delta$
E_g	*e*	*e*	*e*	*s*	*dp*	—	$1\nu, 2\delta$
E_u	*e*	*e*	*e*	*as*	—	$\mathfrak{M}_\perp$	$1\nu, 2\delta$

Die Schwingungsformen ähneln denen der Tetraeder ZXY_3; sie sind in Tab. 48 angedeutet. Die unbeobachtbare Torsionsschwingung $\nu_4(A_{1u})$, welche Aufschluß über die Rotationshemmung gibt, kann nur indirekt ermittelt werden; z. B. wurde für C_2H_6 278 gefunden [925]. Außer den in Tab. 48 aufgeführten Molekülen wurde noch Sn_2H_6 (*UR* fest) untersucht

[689]: 690 (*s*) ν_6, 880 (*w*) ν_8, 1840 (*vs*) ν_5, ν_7. Das Ion $B_2Cl_6^{2-}$ dürfte auch zu diesem Typ gehören; *UR*-Banden des festen $[N(CH_3)_4]_2B_2Cl_6$: 600, 665, 694 [554]. Moleküle mit zusammengesetzten Liganden Y sind $Si_2(CH_3)_6$, $Ge_2(CH_3)_6$, $Sn_2(CH_3)_6$; Raman-Spektren: [144].

Der Diborantyp $Y_2XY_2XY_2$ enthält einen Vierring 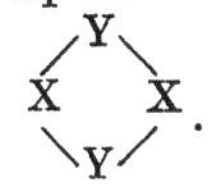. Die Ebene mit den äußeren (XY_2)-Gruppen steht senkrecht auf der Ringebene. Zahl und Symmetrieeigenschaften der Normalschwingungen enthält Tab. 43. Gut untersucht sind die Spektren von B_2H_6 und B_2D_6 (s. Kap. III). Von Al_2Cl_6, Al_2Br_6, Al_2J_6 und Ga_2Cl_6 sind die *Ra*-Spektren im flüssigen Zustand gemessen worden [7, 403, 863], von Al_2Cl_6 und Fe_2Cl_6 auch die *UR*-Spektren der Gase [621, 1183]. Die Ergebnisse für Al_2Cl_6 sind: A_g 506, 340, 217, 112; B_{1g} 438, 164; B_{1u} 625, —, —; B_{2g} 606, 164; B_{2u} 420, —; B_{3g} —; B_{3u} 484, —, —. Die Frequenzen des Gerüstes Al_2C_6 des $Al_2(CH_3)_6$ lassen sich ebenfalls mit der D_{2h}-Struktur vereinbaren [551]. Weiter gehört das Molekül $Si_2S_2Cl_4$ mit einem Si_2S_2-Ring hierher (vgl. Kap. III).

f) XY_9

Die einzigen bisher schwingungsspektroskopisch untersuchten Fälle von neunfacher Koordination sind TcH_9^{2-} und ReH_9^{2-} [12]. Nach der Kristallstrukturanalyse haben die Ionen die Symmetrie D_{3h}. Je 3 H-Atome bilden drei gleichseitige Dreiecke in parallelen Ebenen; das mittlere Dreieck ist um 60° gegen die beiden anderen verdreht und enthält das Metallatom im Schwerpunkt. Im *UR*-Spektrum sind 3 (XH)-Valenzschwingungen zu erwarten ($1A_2''$, $2E'$); beobachtet wurden: K_2TcH_9 1779 (*Sch*), 1795 (*s*), 1869 (*w*, *Sch*); K_2ReH_9 1814 (*Sch*), 1846 (*s*), 1931 (*w*, *Sch*) [426].

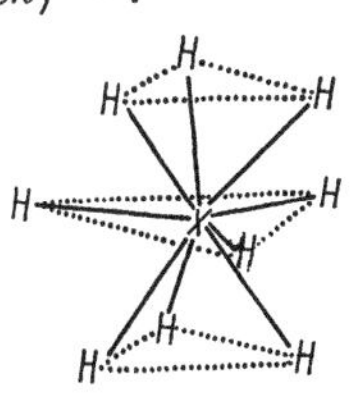

Tabelle 48. *Frequenzen von* X_2Y_6-*Molekülen (Äthantyp* D_{3d})

Molekül	Methode Zustand	$\nu_1(A_{1g})$ $\nu_s(XY)$	$\nu_2(A_{1g})$ δ_s	$\nu_3(A_{1g})$ $\nu(XX)$	$\nu_5(A_{2u})$ $\nu_s(XY)$	$\nu_6(A_{2u})$ δ_s	$\nu_7(E_u)$ $\nu_e(XY)$	$\nu_8(E_u)$ $\delta_e(XY_2)$	$\nu_9(E_u)$ $\delta_e(YXX)$	$\nu_{10}(E_g)$ $\nu_e(XY)$	$\nu_{11}(E_g)$ $\delta_e(XY_2)$	$\nu_{12}(E_g)$ $\delta_e(YXX)$	Lit.
C_2H_6	*Ra*, *UR* gas	2954	1388	995	2954	1379	2994	1472	821	2950	1469	[1190]	7, 925, 1028
Si_2H_6	*Ra* fl, *UR* gas	2151	909	434	2154	844	2169	940	379	[2155]	929	625	115, 1180, 1249
Ge_2H_6	*Ra* fl, *UR* gas	2069	833	269	2077	756	2092	879	372	[2075]	880	565	483
$N_2H_6^{2+}$	*Ra*, *UR* krist $N_2H_6Cl_2$	2650	1524	1027	2600	1485	2739	1613	1096	2745	1599	1105	231, 1032
Si_2Cl_6	*Ra* fl, *UR* gas	622	124	354	464	—	608	—	(179)	588	211	132	603, 798
$S_2O_6^{2-}$	*Ra* Lsg, *UR* krist	1092	710	281	996	570	1240	518	[204]	1206	552	320	398, 854
$P_2O_6^{4-}$	*Ra* Lsg, *UR* krist	1023	666	[275]	942	568	1085	493	[200]	[1186]	[508]	320	854

g) Moleküle mit Ringen X_3Y_3

Ringförmige Verbindungen, insbesondere solche mit *ebenen* Ringen, haben besondere schwingungsspektroskopische Eigenschaften. Hier soll nur der im Bereich der anorganischen Chemie häufig auftretende ebene Sechsring X_3Y_3 kurz besprochen werden.

Wenn die Atome X und Y abwechselnd im Ring angeordnet sind, hat das Gebilde die Symmetrie D_{3h}. Abzählung und Symmetrieeigenschaften der Normalschwingungen enthält Tab. 18, S. 53, die Schwingungsformen zeigt Abb. 28. ν_1, ν_3, ν_5 und ν_6 sind Valenzschwingungen, ν_2 und ν_7 ebene, ν_4 und ν_8 nichtebene Deformationsschwingungen. ν_1 wird

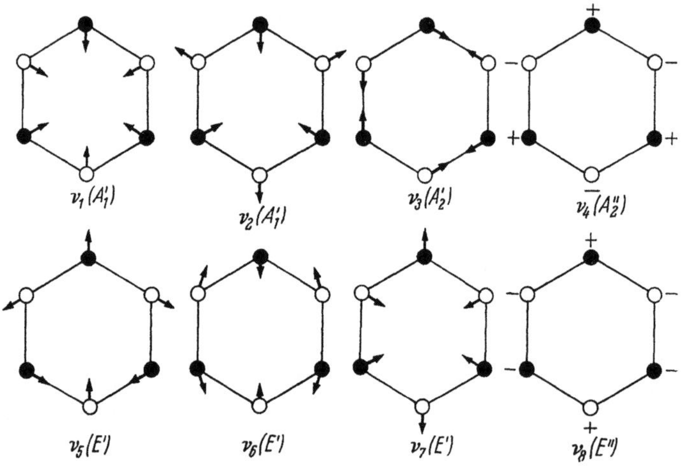

Abb. 28. Schwingungsformen von Ringen X_3Y_3 (D_{3h})

häufig anschaulich als Pulsations- oder Atmungsschwingung des Ringes bezeichnet. Sie pflegt im *Ra*-Spektrum hohe Intensität zu besitzen. $\nu_3(A_2')$ ist unbeobachtbar. Von den beiden Valenzschwingungen der Klasse E' besitzt ν_6 die höhere Frequenz und ist durch besonders hohe Intensität im *UR*-Spektrum ausgezeichnet.

Moleküle mit einem solchen ebenen Sechsring sind z. B. Borazol $(B_3N_3)H_6$, Boroxolderivate $(B_3O_3)X_3$, das Cyclotrisiloxan $(Si_3O_3)(CH_3)_6$, trimere Phosphornitridhalogenide $(P_3N_3)Hal_6$, Trimetaphosphate $(P_3O_3)O_6^{3-}$ in Lösung, sowie die trimeren Dialkylaluminiumhydride $(Al_3H_3)R_6$.

Ist der Ring X_3Y_3 nicht eben, so kann er höchstens die Symmetrie C_{3v} erreichen. Hier liegen die Atome X in einer Ebene und bilden ein gleichseitiges Dreieck, ebenso Y in einer dazu parallelen Ebene. Die beiden Dreiecke sind um 60° gegeneinander verdreht. Wenn die Abweichung von der Ebenheit nicht allzu groß ist, ähneln die Schwingungsformen denen in Abb. 28. Sie verteilen sich wie folgt auf die Symmetrieklassen: A_1 ν_1, ν_2, ν_4; A_2 ν_3; E $\nu_5, \nu_6, \nu_7, \nu_8$. Schwingungsspektroskopisch läßt sich eine Entscheidung über ebene oder nichtebene Struktur

u. a. dadurch treffen, daß ν_1 und ν_2 im *UR*-Spektrum für den ebenen Ring verboten, für den gewellten dagegen erlaubt sind. ν_3 ist in jedem Fall verboten. Moleküle mit einem solchen gewellten Ring sind z. B. trimeres Schwefeltrioxid S_3O_9, das Trimetaphosphation in kristallisiertem $Na_3P_3O_9$ sowie das Cyclotrisilthian $Si_3S_3(CH_3)_6$.

Ein ebener Sechsring mit gleichen Atomen X_6 wie etwa im Benzol C_6H_6 hat die Symmetrie D_{6h}. Die Schwingungsformen entsprechen denen der Abb. 28; die Verteilung auf die Symmetrieklassen und die Beobachtbarkeit sind: A_{1g} $(p, —)\nu_1$; B_{1u} $(—, —)\nu_2$; B_{2g} $(—, —)\nu_4$; B_{2u} $(—, —)\nu_3$; E_{1u} $(—, \mathfrak{M}_\perp)$ ν_5; E_{2g} $(dp, —)\nu_6, \nu_7$; E_{2u} $(—, —)\nu_8$.

III. Schwingungsspektren nichtkomplexer anorganischer Verbindungen

In diesem Kapitel sollen die Schwingungsspektren einiger wichtiger Stoffklassen nach chemischen Gesichtspunkten geordnet besprochen werden. Nicht berücksichtigt wurden die Gitterschwingungen kristallisierter Festkörper und, von wenigen Ausnahmen abgesehen, auch die Spektren von Substanzen, die in Koordinationsgittern kristallisieren.

1. Wasserstoffverbindungen

Wegen der charakteristischen hohen Lage der (X—H)-Valenzschwingungen lassen sich bei den Hydriden Bindungsbeeinflussungen besonders leicht erkennen. Sehr verbreitet ist der induktive Effekt auf die (XH)-Bindung durch andere Liganden am X-Atom. Beispielsweise steigt mit zunehmender Elektronegativität der Bindungspartner gesetzmäßig die (SiH)-Valenzschwingung (vgl. Tab. 49 [1020]) und damit die Kraftkonstante f(SiH). Man kann die (SiH)-Frequenzen zu den Taftschen induktiven Konstanten σ^* in Beziehung setzen [1116]; es besteht ein linearer Zusammenhang für $R'R''R'''$SiH:

$$\nu(\text{SiH}) = 2106 + 17{,}5 \sum \sigma^* .$$

Tabelle 49.
(SiH)-*Valenzschwingungen*

Molekül	ν(SiH)
$(C_2H_5)_3SiH$	2097
$(CH_3)_3SiH$	2118
$(C_6H_5)_3SiH$	2135
SiH_4	2189
$HSiBr_3$	2236
$HSiCl_3$	2258
$HSiF_3$	2315

Auch die (SiH_2)-Deformationsschwingungen steigen mit der Elektronegativität der Liganden, wie für die Reihe CH_3SiH_2X gezeigt wurde [313]. Ganz entsprechende Gesetzmäßigkeiten existieren für (GeH)-Bindungen [741, 884], wie z. B. an der Reihe $(C_2H_5)_3GeH$ (ν(GeH) = 2010), $(CH_3)_3GeH$ (2032), GeH_4 (2112), $HGeBr_3$ (2116), $HGeCl_3$ (2159) zu sehen ist. Die Intensität von ν(GeH) nimmt in der gleichen Reihenfolge ab [742]. Auch für Triorgano-Zinnhydride wurde der induktive Effekt nachgewiesen [643]. Für (P—H)-Verbindungen ist nicht soviel systematisches Material vorhanden, jedoch scheinen hier ähnliche Verhältnisse wie bei Si vorzuliegen. Z. B. beobachtet man eine Variabilität der (PH)-Schwingung in Verbindungen $R'R''$PHO von 2335 in $(n—C_8H_{17})_2PHO$ bis 2440 in $(CH_3O)_2PHO$ [775] und 2457 in $(OH)_2PHO$. Zusammenfassende Darstellung: [1238].

Das Ansteigen der (XH)-Frequenzen mit der Elektronegativität der Liganden beobachtet man im allgemeinen dann, wenn die Elektronegativität von X selbst kleiner ist als die von H, m. a. W., wenn das H-Atom $\delta(-)$-Charakter hat. Ist die Elektronegativität von X größer als die von H, hat der Wasserstoff also $\delta(+)$-Charakter, dann liegen die Verhältnisse umgekehrt. Ein Beispiel ist Y—O—H. Hier fällt ν(OH) mit zunehmender Elektronegativität von Y. Als Beleg einige Zahlen (für die gasförmigen Verbindungen): $(CH_3)_3SiOH$ 3734, H_2O ($\bar{\nu}$) 3707, CH_3OH 3687, NH_2OH 3656, ClOH 3626, HOOH ($\bar{\nu}$) 3605. Entsprechendes gilt auch für (NH)-Bindungen, z. B. NH_3 ($\bar{\nu}$) 3409, $HN(CH_3)_2$ 3350, $HNCl_2$ 3279, HNF_2 3193.

Die geschilderten Veränderungen der (XH)-Valenzschwingungen und -Kraftkonstanten beruhen wahrscheinlich im wesentlichen auf Veränderungen der Polarität der (XH)-Bindung.

Für die Lage der (XH)-Valenzschwingung spielt ferner der Hybridisierungszustand des Atoms X eine wichtige Rolle. In Kap. I wurde für (CH)-Verbindungen gezeigt, daß f(CH) in der Reihenfolge p—sp^3—sp^2—sp der C-Hybridisierung ansteigt. Entsprechend findet man z. B. die höchste (NH)-Frequenz bei sp-Hybridisierung des N, also im H—N≡C (3583). Die (PH)-Valenzschwingungen liegen im PH_4^+ mit sp^3-Bindungen im Mittel höher ($\bar{\nu} = 2356$) als im PH_3 mit p-Bindungen (Valenzwinkel 93,5° $\nu = 2326$). Ebenso wird ν(PH) des $(CH_3)_2PH$ (2292) bei Koordination erhöht: $(CH_3)_2PH \cdot BH_3$ 2392 [159]. Der entsprechende Effekt wird bei NH_3/NH_4^+ nicht beobachtet, da bereits im NH_3 im wesentlichen sp^3-Bindungen vorliegen (Valenzwinkel 107,3°). Die (NH)-Frequenzen sinken sogar ab bei vierbindigem Stickstoff, was aber allgemein auf Wasserstoffbrückenbildung zurückzuführen sein dürfte. Die höchsten beobachteten (mittleren) (NH)-Frequenzen mit vierbindigem Stickstoff sind etwa 3330 im $B(CH_3)_3 \cdot NH_3$ und 3295 im $(NH_4)_2SiF_6$ gegenüber 3409 im NH_3. Bei Vorliegen starker Wasserstoffbrücken können sie auf unter 3000 absinken.

Bor-Wasserstoff-Verbindungen mit dreibindigem Bor existieren nur mit Bindungspartnern, welche als π-Donatoren wirken können. Zugleich zeigt sich der induktive Effekt, z. B. $(R_2N)_2BH$ (2470) und R_2NBHCl (2565) [832], $(CH_3O)_2BH$ (2513 [667]), Cl_2BH (2617), F_2BH (2631). Im Spektrum des Diborans B_2H_6 liegen die (BH)-Valenzschwingungen für die äußeren Bindungen bei $\sim$2530 (ν_s) und $\sim$2610 (ν_{as}); für die Brückenbindungen findet man Werte zwischen 1600 und 2110. Entsprechend ist f(BH) für die äußeren Gruppen 3,5, für die Brücken 1,8 mdyn/Å [1137]. Wegen dieser großen Frequenzunterschiede sind die *UR*-Spektren erfolgreich zur Aufklärung der Struktur höherer Borane herangezogen worden; 2 hohe (BH)-Frequenzen beweisen eine (BH_2)-Gruppe, nur eine hohe Frequenz eine (BH)-Gruppe sowie niedrige (BH)-Frequenzen das Vorhandensein von (B—H—B)-Brücken. Eine ähnliche Frequenzverteilung der Valenzschwingungen wie im B_2H_6 wird für $Al(BH_4)_3$ gefunden. Für dieses kommen im wesentlichen zwei Strukturen in Frage; in beiden liegen die B-Atome in den Ecken eines gleichseitigen Dreiecks, das Al-Atom im Schwerpunkt. Wenn die Ebenen der Ringe

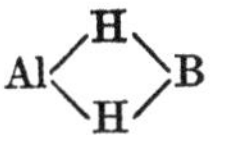

senkrecht auf der Dreiecksebene stehen, ergibt sich ein dreiseitiges H-Prisma um das Al (Symmetrie D_{3h}); sind die Brückenebenen um 45° geneigt, ergibt sich ein AlH_6-Oktaeder (Symmetrie D_3). Das Schwingungsspektrum spricht für die D_{3h}-Struktur [326, 891]. In den Anlagerungsverbindungen von Boran mit Donatoren findet man (BH)-Valenzschwingungen im Bereich 2250—2450.

B_2H_6. *Ra* (gas) [1108]: A_g 2532 (*vs*), 2109 (*s*), 1184 (*m*), 788 (*s*); B_{1g} 1755 (*w*), 1026 (*w*)?, B_{2g} (2600) (*w*), —; B_{3g} 1026 (*w*)?, ferner 1310 (*w*), 2011 (*vw*), 2485 (*vvw*). *UR* (gas) [605, 702]: B_{1u} 2612 (*vs*), 1859 (*ms*), 368 (*s*); B_{2u} 1882 (*m*), 973 (*s*); B_{3u} 2517 (*vs*), 1601 (*vs*), 1173 (*vs*); ferner 829 (*vw*), 1287 (*w*), 1374 (*w*), 1992 (*m*), 2347 (*m*).

$Al(BH_4)_3$. *Ra* (fl) [326]: 318, 510 (*p*), 602, 976, 1116 (*p*), 1149, 1392 (b), 1495 (*p*), 1521, 1884, 1925, 2010, 2069 (*p*), 2226, 2473 (*p*), 2549. *UR* (gas) [891]: 603, 978, 1114, 1500, 1502, 2031, 2154, 2493, 2559.

Aluminium-Wasserstoffverbindungen gibt es nur mit vier- oder mehrbindigem Al. AlH_3 selbst ist polymer; nach dem *UR*-Spektrum ($\nu = 1592$) sind nur H-Atome in Brücken vorhanden [928]. Lösungen von $LiAlH_4$ in Äther enthalten wahrscheinlich tetraedrische AlH_4^--Ionen mit

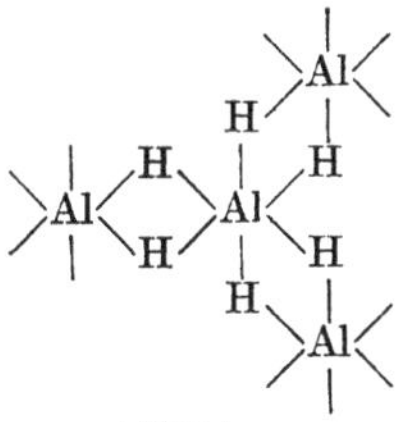

$(AlH_3)_x$

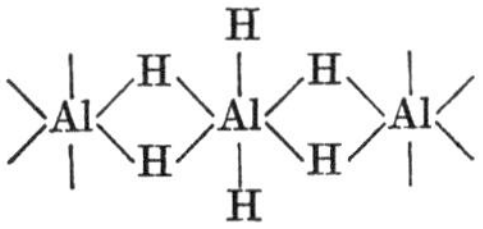

AlH_4^- in $LiAlH_4$ fest

den Valenzschwingungen 1790 (A_1) und 1740 (F_2) (vgl. Kap. II). Es wurde aber auch eine Struktur mit der Koordinationszahl 5 vorgeschlagen [254]. Im festen $LiAlH_4$ findet man die Valenzfrequenzen 1779 (endständige H-Atome) und 1642 (Brücken); wahrscheinlich liegt die angegebene Kettenstruktur vor [254, 928]. $AlH_3 \cdot N(CH_3)_3$ hat im Gaszustand eine (AlH)-Frequenz 1792; infolge Erhöhung der Koordinationszahl sinkt diese im $AlH_3 \cdot 2N(CH_3)_3$ auf 1709 [254, 321, 367, 519, 953]. Letzteres hat die Gestalt einer trigonalen Bipyramide (Symmetrie D_{3h}) mit den 3 H-Atomen in der Basisfläche. Der induktive Effekt durch elektronegative Liganden wird auch hier beobachtet; z. B. ist ν(AlH) im $AlH_2Br \cdot N(C_2H_5)_3$ 1845, im $AlHBr_2 \cdot N(C_2H_5)_3$ 1900 [953]. Dialkyl-aluminiumhydride sind trimer; aus ihren *UR*-Spektren wird auf das Vorliegen eines ebenen Sechsringes geschlossen [552, 955]. Die (AlH)-Valenzschwingung liegt im *UR*-Spektrum bei 1785 und ist ungewöhnlich intensiv und breit.

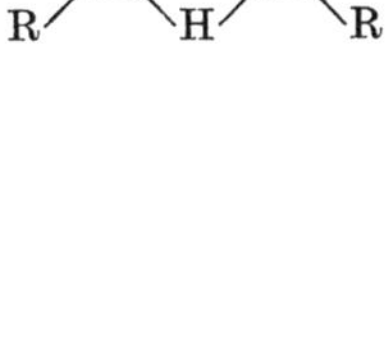

Das flüchtige, unbeständige $(GaH_3)_y$ absorbiert im Gaszustand bei 2000, das beständige, flüssige, viskose $(GaH_3)_x$ bei 1980 (b) und 700 (b) [479]. In den Koordinationsverbindungen beobachtet man wieder niedrigere Frequenzen: $GaH_3 \cdot N(CH_3)_3$ 1853 [478, 985], $GaH_3 \cdot 2N(CH_3)_3$ 1775 und 1850 [478]. Die hohe Frequenz 2018 des $(HGaCl_2)_2$ [1303] zeigt endständiges H an; die Dimerisierung erfolgt also über Cl-Brücken. Der induktive Effekt zeigt sich in den *UR*-Spektren von (GaH)-Verbindungen ganz wie bei den entsprechenden Al-Verbindungen [1256].

$(AlH_3)_x$. *UR* (fest) [928]: 614 (*vs*), 704 (*vs*) + 721 (*s*, *Sch*), 761 (*s*), 1025 (*s*), 1592 (*vs*).

$LiAlH_4$. *UR* (fest) [928]: 711 (*vs*), 800 (*vs*), 885 (*s*), 1642 (*vs*), 1779 (*vs*). *Ra* (fest): [841] 782, 1832.

Die niedrigen Valenzschwingungen in den *UR*-Spektren von $(BeH_2)_\infty$ (1758 [1223]) und $(MgH_2)_\infty$ (1160 [1276]) weisen auf brückengebundenes H hin.

In den Hydroxiden X—OH mit kovalenter (XO)-Bindung tritt neben der (OH)-Valenzschwingung noch eine (XOH)-Deformationsschwingung auf. Diese liegt am höchsten im gasförmigen Wasser (1595), sonst zwischen 600 und 1400. Einige Zahlenbeispiele: H_2O_2 (gas) 1266, 1380, NH_2OH (gas) 1357, CH_3OH (gas) 1346, $B(OH)_3$ (krist) 1195, 1220, HOCl (gas) 1242. In den *UR*-Spektren folgender kristallisierter Metallhydroxide wurden δ(MeOH)-Frequenzen gefunden: ε-$Zn(OH)_2$, γ-$Al(OH)_3$, α-AlOOH, α-GaOOH, $In(OH)_3$, α- und γ-FeOOH [505], γ-$Cd(OH)_2$ [430], $Ge(OH)_2$ [300], MnOOH, $Cu(OH)_2$ [167], CrOOH, CoOOH [107], ferner in basischen Salzen von Cu und Cd [505, 1099]. Die δ(XOH)-Frequenzen sind nicht so charakteristisch wie die vergleichbaren entarteten δ(HCX)-Deformationsschwingungen der Methylverbindungen (s. w. u.). Dies beruht im wesentlichen darauf, daß die meisten Hydroxide nur in kondensierter Form bekannt sind und hier erhebliche Beeinflussung durch Wasserstoffbrückenbildung sowie wechselnde Bindungsverhältnisse auftreten. Wasserstoffbrücken verursachen eine Erhöhung von δ(XOH). Für Metallhydroxide wurde eine Abhängigkeit des (OH)-Abstandes von den beobachteten Frequenzen gefunden [505]. Aus $r(OH) + r(Me) = r(Me—OH)$ kann man so die Metall-Sauerstoffabstände bestimmen.

Auf Grund der *UR*-Spektren kann man vielfach die Frage klären, ob in Oxid-Wasser-Systemen Hydroxide oder Oxidhydrate bzw. -aquate vorhanden sind (über die Nomenklatur vgl. [428]). Auftreten der Frequenz um 1620 beweist H_2O, ihr Fehlen Hydroxide. δ(MeOH)-Frequenzen zwischen 600 und 1400 können ebenfalls die Anwesenheit von Hydroxiden beweisen. Schließlich kann noch eine erhebliche Verkleinerung des Intensitätsverhältnisses der δ(HOH)-Frequenz zur ν(OH)-Frequenz auf die Anwesenheit von Hydroxiden neben H_2O hinweisen. Hohe ν(OH)-Frequenzen um 3600 in kondensierter Phase stammen ebenfalls nur von Hydroxiden. Hydroniumionen H_3O^+ weisen Deformationsfrequenzen um 1150 und 1600 auf.

Auf diese Weise wurden (OH)-Gruppen nachgewiesen in wasserhaltigen Al-Oxiden [433, 1121], in Gelen von Kieselsäure [433], Fe- [433], Al- [427] und Ti-Hydroxiden [1209], sowie in Zinnsäuren (vgl. Abschnitt „Sauerstoffverbindungen"). Die Verbindungen $MoO_3 \cdot H_2O$ und $MoO_3 \cdot 2H_2O$

[728] sowie $WO_3 \cdot H_2O$ und $WO_3 \cdot 2H_2O$ [960] sind dagegen Oxidhydrate. Zusammenfassende Darstellung über Oxid-Wasser-Systeme vgl. [428].

Wasserstoffbrücken. Hydride der elektronegativen Elemente bilden im kondensierten Zustand mit Protonenacceptoren die bekannte Wasserstoffbrückenbindung aus. Diese führt meist zu erheblichen Veränderungen des Schwingungsspektrums gegenüber der Gasphase. (Zusammenfassende Darstellungen s. [169, 745].) Am meisten untersucht wurden die Verhältnisse an den Brücken O—H ... O, daneben N—H ... N, N—H ... Hal, N—H ... O, F—H ... F und Hal—H ... O.

Die auffälligsten Veränderungen werden für die (XH)-Valenzschwingung beobachtet. Diese ist im Spektrum des Systems

$$R-X-H\ ...\ Y-R'$$

gegenüber dem freien Molekül R—X—H nach kleineren Wellenzahlen verschoben und stark verbreitert (Halbwertsbreite bis zu 500 cm^{-1}). Im *UR*-Spektrum werden ferner Intensitätssteigerungen bis auf das Zehnfache beobachtet. Die Größe der Effekte hängt von der Stärke der Wechselwirkung ab; insbesondere nimmt ν(X—H) stetig mit der Entfernung r(X—H ... Y) ab [429, 701, 812, 871, 929, 959]; vgl. auch [25, 122]. Für (O—H ... O)-Brücken zeigt Tab. 50 eine grobe Einteilung nach der

Tabelle 50. (O—H ... O)-*Brücken*

	r(O—H ... O)	ν(OH)	Beispiele
OH frei	—	3750—3600	gasförmige Hydroxide, NaOH, $Mg(OH)_2$
Lange Brücken	3,35—2,9	3600—3500	KOH
Mittlere Brücken	2,9 —2,7	3500—3100	Wasser, Eis, H_3BO_3, $HClO_4$, $Zn(OH)_2$, $Al(OH)_3$
Kurze Brücken	2,7 —2,4	3100—1800	$Me^{III}OOH$, H_2SO_4, H_3PO_4, H_5JO_6, Hydrogensalze von Sauerstoffsäuren

Brückenlänge. Die Abnahme von ν(XH) bedeutet eine Schwächung der (XH)-Bindung und damit eine Verlängerung des (XH)-Abstandes; es läßt sich also auch eine Beziehung zwischen r(XH) und r(X—H ... Y) finden [343, 954, 1164]. Parallel zur Frequenzerniedrigung geht die Vergrößerung der Bandenbreite; erst bei sehr kurzen Brücken scheinen die Banden wieder schmaler zu werden. Die (integrale) Intensität der ν(XH)-Bande im Ultraroten wächst zunächst mit abnehmender Frequenz, erreicht ein Maximum bei mittleren Brückenlängen und wird bei kurzen Brücken wieder geringer. Bei extrem kurzen Brücken lassen sich die ν(XH)-Schwingungen oft nicht leicht identifizieren wegen ihrer geringen Intensität bei immer noch großer Breite. Die Frequenzabnahme bei Ausbildung einer Wasserstoffbrücke ist leicht verständlich, ebenso die Intensitätssteigerung im *UR*, da die (XH)-Bindung polarer wird. Dagegen herrscht über die Ursache der Bandenverbreiterung keine einheitliche Meinung vor.

Die Deformationsschwingung δ(RXH) zeigt bei Vorliegen von Wasserstoffbrücken eine Erhöhung ihrer Frequenz in der Größenordnung einiger Prozente. Daneben beobachtet man auch eine Verbreiterung, die aber nicht so auffällig ist wie bei den (XH)-Valenzschwingungen.

In dem dreiatomigen System X—H . . . Y ist noch eine zweite Valenzschwingung zu erwarten. Diese wurde in flüssigem und festem H_2O und D_2O bei ~200 gefunden[409, 490, 1062, 1146, 1313]. Im Extremfall des HF_2^- mit der stärksten bekannten Wasserstoffbrückenbindung liegt sie bei 600.

Weitere neue Schwingungsfrequenzen in Systemen mit Wasserstoffbrücken kann man der gehemmten Rotation der Komponenten im kondensierten Zustand zuordnen („Librationsschwingungen"). Diese liegen im Bereich 500—1000 und erscheinen im *UR*-Spektrum als sehr breite Banden. Wenn bereits im freien Molekül eine Torsionsschwingung infolge gehemmter Rotation auftritt, beobachtet man diese nach Ausbildung von H-Brücken mit erhöhter Frequenz.

Die geschilderten Erscheinungen sind bei linearen Brücken X—H... Y am deutlichsten ausgeprägt, weniger bei „gebogenen" Brücken

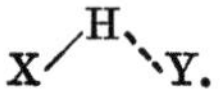

Von den vielen untersuchten Systemen können hier nur einige herausgegriffen werden. Im Bereich der (OHO)-Brücken mittlerer Länge ist flüssiges und festes Wasser sehr häufig untersucht worden. Das Intensitätsmaximum des ν(OH)-Bereiches liegt sowohl im Raman- als auch im *UR*-Spektrum für flüssiges Wasser bei 3450, für hexagonales Eis bei 3150. Eine Unterscheidung zwischen ν_s und ν_{as} erscheint nicht mehr sinnvoll [111]. δ(HOH) liegt im flüssigen und festem H_2O bei 1640, die Librationsschwingung bei 770 (*fl*) bzw. 850 (fest). Entsprechend findet man für flüssiges D_2O 2500, 1220, 520, für festes 2400, 1210, 600. Ähnliche Spektren wie von flüssigem und festem Wasser beobachtet man auch an adsorbiertem Wasser und an Salzhydraten. In letzteren treten statt der breiten Banden häufig eine Vielzahl mehr oder weniger scharfer Linien auf.

In den *UR*-Spektren von Substanzen mit kurzen (HOH)-Brücken beobachtet man häufig im Bereich der (OH)-Valenzschwingungen zwei breite Banden von größenordnungsmäßig gleicher Intensität, deren Maxima 300—400 cm^{-1} voneinander entfernt sind [121, 660]. Diese Aufspaltung ist — ganz ähnlich wie beim NH_3 — erklärt worden durch die Existenz zweier Gleichgewichtslagen gleicher Energie des Protons zwischen den O-Atomen. Vgl. aber dagegen [60, 277, 1067]. Unter den anorganischen Substanzen zeigen besonders häufig Sauerstoffsäuren und ihre Hydrogensalze diese Erscheinung, z. B. H_2SeO_4, H_2SeO_3, $NaHSeO_4$, $NaHSeO_3$, H_3PO_4, KH_2PO_4, K_2HPO_4, KH_2AsO_4, NaH_3SiO_4, $Ca_3(SiO_3OH)_2 \cdot 2\,H_2O$, H_5JO_6, $NaH_4JO_6 \cdot H_2O$, $Na_2H_3JO_6$, $Na_3H_2JO_6$.

Im Gegensatz zu H_2O-Dampf bildet Fluorwasserstoff bereits im Gaszustand H-Brücken aus. Temperatur- und Druckabhängigkeit des Spektrums von gasförmigem HF zeigt die Anwesenheit von $(HF)_4$ und $(HF)_6$ neben wenig $(HF)_2$ [1022]. Für $(HF)_4$ ist $\nu(FH) = 3500$, für $(HF)_6$ 3400. Ferner treten für beide Polymeren Banden bei 1200 und 700 auf.

Für Deuteriumfluorid sind die entsprechenden Zahlen 2600 $(DF)_4$, 2500 $(DF)_6$, 800 und 500. In flüssigem HF findet man eine sehr breite Bande 3400 im Raman- und *UR*-Spektrum [617, 935], in DF 2430 [19]. Fester Fluorwasserstoff zeigt bei $-180°$ 4 *UR*-Absorptionen [420, 939]: 3060 (*s*), 3270 (*m*), 3420 (*s*), 3590 (*m*), die sich den Schwingungen einer Zickzack-Kette zuordnen lassen. Für f(H—F) wird 6,3, für f(H...F) 0,6 mdyn/Å berechnet.

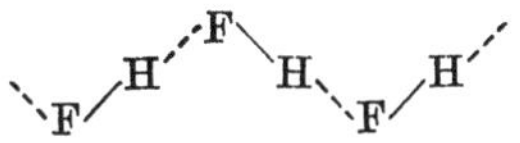

Eine extrem starke Wasserstoffbrücke (27 kcal/Mol) liegt im HF_2^- vor, in dessen Spektrum die (antisymmetrische) (HF)-Valenzschwingung um 63% gegenüber dem HF-Molekül erniedrigt ist (vgl. Kap. II). Die Gleichgewichtslage des Protons ist hier in der Mitte zwischen den Fluoratomen, wie aus Messungen der Neutronenbeugung und der kernmagnetischen Resonanz hervorgeht.

(N—H ... N)-Brücken liegen z. B. in flüssigem und festem NH_3 vor. Die Erniedrigung der ν(NH)-Frequenzen ist hier mit 2% gegenüber dem Gaszustand geringer als etwa im H_2O (vgl. Kap. II und [905]). Wasserstoffbrücken (Hal—H ... O) in der Gasphase wurden beobachtet bei den Verbindungen $(CH_3)_2O \cdot HF$ (3500), $(CH_3)_2O \cdot HCl$ (2580) und $(CH_3)_2O \cdot DCl$ (1880) [39]. (S—H ... S)-Brücken wurden an Hand erniedrigter ν(SH) z. B. in R_2PSSH [337, 650, 769] und H_2CS_3 [1309] nachgewiesen.

2. Sauerstoffverbindungen

a) Verbindungen mit (O-O)-Bindung

Hier interessieren besonders die Derivate des H_2O_2. Die Valenzschwingung ν(OO) läßt sich in den *Ra*-Spektren an Hand ihrer hohen Intensität leicht erkennen, während sie in den *UR*-Spektren meist nur schwach oder gar nicht beobachtet wird.

Im $P_2O_8^{4-}$ (ν(O—O) = 890) und $S_2O_8^{2-}$ (840) sprechen die Spektren für eine trans-Struktur (Symmetrie C_{2h}) [1012]; hier fehlt die (O—O)-Frequenz im *UR*.

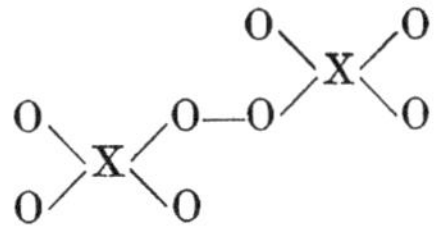

Besonders hoch liegt diese Frequenz in Silylperoxiden, z. B. im $(CH_3)_3Si—O—O—Si(CH_3)_3$ bei 944 cm^{-1} [1001]. In den Spektren der organischen Peroxide und Hydrogenperoxide beobachtet man ν(O—O)-Schwingungen zwischen 850 und 900, z. B. 882 in $C_2H_5—OO—C_2H_5$ [664], 859 in Perameisensäure [419]. Im KH_2PO_5 wurde auch δ(OOH) bei 1450 beobachtet.

Noch nicht bekannt sind die Schwingungsfrequenzen der Ionen O_2^{2-} und O_3^-. Ergebnislose Versuche wurden an Alkali- und Erdalkaliperoxiden vorgenommen [136]. Dagegen beobachtet man wieder ν(OO)-Frequenzen in den *UR*-Spektren von Peroxidverbindungen der Übergangsmetalle, z. B. $TiO_2(SO_4) \cdot 3H_2O$ 877, $TiO_2(OH)_2$ 885 [570], VO_8^{3-} 833, NbO_8^{3-} 813, TaO_8^{3-} 807, CrO_8^{3-} 875, MoO_8^{2-} 845, WO_8^{2-} 818 [349, 484], CrO_5 864 [484]. Nähere Schlüsse über Konstitution und Bindungsmechanismus in diesen Verbindungen lassen sich aus den *UR*-Spektren allein kaum ziehen.

Die Kraftkonstante der (O—O)-Bindung (~3,6 mdyn/Å) im H_2O_2 ist viel niedriger, als nach Gl. (39), S. 34 erwartet werden kann (7,2). Das gleiche gilt für alle Verbindungen der stark elektronegativen Elemente untereinander, wie etwa F_2, F_2O, Cl_2O, N_2H_4, NH_2OH, NF_3. Für F_2 ist die relative Schwäche der Bindung auf den abstoßenden Einfluß der freien Elektronenpaare zurückgeführt worden [804]; entsprechendes trifft wahrscheinlich für die anderen aufgeführten Fälle zu. Eine Stütze für diese Auffassung kann darin gesehen werden, daß die Kraftkonstante im HO_2^-, welches ein freies Elektronenpaar mehr als H_2O_2 besitzt, um etwa 10% niedriger liegt als im H_2O_2 [ν(OO) nimmt um 5% ab; vgl. S. 51]. Die Valenzkraftkonstante im O_3 (5,7) liegt zwischen denen von O_2 (11,4) und H_2O_2 (3,6). Hieraus kann man entnehmen, daß eine π-Bindung wie im O_2 auch im O_3 noch vorhanden, aber nicht mehr lokalisiert ist.

$S_2O_8^{2-}$ [1012]. *Ra* (Lsg): 214 (7), 322 (6), 404 (4), 464 (2), 536 (6), 631 (3), 694 (1), 738 (2), 840 (10), 1080 (10), 1285 (6); *UR* (fest): 460 (*w*), 561 (*s*), 592 (*m*), 700 (*s*), 729 (*m*), 1062 (*s*), 1130, 1280 (*vs*), 1304 (*vs*).

$P_2O_8^{4-}$ [1012]. *Ra* (Lsg): 328 (4), 397 (4), 514 (5), 585 (3), 683 (1), 732 (2), 784 (9), 835 (2), 890 (10), 1008 (10), 1101 (4b), 1125 (4); *UR* (krist): 425 (*vw*), 528 (*vs*), 545 (*m*), 622 (*vw*), 708 (*m*), 988 (*m*), 1147 (*vs*), 1159 (*vs*), 1171 (*vs*).

$H_2PO_5^-$ [726]. *UR* KH_2PO_5 (krist): 770 (*w*), 860 (*m*), 920 (*s*), 1100 (*s*), 1200 (*m*), 1300 (*m*), 1450 (*s*), 1700 (*m*, *b*), 2700 (*s*), 2940 (*m*).

b) Stickstoff-Sauerstoff-Verbindungen

Das Gleichgewicht $2\,NO_2 \rightleftharpoons N_2O_4$ im Gaszustand läßt sich durch Intensitätsmessungen an einzelnen *UR*-Banden verfolgen [298, 497, 561]. Aus dem Schwingungsspektrum wurde für N_2O_4 eine ebene Struktur mit (NN)-Bindung abgeleitet (Symmetrie D_{2h}; vgl. Kap. II). Neben diesem stabilen Isomeren lassen sich in festem N_2O_4 unter bestimmten Bedingungen instabile Formen nachweisen [333, 544, 1273]: eine nichtebene Form mit (NN)-Bindung der Symmetrie D_{2d}, kenntlich an den *UR*-Frequenzen 751, 1282 und 1718, sowie die unsymmetrische Form $O—N—O—NO_2$ mit den Frequenzen 295, 564, 785, 1290, 1645 und 1829. Die letzte Frequenz beweist das Konstitutionselement O = N —. Lösungen von N_2O_4 in wasserfreiem HNO_3 zeigen nicht mehr die Raman-Linien des N_2O_4. Es findet Dissoziation in NO_3^- (ν_1 = 1050) und NO^+ (2240) statt. Aus der verhältnismäßig niedrigen Lage der (NO)-Frequenz wird geschlossen, daß primär gebildetes NO^+ mit monomerem NO_2 zu dem Ion $N_2O_3^+$ reagiert [471].

Das Schwingungsspektrum des N_2O_3 beweist eine Struktur mit (NN)-Bindung; wahrscheinlich ist das Molekül eben gebaut (Symmetrie C_s).

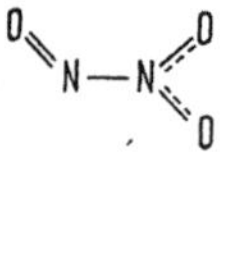

1849 ist charakteristisch für die Gruppe O=N—; 772, 1291 und 1600 für —NO$_2$. Daneben existiert noch ein instabiles Isomeres ON—O—NO, welches im festen Zustand oder in Ar-Matrix UR-spektroskopisch an Hand der Frequenz 964 einer (NO)-Einfachbindung nachgewiesen wurde [333, 544].

Die Struktur des gasförmigen und gelösten N$_2$O$_5$ ist O$_2$N—O—NO$_2$ mit gewinkelter (NON)-Brücke (Symmetrie höchstens C_{2v}). Auch im festen Zustand läßt sich unter bestimmten Bedingungen diese Molekülform nachweisen [545]; sie ist aber instabil und geht leicht in die Ionen NO$_2^+$ und NO$_3^-$ über. Diese lassen sich leicht an den UR-Frequenzen 2375, 538 (NO$_2^+$) und 1400 (NO$_3^-$) sowie an den Raman-Linien 1400 (NO$_2^+$) und 1050 (NO$_3^-$) erkennen [1110]. Ebenso weisen die Verbindungen N$_2$O$_5 \cdot$ $\cdot$ 2 SO$_3$ und N$_2$O$_5 \cdot$ 3 SO$_3$ eine starke Ra-Linie um 1400 auf und sind daher als Salze (NO$_2$)$_2$S$_2$O$_7$ bzw. (NO$_2$)$_2$S$_3$O$_{10}$ zu formulieren [399, 773]. In wasserfreier Salpetersäure zerfällt N$_2$O$_5$ quantitativ in NO$_2^+$ und NO$_3^-$ [559].

Im UR-Spektrum des gasförmigen Radikals NO$_3$ tritt eine (N = O)-Frequenz 1840 auf; die Struktur ist wahrscheinlich O—O—N=O [1257].

Nitrosylverbindungen X—N=O sind gewinkelt gebaut; die (NO)-Valenzschwingung ist stark vom Molekülrest abhängig (vgl. Tab. 51) und zwar steigt sie mit wachsender Elektronegativität von X. Die Frequenzverschiebungen sind hier prozentual größer als etwa bei den Valenzschwingungen von Hydriden, finden sich aber in gleicher Größenordnung bei allen Molekülen mit mehrfach gebundenem Sauerstoff. Beispielsweise gilt für ν(CO): (CH$_3$)$_2$CO 1710, (CH$_3$O)$_2$CO 1751, Cl$_2$CO 1810, F$_2$CO 1942, und entsprechende Reihen lassen sich für andere Moleküle mit (C=O)-Bindung aufstellen.

Auf S. 50 war schon auf die starke Abhängigkeit der Frequenzen von NOCl und NOBr vom Aggregatzustand hingewiesen worden. Der gleiche Effekt wurde neuerdings auch am NOF festgestellt (UR (gas): 521, 767, 1844; (krist): 430, 639, 1967 [1315]).

Die (NO)-Valenzschwingungen der freien (gasförmigen) salpetrigen Säure HONO unterscheiden sich erheblich von denen des Nitritions. Dies ist typisch für das spektrale Verhalten von Sauerstoffsäuren und ihren Ionen, welche π-Bindungen enthalten, und läßt sich folgendermaßen deuten: Die Elektronenkonfiguration im HONO wird näherungsweise durch die Valenzstruktur a) beschrieben; die (NO)-Einfachbindung hat eine niedrige ($\sim$ 820), die Doppelbindung eine hohe ($\sim$ 1670) Valenzschwingung. Daneben ist noch die Grenzstruktur b) denkbar, die

$$\text{HO}\diagup\overset{\text{N}}{}\diagdown\text{O} \qquad \overset{(+)}{\text{HO}}\diagup\overset{\text{N}}{}\diagdown\overset{(-)}{\text{O}} \qquad \overset{(-)}{\text{O}}\diagup\overset{\text{N}}{}\diagdown\text{O} \quad\longleftrightarrow\quad \text{O}\diagup\overset{\text{N}}{}\diagdown\overset{(-)}{\text{O}}$$
a)   b)   c)   d)

aber an der Mesomerie nur mit geringem Gewicht beteiligt sein dürfte. Im Nitrition werden beide Bindungen gleichartig, die Grenzstrukturen c) und d) sind also mit gleichem Gewicht am resultierenden Zustand beteiligt. Dies führt zu einem „Zusammenrücken" der (NO)-Valenzschwingungen (1323, 1269) gegenüber der freien Säure. Die Summe der Quadrate der (NO)-Valenzschwingungen, die man etwa proportional der

Summe der Bindungsordnungen ansehen kann, ist dagegen in der freien Säure und dem Ion etwa gleich ($3{,}5 \cdot 10^6$ bzw. $3{,}4 \cdot 10^6$), in Übereinstimmung mit der gegebenen Beschreibung. Ganz ähnlich wie in HONO liegen die Verhältnisse in den Estern der salpetrigen Säure.

Tabelle 51. (NO)-*Valenzschwingungen in Nitryl- und Nitrosylverbindungen*

Molekül	ν_s(NO)	ν_{as}(NO)	$\bar{\nu}$	Molekül	ν(NO)
FNO_2	1312	1793	1571	FNO	1844
$FONO_2$	1297	1755	1543	—	—
$ClONO_2$	1294	1739	1533	—	—
$HONO_2$	1320	1710	1528	HONO	1700
$ClNO_2$	1293	1685	1502	ClNO	1800
CH_3ONO_2	1287	1672	1492	CH_3ONO	1681 1098, 1144
CH_3NO_2	1377	1586	1485	CH_3NO	1564 708
NH_2NO_2	1375	1546	1463	—	

In den Spektren der Nitrylverbindungen XNO_2 beobachtet man zwei charakteristische (NO)-Valenzschwingungen in den Bereichen 1290 — 1380 (ν_s) und 1550 — 1800 (ν_{as}). Auch hier ist der induktive Einfluß durch den Rest X erkennbar, indem die quadratisch gemittelte (NO)-Valenzschwingung $\bar{\nu}$ etwa parallel zur Elektronegativität von X ansteigt. Die Konstitution wird durch die Mesomerie beschrieben:

worin beide Grenzstrukturen mit gleichem Gewicht beteiligt sind, also „$1^1/_2$fache" Bindungen vorliegen. Entsprechend findet man aus den (NO)-Valenzkraftkonstanten, die zwischen 9,7 (CH_3NO_2) und 12,3 (FNO_2) schwanken, Bindungsordnungen zwischen 1,4 und 1,7.

Im *UR*-Spektrum der gasförmigen Salpetersäure ist 3550 die ν(OH)-Schwingung. Im deuterierten Produkt beobachtet man eine starke neue Bande bei 1014, so daß eine der Frequenzen des HNO_3 um 1330 die δ(HON)-Schwingung sein muß. 465 ist die Torsionsschwingung der (OH)-Gruppe, da sie im DNO_3 unter 400 sinkt. Die übrigen Frequenzen gehören dem (NO_3)-Gerüst an (vgl. Tab. 21, S. 55), das ganze Molekül ist eben gebaut (Symmetrie C_s; vgl. Tab. 15, S. 50). Die Unterschiede in den (NO)-Valenzschwingungen von NO_3^- und HNO_3 sind in der gleichen Weise zu diskutieren wie im analogen Fall NO_2^-/HNO_2 (s. o.). Das ebene NO_3^- mit gleichartigen Bindungen wird durch die Mesomerie beschrieben:

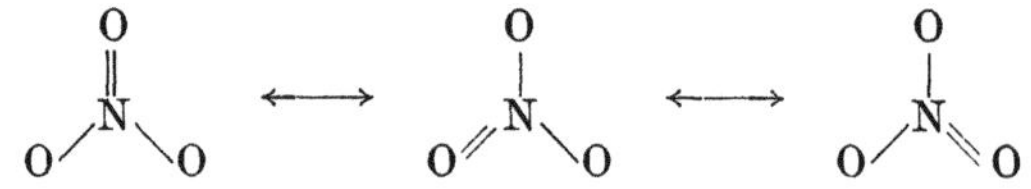

Im HNO_3 erstreckt sich die π-Bindung im wesentlichen auf nur zwei (NO)-Bindungen, während die (N—OH)-Bindung keine nennenswerten π-Anteile enthält. Infolgedessen sind die (NO)-Frequenzen hier über ein weiteres Frequenzgebiet verteilt (886—1710) als im NO_3^- (1050—1390); die Summe der Frequenzquadrate bleibt aber annähernd gleich.

In flüssiger wasserfreier Salpetersäure bilden sich Wasserstoffbrücken aus, kenntlich an der erniedrigten (OH)-Bande 3420. Dies bedingt eine Lockerung der (OH)-Bindung, so daß das betreffende O-Atom in begrenztem Maße wieder an der Mesomerie teilnehmen kann. Entsprechend steigt die niedrigste (NO)-Valenzschwingung (886→920) und fallen die beiden höheren. Die im *Ra*-Spektrum der flüssigen Salpetersäure auftretenden Linien 1050 und 1398 gehören zu NO_3^- bzw. NO_2^+ entsprechend dem Gleichgewicht

$$2\,HNO_3 \rightleftharpoons NO_2^+ + NO_3^- + H_2O$$

Beim Verdünnen mit Wasser treten die NO_3^--Linien infolge zunehmender Dissoziation stärker in Erscheinung. Das Gleichgewicht läßt sich mit Hilfe von Intensitätsmessungen verfolgen [908]. Gemische der wasserfreien Säuren $HNO_3 + HClO_4$ und $HNO_3 + H_2SO_4$ zeigen die *Ra*-Linie 1400 des NO_2^+ sowie Linien des ClO_4^- und HSO_4^-, was auf die Gleichgewichte hindeutet [559]:

$$HNO_3 + 2\,HClO_4 \rightleftharpoons NO_2^+ + H_3O^+ + 2\,ClO_4^-$$

$$HNO_3 + 2\,H_2SO_4 \rightleftharpoons NO_2^+ + H_3O^+ + 2\,HSO_4^-$$

Ganz ähnliche Spektren wie das der Salpetersäure findet man für den Teil $-ONO_2$ der Salpetersäureester, z. B. im Ultrarotspektrum des CH_3ONO_2 [137]: 578 (*m*), 657 (*m*), 759 (*m*), 854 (*s*), 1287 (*s*) und 1672 (*vs*), im Raman-Spektrum [7] 580 (7*b*, *p*), 664 (3 *dp*), 860 (10 *p*), 1280 (10 *p*) und 1634 (3 *sb*, *dp*). Auch hier wirkt der zweibindige Sauerstoff CH_3-O-N nicht mehr oder nur in geringem Maße als π-Donator. Die *UR*-Spektren von NO_3Cl und NO_3F zeigen ebenfalls die Frequenzen des $O-NO_2$ und sind daher als $Cl-O-NO_2$ bzw. $F-O-NO_2$ zu formulieren [134].

Im Spektrum des Nitramids NH_2NO_2 findet man die Valenzfrequenzen des (NNO_2)-Gerüstes bei 1047, 1375 und 1546. Die hohe Lage der Frequenz 1047 deutet auf einen erheblichen π-Anteil der (NN)-Bindung hin, so daß die Mesomerie hier nicht so stark behindert ist, wie im HNO_3. Entsprechend sind die (NO)-Valenzschwingungen relativ niedrig (vgl. Tab. 51).

Das Ion $N_2O_3^{2-}$ ist nach seinem Schwingungsspektrum eben gebaut [347]. Die Valenzschwingungen sind hier noch weiter zusammengerückt (1110, 1280, 1400) entsprechend der Mesomerie

Im *UR*-Spektrum des gasförmigen NH_2OH ist 895 die (NO)-Valenzschwingung; zur Hydroxylgruppe gehören $3656 = \nu$, $1357 = \delta$ und $430 = \tau$. Die übrigen Frequenzen sind der (NH_2)-Gruppe zuzuordnen. Im kondensierten Zustand bilden sich starke Wasserstoffbrücken aus, so daß das Spektrum sich erheblich ändert und unübersichtlicher wird [7, 415, 827]. Übereinstimmend wird aber geschlossen, daß in allen Aggregatzuständen H_2N-OH vorliegt, nicht das Aminoxid H_3N-O. Dagegen wird für $(CH_3)_3SiNH_2O$ die Aminoxid-Form angenommen, da sein *UR*-

Spektrum keine breite ν(OH)-Bande, sondern zwei scharfe Banden 3300 und 3235 aufweist, die von einer NH_2-Gruppe herrühren [1152].

Das Spektrum des NH_3OHCl beweist das Vorliegen des Ions NH_3OH^+. Die (NH)- und (OH)-Valenzschwingungen sind gegenüber dem NH_2OH erniedrigt, jedoch ist die (NO)-Valenzschwingung um 11% erhöht. Entsprechend höher ist auch die (NO)-Valenzkraftkonstante (NH_2OH 3,9, NH_3OH^+ 4,8). Dieser Effekt ist möglicherweise so zu deuten, daß im NH_2OH durch die abstoßende Wirkung der freien Elektronenpaare eine Schwächung der (NO)-Bindung herbeigeführt wird, ähnlich wie im F_2 (vgl. S. 94). Im NH_3OH^+ wird das freie Elektronenpaar des N-Atoms durch ein Proton blockiert, so daß sein Einfluß auf die (NO)-Bindung wegfällt.

Als ein Derivat des Aminoxids H_3NO ist die „Sulfoperamidsäure" $H_3N—O—SO_3$ aufzufassen, in deren *UR*-Spektrum [1151] sich die Schwingungen des (H_3NO)-Bruchteils leicht erkennen lassen: 997, 1195, 1512, 1545, 1590, 3040. Ebenso ist die Koordinationsverbindung $NH_2OH \cdot BF_3$ nach seinem *UR*-Spektrum ein Aminoxid-Derivat $H_3N—O—BF_3$ [442].

Das Schwingungsspektrum des Trimethylaminoxids $(CH_3)_3N{\rightarrow}O$ [413] hat im Valenzschwingungsbereich des Gerüstes C_3NO Ähnlichkeit mit dem des $N(CH_3)_4^+$ (757, 937, 945 gegenüber 752, 955). Eine charakteristische (NO)-Frequenz läßt sich hier natürlich nicht angeben, jedoch die Kraftkonstante der (NO)-Bindung zu etwa 4 mdyn/Å abschätzen. Ganz ähnliche Frequenzen (758, 939, 950) findet man im $[(CH_3)_3NOH]Cl$ [413]. Die semipolare (NO)-Bindung im $(CH_3)_3NO$ unterscheidet sich schwingungsspektroskopisch also kaum von der kovalenten Bindung im $(CH_3)_3NOH^+$.

N_2O_3. *Ra* (Lsg in CH_2Cl_2) [542]: 253, 614, 772, 1291, 1600, 1849; *UR* (krist) [542, 545]: 313, 407, 627, 783, 1297, 1589, 1863; (gas) [843]: 430, 770, 1309, 1615, 1830.

N_2O_5. *UR* (gas) [545]: 353 (*vs*), 439 (*w*), 542 (*w*), 577 (*vs*), 614 (*m*), 743 (*s*), 860 (*m*), 986 (*w*), 1247 (*s*), 1338 (*m*), 1430 (*vw*), 1728 (*vs*), ; *Ra* (gas, Lsg): [192].

HNO_3. *UR* (gas) [209, 1278]: 456 (*m*), 579 (*w*), 647 (*w*), 762 (*s*), 879 (*s*), 895 (*s*), 1325 (*vs*), 1331 (*s*), 1706 + 1712 (*vs*), 3550 (*m*); *Ra* (fl) [911, 1278]: 470 (1/4), 610 (3, *dp*), 672 (4, *dp*), 920 (5*b*, *p*), 1050 (1/2), 1115 (0), 1294 (10*b*, *p*), 1398 (1), 1527 (2), 1672 (4, *dp*), 3420 (0b).

FNO_3. *UR* (gas) [40]: 454 (*s*), 571 (*w*), 632 (*m*), 725 (*m*), 804 (*vs*), 937 (*s*), 1297 (*vs*), 1755 (*vs*).

$ClNO_3$. *UR* (Lsg in CCl_4) [134]: 440 (4*b*), 565 (6), 710 (2), 797 (10), 879 (9), 1294 (10), 1739 (10); (gas): [40].

NH_2NO_2. *Ra* (krist) [626]: 598 (1/2), 716 (4), 1050 (10), 1176 (1/2), 1305 (1/2 ?), 1370 (6), 1508 (2), 1547 (1/2), 1642 (0 ?), 3278 (2). *UR* (krist) [255]: 596 (*m*), 709 (*w*), 783 (*w*), 1043 (*m*), 1175 (*s*), 1212 (*w*, *Sch*), 1379 (*vs*), 1495 (*Sch*), 1534 + 1546 (*vs*), 1560 (*Sch*), 1613 (*m*), 1760 (*vw*, *b*), 3085 (*m*), 3287 (*s*), 3426 (*s*).

$N_2O_3^{2-}$ [347]. *UR* $Na_2N_2O_3$ (krist): 367 (*m*), 430 (*w*), 610 (*w*), 630 (*m*), 747 (*w*), 970 + 980 (*s*), 1100 + 1120 (*s*), 1280 (*st*), 1400 (*st*), *Ra*: (Lsg) 425 (*w*), 605 (*m*), 745 (*w*), 975 (*s*), 1110 (*m*), 1240 (*w*), 1380 (*s*).

NH_2OH. *UR* (gas) [415]: 430 (*vw*), 765 (*w*), 895 (*m*), 1115 + 1125 (*vs*), 1297 (*w*). 1357 (*s*), 1605 (*m*), 2740 (*vw*), 3297 (*m*), 3350 (*w*, ?), 3656 (*s*).

NH_3OH^+. *UR* NH_3OHCl (krist) [921]: 586 (*m*), 998 (*s*), 1165 (*s*), 1195 (*s*), 1465 (*m*), 1558 (*s*), 1580 (*s*), 1895 (*s*), 2640 (*m*), 2720 (*w*), 2890 (*s*), 2978 (*s*), 3060 (*s*), 3165 (*w*); *Ra* (Lsg) [909]: 1005 (10), 1197 (2), 1519 (3), 2700 (2), 2960 (5*b*); *Ra* (krist) [1270].

NH_3OSO_3. *UR* (krist) [1151]: 705 (*vs*), 730 (*m*), 997 (*s*), 1062 (*vs*), 1195 (*vs*), 1225 (*vs*), 1260 (*vs*), 1315 (*vs*), 1340 (*vs*), 1400 (*w*), 1512 (*s*), 1545 (*m*), 1590 (*s*), 2690 (*m*), 3040 (*vs*), 3370 (*m*).

c) Sauerstoffverbindungen von Schwefel, Selen und Tellur

Die Schwingungsspektren vieler Schwefel-Sauerstoff-Verbindungen weisen darauf hin, daß hier mehrfache Bindungen existieren [61, 989, 1004]. Die Theorie hat gezeigt [234, 235, 793], daß solche $p\pi$—$d\pi$-Bindungen von Elementen der höheren Perioden nur mit stark elektronegativen Elementen gebildet werden. Die aus den (SO)-Valenzkraftkonstanten ermittelten Bindungsordnungen stehen in Übereinstimmung mit den theoretisch berechneten (vgl. Tab. 5, S. 36).

In den Thionylverbindungen SOX_2 ist die (SO)-Valenzschwingung durch ihre hohe Lage (1100—1300) charakteristisch. Sie unterliegt einem induktiven Effekt durch die Liganden X (vgl. Tab. 52) ähnlich wie die (NO)-Frequenz in den Nitrosylverbindungen. f(SO) schwankt zwischen 7,5 ($(CH_3)_2SO$) und 11,0 (F_2SO), die entsprechenden Bindungsordnungen

Tabelle 52. (SO)-*Valenzschwingungen von Thionyl- und Sulfurylverbindungen*

Molekül	ν_s(SO)	ν_{as}(SO)	$\bar{\nu}$	Molekül	ν(SO)
F_2SO_2 (gas)	1269	1502	1390	F_2SO (gas)	1333
S_3O_9 (fl)	1243	1506	1381	—	—
Cl_2SO_2 (gas)	1205	1434	1324	Cl_2SO (gas)	1251
$(CH_3O)_2SO_2$ (fl)	1193	1412	1307	$(CH_3O)_2SO$ (fl)	1209
$(CH_3)_2SO_2$ (gas)	1164	1352	1262	$(CH_3)_2SO$ (gas)	1102
$(OH)_2SO_2$ (fl)	1137	1368	1258	—	—

zwischen 1,6 und 2,1. Beim Übergang gasförmig-flüssig nimmt ν(SO) des $(CH_3)_2SO$ von 1102 auf 1042 ab, was auf Assoziation der flüssigen Substanz hinweist. Entsprechend ist ν(SO) niedrig bei Lösungen in polaren Lösungsmitteln ($HCCl_3$ 1055), höher in unpolaren (Hexan 1085) [168]. Im Spektrum des $(CH_3)_3SO^+$ findet man eine höhere (SO)-Frequenz (1233).

In den Spektren der Sulfurylverbindungen SO_2X_2 liegen die (SO)-Valenzschwingungen im Mittel höher als in denen der Thionylverbindungen (vgl. Tab. 52). Entsprechend größer sind auch f(SO) (9,6—11,3) und die Bindungsordnungen (1,9—2,2).
Von den fünf d-Orbitalen des Schwefelatoms können bei tetraedrischer Koordination zwei starke π-Bindungen bilden [244, 245], so daß man hier von (SO)-Doppelbindungen sprechen kann. Der induktive Effekt der Liganden X [918] äußert sich bei den Sulfurylverbindungen weniger stark als bei den Thionylverbindungen. In den gemischten Verbindungen SO_2XY sind die (SO)-Valenzschwingungen recht genau das Mittel zwischen denen von SO_2X_2 und SO_2Y_2. Für $(CH_3)_2SO_2$ deutet die Abhängigkeit der (SO)-Valenzschwingungen vom Aggregatzustand auf Assoziation in kondensierter Phase hin.

SOF_4 hat nach seinem Spektrum die Gestalt einer trigonalen Bipyramide (Hybridisierung sp^3d des S-Atoms). Das O-Atom liegt in der Basisebene, so daß die Symmetrie C_{2v} ist (vgl. S. 78). ν(SO) liegt mit

1379 sehr hoch; für $f(SO)$ wird 10,6 berechnet [941], entsprechend einer Bindungsordnung von 2,1.

Die Valenzschwingungen einfacher (SO)-Bindungen liegen zwischen 700 und 850, wie etwa aus den Spektren von $(CH_3O)_2SO$ (694, 738) und $(CH_3O)_2SO_2$ (759, 831) zu ersehen ist. Wegen der Kopplung mit $\nu(CO)$ um 1000 sind diese Frequenzen aber nicht besonders charakteristisch. Im Spektrum der wasserfreien Schwefelsäure findet man höhere Werte (910, 970). Die (S—OH)-Bindungen haben hier also schon erhebliche π-Anteile, die durch die Lockerung der Protonen infolge Wasserstoff-Brückenbildung ermöglicht werden. Der Effekt ist hier größer als bei der flüssigen Salpetersäure, da die H-Brücken stärker ausgeprägt sind. Dieser Sachverhalt zeigt sich neben den bekannten physikalischen Eigenschaften der Schwefelsäure (Viskosität, Schwerflüchtigkeit) auch in den besonders niedrigen (OH)-Valenzschwingungen (2450, 2970). Entsprechend der Verstärkung der (S—OH)-Bindungen werden die π-Bindungen der (SO_2)-Gruppe geschwächt, so daß Frequenzerniedrigung eintritt gegenüber dem $(CH_3O)_2SO_2$. Dies erklärt auch die anomale Stellung von H_2SO_4 in der spektralen Reihe der Sulfurylverbindungen SO_2X_2 in Tab. 52, die sonst der Elektronegativität von X parallel geht. Entsprechendes gilt auch für Sulfamid $(NH_2)_2SO_2$ mit den relativ niedrigen (SO)-Valenzschwingungen 1163 und 1343.

Die Gerüstschwingungen von H_2SO_4 sind in Tab. 38, S. 73 zugeordnet; ferner gehört 1170 zu $\delta(OH)$ und wahrscheinlich 675 zu $\tau(OH)$. Ähnlich hohe (S—OH)-Valenzschwingungen wie für Schwefelsäure findet man für $ClSO_3H$, FSO_3H und HSO_4^-.

Substanzen mit einer (S—O—S)-Brücke zeigen zwei (SO)-Valenzfrequenzen zwischen 700 und 820, z. B. $S_2O_5Cl_2$ bei 716 und 773. Es wurde auch vorgeschlagen [425], als symmetrische Valenzschwingung der Brücke eine Frequenz um 300 anzusehen und nur die antisymmetrische um 800. Jedoch ist deren Mittelwert, den man als repräsentativ für eine (S—O)-Einfachbindung ansehen kann, wohl doch etwas zu niedrig. Die Deformationsschwingung der Brücke ließ sich bisher nicht mit Sicherheit festlegen. Außer den unten aufgeführten Substanzen wurde Dischwefelsäure $H_2S_2O_7$ untersucht [417, 395]. Im System H_2SO_4/SO_3 wurden ramanspektroskopisch H_2SO_4, $H_2S_2O_7$, $H_2S_3O_{10}$, $H_2S_4O_{13}$, SO_3 und S_3O_9 nachgewiesen [424, 1148]. Halogenopolyschwefelsäuren wurden in Gemischen von HSO_3F und HSO_3Cl mit SO_3 festgestellt [424]. Lösungen von $Na[B(HSO_4)_4]$ in wasserfreier H_2SO_4 weisen u. a. die *Ra*-Linien 985, 1260 und 1480 auf, die zu dem Ion $H_3SO_4^+$ gehören sollen [424].

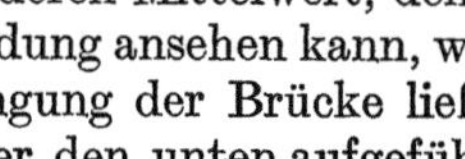

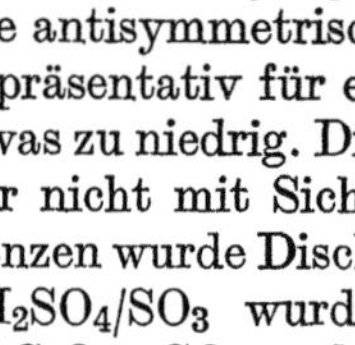

Flüssiges Schwefeltrioxid besteht nach seinem *Ra*-Spektrum im wesentlichen aus S_3O_9-Molekülen, die einen gewellten Sechsring enthalten (Symmetrie C_{3v}) [7, 424]. Daneben ist eine mit steigender Temperatur wachsende Menge von monomerem SO_3 vorhanden.

In den Ionen von Schwefel-Sauerstoffsäuren tritt meist ein Bindungsausgleich ein, indem die π-Bindungen nicht mehr lokalisiert sind. Dies führt zu einer Erniedrigung der (SO)-Valenzschwingungen, Kraftkonstanten und Bindungsordnungen. Beispielsweise sind im SO_4^{2-} vier gleichartige Bindungen vorhanden; aus $f(SO) = 7{,}15$ berechnet sich die Bindungsordnung zu 1,5. Ist der Bindungsausgleich auf drei (SO)-Bindungen beschränkt, wie etwa im FSO_3^-, so findet man Bindungsordnungen zwischen 1,6 und 1,7. Charakteristisch zur Beurteilung dieser Verhältnisse ist die höchste (SO)-Valenzschwingung des Moleküls [990]. Für Bindungsordnungen um 1,5 liegt sie bei 1100, für solche von 1,6—1,7 zwischen 1200 und 1300 und für Doppelbindungen um 1400. Von den Molekülen mit der Gruppe -SO_3 sind FSO_3^-, $ClSO_3^-$ und $S_2O_6^{2-}$ schon in Kap. II besprochen, ferner $S_2O_8^{2-}$ und NH_3OSO_3, S. 93, 98. Im Spektrum des $OHSO_3^-$ gehört 3470 zu ν(OH), 1175 zu δ(OH). Die Gerüstschwingungen sind in Tab. 36, S. 70 zugeordnet.

Kristallisierte Hydrogensulfite enthalten das Ion HSO_3^- mit (SH)-Bindung (s. Kap. II). In Lösungen von Hydrogensulfiten und Pyrosulfiten herrscht das Gleichgewicht vor [1017]:

$$2\,HSO_3^- \rightleftharpoons S_2O_5^{2-} + 2\,H_2O$$

In wäßrigen Lösungen von SO_2 sind vorwiegend freie SO_2-Moleküle vorhanden (*Ra*: 524 (3), 1150 (10), 1330 (4)), daneben HSO_3^- und $S_2O_5^{2-}$. Aus den Spektren der festen Pyrosulfite $S_2O_5^{2-}$ wurde auf die Struktur I mit (S—O—S)-Brücke geschlossen [920, 1018]. Hiergegen spricht jedoch, daß keine (SO)-Brückenfrequenzen im Bereich 700—800 gefunden wurden. Außerdem treten Frequenzen um 1200 auf, die auf eine Gruppierung —SO_3 hinweisen. In Übereinstimmung mit Kristallstrukturanalysen liegt also Struktur II vor.

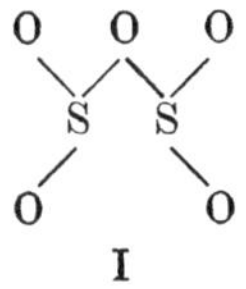

I

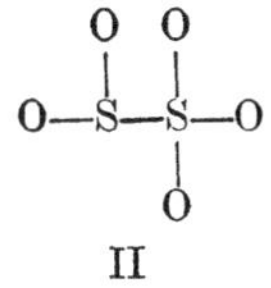

II

$(CH_3O)_2SO$. *Ra* (fl) [1006]: 255 (4*vb*), 300 (2*vb*), 415 (5), 448 (5), 582 (9), 694 (7*vb*), 738 (12*vb*), 958 (4*b*), 992 (4*b*), 992 (4*b*), 1161 (2*d*), 1209 (8*b*), 1434 (2*b*), 1464 (5*b*), 2837 (3), 2952 (10), 3025 (5*b*).

$(CH_3)_2SO$ [557]. *Ra* (fl): 308 (*m, dp*), 333 (*s, dp*), 383 (*m, p*), 668 (*s, p*), 700 (*s, dp*), 952 (*s, dp*), 1042 (*s, p*), 1420 (*s, dp*), 2915 (*s, p*), 3000 (*s, p*); *UR* (fl): 333 (*s*), 335 (*m, Sch*), 382 (*s*); (gas): 672 (*m*), 689 (*m*), 915 (*w*), 929 (*w*), 1006 (*m*), 1016 (*m*), 1102 (*vs*), 1304 (*m*), 1319 (*w, Sch*), 1405 (*m*), 1419 (*m*), 1440 (*ms*), 1455 (*m*), 2908 (*m*), 2973 (*m*).

$(CH_3)_3SO^+$ [220]. *UR* $(CH_3)_3SOJ$ (krist): 757 (*m*), 954 (*s*), 1039 (*vs*), 1222 (*m, Sch*), 1233 (*vs*), 1315 (*m*), 1341 (*w*), 1377 (*w*), 1408 (*s*), 1418 (*ms*), 2892 (*m*), 2965 (*s*).

SOF_4 [435]. *Ra* (fl): 189 (*w, b, dp*), 272 (*m, b, dp*), 309 (*vw*), 392 (*w, b, dp*), 479 (*vw, b, dp*), 534 (*w*), 555 (*s, dp*), 589 (*m, p ?*), 643 (*vw*), 741 (*m, p*), 797 (*vs, p*), 852 (*m, p*), 933 (*w, b, dp*), 1268 (*m, p*), 1288 (*vw*), 1325 (*vw*), 1367—1388 (*m, b, p*); *UR* (gas): 481 (*vs*), 529 (*vw*), 539 (*vw*), 543 (*vw*), 552 (*m*), 570 (*m*), 640 (*m*), 820 (*vs*), 848 (*w*), 886 (*w*), 927 (*vs*), 1030 (*vw*), 1271 (*w*), 1379 (*s*), 1505 (*w*).

$(CH_3)_2SO_2$ [335]. *Ra* (Lsg): 142 (*w*), 164 (*w*), 292 (*s*), 320 (*s*), 379 (*w, Sch*), 383 (*m*), 468 (*s*), 502 (*s, p*), 648 (*w*), 700 (*vs, p*), 770 (*s*), 938 (*w, Sch*), 950 (*w*), 995 (*m, Sch*), 1008 (*s, p*), 1090 (*w*), 1138 (*vs, p*), 1289 (*m*), 1292 (*w, Sch*), 1407 (*s*), 1430 (*ms*),

2928 (*vs*, *p*), 3024 (*vs*). *UR* (fl): 102 (*w*), 220 (*vw*), 287 (*s*), 309 (*w*, *Sch*), 318 (*w*, *Sch*), 463 (*s*), 499 (*s*), ~540 (*w*, *Sch*), 627 (*w*), 694 (*s*), 756, 940 (*vs*), 981 (*s*, *Sch*), 1042 (*vw*), 1114 (*s*, *Sch*), 1135 (*vs*), 1291 (*vs*), 1329 (*s*, *Sch*), ~1343 (*m*, *Sch*), 1407 (*s*), 1433 (*s*), 2922 (*vs*), ~2965 (*s*, *Sch*), 3008 (*vs*); (gas): 1164, 1352.

$(NH_2)_2SO_2$ [553]. *Ra* (Lsg): 362 (5*d*), 399 (3*d*), 484 (1*d*), 536 (8*b*), 560 (2*d*), 818 (3*d*), 882 (5*d*), 1163 (10), 1343 (2*d*). *UR*: [1325].

$(CH_3O)_2SO_2$ [7]. *Ra* (fl): 257 (2*vb*), 401 (0), 426 (2), 505 (3), 581 (2*b*), 759 (10), 831 (2), 998 (2), 1175 (0), 1191 (6), 1385 (2), 1452 (3), 2848 (3), 2964 (10), 3039 (3*b*).

H_2SO_4. *Ra* (fl) [424]: 392 (4*dp* ?), 422 (4*dp*), 563 (10*dp* ?), 910 (10*p*), 976 (2*dp*), 1137 (10*p*), 1195 (5*p*), 1368 (*dp*); *UR* (fl) [417, 1149]: 332 (*w*), 372 (*w*), 420 (*w*), 549 (*s*), 907 (*s*), 967 (*vs*), 1170 (*vs*), 1368 (*vs*), 2250 (*w*), 2450 (*m*), 2970 (*vs*).

HSO_3F. *Ra* (fl) [424]: 391 + 405 (8*dp*), 550 + 560 (10, *p* ?), 850 (10*p*), 960 (6*p*), 1178 (8), 1230 (6*p*), 1445 (3*dp*); *UR*: [943].

HSO_3Cl. *Ra* (fl) [424]: 200 (2*p*), 312 (8*dp*), 416 (10*p*), 482 (1*dp*), 513 (6*dp*), 625 (8*p*), 920 (6*p*), 1150 (10*p*), 1209 (6*p*), 1408 (4*dp*); *UR*: [943].

$S_2O_5F_2$ [1010]. *Ra* (fl): 289 (5*b*), 319 (8), 451 (3), 488 (2), 513 (2), 550 (1), 622 (0), 673 (0), 731 (8), 818 (1), 873 (4*d*), 1260 (8), 1492 (2).

$S_2O_5Cl_2$. *Ra* (fl) [404]: 193 (2), 202 (4), 234 (1), 264 (2), 293 (3,5), 350 (4), 412 (10), 434 (3), 486 (1), 545 (0,5), 592 (3,5), 716 (1,5), 773 (0,5), 1221 (5), 1446 (2,5).

$O(SF_5)_2$. *UR* (gas) [916]: 558 (*vs*), 600 (*s*), 698 (*s*), 806 (*s*), 920 (*s*), 959 (*vs*).

$OHSO_3^-$. *Ra* $NaHSO_4$ (Lsg) [990, 1150]: 429 (5*vb*), 594 (6*vb*), 887 (4*vb*), [982 (5) = SO_4^{2-}], 1051 (10*b*), 1200 (3*d*); *UR* $NaHSO_4 \cdot H_2O$ (krist) [776]: ~470 (*w*, *vb*) 587 (*s*, *b*), 865 (*s*), 1045 + 1075 (*s*), 1175 (*m*), 1235 (*s*), 1660 (*m*), 3470 (*m*).

$CH_3OSO_3^-$ [990]. *Ra* KCH_3SO_4 (Lsg): 273 (2*b*), 413 (3), 438 (4), 559 (4), 615 (3), 781 (6*vb*), 1006 (6*b*), 1063 (10), 1174 (1*b*), 1221 (2*b*), 1257 (2*b*), 1462 (4*b*), 2845 (3), 2958 (8), 3036 (5*b*).

$CH_3SO_3^-$ (Symmetrie C_{3v}). $NaCH_3SO_3$ *Ra* (Lsg) [405, 1005]: A_1 2943 (5), 1055 (8), 790 (6), 531 (0); *E* 3022 (4), 1426 (2), 1200 (0, *vb*), 971 (0), 562 (3), 348 (4); *UR* (krist) [405, 990, 1005]: A_1 2945 (*vw*), 1330 (*vw*), 1050 + 1060 + 1073 (*m*), 789 (*m*), —; *E* 3020 (*vw*), 1417 (*vw*) + 1433 (*vw*), 1200 (*s*), 964 (*vw*), —, —; ferner 2340 (*vw*), 1254 (*w*).

$S_2O_7^{2-}$ [1016, 1150]. $Na_2S_2O_7$, *Ra* (krist): 346 (4), 523 (1), 741 (5), 793 (2), 1099 (10), 1286 (3); *UR* (krist): 466 (*w*, *b*), 522 (*m*), 593 (*s*, *b*), 655 (*s*), 719 (*s*), 749 (*m*), 818 (*s*), 1061 (*s*), 1108 (*s*), 1184 (*m*), 1249 (*s*), 1295 (*s*).

$S_2O_5^{2-}$ [920, 1007, 1017, 1018]. $K_2S_2O_5$, *Ra* (krist): 625 (5), 970 (1/2), 1060 (5), 1088 (1), 1122 (00 ?), 1177 (1); *UR* (krist): 443 (*s*), 512 (*m*), 518 (*m*), 562 (*s*), 616 (*s*), 629 (*s*), 978 (*s*), 1061 (*m*), 1086 (*s*), 1178 (*s*), 1242 (*w*).

(Se—O)-Bindungen verhalten sich spektroskopisch meist ähnlich wie (S—O)-Bindungen; die Neigung zur Bildung von π-Bindungen ist jedoch nicht so stark ausgeprägt, was sich darin äußert, daß die Bindungsordnungen solcher mehrfachen Bindungen kleiner sind als die der entsprechenden Schwefelverbindungen [848]. Die Valenzschwingungen einfacher (SeO)-Bindungen liegen im Bereich 500—700.

Die (SeO)-Bindung in den Seleninylverbindungen $SeOX_2$ hängt wieder von der Elektronegativität der Atome X ab [848, 851]. So läßt sich die Reihe bilden: $(OH)_2SeO$ ($\nu = 882$, $f = 6{,}0$ [1011]) — $(CH_3O)_2SeO$ (926; 6,6 [848])— Cl_2SeO (950; 7,0) — F_2SeO (1005; 7,8). Die Bindungsordnungen liegen zwischen 1,4 und 1,8. Aus den Frequenzen um 900 des kristallisierten $(SeO_2)_n$ kann man das Vorhandensein lokalisierter π-Bindungen entnehmen; nach der Kristallstrukturanalyse liegen Ketten vor:

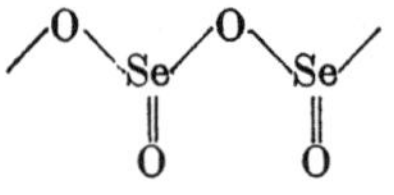

Die (SeO)-Valenzschwingungen des flüssigen SeO_2F_2 wurden bei 971 und 1059 [848] gefunden; f(SeO) = 8,1 entspricht der Bindungsordnung 1,8. Selentrioxid $(SeO_3)_4$ bildet einen gewellten Achtring; die Valenzschwingungen der äußeren (SeO_2)-Gruppen liegen bei 959 und 1060 [849].

Die Spektren von SeO_4^{2-}, $OHSeO_3^-$ und $(OH)_2SeO_2$ sind in der gleichen Weise zu interpretieren wie die der entsprechenden Schwefelverbindungen [850]. Die selenige Säure und ihre Derivate sind dagegen sehr verschieden von den entsprechenden Schwefelverbindungen. In H_2SeO_3, $HSeO_3^-$ und SeO_3^{2-} liegen (SeO_3)-Pyramiden vor; (SeH)-Bindungen werden nicht beobachtet. In den Spektren von Hydrogenselenitlösungen sind Anzeichen für das Vorhandensein von $Se_2O_5^{2-}$-Ionen vorhanden [1011, 1145]. SeO_2, H_2SeO_3 und Hydrogenselenite werden beim Lösen in Alkoholen verestert [852, 1011]. H_2SeO_3 wirkt als Protonenacceptor; das *Ra*-Spektrum der Verbindung $H_2SeO_3 \cdot HClO_4$ beweist das Vorliegen von pyramidenförmig gebauten Ionen $Se(OH)_3^+$ [1294]; vgl. S. 57.

H_2SeO_3 [412, 1011, 1145]. *Ra* (Lsg): 308 (2*b*), 354 (3), 407 (1*b*), 691 (10*vb*), 882 (9*vb*); *Ra* (krist): 336 (1), 364 (3), 430 (3), 696 (9), 831 (10), 859 (1), 1130 (2); *UR* (krist): 415 (*m*), 660 (*vs*), 685 (*s*), 860 (*s*), 1110 (*m*), 1255 (*w*), 2300—2400 (*m*, *vb*), 2900—3000 (*s*, *vb*).

$(CH_3O)_2SeO$ [1011]. *Ra* (fl): 229 (3*d*), 255 (5*b*), 309 (3), 358 (5), 381 (2), 426 (4), 441 (3), 576 (10*vb*), 929 (10*b*), 992 (4), 1161 (4), 1434 (2), 1461 (5), 2827 (8), 2887 (3), 2942 (10), 2997 (6).

$OHSeO_2^-$ [920, 1011, 1145]. $NaHSeO_3$, *Ra* (Lsg): 250 (0*d*), 348 (5*vb*), 420 (1), [543 (1*vb*) = $Se_2O_5^{2-}$], 621 (5*vb*), 807 (4*b*), 865 (10*vb*); *UR* (krist): 430 (*s*), 455 (*m*), 600 (*s*), 615 (*vs*), 650 (*m*), 790 (*vs*), 825 (*vs*), 845 (*vs*), 875 (*vs*), 930 (*m*), 1235 (*m*), 1255 (*m*), 2420—2450 (*m*, *b*), 2800—2900 (*m*, *vb*).

SeO_2. *Ra* (krist) [1011]: 66 (0), 101 (0), 130 (0), 203 (4), 258 (8), 292 (3), 307 (3), 362 (2), 527 (5), 600 (10), 639 (0), 710 (6), 889 (10), 912 (6), 943 (3); *UR* (krist) [414]: 535 (*s*), 563 (*m*), 591 (*m*), 716 (*m*), 901 (*vs*), 920 (*vw*), 939 (*m*).

$(OH)_2SeO_2$ [850, 1147]. *Ra* (Schm): 291 (6*vb*), 311 (6*vb*), 361 (6*vb*), 391 (6*vb*), 759 (10, *p*), 782 (1*b*), 899 (10, *p*), 933 (1*b*), 978 (4*b*); *UR* (Schm): 775, 928, 984, 1219, 2370—2450, 2810—3050.

$OHSeO_3^-$ [849, 1147]. $KHSeO_4$, *Ra* (Lsg): 322 (2*vb*), 394 (3*vb*), 742 (4*vb*, *p*), [838 (8) = SeO_4^{2-}], 866 (10*p*), 920 (4*b*); *UR* (krist): 424, 715, 740, 830, 888, 913, 958, 1260, 2390—2470, 2890—2960.

$Se_2O_5^{2-}$ [920, 1011]. $K_2Se_2O_5$, *Ra* (krist): 256 (3), 320 (5), 407 (5), 507 (3*b*), 557 (1), 845 (5), 870 (10). *UR* (krist): 415 (*w*), 455 (*m*), 495 (*m*), 555 (*s*, *b*), 830 (*s*), 840 (*vs*), 860 (*s*), 870 (*s*, *b*).

$Se_2O_7^{2-}$ [1292]. $K_2Se_2O_7$, *Ra* (krist): 236 (6), 359 (2), 382 (4), 412 (2), 431 (2), 557 (6), 668 (3), 895 (10), 942 (3), 959 (7); *UR* (krist): 425 (*m*, *Sch*), 555 (*m*), 680 (*vs*), 879 (*m*), 896 (*m*), 946 (*vs*), 967 (*vs*).

$(SeO_3)_4$ [849]. *UR* (gas): 560 (*vw*), 637 (*s*), 710 (*vs*). 959 (*s*), 1060 (*s*).

Die Tellur-Sauerstoff-Verbindungen haben mit denen von Schwefel und Selen wenig gemeinsam. Lokalisierte π-Bindungen wurden bisher nicht festgestellt; in Verbindungen der Oxydationsstufe +6 liegt anscheinend stets oktaedrische Koordination vor. TeO_3^{2-} hat Pyramidengestalt (vgl. S. 57); im kristallisierten TeO_2 ist die Koordinationszahl des Te nach der Kristallstrukturanalyse 4; die Struktureinheiten TeO_4 sind entsprechend dem SF_4 gebaut (vgl. S. 73f.).

Das Fehlen der Wasserbande um 1600 beweist die Konstitution $Te(OH)_6$ der Tellursäure mit oktaedrischer Gruppe TeO_6 (vgl. Kap. II,

S. 82); entsprechend ist das Dinatriumsalz als $Na_2[TeO_2(OH)_4]$ zu formulieren. Die (TeO)-Valenzschwingungen liegen hier um 700, δ(TeOH) um 1100 [994]. In der Polymetatellursäure $(H_2TeO_4)_x$ lassen sich *UR*-spektroskopisch sowohl H_2O wie (TeOH)-Gruppen erkennen; wahrscheinlich ist Te auch hier sechsfach koordiniert.

TeO_2 [193]. *Ra* (krist): 58 (*vs*), 89 (*s*), 121 (*vs*), 146 (*vs*), 204 (*m*), 266 (*w*) 343 (*w*), 365 (*vw*), 392 (*s*), 409 (*m*), 495 (*w*), 590 (*m*), 648 (*vs*), 667 (*m*), 717 (*m*) 766 (*m*); *UR* (krist): 113 (*m*), 119 (*m*), 137 (*m*), 174 (*vs*), 314 (*vs*), 334 (*vs*), 648 (*vs*) 714 (*vs*), 760 (*m*).

$Te(OH)_6$. *Ra* (Lsg) [7]: 357 (3*b*), 624 (1*b*), 647 (10); *UR* (krist) [994]: 411 (*w*), 605 (*ms, b, Sch*), 650 (*vs, Sch*), 658 (*vs*), 675 (*vs, Sch*), 708 (*s*), 730 (*s, Sch*), 1125 (*ms*), 1190 (*ms, Sch*), 1222 (*s*), 2200 (*w, Sch*), 2280 (*m*), 2370 (*m*), 3100 (*vs, b*).

$H_4TeO_6^{2-}$. *UR* $Na_2H_4TeO_6$ (krist) [994]: 429 (*ms*), 536 (*s*), 587 (*vs*), 675 (*vs*), 780 (*vs, b*), 1141 (*s*), 1200 (*ms, Sch*), 2270 (*vw*), 2475 (*w*), 3110 (*vs, b*).

$(H_2TeO_4)_x$. *UR* (fest, amorph) [994]: 450 (*m, b*), 600 (*s, b, Sch*), 720 (*vs, b*), 800 (*vs, b, Sch*), 1085 (*ms, b*), 1618 (*w, b*), 2360 (*m*), 3200 (*vs, b*), 3360 (*vs, b, Sch*).

d) Halogen-Sauerstoff-Verbindungen

Im F_2O liegen die (FO)-Valenzfrequenzen bei 819 und 929, quadratischer Mittelwert 877. Ähnliche Frequenzen werden in anderen Molekülen mit der (gewinkelten) Gruppe F—O—X gefunden. Da noch Kopplung mit der (OX)-Valenzschwingung besteht, sind diese Frequenzen aber nicht sonderlich charakteristisch. Untersucht wurden F—O—NO_2 (937 [40]); CF_3OF (880 [656]); F—O—ClO_3 (885 [23]); F—O—SO_2F (879 [293]); F—O—SeF_5 (925 [791]).

Die Valenzschwingungen einfacher (ClO)-Bindungen finden sich um 700, z. B. HOCl 736, ClO^- 713, CH_3OCl 688 [365]. In den Verbindungen mit höherer Oxydationsstufe des Chlors liegen die Valenzfrequenzen wegen der Beteiligung von π-Bindungen im allgemeinen höher. Das Perchlorat-Ion ClO_4^- hat vier gleichartige Bindungen, die (ClO)-Valenzschwingungen liegen bei 928 (A_1) und 1105 (F_2). In der wasserfreien Überchlorsäure ist die (Cl—OH)-Gruppe nicht mehr am Bindungsausgleich beteiligt. Es tritt hier die Frequenz einer Einfachbindung (740) auf; die (ClO_3)-Gruppe hat die Valenzfrequenzen 1031 und 1210. Wegen der gewinkelten Gruppe H—O—Cl hat das Molekül die Symmetrie C_s oder C_1; Entartungen sind nicht mehr möglich. Trotzdem kann man das Molekül in erster Näherung als einen C_{3v}-Tetraeder O'—ClO_3 ansehen, dessen entartete Schwingungen schwach aufspalten (vgl. Kap. II). Dazu kommen noch ν(OH), δ(HOCl) und τ(OH) (im Gas 3560, 1200 und 313). Die gleichen Schwingungen des Restes —$OClO_3$ beobachtet man in den Spektren von $FOClO_3$ (666, 1049, 1298), Alkylperchloraten ($\sim$705, 1035, 1230, 1260 [897]) und Cl_2O_7. Letzteres hat eine Struktur wie etwa $S_2O_7^{2-}$ mit gewinkelter (Cl—O—Cl)-Brücke. Diesem Strukturelement sind zuzuordnen $\nu_s = 695$, $\delta = 280$. ν_{as} ist nicht eindeutig zu identifizieren; möglicherweise liegt sie auch um $\sim$700.

Die Kraftkonstanten der (ClO)-Bindungen steigen in der Reihe ClO^- (3,3), HOCl (3,9), HO—ClO_3 (4,0), ClO_2^- (4,2), ClO_3^- (5,6), ClO_2 (7,0), ClO_4^- (7,2), HOCl—O_3 (8,0), $FClO_2$ (9,1), $FClO_3$ (9,4). Die daraus ermittelten Bindungsordnungen zeigen in Übereinstimmung mit theoretischen Vorstellungen [244] das Vorliegen von zwei $p\pi$—$d\pi$-Bindungen in den tetraedrisch koordinierten Verbindungen an (ClO_4^- 1,45, $HOClO_3$ 1,6, $FClO_3$ 1,8). In den Verbindungen ClO_2^-, HOCl, ClO^- sind keine nennenswerten π-Beteiligungen, was ebenfalls mit der Theorie übereinstimmt [1141]. In den übrigen Fällen sind die Verhältnisse unübersichtlicher.

Von Brom-Sauerstoff-Verbindungen wurde bisher nur das BrO_3^- untersucht (vgl. Kap. II).

$HClO_4$. *Ra* (fl) [1019]: 284 (*s*), 424 (*m*), 577 (*vs*), 740 (*vs*), 1031 (*s*), 1190—1335 (Max. 1210, *m*, *Bd*), 3243—3425 (*m*); *UR* (fl) [418]: 440, 480, 571, 582, 743, 1041, 1215, 1245, 1315, 3275; *UR* (gas) [418]: 725, 3560.

$FOClO_3$. *UR* (gas) [23]: 666, 885, 1049, 1298.

Cl_2O_7. *Ra* (Lsg) CCl_4 [7]: 280 (2*p*), 429 (1*p*), 501 (1), 595 (1/2), 695 (2*p*), 1048 (4*p*), 1270 (1), 1295 (1); *UR* (gas) [942]: 271, 472 (?), 506, 512, 521, 559, 571, 600, 680/696, 1025, 1271, 1309.

JO_3^- hat Pyramidenform mit drei gleichartigen Bindungen; die (JO)-Valenzfrequenzen liegen um 800. Die *Ra*-Spektren konzentrierter Jodsäure-Lösungen [555] sowie die *UR*-Spektren der festen Jodsäure [301] weisen außerdem eine Bande um 630 auf, die zweifellos von einer (J—OH)-Bindung mit geringem π-Anteil herrührt. Die δ (JOH)-Schwingung wird in HJO_3, HJ_3O_8 und Hydrogenpolyjodaten bei ~1150 beobachtet [301, 818]. J_2O_5 hat eine Bande bei 597, welche (J—O—J)-Brücken zugeordnet wird [306]. In einer Reihe komplexer Jodate von Schwermetallen deuten Banden um 650 auf (Me—O—JO_2)-Gruppierungen hin [251].

Aus dem *UR*-Spektrum des J_2O_4 wird auf eine polymere Struktur mit (J—O—J)-Brücken geschlossen [252]; Anzeichen für die Ionen JO^+ oder JO_3^- sind nicht vorhanden. Aromatische Jodoverbindungen RJO_2 zeigen zwei (JO)-Valenzfrequenzen zwischen 720 und 790, Jodosoverbindungen RJO eine Bande im gleichen Bereich [384]. Die höchste (JO)-Valenzschwingung (925) wird im JOF_5 beobachtet; das Molekül besitzt Oktaederform (Symmetrie C_{4v}).

Das *UR*-Spektrum der festen Überjodsäure H_5JO_6 weist keine Wasserbande um 1600 auf, so daß die Konstitution als „Orthosäure" $JO(OH)_5$ gesichert ist [818, 988]. Auch spricht das *Ra*-Spektrum der Lösung für oktaedrische Koordination; die (JO)-Valenzschwingungen liegen zwischen 600 und 770, die (JOH)-Deformationsschwingungen zwischen 1100 und 1300. Perjodate treten in verschiedenen Formen auf [988]: Tetraedrisches JO_4^- mit Valenzfrequenzen 800—850 ist in kristallisierten Salzen Me^IJO_4 und vorwiegend in deren wäßrigen Lösungen vorhanden; daneben weisen die Lösungsspektren noch auf das Vorhandensein einer anderen Form hin, vielleicht $H_4JO_6^-$. In kristallisierten Perjodaten wurden ferner oktaedrische Ionen $H_4JO_6^-$, $H_3JO_6^{2-}$, $H_2JO_6^{3-}$ und JO_6^{5-} nachgewiesen mit (JO)-Valenzschwingungen 550—750. Die Konstitution dieser Salze läßt sich meist aus den *UR*-Spektren an Hand der δ(JOH)-Banden 850—1300 erkennen. Einige Salze wurden früher [988] als Pentaoxoperjodate formuliert, z. B. $K_2HJO_5 \cdot 4\,H_2O$, da die δ(JOH)-Bande hier nur mit geringer Intensität auftritt. Die Kristallstrukturanalyse [998] ergab jedoch für dieses Salz das Vorliegen eines zweikernigen Anions $H_2J_2O_{10}^{4-}$ mit oktaedrischer Koordination der Jodatome:

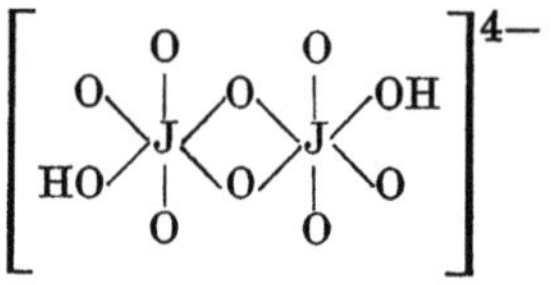

Die Existenz diskreter Pentaoxoperjodat-Ionen ist bisher noch nicht nachgewiesen.

Aus den Kraftkonstanten der (JO)-Bindungen (H_5JO_6 3,7, JO_3^- 5,5, JO_4^- 5,9, JOF_5 7,0) ergeben sich relativ hohe Bindungsordnungen (H_5JO_6 1,2, JO_3^- 1,6, JO_4^- 1,7, JOF_5 2,0). Diese lassen sich so deuten, daß in diesen Verbindungen entweder mehr als zwei 5*d*-Orbitale des Jodatoms mitwirken (vgl. JF_7), oder aber die 4*f*-Orbitale eine Rolle spielen.

J_2O_5. *UR* (krist) [306]: 328 (*s*), 420 (*s*), 597 (*s*, *b*), 688 (*m*, *b*), 745 (*s*), 822 (*s*) + 850 (*s*).

JOF_5. *UR* (gas) [66]: 705, 850, 925.

H_5JO_6. *Ra* (Lsg) [988]: 387 ± 35 (3, *Bd*), 594 (1*b*), 632 ± 15 (10 *Bd*), daneben von JO_4^-: 261 (0), 324 (1), 789 (3), 852 (1). *UR* (krist) [818, 988]: 426 (*m*), 615 (*s*, *Sch*), + 650 (*vs*), 710 (*s*), 767 (*vs*), 1100 (*vs*), 1165 (*s*), 1202 (*vs*), 1280 (*s*), 2200 (*vs*, *b*), 2750 + 2870 (*vs*, *vb*); *UR* (Lsg): 1215 (*vb*).

$H_4JO_6^-$. *UR* $NaH_4JO_6 \cdot H_2O$ (krist) [607]: 720 (*vs*), 930 (*m*), 1230 (*s*), 1320 (*ms*), 2300 + 2370 (*s*, *b*), 2750 (*m*, *b*). *Ra* $NaJO_4$ (Lsg) [988]: Von JO_4^- 256 (1), 325 (2*b*), 791 (6), 853 (2), von $H_4JO_6^-$ (?) 636 (0 *Bd*), *UR* $NaJO_4$ (Lsg) [607]: 1090 (von $H_4JO_6^-$?).

$H_3JO_6^{2-}$. *UR* $Na_2H_3JO_6$ (krist) [988]: 400 (*s*), 436 (*s*), 470 (*m*), 595 (*s*), 613 (*s*), 712 (*vs*), 928 (*ms*), 1233 (*s*), 1309 (*ms*), 1700 (*ms*, *vb*), 2350 (*s*), 2700 (*s*).

$H_2JO_6^{3-}$. *UR* $Na_3H_2JO_6$ (krist) [988]: ~400 (*vs*), 535 (*w*), 560 (*m*), 685 (*vs*), 727 (*vs*) + 737 (*s*, *Sch*), 758 (*w*), 880 (*m*), 920 (*m*), 950 (*w*), 1153 (*m*), 1180 (*w*, *Sch*) + 1207 (*m*), 1775 (*w*, *sb*), 2280 (*m*, *Sch*) + 2360 (*ms*), 2800 (*s*, *b*).

JO_6^{5-}. *UR* Li_5JO_6 (krist) [988]: 430 (*s*), 475 (*s*), 690 (*s*, *Sch*), 710 (*vs*).

$H_2J_2O_{10}^{4-}$. *UR* $K_4H_2J_2O_{10} \cdot 8H_2O$ (krist) [988]: 468 (*w*), 540 (*ms*), 595 (*m*), 727 (*vs*), 750 (*vs*) + 765 (*vs*, *Sch*), 1254 (*ms*), 1602 (*m*), 1657 (*m*), 2460 (*w*), 3400 (*vs*).

e) Sauerstoffverbindungen von Phosphor, Arsen und Antimon

Ähnlich wie bei S und Cl stehen auch den P-Atomen 3*d*-Orbitale zur Verfügung, die bei tetraedrisch koordinierten Sauerstoffverbindungen zur Bildung von π-Bindungen verwendet werden können [244, 563, 1158].

Tabelle 53. ν(PO) *in Phosphorylverbindungen*

Molekül	ν(PO)
POF_3 (gas)	1415
P_4O_{10} (krist)	1395
$POCl_3$ (fl)	1290
$PO(OCH_3)_3$ (fl)	1275
$POBr_3$ (fl)	1261
$PO(CH_3)_3$ (gas)	1228
$PO(NH_2)_3$ (krist)	1200

In den Spektren der Phosphorylverbindungen POX_3 findet man ν(PO)-Frequenzen zwischen 1200 und 1400 (vgl. Tab. 53). Die Lage hängt von den Liganden X ab, indem ν(PO) mit wachsender Elektronegativität von X steigt [103, 247, 1114], ihre Intensität im *UR*-Spektrum dagegen abnimmt [743]. Der Gang und auch die Absolutwerte stimmen weitgehend mit der mittleren ν(SO)-Frequenz der Sulfurylverbindungen SO_2X_2 (vgl. Tab. 52, S. 99) überein. Gemischte Phosphoryl-Verbindungen OPX_2Y und OPXYZ zeigen (PO)-Frequenzen, die dem gewogenem Mittel der Grenzfälle POX_3, POY_3 und POZ_3 entsprechen. Die aus den Kraftkonstanten ermittelten (PO)-Bindungsordnungen liegen zwischen 1,6 und 2,4. Man kann also die Phosphorylverbindungen näherungsweise mit einer lokalisierten Doppelbindung beschreiben. Im POF_3 haben die (PF)-Bindungen noch einen merklichen π-Bindungsanteil (Bindungsordnung 1,3), in den übrigen Verbindungen ist ein solcher aus den Schwingungsspektren nicht deutlich erkennbar und sicher geringer. Mit Hilfe der Molekülorbital-Methode berechnete (PO)-Bindungsordnungen [1142] zeigen mit den obigen Werten keine Übereinstimmung.

Im Spektrum des gasförmigen $OP(CH_3)_3$ [448] liegt die (PO)-Frequenz viel höher (1228) als im festen Zustand (1160). Dies ist sicher auf Assoziation zurückzuführen (vgl. die analogen Verhältnisse beim $SO(CH_3)_2$, S. 99). Bei Gegenwart von H_2O sinkt die Frequenz auf 1103, indem sich

$$(CH_3)_3\,P{=}O \cdots H{-}O{-}H \qquad\qquad (CH_3)_3\,P\begin{matrix}\diagup OH\\ \diagdown OH\end{matrix}$$

I II

H-Brücken ausbilden (I). Eine Struktur II kommt wegen der immer noch relativ hohen Lage von ν(PO) nicht in Frage.

Die Valenzfrequenzen von (P—O)-Einfachbindungen findet man im $P(OCH_3)_3$ und $OP(OCH_3)_3$ zwischen 730 und 850. Es wurde auch die Ansicht geäußert, daß diese Frequenzen um 1000 zu suchen seien [1114]; jedoch ist dies mit den sonstigen Erfahrungen kaum vereinbar. Ebenso findet man im Spektrum von $P_2O_3Cl_4$ die Valenzfrequenzen der Brücke P—O—P bei 713 und 806 [400]. Dagegen sind diese in den Spektren von kondensierten Phosphaten über ein breiteres Frequenzgebiet verteilt (700—1000), beim Diphosphat: $\nu_s = 730$ und $\nu_{as} = 915$. Der Mittelwert dieser Frequenzen ist für Diphosphat größer als für $P_2O_3Cl_4$, entsprechend einem höheren π-Bindungsanteil im ersteren. Hierfür spricht auch der große (POP)-Valenzwinkel (134°).

Die Schwingungsspektren von P_4O_6 und der leicht flüchtigen Form des P_4O_{10} sprechen in Übereinstimmung mit anderen Erfahrungen für die Molekülsymmetrie T_d:

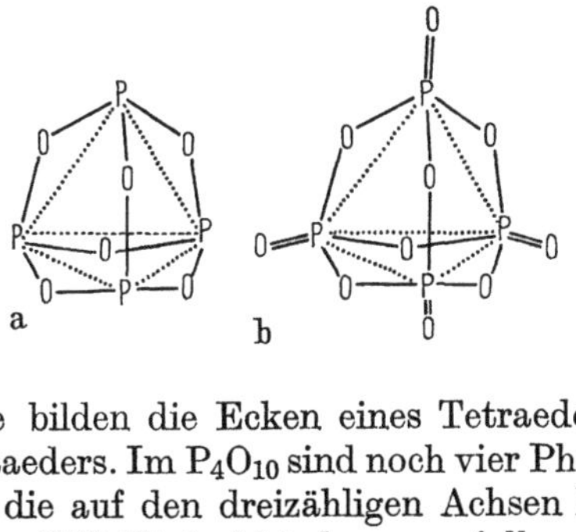

a b

Die Phosphoratome bilden die Ecken eines Tetraeders, die Sauerstoffatome die eines Oktaeders. Im P_4O_{10} sind noch vier Phosphorylsauerstoffatome vorhanden, die auf den dreizähligen Achsen liegen. Die Valenzschwingungen der (PO)-Einfachbindungen fallen in den Bereich 600—1000.

PO_2Cl hat eine Kettenstruktur; im *UR*-Spektrum tritt $\nu(P{=}O)$ bei 1315, $\nu_s(POP)$ bei 735 und $\nu_{as}(POP)$ bei 995 auf [1244].

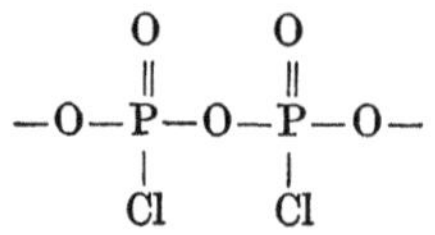

Das Schwingungsspektrum der flüssigen wasserfreien Phosphorsäure und ihrer konzentrierten Lösungen läßt sich nicht mit dem Vorhandensein nur einer Molekülform erklären [1072]. Kristallisierte wasserfreie H_3PO_4 existiert in vier, $H_3PO_4 \cdot {}^1/_2\, H_2O$ in drei Modifikationen, wie *UR*-spektroskopisch nachgewiesen wurde [1071].

Für PO_4^{3-} mit vier gleichartigen Bindungen erhält man aus $f(PO) = 6{,}2$ eine Bindungsordnung von 1,4, die auf einen beträchtlichen π-Bindungsanteil hinweist. In den einfach substituierten Phosphaten XPO_3 (z. B. FPO_3^-, $NH_2PO_3^-$, $CH_3PO_3^-$) nimmt die (PX)-Bindung nur wenig am Bindungsteil teil, so daß die Bindungsordnung der drei (PO)-Bindungen ansteigt. Entsprechend findet man zwei höhere Valenzschwingungen (1000 und 1100—1200). Noch höher ist die (PO)-Bindungsordnung in den Verbindungen X_2PO_2 (z. B. $F_2PO_2^-$, $(CH_3)_2PO_2^-$) mit den (PO)-Valenzschwingungen $\sim$1100 und 1200—1300. In den Hydrogenphosphaten $HOPO_3^{2-}$ und $(HO)_2PO_2^-$ sind die H-Atome infolge Wasserstoffbrückenbindung gelockert, so daß die (P—OH)-Bindungen noch merkliche π-Anteile aufweisen. Entsprechend findet man höhere (P—OH)-Valenzschwingungen (900—1000) als sonst für einfache (PO)-Bindungen. Die Wasserstoffbrücken äußern sich in besonders niedrigen (OH)-Valenzschwingungen (2400, 2800). Die Zuordnungen für die Schwingungen der (PO_4)-Gruppe in diesen Verbindungen findet sich in Tab. 36, S. 70 u. Tab. 38, S. 73. Auch in der Dichlorphosphorsäure HPO_2Cl_2 liegt eine starke Wasserstoffbrücke ($\nu(OH) = 2819$) und eine entsprechend starke (P—OH)-Bindung ($\nu = 986$) vor [468].

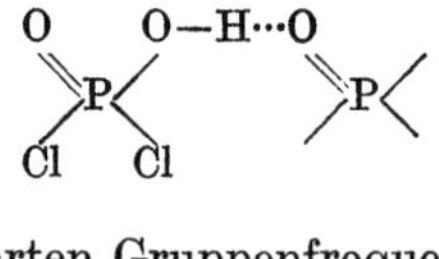

An Hand der aufgeführten Gruppenfrequenzen lassen sich die Spektren kondensierter Phosphate deuten, welche sich aus den Strukturelementen zusammensetzen:

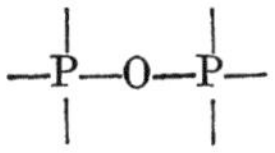

I

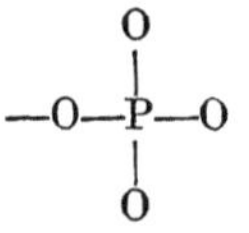

II

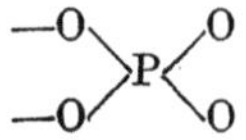

III

Die Konstitution der hochpolymeren Phosphate (GRAHAMsches Salz, KURROLLsche Salze, geschmolzenes Metaphosphat) wurden durch Diskussion ihrer Schwingungsspektren geklärt [158]; Na-Phosphatgläser

629. Für das Trimetaphosphat-Ion wurde in wäßriger Lösung aus den Schwingungsspektren eine ebene Struktur des (P_3O_3)-Ringes abgeleitet, während die exocyclischen (PO_2)-Gruppen sich in Ebenen senkrecht dazu befinden (Symmetrie D_{3h}). In festem $Na_3P_3O_9$ spricht das Schwingungsspektrum für einen gewellten Sechsring (Symmetrie C_{3v}) [158, 1015]. In den Tetrametaphosphaten liegt ein gewellter Achtring P_4O_4 vor, der in wäßriger Lösung die Symmetrie C_{2h} hat. In den festen Salzen kann er verschiedene Gestalt annehmen [1077].

In den niederen Phosphorsäuren und ihren Salzen findet man stets (P—H)- oder (P—P)-Bindungen. Die Schwingungsspektren sind hier besonders erfolgreich zur Strukturaufklärung. In den Raman-Spektren findet man intensive Linien der (P—P)-Valenzschwingung um 300; ν(PH)-Schwingungen liegen zwischen 2270 und 2500. Die Austauschgeschwindigkeit von H gegen D der (P—H)-Bindung in H_3PO_3-Lösungen ist Ra-spektroskopisch untersucht und eine pH-Abhängigkeit festgestellt worden [731, 1014], indem nur in saurer Lösung ein Austausch stattfindet. Die Dialkylester der phosphorigen Säure haben die Struktur I, ihre Salze II.

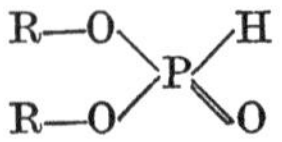

$$\begin{array}{cc} \mathrm{R-O}\diagdown\diagup\mathrm{H} \\ \mathrm{P} \\ \mathrm{R-O}\diagup\diagdown\mathrm{O} \end{array} \qquad \begin{array}{cc} \mathrm{RO}\diagdown\diagup \\ \mathrm{P} \\ \mathrm{RO}\diagup\diagdown\mathrm{O^{(-)}} \end{array}$$

$$\text{I} \hspace{4cm} \text{II}$$

In den Estern treten ν(PH) (2425—2450) und ν(P=O) (1250) auf, die in den Salzen fehlen (s. z. B. [70, 248, 771, 1029]). Außer den in Kap. II besprochenen Ionen $H_2PO_2^-$, HPO_3^{2-} und $P_2O_6^{4-}$ sowie den weiter unten aufgeführten Spektren von H_3PO_2 und H_3PO_3 wurden noch untersucht [71]:

$$\left[\begin{array}{c} \mathrm{HO}\diagdown\diagup\mathrm{OH} \\ \mathrm{P-P} \\ \mathrm{O_2}\mathrm{O_2} \end{array}\right]^{2-} \quad \left[\begin{array}{c} \diagdown\diagup\mathrm{H} \\ \mathrm{O_3P-P} \\ \mathrm{O_2} \end{array}\right]^{3-} \quad \left[\begin{array}{c} \mathrm{H}\diagdown\diagup\mathrm{H} \\ \mathrm{P-O-P} \\ \mathrm{O_2}\mathrm{O_2} \end{array}\right]^{2-}$$

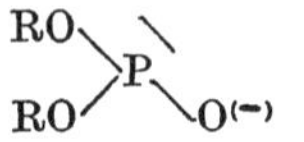

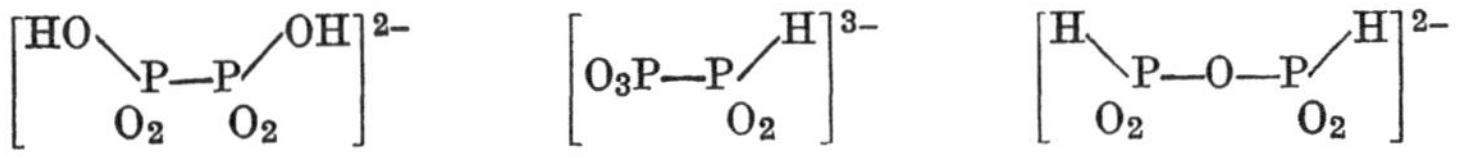

Drei Isomere der Ester $R_4P_2O_6$ wurden Ra-spektroskopisch identifiziert [72]:

$$\begin{array}{c} \mathrm{O}\mathrm{O} \\ \parallel\parallel \\ \mathrm{RO-P-P-OR} \\ || \\ \mathrm{OR}\mathrm{OR} \end{array} \qquad \begin{array}{c} \mathrm{O}\mathrm{O} \\ \parallel\parallel \\ \mathrm{RO-P-O-P-OR} \\ || \\ \mathrm{OR}\mathrm{R} \end{array} \qquad \begin{array}{c} \mathrm{O} \\ \parallel \\ \mathrm{RO-P-O-P-OR} \\ || \\ \mathrm{OR}\mathrm{OR} \end{array}$$

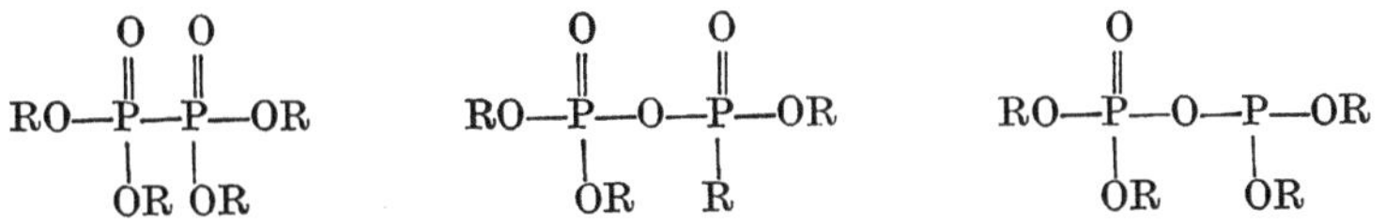

$(CH_3)_3PO$ [448]. UR (gas): 665 (w), 734 (s), 841 (s), 854 (s), 929 (vs), 1085 (w), 1175 (m), 1215 (s), 1228 (vs), 1242 (s), 1292 (vs), 1299 (vs), 1310 (s), 1324 (ms), 1422 (ms), 1430 (ms), 2910 (s), 2980 (s).

$(NH_2)_3PO$ [1065]. UR (krist): 460 (m), 615 (w), 725 (m, b), 955 (m), 1050 (m), 1200 (s), 1590 (m), 1625 (w), 2845 (w), 2920 (w), 3140 (w), 3280 (s), 3390 (m). Ra (Lsg): 309 (w), 455 (m), 604 (?), 700 (?), 832 (s), $\sim$928 (w), $\sim$1001 (w), 1174 (m), 1560 (?), 1623 (m).

$(CH_3O)_3PO$. Ra (fl) [70]: 184 (0b), 239 (1), 367 (4), 449 (4), 501 (3), 524 (3), 734 (10), 751 (7), 848 (5), 1031 (4b), 1149 (0), 1211 (1), 1252 (2), 1272 (6), 1375 (2), 1461 (6b), 2852 (8), 2904 (1), 2958 (10), 3014 (5d).

$(CH_3O)_3P$. Ra (fl) [70]: 280 (3), 374 (3), 405 (2), 447 (1), 509 (6), 726 (7), 744 (7), 771 (7), 1011 (7), 1059 (8), 1101 (0), 1220 (3), 1251 (3), 1367 (2), 1455 (7), 2834 (9), 2900 (3b), 2942 (10), 2999 (6).

$P_2O_3F_4$. *Ra* (fl) [919]: 160 (2*p*), 205 (1), 273 (6*dp*), 295 (4), 340 (3), 352 (3), 362 (3), 395 (1*dp*), 440 (3*p*), 480 (6*p*), 518 (4), 700 (1/2), 721 (9*p*), 855 (1/2), 890 (10*p*), 951 (7*p*), 987 (3*dp*), 1083 (1*dp*), 1170 (1*dp*), 1270 (3*dp*), 1370 (4), 1390 (6*p*).

$P_2O_3Cl_4$. *Ra* (fl) [400]: 166 (10*dp*), 192 (5*dp*), 213 (1—2), 249 (6, 0,64), 290 (2—3, 0,52), 316 (1), 343 (10*dp*), 364 (4), 408 (2), 425 (20*p*), 507 (15*p*), 531 (1—2), 560 (8*b*, *p*), 611 (2—3, *dp*), 649 (1—2), 713 (5*dp*), 806 (2), 1312 (15*b*, 0,52).

P_4O_6. *Ra* (fl) [396]: 302 (3*dp*), 370 (0), 407 (5*dp*), 465 (1*dp*), 613 (20, $\varrho = 0$), 643 (18*dp*), 919 (2), 1029 (3); *UR* (krist) [1039]: 532 (*w*), 568 (*vw*), 636 (*s*), 697 (*w*), 827 (*vw*), 911 (*vs*), 1188 (*vw*), 1270 (*s*), 1471 (*vw*), 1532 (*m*), 1851 (*vw*).

P_4O_{10}. *Ra* (krist) [396]: 257 (6), 278 (3), 329 (1), 424 (6), 559 (10), 650 (2), 721 (6), 952 (0*b*), 1033 (0*b*), 1386 (4), 1417 (10), 1678 (1*b* ?); *UR* (krist) [1039]: 573 (*s*), 714 (*vw*), 764 (*s*), 832 (*w*), 843 (*w*), 1015 (*vs*), 1140 (*w*), 1150 (*w*), 1200 (*w*), 1231 (*vw*), 1295 (*w*), 1390 (*s*), 1590 (*vw*), 1648 (*w*), 1713 (*w*).

H_3PO_4. *Ra* (Lsg) [1072]: 356 (*Sch*) + 387 (*m*), 498 (*ms*), 899 (*vs*), 1012 + 1078 + 1155 (*m*); *UR* (Lsg) [180]: 885 (*w*), 1007 (*vs*), 1066—1074 (*w*), 1165 (*vs*), 1250 (*s*), 1780 (*w*, *b*), 2370 (*m*, *b*), 2700—3000 (*s*, *b*).

$H_2PO_4^-$. *Ra* (Lsg) [1070]: 355 + 393 (3), 512 (4*dp*), 877 (10*p*), 936 (1*dp*), 1027 (3*dp*), 1071 (9*p*), 1152 (1), 1216 (1), 1380 (0*d*); *UR* (Lsg) [1070]: 528 (*w*, *b*), 871 (*w*), 942 (*s*), 1078 (*s*), 1156 (*s*), 1223 (*Sch*), ~2380 (*m*, *b*). *UR* NaH_2PO_4 (krist) [180]: 422 (*w*), 510 (*s*) + 527 (*s*) + 540 (*m*, *Sch*) + 567 (*m*), 820 (*w*), 875 (*m*), 932 (*vs*) + 989 (*s*), 1053 (*vs*), 1120 (*s*) + 1166 (*s*), 1198 (*m*) + 1240 (*m*) + 1280 (*s*), 1650 (*s*, *vb*), 2360 (*s*, *b*), 2780 (*s*, *b*).

HPO_4^{2-}. *Ra* (Lsg) [1070]: 389 (4*dp*), 528 (5*dp*), 891 (2*p*), [933 (0) = PO_4^{3-}], 970 (10*p*), 1084 (3*dp*), 1247 (1), 1361 (1), 2339 (0, *d*); *UR* (Lsg) [1070]: 535 (*m*), 858 (*m*), 989 (*m*), 1080 (*s*), 1258 (*w*), 2380 (*m*, *b*). *UR* Na_2HPO_4 (krist) [180]: 461 (*m*), 520 (*s*) + 547 (*s*) + 570 (*w*) + 590 (*w*), 860 (*s*), 948 (*s*), 970 (*m*, *b*), 1068 + 1150 (*s*), 1352 + 1388 (*m*), 1780 (*s*, *b*), 2400 (*s*, *b*), 2820 (*s*, *b*).

$CH_3PO_3^{2-}$. *Ra* (Lsg) [407]: 283 (0—1), 339 (3*b*), 413 (2*b*), 474 (2*b*), 522 (4*b*), 599 (1—2), 706 (0), 757 (8*b*), 981 (12), 1060 (1), 1102 (1), 1157 (1—2), 1227 (2), 1307 (0), 1356 (1), 1426 (10), 2924 (15), 2990 (9*b*). *UR* $Na_2CH_3PO_2$ (krist) [213]: 702 (*ms*, *vb*), 757 (*ms*), 831 (*m*, *b*), 973 (*s*), 1035 (*s*) + 1062 (*vs*), 1310 (*w*), 1426 (*vw*).

$(CH_3)_2PO_2^-$. *Ra* (Lsg) [407]: 226 (3), 325 (1), 370 (2*vb*), 433 (2*vb*), 499 (1), 581 (2), 700 (15), 740 (3), 793 (2*b*), 920 (2), 985 (2), 1035 (8*b*), 1106 (4), 1189 (1), 1221 (1), 1344 (2), 1413 (10), 1472 (1 ?), 2922 (20), 2987 (8*b*). *UR* $Na(CH_3)_2PO_2$ (krist) [213]: 695 (*vw*), 725 (*m*), 852 (*m*), 862 (*vw*), 1028 (*w*), 1068 (*s*), 1168 (*s*), 1295 (*m*), 1420 (*w*).

HPO_2Cl_2. *Ra* (fl) [468]: 200 (8), 277 (4*b*), 342 (6), 401 (10*b*), 501 (7), 554 (9), 595 (4*b*), 718 (2), 986 (3), 1130 (2*sb*), 1259 (4*b*), 2819 (5*b*).

$P_2O_7^{4-}$. *Ra* $Na_4P_2O_7$ (Schm) [157]: 318 (*m*), 480 (*w*), 714 (*m*), 900 (*vw*), 975 (*m*), 1016 (*vs*), 1100 (*m*); *Ra* (Lsg): [1271] *UR* $K_4P_2O_7$ (krist) [158]: 415 (*m*), 488 (*s*), 518 (*s*), 730 (*st*), 915 (*st*), 986 (*m*), 1024 (*m*), 1122 (*vs*), 1135 (*vs*), 1150 (*vs*); *UR* (Lsg) [1069]: 913 (*s*), 997 (*Sch*) + 1017 (*s*), 1118 (*s*, *b*).

$P_3O_9^{3-}$. $Na_3P_3O_9$, *Ra* (Lsg) [1015]: 304 (3), 356 (2), 398 (2), 469 (1), 534 (1), 634 (2), 665 (5), 763 (1), 1000 (1), 1119 (2), 1158 (10), 1243 (2), 1389 (1), 1520 (2); *UR* (Lsg) [1015]: 783, 1015, 1098, 1277; (krist) [158]: 635 (*w*), 684 (*m*), 753 (*s*), 770 (*s*), 987 (*vs*), 996 (*vs*), 1110 (*s*), 1120 (*s*), 1163 (*m*), 1169 (*m*), 1213 (*m*), 1297 (*s*), 1316 (*s*).

H_3PO_3. *Ra* (fl) [7]: 425 (*m*), 523 (*w*), 946 (*s*), 1014 (*m*), 2485 (*s*); (Lsg) [731]: 422 (8), 528 (3), 942 (20), 1024 (15), 1172 (4), 2457 (22).

H_3PO_2. *Ra* (fl) [7]: 429 (*m*), 794 (*w*), 927 (*ms*), 991 (*ms*), 1072 (*w*), 1127 (*ms*), 2415 (*vs*). *UR* (krist) [707]: 428, 700, 803, 950, 1055, 1124, 1184, 1259, 1360, 1610, 2200, 2319, 2388, 2700.

$(CH_3O)_2PHO$. *Ra* (fl) [70]: 234 (1*d*), 402 (1), 498 (0), 542 (0), 756 (7), 777 (3), 814 (3), 976 (2), 999 (4), 1048 (2), 1258 (5*b*), 1377 (1), 1461 (4*b*), 2446 (5*d*), 2852 (6), 2902 (1), 2958 (8), 3014 (3*d*). *UR*: [771].

Bei den Arsen-Sauerstoff-Verbindungen ist die Tendenz zur Bildung mehrfacher Bindungen weniger ausgeprägt als bei den Phosphorverbindungen. Die Valenzfrequenzen einfacher (AsO)-Bindungen liegen um 600 im $As(OCH_3)_3$. Im Spektrum des AsO_4^{3-} liegen die (AsO)-Frequenzen bei 810. Aus $f(AsO) = 5{,}07$ berechnet sich die Bindungsordnung zu 1,3. In Verbindungen, in denen man (As=O)-Doppelbindungen erwarten sollte, findet man nur wenig höhere Frequenzen (z. B. $(C_6H_5)_3AsO$ 880 [110] oder As_4O_{10} 858 [1041]). Auch in dem schwerflüchtigen $AsOF_3$ liegt Viererkoordination vor ($\nu = 860$) [263]. Die höchste Frequenz im $KAsOF_4$ ist 690, so daß nur einfache Bindungen vorliegen können. Die Kristallstrukturanalyse [1245] ergab für die Struktur ein dimeres Anion:

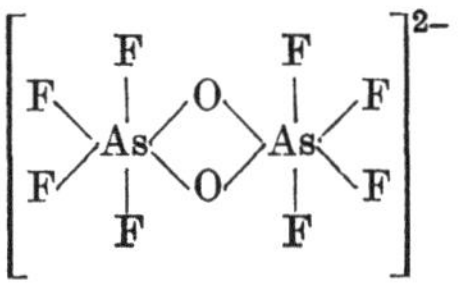

As_4O_6 und As_4O_{10} haben die gleiche Struktur wie P_4O_6 bzw. P_4O_{10} (Symmetrie T_d) [1041]. Ebenso wie PO_2Cl hat AsO_2Cl Kettenstruktur; *UR*: $910 = \nu(As = O)$, $640 = \nu_s(AsOAs)$, $778 = \nu_{as}(AsOAs)$ [1244].

$As(OCH_3)_3$. *Ra* (fl) [7]: 245 (2), 288 (00), 326 (2), 390 (2), 586 (7*b*), 601 (5), 630 (9*b*), 1006 (2); 1034 (1), 1143 (0), 1441 (2), 1454 (4*b*), 1472 (2), 2824 (15*b*), 2884 (2), 2928 (12*b*), 2973 (5*b*).

H_3AsO_4. *Ra* (fl) [7]: 265 (*w*, *b*) + 325 (*m*, *b*) + 388 (*w*, *b*), 770 (*s*), 815 (*vw*), 867 (*m*), 916 (*vw*), 3470 (*vb*).

$H_2AsO_4^-$. *Ra* (Lsg) [7]: 295 (*w*), 360 (*m*), 744 (*s*), 833 (*w*), 870 (*s*), 908 (*w*); *UR* KH_2AsO_4 (krist) [776]: 377 (*vs*), 750 (*m*, *b*), 850 (*m*, *b*), 1020 (*vw*, *b*), 1265 (*m*, *vb*), 1585 (*m*, *vb*), ~2275 (*m*, *vb*), ~2740 (*m*).

$HAsO_4^{2-}$. *Ra* (Lsg) [7]: 323 (*w*), 386 (*m*), 701 (*w*), 836 (*s*).

$As_2O_7^{4-}$ [157]. $Na_4As_2O_7$, *Ra* (Schm): 245 (*m*), 370 (*m*), 547 (*m*), 838 (*vs*), 880 (*w*); *UR* (krist): 380 (*vs*), 420 (*w*), 550 (*m*), 735 (*s*), 857 (*m*), 875 (*vs*), 890 (*m*), 900 (*m*).

As_4O_6 (kubisch). *Ra* [1310]: 270, 365 (*s*), 473, 515, 550, 780, 815, 840; *UR* [756, 776]: 255 (*m*), 283 (*m*) + 355 (*Sch*), 490 (*w*, *Sch*), 805 (*vs*), 845 (*m*, *Sch*), 1040 (*vw*, *b*); *Ra* (Lsg) [= $As(OH)_3$?] [7]: 642 (*m*), 718 (*s*). *Ra* (Lsg) $As_2O_3 + 6\,NaOH$ [7]: 350 (*w*), 410 (*vw*, ?), 533 (*m*, *b*), 675 (*w*, ?), 753 (*s*).

As_4O_{10}. *UR* (krist) [1041]: 395 (*m*), 527 (*m*), 574 (*m*), 775 (*m*), 858 (*s*), 1131 (*m*), 1243 (*w*).

$AsOF_3$. *UR* (krist) [263]: 355 (7), 455 (3), 568 (6), 708 (10), 860 (8).

$As_2O_2F_8^{2-}$. *UR* $K_2As_2O_2F_8$ (krist) [628]: 475 (*s*), 598 (*s*), 635 (*s*), 690 (*s*).

In Antimon-Sauerstoff-Verbindungen beobachtet man bei Sechserkoordination ($Sb(OH)_6^-$, SbO_3^-) Valenzschwingungen im Bereich 600—700, sonst höhere Werte. Kubisches Sb_4O_6 ist wie P_4O_6 und As_4O_6 gebaut; $SbOCl_3$ enthält Ketten $-SbCl_3-O-SbCl_3-O-$ [261] (Koordinationszahl 5). Die höchste (SbO)-Frequenz (830) wird für das tetraedrisch koordinierte $SbOF_3$ gefunden [263]. Im SbO_2Cl, das wie PO_2Cl und AsO_2Cl gebaut ist, beobachtet man (SbO)-Valenzschwingungen bei 562, 725 und 825 [1244]. Die kristallisierten Antimonate $Me^ISbO_3 \cdot 3\,H_2O$ enthalten das oktaedrisch geformte Ion $Sb(OH)_6^-$, das amorphe Kaliumantimonat $KSbO_3 \cdot x\,H_2O$ dagegen sowohl H_2O als auch (SbOH)-Gruppen, auch für $x < 3$ [994].

Sb_4O_6 (kubisch) *UR* [756, 776]: 345 (*w*), 383 (*s*), 482 (*m*), 550 (*Sch*) + 590 (*m*), 685 (*Sch*) + 740 (*s*), 835 (*w*).

$SbOF_3$. *UR* (krist) [263]: 298 (5), 370 (*Sch*), 422 (6), 622 (8), 830 (5).

$(SbOCl_3)_x$. *UR* (krist) [261]: 336 (*s*) + 345 (*m*, *Sch*), 366 (*s*, *Sch*) + 368 (*s*, *Sch*) + 378 (*vs*) + 388 (*s*, *Sch*) + 400 (*m*, *Sch*), 495 (*w*, *Sch*) + 516 (*w*, *Sch*) + 544 (*m*), 588 (*m*), 730 (*s*).

$(SbO_3^-)_\infty$. *UR* $NaSbO_3$ (krist) [994]: 527 (*s*), 579 (*vs*), 637 (*s*), 675 (*m*).

$[Sb(OH)_6]^-$. *UR* $NaSb(OH)_6$ (krist) [994]: 528 (*ms*), 586 (*vs*) + 600 (*vs*, *Sch*), 628 (*vs*), 695 (*s*), 735 (*ms*) + 775 (*ms*, *Sch*), 1030 (*ms*), 1075 (*ms*, *Sch*) + 1105 (*s*) + 1120 (*s*, *Sch*), 2145 (*m*), 3220 (*vs*) + 3280 (*vs*, *Sch*).

$KSbO_3 \cdot 2{,}2\,H_2O$. *UR* [994]: 460 (*s*), 582 (*vs*), 720 (*vs*, *b*), 1050 (*ms*, *vb*), 1640 (*w*, *b*), 2300 (*w*, *b*), 3230 (*vs*), 3350 (*s*, *Sch*).

f) Sauerstoffverbindungen von Silicium, Germanium und Zinn

Nach der heute allgemein vertretenen Ansicht haben die (Si—O)-Bindungen meist merklichen π-Bindungscharakter, wie z. B. aus der Diskussion der Kernabstände [244] und der Kraftkonstanten [633] hervorgeht. Allerdings kommt es hier nicht zur Ausbildung von so starken π-Bindungen wie etwa in den Phosphoryl-, Thionyl- und Sulfurylverbindungen; die aus den Kraftkonstanten ermittelten Bindungsordnungen liegen zwischen 1,1 und 1,3.

Die (Si—O)-Valenzschwingung der Trialkylsilanole R_3SiOH ließ sich nicht identifizieren, da sie in den Bereich der (HCSi)-Deformationsschwingung fällt [674]. Im *UR*-Spektrum des $(C_6H_5)_3SiOH$, welches in dem fraglichen Frequenzbereich frei von Absorptionen des Restes $(C_6H_5)_3Si$ — ist, liegt ν(SiO) bei 808 [674]. Die Triorganosilanole bilden in kondensiertem Zustand Wasserstoffbrücken aus, wie aus der Erniedrigung der (OH)-Valenzschwingung hervorgeht, z. B. $(CH_3)_3SiOH$ gas 3734, Lsg. CCl_4 3695, CS_2 3678, CH_3CN 3530, Dioxan 3455, flüssig 3300 [363].

Im Spektrum des CH_3OSiCl_3 [364, 446] findet man die Frequenz 813, die näherungsweise als (SiO)-Valenzschwingung bezeichnet werden kann. Ebenso kann man die Frequenz 719 im *UR*-Spektrum des $CH_3OSi(CH_3)_3$ [364] als solche ansprechen. Aus dem Frequenzunterschied kann man hier wegen der unübersichtlichen Kopplungsverhältnisse mit anderen Systemfrequenzen nicht ohne weiteres entnehmen, daß die (SiO)-Bindung im Chlorderivat stärker ist als im Methylderivat. Die Frequenzen 251, 308, 640 und 844 im *Ra*-Spektrum des $Si(OCH_3)_4$ werden den Schwingungen des (SiO_4)-Tetraeders zugeordnet. Obwohl die Symmetrie dieses Moleküls höchstens D_{2d} sein kann, wegen der sicher gewinkelt angesetzten (CH_3O)-Gruppen:

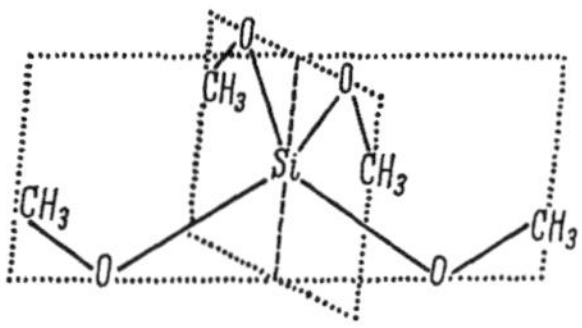

ist doch das Spektrum fast das eines symmetrischen Tetraeders $SiO_4(T_d)$, da keine Aufspaltung von 844 beobachtet wird und 640 im *UR*-Spektrum nur mit sehr geringer Intensität auftritt.

Das Disiloxan $(H_3Si)_2O$ wurde ursprünglich mit linearer (Si—O—Si)-Gruppe formuliert [703], da die symmetrische (SiOSi)-Valenzschwingung (606) nur im Raman-Effekt, die antisymmetrische (1107) nur im Ultrarotspektrum auftritt. Heute ist man der Ansicht, daß die (SiOSi)-Gruppe in Siloxanen stets gewinkelt ist (im $(H_3Si)_2O$ 145°). Auch *Ra*-spektroskopisch läßt sich das beweisen, da ν_s gegen Isotopensubstitution mit O^{18} empfindlich ist [765]. Das Disiloxan hat also höchstens die Symmetrie C_{2v}; die Inaktivität von ν_s im *UR* und ν_{as} im Raman-Effekt beruht auf den speziellen Bindungsverhältnissen. Der große Unterschied zwischen

Tabelle 54. *Frequenzen des Gerüstes* Si—X—Si [632]

Molekül	δ	ν_s	ν_{as}	$\Delta\nu$
$(CH_3)_3Si—CH_2—Si(CH_3)_3$	166	556	785	219
$(CH_3)_3Si—NH—Si(CH_3)_3$	171	568	934	366
$(CH_3)_3Si—O—Si(CH_3)_3$	180	519	1055	536

ν_s und ν_{as} rührt von der Größe des Valenzwinkels her, der Effekt seiner Vergrößerung auf ν läßt sich an Hand der Reihe Si—CH_2—Si, Si—NH—Si, Si—O—Si gut erkennen (vgl. Tab. 54). Ähnliche (SiO)-Valenzfrequenzen findet man in allen Siloxanen.

Stets wird ν_s im *UR*-Spektrum nicht oder nur sehr schwach gefunden und entsprechend ν_{as} im *Ra*-Spektrum. Die (SiOSi)-Deformationsschwingung ist nur in wenigen Fällen identifiziert worden und liegt um 200. Der Ring im Trisiloxan $[(CH_3)_2SiO]_3$ ist nach seinem Schwingungsspektrum — in Übereinstimmung mit der Kristallstrukturanalyse und der Elektronenbeugungsuntersuchung — eben gebaut [634] (Symmetrie D_{3h}; vgl. Kap. II, S. 86). Die im *UR*-Spektrum intensive entartete Ring-Valenzschwingung liegt hier niedriger (1022) als ν_{as} (SiOSi) der kettenförmigen Polysiloxane ($\sim$1060 [635]). Die höheren Cyclosiloxane sind nicht mehr eben; für $[(CH_3)_2SiO]_4$ ist ein gewellter Ring der Symmetrie S_4 oder C_{4v} wahrscheinlich. Entsprechend liegen die ν_{as}(SiOSi)-Frequenzen

Tabelle 55. (SiOSi)-*Frequenzen in Disiloxanen* [952]

Molekül	ν_s	ν_{as}
$(CH_3)_3Si—O—Si(CH_3)_3$	519	1055
$(CH_3)_2ClSi—O—SiCl(CH_3)_2$	578	1070
$CH_3Cl_2Si—O—SiCl_2CH_3$	636	1085
$Cl_3Si—O—SiCl_3$	722	1110

hier wieder höher ($\sim$1080 [634]). Die Schwingungsspektren der Methyl- und der Methyl-hydrogenpolysiloxane, insbesondere die (SiOSi)-Valenzfrequenzen, gestatten Aussagen über den Aufbau des Siloxangerüstes, ob ringförmig, linear, verzweigt oder vernetzt [636].

Die wohl noch recht ungenau bestimmten Valenzkraftkonstanten der (SiO)-Bindungen in den bisher besprochenen Verbindungen liegen zwischen 4,2 und 5,0 mdyn/Å [633], entsprechend Bindungsordnungen zwischen 1,1 und 1,3. Dies deutet auf π-Anteile hin, die auch zur Spreizung des (SiOSi)-Valenzwinkels in den Siloxanen beitragen.

Die Beeinflussung der (SiO)-Bindungen durch andere Liganden läßt sich an Hand der Veränderungen ihrer Valenzfrequenzen vielfach gut erkennen. So bewirkt Substitution durch elektronegative Liganden eine Erhöhung der (SiO)-Frequenzen und damit der Bindungsordnung [633,1246]. Diese Effekte sind ähnlich denen bei (P=O)- und (S=O)-Bindungen, wenn auch nicht so stark ausgeprägt (vgl. Tab. 55).

Die Gruppe X—O—Si in den Heterosiloxanen besitzt zwei Valenzfrequenzen, die man in grober Näherung als ν_s und ν_{as} eines gewinkelten Moleküls YZ_2 auffassen kann. ν_{as} wird in (Al—O—Si)-Verbindungen bei ~1065 gefunden, mit schwererem X-Atom zwischen 890 und 1000. Untersucht wurden z. B. Heterosiloxane mit X=Ti, Zr, Hf, Nb, Ta [62] und Al, Ga, Ge, Sn, Pb, Fe [62, 951]. Bei Vorliegen einer Brücke

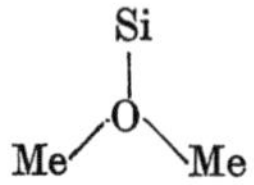

sinkt die fragliche Frequenz auf ~800 ab [62, 951].

Das Ion SiO_4^{4-} erreicht Tetraedersymmetrie nur in Orthosilicaten vom Spinelltyp, z. B. Ni_2SiO_4 (vgl. Kap. II, S. 67), für die im *UR*-Spektrum die Frequenzen ν_3 und ν_4 der Klasse F_2 auftreten. In allen anderen Orthosilicaten erscheinen diese Frequenzen aufgespalten, ferner werden — jedoch meist nur schwach — ν_1 und ν_2 beobachtet. Von Na_4SiO_4 liegen Zahlen für die Komponenten von ν_3 vor (848, 877, 905 [304]). In Orthosilicaten mit mehrwertigen Kationen sind die Frequenzen variabel: sie steigen im allgemeinen mit sinkendem Kationenradius. Z. B. beobachtet man für den Olivintyp $Me_2^{II}SiO_4$ einen Frequenzanstieg in der Reihe Ca—Mn—Fe—Co—Ni—Mg [1101] (für γ-Ca_2SiO_4 vgl. Kap. II, S. 68). Ähnliche Beobachtungen wurden an Granaten $Me_3^{II}Me_2^{III}(SiO_4)_3$ gemacht [1177]. Die höchsten Werte für ν_3 findet man also für die kleinsten Kationen Be^{2+} und Al^{3+}, z. B. im Cyanit Al_2SiO_5 943, 1000, 1029 [936]. In den Spektren der Orthosilicate mit mehrwertigen Kationen treten noch Frequenzen auf, die den Schwingungen der Metall-Sauerstoff-Polyeder zuzuordnen sind. In den Silicaten vom Olivintyp z. B. mit oktaedrischer Sauerstoffkoordination der Kationen findet man (MeO)-Frequenzen zwischen 300 und 400, die höchste im Mg_2SiO_4 mit 422 [1101]. Da diese (MeO)-Frequenzen natürlich mit den (SiO)-Frequenzen gekoppelt sind, kann man letztere nur näherungsweise als Schwingungen des freien SiO_4^{4-} ansehen. Der Einfluß des Kations ist noch am geringsten im γ-Ca_2SiO_4, in dessen Spektrum oberhalb 300 keine (MeO)-Frequenz gefunden wurde. Über die Spektren von Hydrogenorthosilicaten ist bisher wenig bekannt. Die Raman-Linien 454 (2), 614 (2b), 784 (7) und 932 (7) stark alkalischer Na_2SiO_3-Lösungen werden dem $H_2SiO_4^{2-}$ zugeordnet [307]. In den *UR*-Spektren kristallisierter Hydrogen-orthosilicate liegen die (SiO)-Valenzschwingungen unter 1000, δ(SiOH) im Bereich 1100—1300 und ν(OH) zwischen 2300 und 2900.

Bei Kondensation zweier SiO_4^{4-} zum $Si_2O_7^{6-}$ tritt als neues Strukturelement die Brücke Si—O—Si auf. Bei den Siloxanen war bereits erörtert worden, daß hier eine (SiO)-Valenzschwingung (ν_{as}) höher liegt als diejenigen von Silanolen oder Methoxysilanen. Entsprechend findet man in den Spektren aller Polysilicate die höchsten Frequenzen bei höheren Werten (1000—1200) als bei Orthosilicaten (900—1000). Im übrigen gelingt es vielfach, bestimmten Strukturtypen einigermaßen charakteristische Absorptionsbereiche im *UR*-Spektrum zuzuweisen, so daß qualitative Analyse und Verfolgung von Reaktionen *UR*-spektroskopisch möglich sind. Ebenso sind die *Ra*- und *UR*-Spektren von Silicatgläsern erfolgreich zur Konstitutionsermittlung herangezogen worden.

In den Spektren vieler Schichtsilicate (Tonmineralien, Talk, Glimmer) findet man scharfe Banden zwischen 3600 und 3700 cm^{-1}, welche von freien Hydroxylgruppen herrühren. Wenn Wasserstoffbrücken OH . . . O vorliegen, beobachtet man breite Absorptionen bei 3400, bei Anwesenheit von Wasser noch $\delta(H_2O)$ bei $\sim$1600. Mit Hilfe der Frequenz 3600—3700 läßt sich die Richtung O—H im Kristall festlegen. Auch Dehydratationsvorgänge solcher Mineralien lassen sich *UR*-spektroskopisch verfolgen.

Die Modifikationen des SiO_2 sind schwingungsspektroskopisch eingehend untersucht worden. Für α-Quarz (Raumgruppe D_3^4—C 3_12) ergibt die Abzählung: Klasse *A* 4 (*Ra*), *B* 4 (*UR*) und *E* 8 (*Ra*, *UR*) Frequenzen. Die — nicht in allen Punkten ganz gesicherte — Zuordnung ist [644, 686]: *A* 206, 356, 466, 1082; *B* 374, 513, 780, 1150; *E* 128, 265, 400, 460, 696, 800, 1070, 1160. Die Spektren von Cristobalit, Tridymit, Quarzglas und der Hochdruckmodifikation Coesit weisen geringe Abweichungen hiervon auf, insbesondere im Gebiet unterhalb 800. Die Höchstdruckmodifikation Stischowit hat Rutil-Struktur mit oktaedrischer Sauerstoffkoordination des Si und absorbiert daher bei erheblich kleineren Wellenzahlen als die übrigen Modifikationen. Eine Sechserkoordination des Si soll nach den *UR*-Spektren auch in den Verbindungen SiP_2O_7 und $Si_3(PO_4)_4$ vorliegen [665]. *UR*-spektroskopisch wurde auf oktaedrische Koordination des Si in dem Mineral Thaumasit $Ca_3CO_3SO_4SiO_3 \cdot 15\,H_2O$ geschlossen [1283].

Die Spektren von Quarzen weisen vielfach Banden um 3400 auf, die dem LAMBERT-BEERschen Gesetz nicht gehorchen. Sie sind empfindlich gegen Deuterierung und daher auf H-haltige Störstellen zurückzuführen [148, 604]. Bei Gegenwart von H_2O erschmolzenes Quarzglas hat eine intensive *UR*-Bande 3680, welche von Silanolgruppen herrührt [385]. Auch in Silicatgläsern findet man solche *UR*-Banden [322]. Amorphe Kieselsäuren haben *UR*-Banden 3750 (freies SiOH), 3500 (schwache H-Brücken) und 2800—3400 (H_2O, starke H-Brücken) [758]. $(H_2Si_2O_5)_x$ hat keine $\delta(H_2O)$-Bande um 1600, enthält also nur SiOH-Gruppen [958].

CH_3OSiCl_3. *Ra* (fl) [446]: 152 (2), 175 (6), 235 (5), 295 (2*b*), 326 (2*b*), 423 (1), 455 (10), 550 (0), 607 (3*b*), 767 (0), 813 (3), 874 (0), 982 (0), 1114 (1), 1202 (0), 1462 (2*b*), 2854 (3), 2951 (3), 3002 (2); *UR* (gas) [364].

$Si(OCH_3)_4$. *Ra* (fl) [642, 661]: 251 (1), 308 (1), 408 (1*sd*), 505 (1), 540 (1), 640 (9, *p*), 844 (3*d*, *dp*), 1088 (3*d*), 1113 (2*d*), 1170 (1), 1197 (1), 1466 (6*sd*, *dp*), 2849 (9*p*), 2923 (1), 2948 (8*p*), 2985 (2*d*); *UR* (gas) [364]: 461 (0), 643 (0), 687 (0), 845 (9), 1108 (10), 1196 (7), 1473 (3), 1533 (0), 1754 (1), 1953 (2), 2202 (0), 2618 (0), 2837 (5), 2941 (5).

$(SiH_3)_2O$ [703]. *Ra* (fl): 606 (*s*), 716 (*s*, *d*), 947 (*s*, *d*), 1009 (*w*), 2174 (*vs*); *UR* (gas): 764 (*s*), 957 (*vvs*), 1107 (*vs*), 1220 (*ms*), 1465 (*vw*), 1556 (*w*), 1700 (*m*), 1761 (*vw*), 1910 (*w*), 2169 (*vs*), 2183 (*vs*).

$[(CH_3)_3Si]_2O$. *Ra* (fl) [173, 632]: 180 (8*b*, *dp*), 190 (8*b*, *p*), 219 (6*dp*), 255 (6*dp*), 333 (2*dp*), 519 (10*p*), 660 (9*p*), 688 (2*dp*), 752 (4*dp*), 840 (5*d*, *dp*), 892 (4*dp*), 1258 (5*d*, *dp*), 1410 (6*dp*), 1443 (0), 2900 (10*b*, *p*), 2961 (10*b*, *dp*). *UR* (fl) [632, 1277]: 522 (*w*), 620 (*m*), 688 (*m*), 756 (*m*), 823 (*m*), 843 (*s*), 1055 (*vs*), 1252 (*s*), 1401 (*w*), 1410 (*m*), 1441 (*w*), 2899 (*m*), 2959 (*s*).

$(Cl_3Si)_2O$ [952]. *Ra* (fl): 131 (12), 146 (6), 177 (4), 218 (5), 240 (0), 274 (00), 331 (3), 419 (10), 475 (0), 609 (2), 675 (0), 722 (1), 813 (00), 865 (00); *UR* (gas); 305 (*w*), 324 (*m*), 328 (*m*), 334 (*m*), 470 (*m*), 634 (*vs*), 870 (*vw*), 1085 (*m*, *Sch*), 1128 (*s*), 1170 (*w*).

$[(CH_3)_2SiO]_3$ [634]. *Ra* (fl): 198 (5*vb*, *d*), 250 (0), 287 (0), 454 (6), 586 (6), 664 (0), 691 (2), 723 (2), 790 (1*d*), 874 (0), 1261 (0*d*), 1411 (1*d*), 2906 (6), 2965 (6); *UR* (fl): 455 (*w*), 610 (*w*), 688 (*m*), 814 (*s*), 876 (*w*), 1022 (*vs*), 1258 (*s*), 1408 (*m*), 1445 (*w*), 2903 (*m*), 2963 (*s*).

$H_3SiO_4^-$. *UR* NaH_3SiO_4 (krist) [947]: 450 (*ms*), 920 (*s*) + 1000 (*s*), 1210 (*w*), 1280 (*ms*), 1730 (*s*), 2400 (*m*), 2900 (*s*).

$H_2SiO_4^{2-}$. *UR* $Na_2H_2SiO_4 \cdot 5\,H_2O$ (krist) [1300]: 466 (*s*, *b*), 692, 710 (*s*), 775 (*m*), 835 (*s*), 892 (*s*), 969 (*vs*), 1085 (*m*), 1187 (*m*), 1605, 1654 (*m*), 1714 (*m*), 1900 (*w*, *b*), 2270 (*m*), 2728 (*vs*), 3044 (*vs*), 3250 (*vs*), 3370, 3470 (*vs*), 3550 (*s*, *Sch*).

$HSiO_4^{3-}$. *UR* $Ca_2(HSiO_4)OH$ (krist) [931]: 428, 472, 513, 679, 712, 747, 754, 863, 942, 980, 990, 1282, 2450, 2594, 2847, [3532 = OH^-].

SiO_2 (α-Quarz). *Ra* [644]: 128 (*vs*), 206 (*vs*), 265 (*s*), 356 (*s*), 394 (*m*), 404 (*m*), 452 (*w*), 466 (*vs*), 696 (*m*), 795 (*m*), 806 (*m*), 1063 (*m*), 1082 (*m*), 1160 (*s*), 1230 (*w*). *UR* [686, 712, 756, 1038]: 257 (*m*), 362 (*s*) + 385 (*Sch*), 450 (*s*) + 510 (*Sch*), 695 (*mw*), 779 (*m*), 798 (*m*), 1078 (*vs*), 1161 (*s*, *Sch*).

SiO_2 (Stischowit). *UR* [712]: 560 (*s*), 628 (*vs*), 672 (*vs*), 730 (*vs*) + 769 (*s*, *Sch*), 885 (*vs*) + 949 (*vs*, *Sch*).

Die (GeO)-Verbindungen verhalten sich schwingungsspektroskopisch ganz ähnlich wie die entsprechenden Siliciumverbindungen. Im Digermoxan $(GeH_3)_2O$ wird ν_{as}(GeOGe) bei 878 beobachtet, in den Polygermoxanen im Bereich 750—850 [145]. In Germanaten $Me_2^{II}GeO_4$ der Spinellstruktur beobachtet man ν_3 und ν_4 des (GeO_4)-Tetraeders (z. B. Fe_2GeO_4: 688, 402 [1101]). Diese erscheinen aufgespalten und vom Kation abhängig in Germanaten vom Olivintyp (z. B. Ca_2GeO_4: 770 + 693, 455 + 440 + 400 [1101]). GeO_2 existiert in zwei Modifikationen, einer hexagonalen vom Quarz-Typ mit Viererkoordination und einer tetragonalen vom Rutil-Typ mit Sechserkoordination. In letzterem liegen die *UR*-Frequenzen entsprechend niedriger. In geschmolzenem und glasartig erstarrtem GeO_2 liegt nach Auskunft der Schwingungsspektren Viererkoordination vor [1290, 1314].

$(GeH_3)_2O$. *UR* (gas) [438]: 670 (*m*), 794 (*vs*), 878 (*m*), 926 (*w*), 2107 (*s*), 2130 (*s*).

GeO_2 (hexagonal). *Ra* [1290]: 340 (*m*), 408 (*m*), 440 (*s*), 508 (*m*), 560 (*m*), 640 (*w*), 888 (*vw*), 959 (*vw*); *UR* [686, 756, 1290]: 255 (*m*), 333 (*s*), 343 (*s*), 515 (*m*), 551 (*m*), 587 (*m*), 872 (*vs*), 955 (*m*).

GeO_2 (tetragonal). *UR* [1290]: 407 (*vs*), 606 (*m*), 709 (*vs*), 945 (*w*).

$H_2GeO_4^{2-}$. *Ra* (Lsg GeO_2 + KOH)[1314]: ~235 (*w*), ~345 (*m*), [529 (*w*, *p*) = $Ge_2O_7^{6-}$], 667 (*m*, *p*), 765 (*s*, *p*); *UR* SrH_2GeO_4 (krist)[1308]: 676, 752, 773, 1018, 1278, 1835, 2410, 2700.

$[(GeF_5)_2O]^{4-}$. *UR* $K_4Ge_2F_{10}O$ (krist) [628]: 485 (*m*), 607 (*vs*), 775 (*s*), 840 (*s*).

In tetraedrisch koordinierten Sn-Verbindungen findet man die

(Sn—O)-Valenzschwingung zwischen 500 und 600 [637], z. B. $(CH_3)_3SnOH$ 576, Cl_3SnOH 560, Cl_3SnOCH_3 536. Das $(CH_3)_3SnOH$ assoziiert im flüssigen und festen Zustand, und zwar über (Sn—O—Sn)-Brücken, da die (OH)-Frequenz bei 3615 liegt. Im Stannoxan $[(CH_3)_3Sn]_2O$ hat man wie in Siloxanen zwei verhältnismäßig weit auseinanderliegende (SnO)-Frequenzen 415 und 737 [637]. In den *UR*-Spektren der Hexahydroxostannate $Me^{I}_{2}[Sn(OH)_6]$ liegt die (SnO)-Valenzschwingung bei ~500. Recht hohe Werte findet man für SnO_2 (550 (*s*, *Sch*) + 655 (*vs*, *vb*) + + 670 (*s*, *Sch*) [996]), welches im Rutiltyp kristallisiert und ebenfalls oktaedrische Koordination besitzt. Für die (SnO)-Valenzschwingungen von amorphem $SnOCl_2$ und kristallisiertem $(SnOCl_2 \cdot 2\,POCl_3)_3$ werden die Werte 914 bzw. 1065 angegeben [259], welche überraschend hoch liegen. Dagegen wird die (SnO)-Frequenz im analogen $SnOBr_2$ bei 549 gefunden [259]. Zinnsäuren $SnO_2 \cdot x\,H_2O$ gleich welcher Herstellungsart sind amorph und polymer. *UR*-Banden um 1630 und 1000 beweisen das Vorhandensein von H_2O und (SnOH)-Gruppen. In den sog. „löslichen" Zinnsäuren ist der (SnOH)-Anteil größer als in den „unlöslichen" Produkten gleichen Gesamtwassergehaltes x [996].

$(CH_3)_3SnOH$. *UR* (Lsg CCl_4) [637]: 507 (*m*), 537 (*vs*), 576 (*m*), 713 (*s*), 1118 (*w*), 1194 (*m*), 1365 (*w*), 2920 (*m*), 2988 (*s*), 3660 (*m*).

$[(CH_3)_3Sn]_2O$. *UR* (fl) [637]: 415 (*m*), 508 (*m*), 532 (*s*), 712 (*m*, *Sch*), 737 (*vs*), 763 (*s*, *Sch*), 1185 (*m*), 1389 (*w*), 1422 (*m*), 2912 (*m*), 2982 (*m*).

$[Sn(OH)_6]^{2-}$. *UR* $Na_2Sn(OH)_6$ krist [627]: 515 (*vs*), 910 (*m*, *b*), 3610 (*s*).

$SnO_2 \cdot x\,H_2O$ (x 0,7 bis 3,5). *UR* [996]: ~560 (*vs*, *vb*), ~660 (*s*, *Sch*), ~1020 (*m*, *vb*), ~1200 (*w*, *vb*), 1630 (*m*, *b*), ~2400 (*w*, *b*), ~3300 (*vs*, *vb*).

g) Bor-Sauerstoff-Verbindungen

Unter besonderen Bedingungen existieren Bor-Sauerstoff-Verbindungen, in denen das B-Atom die Koordinationszahl zwei besitzt (Hybridisierung *sp*). Hierzu gehört das monomere B_2O_3, dessen *UR*-

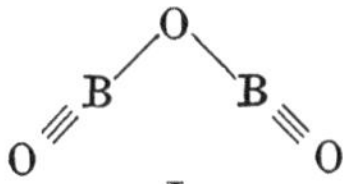

I

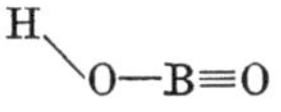

II

O=B—B=O

III

Spektrum in Ar-Matrix gemessen wurde [1033, 1167]. Das Spektrum spricht für eine Struktur I (Symmetrie C_{2v}). Die Kraftkonstanten wurden zu $f(B{-}O) = 6{,}6$ und $f(B{=}O) = 15{,}8$ berechnet [1033]. Aus der letzteren Zahl ergibt sich eine Bindungsordnung von 2,8, also liegt hier eine dreifache Bindung vor. Gleiche Kraftkonstanten gelten für die monomere Metaborsäure II, dessen *UR*-Spektrum am Gas in Emission gemessen wurde [1174] (vgl. Kap. II, S. 63). Im *UR*-Spektrum des gasförmigen B_2O_3 tritt nur eine breite Bande um 1400 auf; es wurde die Struktur IV vorgeschlagen (Symmetrie D_{3h})[289, 1259].

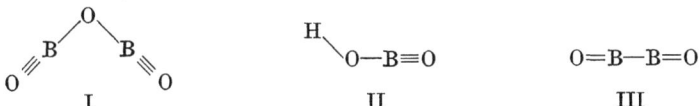

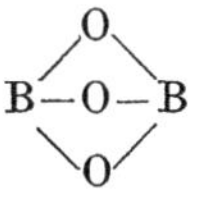

IV

Das gasförmige B_2O_2 hat eine *UR*-Emissionsbande bei 1890 [1174], in Ar-Matrix findet man 1899 ($B^{11}B^{11}$) [1033,1167]. Das Molekül ist linear (III, Symmetrie $D_{\infty h}$), für f(BO) wird 13,9 berechnet, entsprechend einer Bindungsordnung von 2,5. Für das — gleichfalls linear zu erwartende — Radikal BO_2 in Ar-Matrix wird ν(BO) = 1276 angegeben [1033]. Dies würde $(f - f') = 3{,}9$ entsprechen, einem unwahrscheinlich niedrigen Wert.

Das feste und flüssige B_2O_3 ist wegen seiner geringen Flüchtigkeit sicher polymer; eine Struktur B_4O_6 (Symmetrie T_d wie P_4O_6) wurde allerdings auch vorgeschlagen [729, 1040]. Das Kernresonanzspektrum spricht für ebene trigonale Koordination [999]; in Übereinstimmung damit wird aus dem Auftreten einer starken Raman-Linie 806 in kristallinem und glasigem B_2O_3 auf das Vorhandensein von Boroxol-Ringen geschlossen [459].

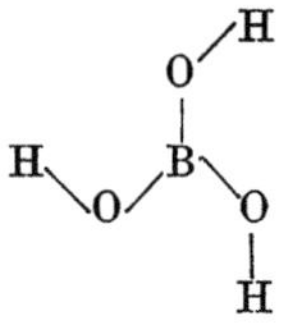

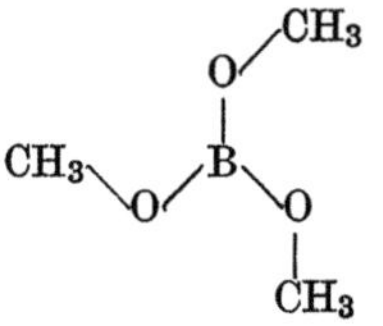

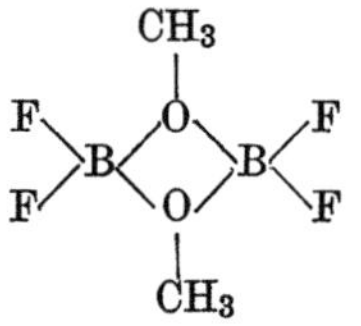

Borsäure ist ein ebenes Molekül der Symmetrie C_{3h}. Die (BO)-Valenzschwingungen liegen bei 880 (A') und 1460 (E'). Die Kraftkonstante f(BO) wurde zu 5,35 berechnet [876], entsprechend der Bindungsordnung 1,15. Ein gewisser π-Charakter ist hier also auch vorhanden, jedoch geringer als im BF_3 (Bindungsordnung 1,4). Die δ(BOH)-Schwingungen liegen hier wie auch in anderen (BOH)-Verbindungen um 1200. Das Gerüst $B(OC)_3$ des Borsäuretrimethylesters hat nach seinem Schwingungsspektrum ebenfalls die Symmetrie C_{3h} [82]. Die BO-Valenzschwingungen sind niedriger (727, 1362) als im $B(OH)_3$, entsprechend auch f(BO) $\doteq$ 4,55. Hier haben die (BO)-Bindungen offenbar keinen π-Anteil mehr. BF_2OCH_3 dimerisiert in flüssigem Zustand über O-Brücken [462], während die Assoziation in flüssiger Dimethylborsäure anders erfolgt [451]. In den Borsäuresilylestern $B(OSiR_3)_3$ beobachtet man ν_e(BO) bei 1334, in den entsprechenden Boroxolderivaten $(B_3O_3)(OSiR_3)_3$ bei 1380 [11].

Wäßrige Alkali-metaboratlösungen enthalten nach dem Raman-Spektrum $B(OH)_4^-$-Ionen [319]; ebenso sind nach Ausweis ihrer *UR*-Spektren das $NaBO_2 \cdot 2\,H_2O$ als $Na[B(OH)_4]$ [458] und das Mineral Teepleit $NaBO_2 \cdot NaCl \cdot 2\,H_2O$ als $Na[B(OH)_4] \cdot NaCl$ [319] zu formulieren. Die (BO)-Valenzschwingungen liegen bei 754 und 940 cm^{-1}, im BH_3OH^- [458] bei 937. Die Valenzkraftkonstanten f(BO) sind in den vierbindigen Borverbindungen wesentlich kleiner als in denen mit dreibindigem Bor (vgl. Kap. IV, S. 142).

In den Boroxolverbindungen wurde mit Hilfe der Schwingungsspektren ein ebener Sechsring der Symmetrie D_{3h} nachgewiesen [456, 459]. Untersucht wurden z. B. X=H, OH, O$^-$, OCH_3, CH_3, Cl, F. Charakteristisch für die Spektren ist die symmetrische Ring-Valenzschwingung ν_1 um 800 im *Ra*-Spektrum und die entartete Ringschwingung ν_6 um 1400, die sehr intensiv im *UR*-Spektrum beobachtet wird (vgl. Kap. II,

S. 86). Hierdurch läßt sich beweisen, daß die festen Alkalimetaborate ebenfalls den Boroxolring enthalten und daher trimer sind [456]. Die Kraft-

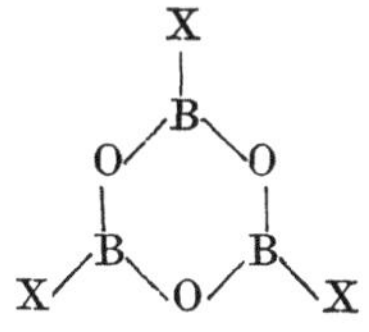

konstante f(BO) ist in den Boroxolen mit 5,2 etwa gleich der der Borsäure.

Im folgenden sind die Spektren der B^{11}-Verbindungen angegeben.

B_2O_3 (monomer). *UR* (Ar-Matrix) [1033]: 454 (*vw*), 477 (*s*), 518 (*s*), 729 (*vw*), 1239 (*m*), 1956 (*m*), 2060 (*vs*).

$(B_2O_3)_\infty$. *Ra* (krist) [459] 806, 1260; *UR* (krist) [756]: 543 (*m*), 638 (*m*), 765 (*s, b*); *Ra* (fl) [504] 808; *Ra* (glasartig) [1230]; *UR* (fl, glasartig) [729, 1040]: 718, 1260.

$B(OH)_3$. *Ra* (krist) [456, 1269]: 499 (4), 735 (0*b*), 884 (10), 1085 (0*b*), 1172 (1), 1384 (1), 1430 (0*b*), 3165 (8), 3251 (8); *Ra* (Lsg) [973]: 500 (2), 880 (5), 1430 (1), 3200 (*s, vb*); *UR* (krist) [456, 973]: 296 (*w*), 274 (*vw*), 277 (*m*), 547 (*s*), 647 (*m*), 798 (*s, b*), 882 (*m*), 925 (*vw*), 1030 (*vw*), 1115 (*vw*), 1195 (*s*), 1220 (*w, Sch*), 1460 (*vs, b*), 2268 (*m*), 3210 (*s, b*); *UR* (Lsg) [470]: 1145 (*s*), 1410 (*vs*).

$B(OH)_4^-$. *Ra* (Lsg) [319]: 379 (1), 533 (1), 754 (10); *UR* $NaB(OH)_4$ (krist) [458]: 685 (*m*), 740 (*m*), 935 (*vs*), 1090 (*s*), 1185 (*s*), 1287 (*m*), 3250 (*s*), 3345 (*vs*) + 3385 (*vs*), 3635 (*w*); *UR* (Lsg) [470]: 945 (*vs, b*), 1160 (*s, b*).

BH_3OH^-. *UR* $NaBH_3OH$ (krist) [458]: 862 (*w*), 937 (*vs*), 1125 (*vs*), 1176 (*vw*), 1307 (*vs*), 2225 (*vs*), 2290 (*vs*), 2375 (*s*), 3520 (*vs*).

$B(OCH_3)_3$ [82]. *Ra* (fl): 200 (6*dp*), 320 (5*p*), 524 (6*dp*), 575 (1), 727 (10*p*), 1031 (6*dp*), 1114 (3*p*), 1176 (3*p*?), 1240 (0), 1350 (1/2), 1469 (8*dp*), 2869 (8*p*), 2941 (6*p*), 2989 (4*p*); *UR* (gas): 664 (*s*) + 669 (*s*) + 676 (*Sch*), 776 (*mw*), 833 (*w*), 868 (*w*), 919 (*w*), 933 (*w*), 1033 (*vs*) + 1041 (*vs*), 1111 (*w, Sch*), 1153 (*ms*), 1196 (*s*), 1274 (*ms*), 1359 (*vs*) + 1364 (*vs*), 1484 (*vs*) + 1492 (*vs*), 1511 (*s, Sch*), 1548 (*m, Sch*), 1562 (*ms*) 2068 (*ms*), 2720 (*m*), 2875 (*s*), 2925 (*s*), 2960 (*s*).

$B_3O_3H_3$ [1155]. *UR* (gas): 918 (*s*), 1213 (*m*), 1389 (*vs*), 2620 (*s*).

$B_3O_3F_3$ [360]. *UR* (gas): 714 (*s*), 966 (*m*), 1233 (*w*), 1280 (*w*), 1381 (*s*), 1450 (*s*).

$B_3O_3Cl_3$ [459]. *Ra* (Lsg BCl_3): 150 (1), 390 (1), 333 (1), 807 (5), 1037 (3).

$B_3O_3(OH)_3$. *Ra* (krist) [858]: 598 (*s*), 819 (*s*); *UR* (krist) [456, 858]: 280 (*m*), 415 (*m*), 462 (*m*), 478 (*w, Sch*), 595 (*w*), 650 (*m*), 745 (*s, b*), 833 (*s, b*), 939 (*m*), 956 (*s*), 1099 (*m*), 1132 (*m*), 1147 (*s*), 1196 (*m*), 1239 (*s*), 1289 (*w*), 1342 (*vs*), 1360 (*vs*), 1397 (*vs, vb*), 1473 (*m*), 3195 (*s*), 3257 (*s*), 3356 (*s*).

$B_3O_6^{3-}$. *UR* $NaBO_2$ (krist) [456]: 702 (*m*), 720 (*m*), 950 (*m*), 1227 (*vs, b*), 1255 (*vs, b*), 1425 + 1450 (*vs, vb*); *UR* (NaCl-Matrix) [548]: 387 (*m*), 455 (*vw*), 473 (*vw*), 616 (*vw*), 690 (*w*), 717 (*m*), 728 (*s*), 823 (*vw*), 950 (*m*), 1138 (*w*), 1222 (*vs*), 1400 (*vs*).

$B_3O_3(CH_3)_3$. *Ra* (fl) [459]: 170 (3), 232 (5), 333 (1), 451 (7), 539 (9), 597 (3), 807 (7), 906 (3), 1155 (7), 1312 (5), 1450 (5), 2687 (3), 2745 (3), 2928 (5); *UR* (gas) [456]: 450 (*vs*), 459 (*m*), 570 (*s*), 783 (*m*), 892 (*m, Sch*), 919 (*s*), 1020 (*w, b*), 1226 (*s*), 1243 (*w, Sch*), 1323 (*m*), 1384 (*vs*), 2947 (*s*), 3015 (*s*).

h) Sauerstoffverbindungen der Übergangsmetalle

Viele Oxide und Oxometallate der Übergangsmetalle kristallisieren in Koordinationsgittern, deren Schwingungsspektren hier nicht besprochen werden sollen. Isolierte Moleküle oder Ionen haben ähnliche spektrale Eigenschaften wie die entsprechenden Verbindungen der Hauptgruppen, indem auch hier mehrfache (MeO)-Bindungen auftreten, die an ihren hohen Valenzschwingungen kenntlich sind. Allgemein kann man aus dem Auftreten von Frequenzen >800 auf das Vorhandensein mehrfacher Bindungen schließen, während die Valenzschwingungen einfacher (MeO)-Bindungen in den bisher untersuchten Fällen im Bereich 400—800 liegen. Tab. 56 gibt eine Auswahl der (MeO)-Frequenzen von Molekülen, in denen man lokalisierte π-Bindungen annehmen kann. Weitere einfache Moleküle dieser Art wurden schon in Kap. II behandelt. Theoretische Betrachtungen über die π-Bindungen in solchen Verbindungen s. z. B. [56, 473, 763]; Abschätzungen von Kraftkonstanten: [1316].

Tabelle 56. (MeO)-*Valenzschwingungen von Übergangsmetallverbindungen*

Molekül	ν(MeO)	Lit.	Molekül	ν(MeO)	Lit.
$TiOCl_2 \cdot 2POCl_3$	1078	260	$[CrOCl_5]^{2-}$	952	64
$TiO(acac)_2$	1087	64	MoO_3	985	64
ZrO^{2+}	877	262	$[MoOCl_5]^{2-}$	967	1168
$[HfO(NCS)_3(H_2O)]^-$	940	182	$[WOCl_5]^{2-}$	970	27
$VO(NO_3)_3$	1015	401	$[TcO(OH)(CN)_4]^{3-}$	905	962
V_2O_5	1020	64	$ReOCl_4$	1023	52
$[VO(H_2O)_5]^{2+}$	1001	330	$[ReO(OH)(CN)_4]^{3-}$	956	688
$[VO(C_2O_4)_2]^{2-}$	976	64	$[Re_2OCl_{10}]^{4-}$	867	572
$NbO(NO_3)_3$	906	350	$[ReO_2(CN)_4]^{3-}$	780	572
$[NbOF_5]^{2-}$	935	609	$[RuO_2Cl_4]^{2-}$	819	572
$[NbOCl_5]^{2-}$	922	1232	$[OsO_2(NH_3)]_4^{2+}$	808	572
CrO_3	969	64	$[OsO_2Cl_4]^{2-}$	837	572
CrO_5	940	484	$[OsO_4(OH)_2]^{2-}$	815	572

Die Valenzschwingungen einfacher (TiO)-Bindungen wurden etwa für $Ti(OC_3H_7)_4$ bei 605 und 648 gefunden [642]; in den Spektren assoziierter Titansäureester liegen sie niedriger, z. B. $Ti(OCH_3)_4$ 533 und 588 [642]. Höhere Werte wurden für Ba_2TiO_4 beobachtet ($\nu_1 = 745$, $\nu_3 = 720$, vgl. Kap. II, S. 69). Die Frequenz 836 des $TiOCl_2$ zeigt noch einen nennenswerten π-Anteil an [260]; dagegen ist ein solcher im $TiOBr_2$ (567 [259]) nicht mehr vorhanden. Ebenso spricht die Frequenz 767 im K_2TiOF_4 [1237] für (TiOTi)-Brücken. $ZrOCl_2$ enthält offenbar die Strukturelemente ZrO^{2+} ($\nu = 877$) und ZrOZr ($\nu_{as} = 538$) [262].

Lokalisierte π-Bindungen kann man in den Vanadyl(V)- und Vanadyl(IV)-Verbindungen annehmen, z. B. $VOCl_3$ ($\nu(VO) = 1035$), $VOBr_3$ (1025) und $VO(NO_3)_3$ mit kovalent gebundenen Nitratogruppen

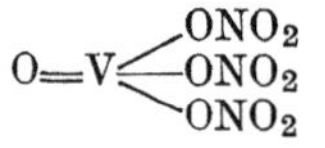

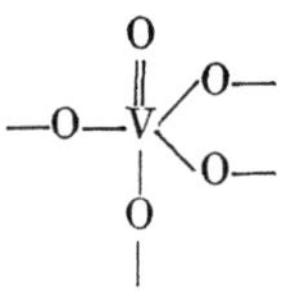

[401]. Auch das V_2O_5 gehört hierher. Nach der Kristallstrukturanalyse hat Vanadin hier die Koordinationszahl 5, wobei jeweils ein O-Atom nur an ein V-Atom gebunden ist, während die vier anderen als Brücken fungieren. *UR*-Spektren weiterer (V = O)-Verbindungen: [1306]. (VO_2)-Gruppen sind in den Verbindungen VO_2Cl (ν_s 855, ν_{as} 990 [1243]), $K_3V_2O_4F_5$ (ν_{as} 931

[1237]) und $(NH_4)_3[VO_2(C_2O_4)_2]$ (ν_s 866, ν_{as} 924 [1302]) vorhanden. Ob diese Gruppe linear oder gewinkelt ist, steht noch nicht fest. Wenn die π-Bindungen nicht lokalisiert sind, findet man niedrigere Frequenzwerte ($VO_4^{3-} \sim 850$, endständige (VO_3)-Gruppen in $V_2O_7^{4-} \sim 900$). Einfache (VO)-Bindungen sind etwa in der (VOV)-Brücke des $V_2O_7^{4-}$ vorhanden ($\nu_s = 560$, $\nu_{as} = 770$).

$NbO(NO_3)_3$ hat die gleiche Struktur wie $VO(NO_3)_3$; $NbOF_5^{2-}$ (und ebenso $CrOCl_5^{2-}$, $MoOCl_5^{2-}$ und $WOCl_5^{2-}$) ist oktaedrisch gebaut (Symmetrie C_{4v}). Die niedrige Frequenz 767 des $NbOCl_3$ spricht für die Anordnung $Nb-O-Nb$ [1232]. Im UR-Spektrum des $KTaOF_4$ werden zwar hohe (TaO)-Frequenzen beobachtet (892, 985), jedoch sollen keine isolierten (TaO)-Gruppen vorhanden sein [1237].

Im CrO_2F_2 ($\nu = 1006, 1016$) und CrO_2Cl_2 (983, 995) kann man lokalisierte π-Bindungen annehmen. Ähnliche Verhältnisse sind im CrO_3 vorhanden, das nach der Kristallstrukturanalyse kettenförmig gebaut ist. 969 wird den endständigen (CrO)-Bindungen zugeordnet, 893 den (CrOCr)-

$$\text{>Cr}\genfrac{}{}{0pt}{}{\diagup O \diagdown}{\diagdown O \diagup}\text{Cr}\genfrac{}{}{0pt}{}{\diagup O \diagdown}{\diagdown O \diagup}\text{Cr<}$$

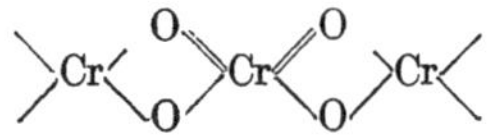

Brücken [64]. Die hohe Lage der letzteren Frequenzen deutet auf einen merklichen π-Anteil auch in den Brücken hin, da man etwa für (CrOCr) in $Cr_2O_7^{2-}$ wesentlich niedrigere Werte findet ($\nu_s \approx 560$, $\nu_{as} \approx 780$). Mittlere Frequenzwerte, die auf nicht lokalisierte π-Bindungen hinweisen, beobachtet man für CrO_4^{2-} (≈ 875) und die (CrO_3)-Gruppen in CrO_3F^- (≈ 940), CrO_3Cl^- (≈ 940) und $Cr_2O_7^{2-}$ (≈ 930). Das gleiche zeigen die Kraftkonstanten; $f(CrO)$ ist für CrOCr in $Cr_2O_7^{2-}$ 3,3, CrO_4^{2-} 5,5, CrO_3 in $Cr_2O_7^{2-}$ 6,1, CrO_3Cl^- 6,3, CrO_2Cl_2 7,2. Nimmt man 3,3 als Wert für die (CrO)-Einfachbindung an, so erhält man die Bindungsordnungen 1,5, 1,6—1,7 und 1,9, also ganz ähnliche Zahlen wie für die entsprechenden Schwefelverbindungen.

Die Spektren der Mo- und W-Verbindungen lassen sich in ähnlicher Weise wie die der Cr-Verbindungen interpretieren. MoO_3 hat nach der Kristallstrukturanalyse oktaedrische Koordination; ein O-Atom ist einzeln gebunden, die anderen in Brücken.

$$\begin{array}{c} O \\ \| \\ -O\diagdown\diagup O- \\ Mo \\ -O\diagup\diagdown O- \\ | \\ O \end{array}$$

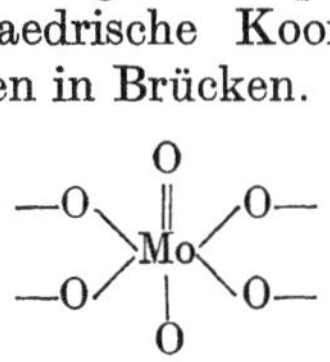

trans-Dioxokomplexe von Re, Ru und Os haben auffällig niedrige (MeO)-Valenzschwingungen (~ 800, vgl. Tab. 56), während man sonst höhere Werte beobachtet. Dieses Phänomen wird auf den trans-Effekt zurückgeführt (vgl. auch Kap. IV). Weitere Moleküle und Ionen der Mn- und Fe-Gruppe, in denen auf Grund hoher (MeO)-Frequenzen mehrfache Bindungen angenommen werden können, sind MnO_4^-, MnO_4^{2-}, MnO_4^{3-}, TcO_4^-, ReO_4^-, ReO_3Cl, ReO_3Br, FeO_4^{2-}, RuO_4, RuO_4^- und OsO_4, deren Spektren schon in Kap. II besprochen wurden.

Schließlich gehören die Ionen MeO_2^{2+} und MeO_2^+ von Uran und den Transuranen hierher. Diese sind linear gebaut, enthalten aber noch Liganden in der Ebene senkrecht zur (O—Me—O)-Achse. Für ν_{as}(MeO) wird an den wäßrigen Lösungen der Perchlorate gefunden [590, 764]: UO_2^{2+} 965, NpO_2^{2+} 969, PuO_2^{2+} 962, AmO_2^{2+} 939 sowie NpO_2^+ 824 und AmO_2^+ 832. Auch Uranate und Diuranate enthalten (UO_2)-Gruppen, z. B. K_2UO_4 (ν_{as} 732), $K_2U_2O_7$ (822, 768) [1261]. ν_s(UO) wird im *Ra*-Spektrum einer wäßrigen Lösung von $UO_2(ClO_4)_2$ bei 880 gefunden [238].

$V_2O_7^{4-}$ [302]. *UR* $Na_4V_2O_7$ (krist): 350, 371, 390 (*s*), 408, 464, 560, 765, 780, 830 (*s*), 842, 860 (*s*), 880 (*s*), 895, 917, 922, 940, 950.

$Cr_2O_7^{2-}$ [1045]. *Ra* (Lsg): 220 (4), 365 (5*b*), 558 (2*p*), 772 (0), 904 (10*p*), 946 (3*b*); *UR* $(NH_4)_2Cr_2O_7$ (krist): 567 (*w*), 762 (*s*), 795 (*w*, *Sch*), 884 (*ms*), 906 (*ms*), 937 (*vs*), 955 (*vs*).

$Mo_2O_7^{2-}$ [302]. *UR* $Na_2Mo_2O_7$ (krist): 315, 333, 360 (*s*), 465, 600 (*s*), 785, 825 (*s*), 862, 880, 910, 950, 990.

$W_2O_7^{2-}$ [302]. *UR* $Na_2W_2O_7$ (krist): 360, 418, 455, 575, 625 (*s*), 780 (*s*), 832 (*s*), 885, 915, 950, 962.

3. Stickstoffverbindungen

a) Moleküle mit (NN)-Bindung

Hydrazin N_2H_4 hat eine Struktur der Symmetrie C_2, die der des H_2O_2 entspricht (vgl. S. 61). Die (NN)-Bindung definiert mit der Winkelhalbierenden der (NH_2)-Gruppen zwei Ebenen, deren Winkel miteinander („Diederwinkel") nach der Analyse der Rotationsfeinstruktur der *UR*-Bande 377 zu 90° ermittelt wurde [1208]. Die zweizählige Achse steht senkrecht zur (NN)-Bindung und halbiert den Diederwinkel. Die (NN)-Valenzschwingung liegt bei 875, die (NH)-Valenzschwingungen um 3300, die (NH_2)-Deformationsschwingungen bei 1493 (?) und 1608. Die übrigen Frequenzen zwischen 780 und 1275 entsprechen den (HNN)-Schwingungen. Die Torsionsschwingung wird bei 377 gefunden.

In den Spektren der Hydraziniumionen werden höhere (NN)-Frequenzen beobachtet ($N_2H_5^+$ 970, $N_2H_6^{2+}$ 1027). Die (NN)-Valenzkraftkonstanten lassen sich abschätzen zu 3,6 (N_2H_4), 4,6 ($N_2H_5^+$) und 5,3 ($N_2H_6^{2+}$). Der letzte Wert entspricht dem nach Gl. (39), Kap. I, zu erwartenden für eine einfache Bindung. Es kann angenommen werden, daß bei $N_2H_5^+$ und N_2H_4 eine Schwächung der (NN)-Bindung durch freie Elektronenpaare eintritt, wie es für F_2 vorgeschlagen wurde [804]. Entsprechend wird für $N_2H_3^-$ eine noch niedrigere Valenzschwingung (847) und Valenzkraftkonstante (3,3 mdyn/Å) gefunden [460].

Entsprechend der leichten Dissoziation findet man sehr niedrige (NN)-Valenzschwingungen in N_2O_4 (266), N_2O_3 (253) und N_2O_2 (262), die auf Kraftkonstanten $\sim$1,3 schließen lassen. Im Spektrum des N_2F_4 (Struktur wie N_2H_4), welches ebenfalls verhältnismäßig leicht dissoziiert, liegt die (NN)-Frequenz wahrscheinlich bei 737 [1286].

Eine isolierte (NN)-Doppelbindung liegt außer in N_2F_2 und N_2H_2 (vgl. Kap. II) auch in den Azoverbindungen R—N=N—R vor. Das Gerüst C—N—N—C ist eben; es tritt cis- und trans-Anordnung auf.

Im trans-Azomethan ist $\nu(NN) = 1576$; ähnliche Zahlen findet man für andere Azoverbindungen.

Im Hyponitrit-Ion $N_2O_2^{2-}$ mit $\nu(NN) = 1383$ (trans) bzw. 1314 (cis) ist keine lokalisierte Doppelbindung vorhanden; man hat eine Mesomerie anzunehmen:

$$O=\overset{(-)}{N}-\overset{(-)}{N}-O \longleftrightarrow \overset{(-)}{O}-N=N-\overset{(-)}{O} \longleftrightarrow \overset{(-)}{O}-\overset{(-)}{N}-N=O$$

wobei die mittlere Grenzstruktur mit dem größten Gewicht beteiligt sein wird, da die (NO)-Valenzschwingungen niedriger liegen (830—1115). Ähnliche Verhältnisse trifft man in den Ionen $N_2O_2SO_3^{2-}$ ($\nu(NN) = 1322$) und $N(C_2H_5)_2N_2O_2^-$ an; UR-Spektrum des letzteren: [698]. Die

$$\left[\begin{array}{c} O \\ \diagdown \\ SO_3 \end{array} N=N \diagdown O \right]^{2-} \qquad \left[\begin{array}{c} O \\ \diagdown \\ N \\ (C_2H_5)_2 \end{array} N=N \diagdown O \right]^-$$

Struktur des Anions im dimeren FREMYschen Salz $K_4N_2O_2(SO_3)_4$ ist noch nicht geklärt; das Spektrum der monomeren Form weist eine (N=O)-Frequenz 1620 auf, die für das Dimere fehlt [1207].

Das Azid-Ion N_3^- ist symmetrisch gebaut (Symmetrie $D_{\infty h}$; $\nu_s = 1344$, $\nu_{as} = 2035$). In Aziden RN_3 mit kovalenter Bindung R—N geht die Symmetrie verloren, so daß beide Valenzschwingungen im UR- und Ra-Spektrum beobachtbar werden. Auch die Verteilung der Bindungselektronen ist hier nicht mehr symmetrisch, was sich in einem Auseinanderrücken der beiden Valenzschwingungen äußert (vgl. Tab. 57).

Tabelle 57. *Valenzschwingungen von Aziden*

Molekül	ν_s(NNN)	ν_{as}(NNN)	Lit.
N_3^-	1344	2035	
HN_3	1274	2140	
CH_3N_3	1276	2104	
H_3SiN_3	1325	2170	311
$(CH_3)_3SiN_3$	1332	2131	1112
$(CH_3)_3GeN_3$	1286	2103	1112
Cl_3SnN_3	1232	2148	1318
$(CH_3)_3SnN_3$	1286	2045	1112
$(CH_3)_3PbN_3$	1279	2034	1112
$(CH_3)_2N-N_3$	1210	2110	127
$[(CH_3)_3Si]_2N-N_3$	1290	2130	1176
Cl_3TiN_3	1230	2160	1318

Nach Kernabstandsmessungen ist die äußere (NN)-Bindung in HN_3 und CH_3N_3 die kürzere, so daß hier die größere Elektronendichte herrscht. Die Gruppe N—N—N ist stets linear, X—N—N dagegen gewinkelt. Über die Spektren von Azido-Komplexen der Übergangsmetalle liegt bisher nur wenig Material vor [382].

$$\overset{R}{\diagdown}\overline{N}=N=N\rangle \longleftrightarrow \overset{R}{\diagdown}\overline{N}-N\equiv N|$$

Eine dreifache Bindung liegt außer im N_2 ($\nu = 2330$) auch in den aromatischen Diazoniumsalzen vor ($\nu(NN) \sim 2300$ [835]).

N_2H_4. *UR* (gas) [416, 1208]: 377, 780 (*s*), 875 (*vw*), 933 + 966 (*vs*), 1098 (*m*), 1275 (*w*), 1493 (*vw*), 1587 + 1628 (*m*), 2000 (*w*), 2250 (*vw*), 2526 (*vw*), 3280 + 3314 (*m*), 3325, 3350 (*m*); (fl): 873; (fest): 885; (Matrix): [172]; *Ra* (fl) [630, 1213]: 783 (*vw*), 882 (*s*, *p*), 1000 (*vw*), 1111 (*vs*, *p*), 1295 (*vw*), 1628 (*s*, *dp*), 3190 (*s*, *p*), 3261 (*s*, *p*), 3273 (*s*, *p*), 3336 (*s*, *dp*).

$N_2H_5^+$. *UR* N_2H_5Cl (krist) [258]: 973 (*s*), 1101 (*s*, *b*), 1124 (*s*, *b*), 1246 (*s*), 1417 (*m*), 1500 (*s*), 1584 (*m*, *b*), 1638 (*m*, *b*), 1745 (*w*, *b*), 1970 (*m*, *b*), 2350 (*w*), 2602 (*s*), 2716 (*s*, *b*), 2903 (*s*) ?, 2950 (*s*) ?, 3034 (*s*), 3150 (*s*), 3261 (*s*).

$N_2H_3^-$. *UR* NaN_2H_3 (krist) [460]: 847 (*m*), 972 (*w*), 988 (*w*), 1103 (*vs*) + 1132 (*Sch*), 1232 (*w*), 1330 (*w*, *Sch*), 1599 (*s*), 3100 (*m*), 3155 (*m*), 3202 (*w*).

N_2F_4. *Ra* (gas): [1268]: 350, 421, 597 (*s*), 721 (*m*), 860 (*w*), 929 (*ms*), 1011 (*w*), 1034 (*s*); *UR* (gas) [303, 1286]: 122 (*vw*), 390 (*s*), 467 (*s*), 519 (*m*), 542 (*m*), 591 (*m*), 737 (*vs*), 852 (*m*), 933 (*vs*), 946 (*vs*), 959 (*vs*), 998 (*vs*), 1010 (*vs*), 1023 (*vs*), 1031 (*vs*).

$N_2O_2SO_3^{2-}$. *UR* $K_2N_2O_2SO_3$ (krist) [291]: 625 (*m*, *b*), 922 (*s*), 1055 (*s*), 1130 (*s*), 1230 (*s*), 1265—1285 (*ms*), 1322 (*s*).

$N_2O_2(SO_3)_4^{4-}$. *UR* $K_4N_2O_2(SO_3)_4$ (krist) [1207]: 850 (*m*), 1050 (*s*), 1070 (*s*), 1290 (*s*), 1260 (*s*).

b) Cyanide, Cyanate, Thiocyanate und Cyanamide

Die Valenzschwingung der (CN)-Dreifachbindung liegt im Cyanid-Ion bei 2076, im CH_3CN bei 2267. Entsprechend sind die Valenzkraftkonstanten verschieden, für CN^- 16,4, für CH_3CN 18,1 [294], für HCN 18,0. Der Unterschied kann darauf beruhen, daß im HCN und CH_3CN das C-Atom *sp*-hybridisiert ist, im CN^- dagegen ein *p*-Zustand vorliegt. Im Isonitril CH_3NC liegt die CN-Frequenz wieder niedriger (2166; $f = 16{,}7$ [294]), wohl wegen der semipolaren Bindung $|C \overset{-}{\underset{+}{=}} N{-}CH_3$.

In den Spektren von Cyaniden anderer Elemente mit kovalenter (X—CN)-Bindung findet man ν(CN)-Frequenzen zwischen 2160 und 2225. Im allgemeinen wird für diese Substanzen Cyanid-Struktur $X{-}C{\equiv}N$ angenommen; nur für Si- und Ge-Verbindungen wurde auch die Isocyanid-Struktur $X{-}N{\equiv}C$ vorgeschlagen. Die Isotopenaufspaltung C^{12}/C^{13} und N^{14}/N^{15} in den Spektren von festem $(CH_3)_3SiCN$ und D_3SiCN sprechen für die Cyanidstruktur [681]. Da einige chemische Reaktionen sich besser mit der Isocyanidstruktur vereinbaren lassen [76, 748], wurde auch ein tautomeres Gleichgewicht zwischen beiden Formen in flüssigem Zustand vorgeschlagen, wobei die Cyanidform überwiegt [974]. Die starke *UR*-Bande 2198 des $(CH_3)_3SiCN$ wird der Cyanidform, die schwache 2105 der Isocyanidform zugeordnet. Ebenso wird für $(CH_3)_3GeCN$ 2197 (*s*) und 2100 (*w*) gefunden, dagegen für $(CH_3)_3SnCN$ nur 2175 (*s*) [974].

Im *UR*-Spektrum einer Substanz, die für $B(CN)_3$ gehalten wird, tritt keine Bande zwischen 1700 und 3200 auf [498]. Sicher handelt es sich hier nicht um monomeres $B(CN)_3$. In dem B-Cyano-borazol $[(CN)BNCH_3]_3$ liegt ν(CN) bei 2225 [1258].

Aus dem Spektrum des Cyanamids wird geschlossen, daß die Amidnitrilform $H_2N{-}CN$ vorliegt, nicht das Diimid $HN{=}C{=}NH$. Das Molekül ist nicht eben gebaut; dennoch hat die $(NH_2{-}C)$-Bindung merklichen π-Charakter ($f \approx 8$ [693, 1288] entsprechend einer Bindungsordnung von 1,5). Dagegen hat das CN_2^{2-}-Ion in den Salzen des Cyanamids symmetrische Struktur ($D_{\infty h}$). In den Alkylderivaten $C(NR)_2$ liegt ebenfalls Diimidstruktur vor (ν_{as}(CN) = 2100—2150 [766]).

$$H_2N—C\equiv N \longleftrightarrow H_2N{=}C{=}N \qquad (N{=}C{=}N)^{2-} \qquad R—N{=}C{=}N—R$$

Aus seinem Schwingungsspektrum wird auf Ebenheit des Ions $C(CN)_3^-$ geschlossen [779] (Symmetrie D_{3h}). Hiernach liegt Mesomerie dreier äquivalenter Grenzstrukturen vor.

Das Ion $N(CN)_2^-$ ist nach seinem *UR*-Spektrum gewinkelt (Symmetrie C_{2v}); die hohe Frequenz $\nu_{as}(NC_2)$ = 1344 spricht für eine Beteiligung von Grenzstrukturen der angegebenen Art [652].

Kovalente Cyanate liegen nach allgemeiner Ansicht stets in der Isoform X—N=C=O vor.* Die Valenzschwingungen der linearen NCO-Gruppe liegen bei etwa 1450 und 2250. Wegen des pseudosymmetrischen Charakters der (NCO)-Gruppe (vgl. Kap. II) ist die Frequenz 1450 im Raman-Spektrum intensiv, 2250 sehr schwach. Die Gruppe XNC ist in HNCO und CH_3NCO gewinkelt. Für $Si(NCO)_4$ wurde dagegen aus dem Schwingungsspektrum auf lineare Anordnung Si—N—C—O geschlossen [782]. Dies beruht auf einem π-Bindungsanteil der (SiN)-Bindung entsprechend Grenzstrukturen der angegebenen Form. Im analogen $Ge(NCO)_4$ wird dagegen Winkelung der (GeNC)-Gruppe angenommen [782]. Für f(BN) des $(CH_3)_2B—NCO$ wurde 5,8 ermittelt [441], entsprechend der Bindungsordnung 1,4, so daß auch hier ein erheblicher π-Bindungsanteil vorliegt.

Tabelle 58. *Valenzschwingungen von Isocyanaten*

Molekül	ν_s(NCO)	ν_{as}(NCO)	Lit.
HNCO	1327	2274	
$(CH_3)_2BNCO$	1505	2285	452
$Si(NCO)_4$	{1474 1482	2347 2284	782
$(CH_3)_3SiNCO$	1435	2282	454
$O[Si_2(NCO)_6]$	1474	2268	782
$Ge(NCO)_4$	{1432 1426	2304 2247	782
$P(NCO)_3$	{1430 1421	2297 2235	778
$PO(NCO)_3$	{1453 1429	2320 2265	778

* Neuerdings wurden auch Alkyl-n-cyanate R—O—C≡N dargestellt; ν(COC) = 1120, ν(C≡N) = 2250 [1265].

Die *UR*-Frequenzen der (CNO)-Gruppe in kovalenten Fulminaten zeigt Tab. 59. Die Bindung dürfte über das C-Atom erfolgen. Das Absinken der Schwingungen vom C- zum Pb-Derivat ist wohl in erster Linie auf zunehmende Polarität der (X—C)-Bindung zurückzuführen.

Ganz ähnlich wie bei den Cyanaten liegen die Verhältnisse bei den kovalenten Thiocyanaten. Auch hier herrscht die Isoform X—N=C=S vor; normale Rhodanstruktur besitzen die Verbindungen R—SCN, Cl—SCN, Br—SCN, J—SCN, Dirhodan (SCN)$_2$ [826] und CH$_3$N(SCN)$_2$ [1217]. Das Rhodantrichlorid SCNCl$_3$ ist nach seinem Schwingungsspektrum ein 1,2,3-Trichlorrhodan [50, 342]:

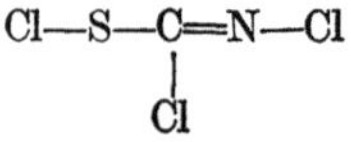

Tabelle 59. *Valenzschwingungen in Fulminaten* [1225].

(C$_6$H$_5$)$_3$C—CNO	1307	2280
(C$_6$H$_5$)$_3$Si—CNO	1302	2200
(C$_6$H$_5$)$_3$Ge—CNO	1276	2164
(C$_6$H$_5$)$_3$Sn—CNO	1165	2156
(C$_6$H$_5$)$_3$Pb—CNO	1149	2123
CNO$^-$	1112	2098

$$Cl-S-\underset{\underset{Cl}{|}}{C}=N-Cl$$

Die Valenzschwingungen der linearen Gruppe —NCS liegen um 1000 und 2000. Die letztere ist häufig infolge FERMI-Resonanz mit dem Oberton der Frequenz 1000 aufgespalten. Eine lineare Anordnung X—N—C—S ergab sich bisher nur in den Siliciumverbindungen H$_3$SiNCS [312, 757] und Si(NCS)$_4$ [170]. Die Kraftkonstante f(SiN) für

Tabelle 60. *Valenzschwingungen von Isothiocyanaten*

Molekül	ν(SC)	ν(CN)	Lit.
HNCS	995	1963	
CH$_3$NCS	1087	{2166 / 2218}	
B(NCS)$_3$	968	2010	1035
B(NCS)$_4^-$	962	2075	620
Si(NCS)$_4$	{1042 / 1079}	2104 / 1995	170, 465
H$_3$SiNCS	1034	{2045 / 2095}	312, 757
Cl$_3$SiNCS	1067	2020	465
P(NCS)$_3$	1005	1950	1035
PO(NCS)$_3$	1065	1950	1035
PS(NCS)$_3$	1045	1940	1035
As(NCS)$_3$	960	1920	1035

H$_3$SiNCS wurde zu 4,8 mdyn/Å berechnet [940], entsprechend einer Bindungsordnung von 1,4. Normale Thiocyanate X—S—C≡N haben Valenzschwingungen um 700 und 2150.

CH$_3$CN [807, 856] (Symmetrie C_{3v}). *UR* (gas): A_1 920, 1389, 2267, 2954; E 362, 1041, 1454, 3009.

CH$_3$NC [1182] (Symmetrie C_{3v}). *UR* (gas): A_1 945, 1429, 2166, 2966; E 263, 1129, 1467, 3014.

NH$_2$CN [361]. *Ra* (fl): 437 (*ms, dp*), 495 (*vw*), 538 (*w*), 663 (*vw*), 865 (*vw*), 930 (*w*), 1132 (*s, p*), 1587 (*s, dp*), 2235 (*ms, Sch, p*), 2259 (*vs, p*), 3140 (*ms, p*), 3273 (*vs, p*), 3367 (*ms, dp*); *UR* (fl): 693 (*w*), 926 (*mw*), 1128 (*ms*), 1585 (*s*), 2259 (*vs*), 2740 (*ms*), 3140 (*s*), 3272 (*vs*), 3365 (*vw*).

N(CN)$_2^-$ [653, 1037]. *UR* NaN(CN)$_2$ (krist): 518 (6), 529 (6), 543 (2), 664 (3), 930 (5), 1344 (8), 2179 (9), 2232 (6), 2286.

$C(CN)_3^-$ [692, 779] (Symmetrie D_{3h}). *Ra* (Lsg): A_1 657 (2*p*), 2222 (10*p*); E' 483 (2*dp*), 609 (2*dp*), 1243 (3*dp*), 2173 (10*dp*); *UR* $KC(CN)_3$ (krist): A_2'' 404 (*w*), 567 (*vs*); E' 479 + 486 (*w*), 608 (*vw*), 1239 + 1251 (*s*), 2176 (*vs*).

$S(CN)_2$. *Ra* (fl) [341]: 140 (6*d*), 419 (3), 680 (4), 2186 (12); *UR* (krist) [45, 695]: 329 (2), 374 (2), 499 (0,2), 635 (4), 665 (10), 684 (8), 2179 (7), 2188 (4, *Sch*).

$Se(CN)_2$ [45]. *Ra* (Lsg CH_3CN): 308 (1), 348 (1), 449 (4,5), 514 (22), 598 (2), 2178 (35, *p*); *UR* (krist): 302 (0,5), 312 (0,5), 336 (3), 345 (0,5 *Sch*), 436 (1,5), 516 (10), 608 (1); (Lsg) 2175 (1,5), 2183 (1, *Sch*).

$Te(CN)_2$ [375]. *UR* (krist): 403 (*s*), 460 (*vw*), 1086 (*w*), 1316 (*w*), 2179 (*m*), 2181 (*m*, *Sch*).

$P(CN)_3$ [453, 1279]. *Ra* (Lsg CH_3CN): 130 (0*b*), 312 (1), 453 (3), 463 (3*p*), 581 (1, *Sch*), 603 (4*p*), 630 (7*p*), 2206 (10*p*); *UR* (krist): 110 (*vw*), 145 (*m*), 159 (*m*), 314 (*m*), 452 (*w*), 468 (*w*), 586 (*w*), 603 (*vs*), 630 (*vs*), 2202 (*s*).

$As(CN)_3$ [1279]. *Ra* (krist): 416 (3), 443 -- 454 (10*b*), 2204 (5); *UR* (krist): 80 (*m*), 106 (*m*), 122 (*w*, *Sch*), 140 (*s*, *vb*), 276 (*w*, *Sch*), 280 (*m*), 406 (*w*), 415 (*vw*), 446 + 457 (*s*), 2199 (*m*), 2203 (*w*), 2210 (*m*).

SiH_3CN [681] (Symmetrie C_{3v}). *UR* (gas): A_1 608 (*s*), 920 (*vs*), 2205 (*s*), 2212 (*s*); E 682 (*s*), 941 (*s*), 2227 (*vs*); ferner 469 (*m*) = 2δ(SiCN).

GeH_3CN [437] (Symmetrie C_{3v}). *UR* (gas): A_1 512, 832, 2139, 2205; E 626, 894, 2148; ferner 443 = 2δ(GeCN).

$Si(NCO)_4$ [454, 782] (Symmetrie T_d). *Ra* (fl): A_1 494 (10*p*), 1474 (9*p*), 2347 (1*p*); E 251 (5*dp*), 291 (2*vb*, *dp*), 619 (4*dp*); F_2 2276 (0*vb*, *dp*). *UR* (fl): F_2 338 (*m*), 542 (*vw*, *Sch*) ?, 608 (*s*), 727 (*vs*), 1482 (*s*), 2284 (*vs*).

H_3SiNCS [312] (Symmetrie C_{3v}). *Ra* (fl): A_1 483 (*s*, *b*, *p*), 930 (*s*, *b*, *p* ?), 1010 (*s*, *p*), 2064 (*s*, *p*), 2198 (*vs*, *p*); E 703 (*m*, *dp*), 2217 (*m*, *dp*); *UR* (gas): A_1 497 (*m*), 949 (*vs*), 1034 (*m*), 2095 (*vs*), 2200 (*s*); E 555 (*mw*), 710 (*m*), 950 (*s*), 2210 (*s*).

$Si(NCS)_4$ [170] (Symmetrie T_d). *Ra* (Lsg): A_1 380 (5*p*), 1042 (10*p*), 2104 (1*p*); E 235 (5*dp*); F_2 482 (2*dp*), 1079 (6*dp*), 1995 (5*dp*); *UR* (Lsg): F_2 305 (*s*), 484 (*m*), ~560 (*m*, *Sch*), 598 (*vs*), 1078 (*vs*), 2001 (*vs*).

c) Schwefel-Stickstoff-Verbindungen

Dem Schwefelstickstoff S_4N_4 kommt nach der Kristallstrukturanalyse die Gestalt eines Achtringes zu. Die N-Atome besetzen die Ecken eines Quadrates; die S-Atome bilden ein verzerrtes Tetraeder (Symmetrie D_{2d}). Die relativ kurzen (SS)-Abstände (2,58 Å) weisen auf eine schwache

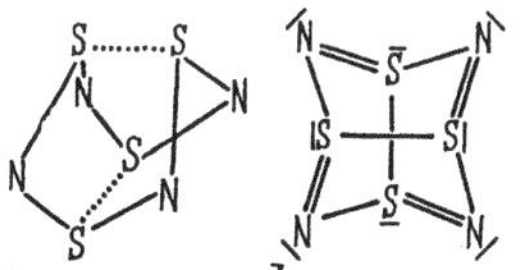

a b

(SS)-Bindung hin. Die verhältnismäßig hohe Valenzschwingung 925 läßt auf einen Doppelbindungscharakter der (SN)-Bindungen schließen entsprechend der angegebenen Konstitution, wo aber die π-Bindungen nicht lokalisiert sind. Eine noch höhere (SN)-Valenzschwingung (1225) wird im *UR*-Spektrum des polymeren Schwefelstickstoffs $(SN)_x$ beobachtet [181], dagegen scheinen in dem analogen Selenstickstoff (Se_4N_4) keine π-Bindungen vorzuliegen [565].

Das Auftreten von Frequenzen um 3300 beweist (NH)-Bindungen im $S_4N_4H_4$; es liegt ein gewellter Achtring wie im S_8 vor (Symmetrie C_{4v}).

Die höchste (SN)-Valenzschwingung liegt (780) hier niedriger als im N_4S_4 (925), so daß offenbar keine π-Bindungen mehr vorhanden sind. Ein Zwischenglied zwischen S_8 und $S_4N_4H_4$ stellt das S_7NH dar; *UR*-Spektrum 3330, 807 [98]. Ähnliche Frequenzen werden in den *UR*-Spektren der verschiedenen Isomeren von $S_6(NH)_2$ und $S_5(NH)_3$ beobachtet [1260]. Das Tetrathionylimid $(SONH)_4$ hat wahrscheinlich ebenfalls Achtring-Struktur; es treten (S=O)-Frequenzen (1215, 1234) und eine (NH)-Frequenz (3250) auf [362]. Die gleichen Strukturelemente enthält das $(SONH)_x$, welches offenbar Ketten oder größere Ringe bildet [99].

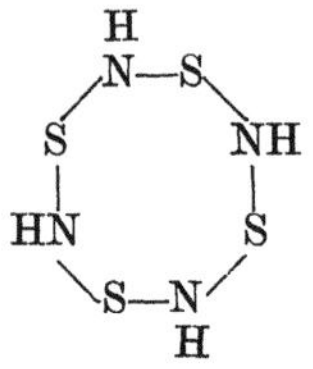
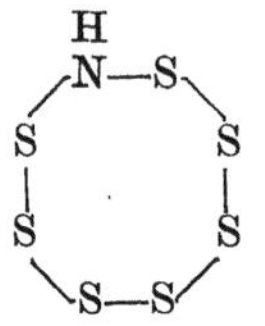
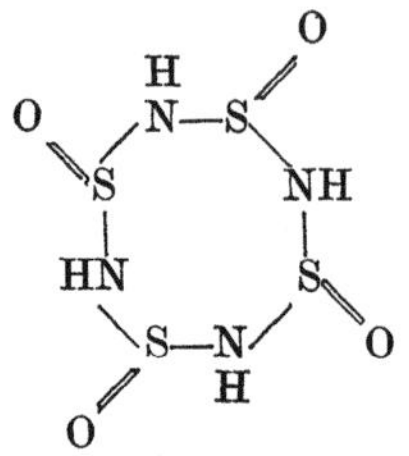

Ein (NS)-Sechsring liegt in den Trithiazylverbindungen vor. Das sehr einfache *UR*-Spektrum des Fluorids $N_3S_3F_3$ (650 (*s*), 720 (*s*), 1080 (*s*)) spricht für Ebenheit des Moleküls (Symmetrie D_{3h}) [431]. Die Frequenz 1080 ist die entartete Ringschwingung ν_6 der Klasse E' (vgl. Kap. II, S. 86), deren hohe Lage auf starke (nicht lokalisierte) π-Bindungen im Ring schließen läßt.

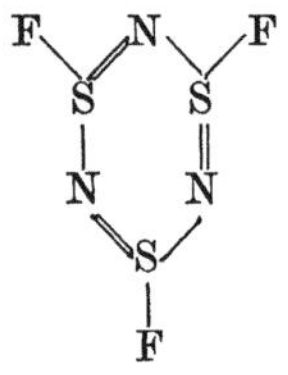
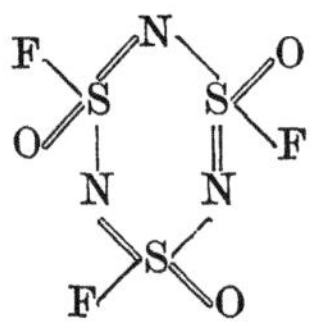
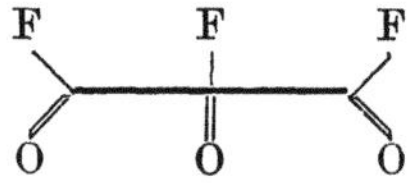
cis (C_{3v})
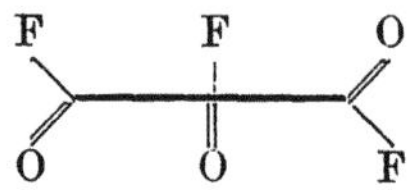
trans (C_s)

Ebenfalls Sechsringstruktur besitzen die Sulfanurhalogenide $(NSOHal)_3$. Von ihnen existieren je zwei Isomere, die sich in der Stellung der exocyclischen Atome zum Ring unterscheiden. Das cis-Isomere hat die höhere Symmetrie (C_{3v}); da hier Entartungen von Normalschwingungen auftreten, müßte es ein einfacheres Spektrum besitzen als das trans-Isomere (Symmetrie C_s). Hierdurch gelang die Bestimmung der Konfiguration für die Sulfanurfluoride [969]. Die Spektren der Isomeren des Sulfanurchlorids sind dagegen einander sehr ähnlich [1131]. In den *UR*-Spektren dieser Verbindungen treten hohe Ring-Valenzschwingungen auf (1170 im Fluorid, 1100 im Chlorid), die wiederum auf einen hohen π-Bindungsanteil im Ring hinweisen. Die (S=O)-Valenzschwingungen werden hier bei $\sim$1390 (Fluorid) und $\sim$1340 (Chlorid) beobachtet. Nach der Kristallstrukturanalyse ist der Ring im Sulfanurchlorid nicht eben gebaut; das Schwingungsspektrum läßt hierüber wegen der zu geringen Symmetrie eine Entscheidung nicht zu.

Für das Trisulfimid-Ion $(NSO_2)_3^{3-}$ machte die Kristallstrukturanalyse einen ebenen (NS)-Sechsring (Symmetrie D_{3h}) wahrscheinlich; nur das *Ra*- Spektrum ist bisher bekannt.

Das Schwingungsspektrum des $S_4N_3^+$-Ions läßt sich in Übereinstimmung mit der Kristallstruktur mit einem ebenen Siebenring (Symmetrie C_{2v}) vereinbaren [53]; die höchste (NS)-Valenzschwingung (1190) zeigt wieder das Vorhandensein nicht lokalisierter π-Bindungen an. Ebene Ringe liegen ferner vor in den Verbindungen $Me(S_4N_4H_2)$ mit Me=Fe, Co, Ni, Pd, Pt, die ursprünglich als Thionitrosyle $Me(SN)_4$ angesehen wurden [434], nach ihren *UR*-Spektren aber (NH)-Gruppen enthalten (3230, 3100) [872].

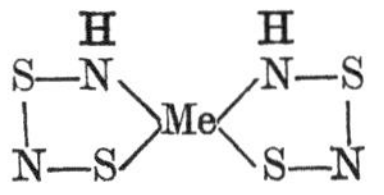

Lokalisierte (NS)-Doppelbindungen treten in den Verbindungen $F_4S{=}N{-}CF_3$ (ν = 1343 [1125]) $F_2S{=}N{-}COF$ (1350) [1241]), HN=S=O (1090, 1261) und $HN{=}SF_2{=}O$ (1220, 1430 [857]) auf. Wegen der spektralen Ähnlichkeit von (S=NH) und (S=O) kann man in den Spektren der letzten beiden Verbindungen nicht zwischen ν(SO) und ν(SN) unterscheiden.

Dreifachbindungscharakter besitzt die (NS)-Bindung im Thiazyltrifluorid $N{\equiv}SF_3$ (Bindungsordnung aus f(NS) 2,8) ebenso im $NSF_2N(C_2H_5)_2$ [1255] und weniger ausgeprägt im Thiazylfluorid NSF (2,4) (vgl. Kap. II).

In den Amidoderivaten der Schwefelsäure besteht die Möglichkeit zur Ausbildung von π-Bindungen zwischen N und S wegen des freien Elektronenpaares am Stickstoffatom. Nach den Schwingungsspektren von $(NH_2)_2SO_2$, $NH_2SO_3^-$ und $NH(SO_3)_2^{2-}$ kann der π-Bindungsanteil hier aber nur klein sein [990]; die (SN)-Valenzschwingungen liegen zwischen 800 und 900. Das Schwingungsspektrum der Amidosulfonsäure zeigt das Vorliegen der Zwitterion-Form $^+NH_3SO_3^-$ [991, 1139]. Die (SN)-Bindung ist hier auffällig schwach (ν = 696) [991], (vgl. auch S. 140).

N_4S_4 [685]. *Ra* (Lsg): 177 (10), 213 (10), 347 (2), 519 (4), 561 (4), 615 (3), 655 ?, 692 ?, 720 (4), 785 (0), 882 (2), 934 (2). *UR* (krist): 347 (*s*), 397 (*w*), 412 (*w*), 519 (*m*), 531, 552 (*s*) + 557 (*s*), 696 (*s*), 719 (*s*), 762 (*w*), 792 (*vw*), 925 (*s*), 1000 (*w*), 1025 (*w*), 1040 (*w*).

$N_4S_4H_4$ [685]. *UR* (krist): 280—302 (*m*), 407 (*m*), 462 (*s*), 516 (*m*), 541 (*m*), 693 (*w*), 705 (*w*), 780 (*s*), 1262 (*w*), 1296 (*w*), 1302 (*m*), 3220 (*s*), 3285 (*s*). 3320 (*m*),

$(NS)_x$ [181]. *UR*: 600 (*m*), 657 (*mw*), 685 (*mw*), 1015 (*ms*), 1047 (*w*), 1225 (*s*), 1400 (*m*).

N_4Se_4 [565]. *UR*: 277 (*s*), 288 (*m*), 302 (*s*), 434 (*s*), 459 (*w*), 528 (*vw*), 575 (*vs*), 625 (*m*), 770 (*w*).

$S_4N_3^+$ [53]. *Ra* (Lsg): 149 (*w*), 181 (*w*), 213 (*vw*), 263 (*m*), 427 (*s*), 455 (*vw*), 571 (*m*), 616 (*s*), 1028 (*s*), 1085 (*vw*), 1153 (*w*), 1190 (*m*); *UR* N_4S_3Cl (krist): 317 (*m*), 451 + 466 (*s*), 561 (*s*), 606 (*w*), 678 (*s*), 998 (*vs*), 1102 (*vw*), 1125 (*w*), 1163 (*s*).

cis-(NSOF)$_3$ [969]. *UR*: 518 (*s*), 559 (*m*), 776 (*vs*), 875 (*vs*), 1060 (*vw*), 1168 (*vs*), 1245 (*vvw*), 1360 (*m*), 1395 (*vs*), 1416 (*m*).

trans-(NSOF)$_3$ [969]. *UR*: 522 (*s*), 553 (*s*), 781 (*s*), 798 (*vs*), 875 (*m*), 899 (*vs*), 1060 (*vw*), 1172 (*vs*), 1245 (*vw*), 1389 (*vs*).

α-$(NSOCl)_3$ [1131]. *UR* (Lsg): 665 (*s*), 700 (*vs*), 816 (*m*), 1110 (*vs*), 1344 (*vs*), 1356 (*w*).

β-$(NSOCl)_3$ [1131]. *UR* (Lsg): 665 (*s*), 700 (*w*), 822 (*s*), 1100 (*vs*), 1340 (*vs*).

$(NSO_2)_3^{3-}$. *Ra* (Lsg) [553]: 318 (6*d*), 408 (7*d*), 594 (1*d*), 673 (7*b*), 745 (4*d*), 1150 (10), 1216 (3*d*), 1407 (0*d*).

F_2SONH. *UR* (gas) [857]: 840, 1220, 1430, 3600.

$SO_2(NH_2)_2$. *Ra* (Lsg) [553]: 362 (5*d*), 399 (3*d*), 484 (1*d*), 536 (8*b*), 560 (2*d*), 818 (3*d*), 882 (5*d*), 1163 (10), 1343 (2*d*); *UR*: [1325].

$NH_2SO_3^-$. *Ra* (Lsg) [990]: 401 (5*b*), 564 (6*b*), 591 (5*b*), 813 (4*d*), 886 (3*b*), 1051 (10), 1119 (1), 1191 (3*b*), 1251 (2*b*), 3253 (4*b*). *UR* (krist) [990, 1139]: 558 (*m*), 591 (*m*), 795 (*s*), 887 (*m*), 911 (*m*), 1061 (*s*), 1087 (*s*), 1144 (*m*), 1197 (*vs*), 1249 (*s*) + 1260 (*Sch*), 1568 (*w*, *b*), 3278 (*m*), 3322 (*m*).

NH_3SO_3 (Symmetrie C_{3v}). *Ra* (Lsg) [991]: A_1 544 (6*b*), 706 (3*d*), 1063 (10); *E* 379 (4*sb*), 544 (6*b*), 1305 (3*d*); ferner vom $NH_2SO_3^-$: 593 (1*b*), 809 (1*b*), 1050 (3); *UR* (krist) [991, 1139]: A_1 526 + 540 (*s*), 686 (*vs*), 1070 (*vs*), 1449 (*vs*), 3150 (*vs*); *E* 526 + 540 (*s*), 1004 (*s*), 1319 (*vvs*, *b*), 1545 + 1577 (*s*), 3150 (*vs*); ferner 1795 (*w*), 2038 (*w*), 2462 (*m*), 2562 (*m*).

d) Phosphor-Stickstoff-Verbindungen

Die Schwingungsspektren der trimeren Phosphornitridverbindungen $P_3N_3X_6$ lassen sich mit einer ebenen Ringstruktur vereinbaren (Symmetrie D_{3h}) entsprechend dem Metaphosphat-Ion. Über die Struktur der

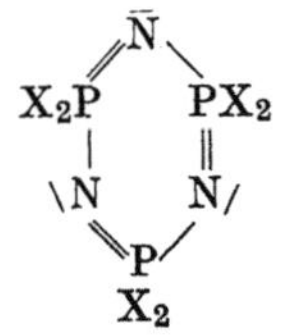

Tetrameren sind verschiedene Ansichten geäußert worden; nach der letzten Interpretation der Schwingungsspektren bilden diese gasförmig und in Lösung ebenfalls ebene Ringe (Symmetrie D_{4h}) [1078]. In den höheren Polymeren sind die Ringe wahrscheinlich nicht eben; für die Penta- und Hexameren erscheinen jedoch nach den Schwingungsspektren auch noch ebene Ringe möglich [1075]. Die (PN)-Bindungen sind in allen Verbindungen wahrscheinlich weitgehend gleichartig. Man kann annehmen, daß das N-Atom sp^2-hybridisiert ist. Eine π-Bindung kann dann aus dem $p\pi$-Orbital des N mit $d\pi$-Orbitalen des P gebildet werden; aber auch das freie sp^2-Elektronenpaar des N kann noch mit weiteren d-Orbitalen des P in Wechselwirkung treten [236]. Kraftkonstantenberechnungen liegen für diese Moleküle noch nicht vor; eine Abschätzung ergibt für $P_3N_3Cl_6$ $f(PN) \sim 6{,}7$, für das $P_3N_3F_6 \sim 7{,}7$. Die sich daraus nach Gl. (44), Kap. I ergebenden Bindungsordnungen 1,7 bzw. 1,9 zeigen ebenfalls einen hohen Mehrfachbindungscharakter an.

Charakteristisch ist für diese Verbindungen eine im *UR*-Spektrum mit hoher Intensität auftretende entartete Ring-Valenzschwingung im Bereich 1200—1400. Diese Frequenz steigt mit steigender Elektronegativität von X im $(PNX_2)_n$ (vgl. Tab. 61). Außerdem hängt sie von der Zahl der Ringglieder ab; z. B. gilt für die Reihe $(PNF_2)_n$ mit $n = 3$ bis 6: 1305, 1427, 1437, 1427 [179, 1075]. Für höhere n fällt dann ν bis auf

1340 bei n = 17; das polymere Produkt hat 1321 [179]. Ähnliches gilt für $(PNCl_2)_n$; zwischen n = 3 und 8 findet man 1218, 1305, 1361, 1332, 1310, 1305 [711, 1075]. Der große Frequenzunterschied zwischen dem Tri- und dem Tetrameren beruht auf einem rein mechanischen Effekt, da das entsprechende G-Matrixglied für das Tetramere wegen des größeren Valenzwinkels um $\sim 18\%$ größer ist als das für das Trimere. Dies entspricht für ungekoppelte Schwingungen einer um 9% höheren Frequenz

Tabelle 61. *Entartete Ring-Valenzschwingungen von $(PNX_2)_3$ und $(PNX_2)_4$*

$(PNX_2)_3$	ν	$(PNX_2)_4$	ν	Lit.
$P_3N_3F_6$	1298	$P_4N_4F_8$	1427	89, 1078, 178
$P_3N_3Cl_6$	1217	$P_4N_4Cl_8$	1312	178, 1078
$P_3N_3Br_6$	1176	$P_4N_4Br_8$	1280	1078

bei gleicher Kraftkonstante, in annähernder Übereinstimmung mit der Beobachtung. Hieraus ist zu entnehmen, daß die Bindungen in den Tri- und Tetrameren etwa gleich stark sind, wie es auch aus den Kernabständen und Bindungsenergien geschlossen wird.

Tri- und Tetrametaphosphimate $(PO_2NH)_3^{3-}$ bzw. $(PO_2NH)_4^{4-}$ enthalten nach ihren Schwingungsspektren einen (PN)-Ring mit (PO_2)- und (NH)-Gruppen [896, 1073]. Die Spektren ähneln denen der entsprechenden Metaphosphate, so daß im Ring nur einfache Bindungen vorhanden sind, während π-Bindungen in den (PO_2)-Gruppen auftreten. Entsprechendes gilt für die freie Säure des Tetrameren [1073], so daß eine den Phosphornitridhalogeniden entsprechende Säure und ihre Salze nicht existieren.

Eine lokalisierte (P=N)-Doppelbindung existiert im P_2ONCl_5 [96], welches früher als $P_4O_4Cl_{10}$ angesprochen wurde [74]. Das Schwingungsspektrum enthält u. a. die Frequenzen 1265 und 1320 [74, 96], welche als $\nu(P=N)$ und $\nu(P=O)$ anzusehen sind.

$$Cl_3P-\overline{N}=P\begin{matrix}O\\Cl_2\end{matrix} \qquad \left[Cl_3P-\overline{N}=PCl_3\right]^+$$

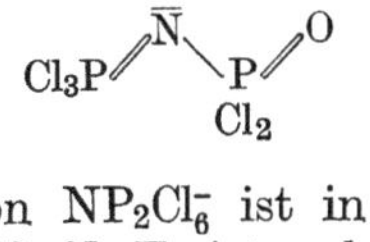

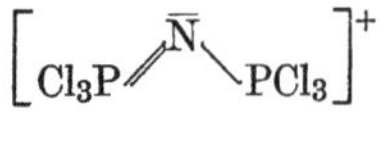

Das Ion $NP_2Cl_6^-$ ist in der Verbindung P_3NCl_{12} ($= NP_2Cl_6^+ \; PCl_6^-$) enthalten [42, 97]. Es ist wahrscheinlich gewinkelt gebaut; im Gegensatz zum P_2ONCl_5 sind die (PN)-Bindungen hier gleichartig (Symmetrie C_{2v}). Die (PN)-Valenzschwingungen treten bei 823 (ν_s) und 1340 (ν_{as}) auf [42]. $f(PN)$ ist etwa 6,8, was auf einen ähnlichen Bindungszustand wie im $P_3N_3Cl_6$ schließen läßt.

Im $NH_2PO_3^{2-}$ wird aus den Schwingungsspektren auf einen gewissen Mehrfachbindungscharakter der (PN)-Bindung geschlossen [1065]. Im $NH_3PO_3^-$ und $PO(NH_2)_3$ dagegen sind die (PN)-Bindungen offenbar nicht verstärkt [1065].

Phospham $(PN_2H)_\infty$ ist ein unregelmäßiges Haufwerk von P-Atomen, verbunden durch N- und NH-Brücken [1066]. In seinem UR-Spektrum treten sehr breite Banden bei 950 (P—NH—P), 1250 (P=N—P), 3000—3200 (NH) auf. $(P_3N_5)_\infty$ und $(PNO)_\infty$ haben ähnliche Spektren ohne die (NH)-Schwingungen, was auf die Strukturelemente P=N—P, NP_3 und P—O—P hinweist [1066].

$P_3N_3F_6$ [89, 178, 1078] (Symmetrie D_{3h}). *Ra* (Lsg): A_1' 567 (3, 5, *p*), 633 (0,5, *p*), 681 (1, *p* ?), 742 (10*p*); E' 339 (*vw*), 464 (1,8, *dp*), 511 (0,5, *dp*), 865 (*vw*), 1007 (0,5, *dp*), 1300 (*vw*); E'' 251 (*vw*, *dp*), 278 (5, *dp*), 307 (5, *dp*), 950 (0,5, *dp*). *UR* (Lsg): A_2'' 372 (*mw*), 970 (*vs*), E' 336 (*m*), 464 (*s*), 513 (*s*), 860 (*vs*), 1006 (*s*), 1298 (*vs*).

$P_3N_3Cl_6$ [178, 1078] (Symmetrie D_{3h}). *Ra* (Lsg): A_1' 308 (0,6, *p*), 363 (10, *p*), 669 (3,5, *p*), 786 (2,2, *p*); E' 334 (4, *dp*), 526 (0,2, *dp*), 610 (0,4, *dp*), 880 (*vw*, *dp*), 1219 (*vw*, *dp*); E'' 157 (6, *dp*), 172 (5,5, *dp*), 203 (4, *dp*), 577 (2, *dp*). *UR* (Lsg): A_2'' 610 (*vs*); E' 315 (*vw*), 339 (*s*), 527 (*s*), 610 (*vs*), 880 (*vw*), 1217 (*vs*).

$P_2NCl_6^+$. *UR* P_3NCl_{12} (Lsg) [42]: 502 (*s*), 639 (*vs*), 823 (*m*), ~1340 (*s*); ferner 447 (*vs*) = PCl_6^-.

$NH_2PO_3^{2-}$ [1065]. *UR* $Na_2NH_2PO_3$ (krist): 518 (*s*) + 549 (*m*), 611 (*w*), 700 (*m*), 810 (*m*), 980 (*s*), 1078 (*s*), 1141 (*s*) + 1188 (*w*), 1433 (*w*), 1610 (*m*), 3300 (*b*), 3400 (*b*).

$NH_3PO_3^-$ [1065]. *UR* $NaNH_3PO_3$ (krist): 510, 710, 993, 1020, 1165, 1480, 1620, 2482, 2610, 2860, 2920.

$PO(NH_2)_3$ [1065]. *Ra* (Lsg): 309 (*w*), 455 (*m*), 604 (?), 700 (?), 832 (*s*), ~928 (*w*), 1001 (*w*), 1174 (*m*), 1560 (?), 1623 (*m*). *UR* (krist): 460 (*m*), 615 (*w*), 725 (*m*, *b*), 955 (*m*), 1050 (*m*), 1200 (*s*), 1590 (*m*), 1625 (*w*), 3280 (*s*), 3390 (*m*).

e) Silicium-Stickstoff-Verbindungen

Das Schwingungsspektrum des Trisilylamins läßt sich mit einer ebenen Anordnung der Gruppe NSi_3 vereinbaren [309, 917]; die Gesamtsymmetrie ist dann C_{3h}. Das N-Atom ist also sp^2-hybridisiert; das freie

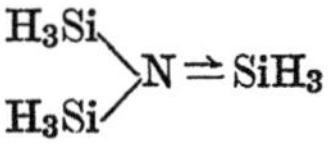

Elektronenpaar am Stickstoff kann eine $p\pi—d\pi$-Bindung mit Si eingehen, welche aber nicht lokalisiert ist. Die Valenzschwingungen der (NSi_3)-Gruppe sind 496 (A') und 996 (E'); für f(SiN) wird 4,0 berechnet [309] entsprechend einer Bindungsordnung von 1,2. Im $N[Si(CH_3)_3]_3$ scheint die (NSi_3)-Gruppe dagegen nicht ganz eben zu sein [457].

Eine analoge ebene Gruppierung PSi_3 kann im $P(SiH_3)_3$ vorhanden sein, da die symmetrische (PSi)-Valenzschwingung 414 nur im *Ra*-Spektrum beobachtet wird [1242]. Wie im analogen Fall des $O(SiH_3)_2$ ist dies aber nicht beweiskräftig (s. S. 113). Vollständiges Spektrum des $P(SiH_3)_3$ s. S. 119.

Tabelle 62.
(SiN)-*Valenzschwingungen von Disilazanen* [640]

Molekül	ν_s(SiNSi)	ν_{as}(SiNSi)	f(SiN)
$[(CH_3)_2SiH]_2NH$	587	924	3,7
$[(CH_3)_3Si]_2NH$	566	934	3,8
$[(CH_3)_2SiC_6H_5]_2NH$	598	935	3,9
$[(CH_3)_2SiBr]_2NH$	606	947	4,2
$[(CH_3)_2SiCl]_2NH$	610	976	4,3

Ebene Anordnung der Gruppen Si_2NN mit sp^2-Hybridisierung der N-Atome wurde auch für Tetrasilylhydrazin $N_2(SiH_3)_4$ aus dem Schwingungsspektrum abgeleitet [43]. Die beiden Ebenen stehen senkrecht zueinander, so daß die Symmetrie des Moleküls D_{2d} ist (vgl. den Abschnitt X_2Y_4 in Kap. II).

Aus den Schwingungsspektren von Disilazanen mit der Gruppe Si—NH—Si lassen sich ebenfalls π-Bindungsanteile für die (SiN)-Bindungen entnehmen [640], ferner zeigt sich ein deutlicher induktiver Einfluß von Substituenten am Si-Atom (vgl. Tab. 62). Aus den Kraftkonstanten ergeben sich Bindungsordnungen von 1,1—1,2. Die Verhältnisse entsprechen ganz denen bei Disiloxanen. Im Spektrum des Hexamethylcyclotrisilazans wird ν_{as}(SiNSi) bei 930 gefunden [634].

Für $(SiH_3)_2CN_2$ wird aus dem Spektrum eine Struktur der Symmetrie D_{3h} mit linearer Anordnung Si—N—C—N—Si abgeleitet [310], die durch starke π-Anteile der (SiN)-Bindungen bedingt sein muß; ν_s(CN) = 1496, ν_{as}(CN) = 2255. Im *UR*-Spektrum des analogen $(CH_3)_3SiNCNSi(CH_3)_3$ [893, 894] fehlt ν_s(CN). Entweder liegt hier auch eine lineare oder aber eine ebene trans-Struktur mit linearer Gruppe NCN vor, entsprechend den Dialkylcyanamiden.

$N(SiH_3)_3$ [309, 917]. *Ra* (fl): 204 (*w, b, dp*), 496 (*s, p*), 697 (*s, b, dp*), 946 (*s, b, dp*), 987 (*m, b, dp*), 1011 (*w, dp, ?*), 2168 (*vs, p*). *UR* (gas): 446 (*vvw*), 503 (*vvw*), 695 (*w, Sch*) + 748 (*vs*), 941 + 947 (*vs*), 996 (*vs*), 2165 (*vs*).

$(SiH_3)_2CN_2$ [310]. *Ra* (fl): 496 (*s, p*), 711 (*m, dp*), 946 (*vs, dp?*), 968 (*vs, dp*), 1496 (*ms, p*), 1562 (*m, p*), 1880 (*w*), 2178 (*vs*). *UR* (gas): 522 (*mw*), 582 (*mw*), 732 (*s*), 788 (*vs*), 945 (*vs*), ~975 (*vs, Sch*), 1280 (*w*), 1912 (*mw*), 2173 (*vs*), 2255 (*vs*).

f) Bor-Stickstoff-Verbindungen

(BN)-Verbindungen sind häufig schwingungsspektroskopisch untersucht worden im Hinblick auf die Isosterie von —B—N— und —C—C—. Eine einfache (BN)-Bindung wäre demnach in den Komplexen aus Borverbindungen und Ammoniak bzw. Aminen („Borazanen") zu erwarten, z. B. $BH_3 \cdot NH_3$ (vgl. Kap. IV). Die „Borazene" sind isoster mit den

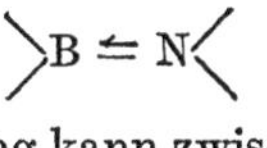

Olefinen; neben einer σ-Bindung kann zwischen B und N eine π-Bindung gebildet werden, indem das N-Atom sp^2-Hybridisierung annimmt und sein freies Elektronenpaar mit dem leeren $p\pi$-Orbital des B-Atoms in Wechselwirkung tritt. Das sechsatomige Molekülgerüst $X_2B—NY_2$ ist dann eben. Man beobachtet in den Spektren dieser Substanzen ν(BN) zwischen 1450 und 1560, die im *Ra*-Spektrum von geringer, im *UR*-Spektrum von hoher Intensität sind [58, 86, 87, 464]. f(BN) ist etwa 7,5, entsprechend einer Bindungsordnung von 1,7. Bei Konjugation mit mehrfachen (CC)-Bindungen, etwa bei phenylsubstituierten Borazenen, sinkt ν(BN) um 100—200 cm^{-1} [84, 1205, 1220]. Solch hohe Bindungsordnungen wie hier werden bei anderen als Donatoren fungierenden Substituenten am Bor (z. B. in den vergleichbaren Verbindungen $(CH_3)_2B—OH$ und $(CH_3)_2BF$ nicht erreicht [85, 1130].

Im $B[N(CH_3)_2]_3$ sind die (BNC_2)-Gruppen eben, so daß auch hier eine π-Bindung zwischen B und N angenommen werden kann [83]. Es liegt

Mesomerie vor, so daß die drei (BN)-Bindungen gleichartig werden. Für f(BN) wird ~5,5 berechnet, entsprechend einer Bindungsordnung von 1,3 [83]. UR-Spektren weiterer Tris-amino-borane [41], von $B_2[N(CH_3)_2]_4$ [88].

Das dem Benzol isostere Borazol $B_3N_3H_6$ bildet einen ebenen Sechsring, dessen Bindungen durch Mesomerie ausgeglichen sind, so daß die Symmetrie D_{3h} erreicht wird. Aus dem Schwingungsspektrum [239, 892] wird $f(BN) = 6{,}3$ berechnet [1156] entsprechend einer Bindungsordnung von 1,45. Charakteristisch ist für alle Borazolderivate im UR-Spektrum eine intensive Bande zwischen 1400 und 1500, die der entarteten Ring-Valenzschwingung ν_6 der Klasse E' zuzuordnen ist (vgl. Kap. II, S. 86). Auch in den Verbindungen $(BCl_2N_3)_3$ und $(BBr_2N_3)_3$ liegen nach ihren Schwingungsspektren ebene (B_3N_3)-Ringe vor [1291]. Weitere ringförmige Moleküle mit (BN)-Bindungen sind:

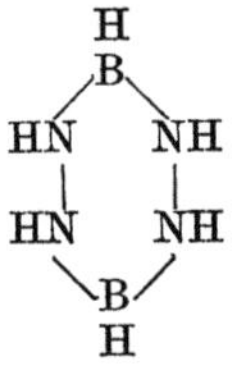

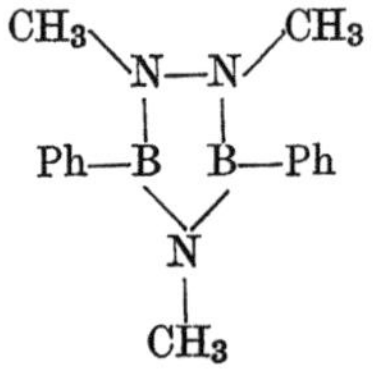

$\nu(BN) = 1372, 1400$ [833] $\nu(BN) = 1400$ [823]

Zusammenfassende Darstellung der (BN)-Verbindungen: [1323].

$B_3N_3H_6$ [239] (Symmetrie D_{3h}). *Ra* (fl): A_1' 851 (6*p*), 938 (7*p*), 2535 (9*vb*, *p*), 3450 (10*p*); E' 519 (3*d*), 708 (1), 1465 (1); E'' 288 (2*b*), 798 (2), 1070 (5*d*). *UR* (fl): A_2'' 415 (3), 649 (2), 1088 (1,5); E' 519 (1), 718 (5), 918 (15), 1465 (100), 1605 (0,1) ?, 2530 (30), 3490 (100).

g) Stickstoffverbindungen von Übergangsmetallen

Ähnlich wie Sauerstoff vermag Stickstoff mit Übergangsmetallen mehrfache Bindungen einzugehen, die sich durch hohe Valenzschwingungen auszeichnen. Bisher wurden untersucht: Cl_3VNCl ($\nu = 1110$), $MoNCl_3$ (1045), $WNCl_3$ (1077) [1319], ReO_3N^- (1025), $[ReN(PR_3)_3Cl_2]$ (1053) [189], $[ReN(H_2O)(CN)_4]^{2-}$ (997, 974) [688], OsO_3N^- (1021), $OsNCl_5^{2-}$ (1073) [673] und $[OsN(H_2O)Br_4]^-$ (1110) [688].

4. Sonstiges

a) Methylverbindungen der Elemente

Dem Charakter dieses Buches entsprechend können die Kohlenstoffverbindungen hier nur gestreift werden. Als einfachste Vertreter sollen die Schwingungsspektren der Methylverbindungen der Elemente kurz erörtert werden. In Kap. II war an Hand der Methylhalogenide schon dargelegt worden, welche Schwingungsformen hier auftreten. Charakteristisch für die (CH_3)-Gruppe sind die symmetrische (CH)-Valenzschwingung (2870—2970), die entartete (CH)-Valenzschwingung (2960 bis 3060) und die entartete (HCH)-Deformationsschwingung (1400—1470). Eine Besonderheit aller (CH_3-O)-Verbindungen ist Fermi-Resonanz zwischen ν(CH) und 2δ(CH), die sich im Auftreten zweier etwa gleich intensiver Frequenzen 2850 und 2950 bemerkbar macht. Die übrigen Schwingungen des Systems CH_3X zeigen stärkere Variabilität mit X. Man kann sie aber noch einteilen in die Gruppen: symmetrische (HCH)- bzw. (HCX)-Deformationsschwingungen, entartete (HCX)-Deformationsschwingungen. (CX)-Valenzschwingungen und (CXC)-Deformationsschwingungen. In Tab. 63 sind angenäherte Frequenzen für diese Schwingungen gegeben. Dabei wurden die beobachteten Frequenzen der Verbindungen $X(CH_3)_n$ gemittelt. Besonders charakteristisch sind die symmetrischen (HCH)-Deformationsschwingungen für das jeweilige Element [981]. Die (HCX)-Deformationsschwingungen und die (CX)-Valenzschwingungen können bis zu $\pm 100\ cm^{-1}$ von den in Tab. 63 angegebenen Werten abweichen. Wenn der Streubereich noch größer ist, oder aus anderen Gründen die Zahlen unsicher, sind die Werte der Tabelle eingeklammert. Die Zahlen für Be stammen aus dem Spektrum des $[Be(CH_3)_2]_x$ [469]; die für Al gelten für die äußeren (CH_3)-Gruppen, nicht für die Brücken [551]. Im Gegensatz zu $Al_2(CH_3)_6$ sind $Ga(CH_3)_3$ und $In(CH_3)_3$ monomer mit ebenem Gerüst XC_3 [501]. Die Zahlen für Tl sind dem Spektrum des $Tl(CH_3)_2^+$ entnommen [436].

Man erkennt die regelmäßige Veränderung der Zahlen mit der Stellung im periodischen System. Im Kap. I war schon die Gesetzmäßigkeit der Valenzkraftkonstanten behandelt worden. Die Deformations-

Tabelle 63. *Frequenzen der Methylverbindungen*
(Zeile 1: δ(CXC), 2: ν(CX), 3: δ_e(HCX), 4: δ_s(HCX) bzw. δ_s(HCH))

(Be)	B	C	N	O	F
?	330	380	410	410	—
(500)	(1000)	(950)	(980)	1030	1050
840	(900)	(1150)	(1200)	(1200)	1180
1250	1300	1380	1400	1450	1460
	(Al)	Si	P	S	Cl
	(310)	230	290	280	—
	640	670	690	720	730
	(700)	870	950	990	1020
	1200	1260	1300	1320	1360
Zn	Ga	Ge	As	Se	Br
140	160	190	230	240	—
560	560	590	580	590	610
670	710	830	880	?	950
1170	1200	1240	1250	1280	1310
Cd	In	Sn	Sb	Te	J
150	130	160	190	?	—
500	490	520	510	520	530
670	680	770	810	810	880
1130	1140	1200	1200	1210	1250
Hg	(Tl)	Pb	Bi		
160	110	140	170		
530	500	470	460		
750	?	770	780		
1190	1200	1160	1160		

konstanten $d(HCX)$ sind etwa proportional zu $f(CX)$ [986]: $d(HCX) \approx 0{,}15\, f(CX)$; dies macht den parallelen Gang der Frequenzen $\nu(CX)$, $\delta_e(HCX)$ und $\delta_s(HCX)$ verständlich.

Die Empfindlichkeit von Frequenzen und Kraftkonstanten gegen induktive Effekte von Heteroliganden ist bei (CH_3-X)-Bindungen im allgemeinen gering. Dagegen bedingt der Wechsel der Koordinationszahl gelegentlich stärkere Veränderungen. Beim Übergang $X(CH_3)_3 \rightarrow X(CH_3)_4^+$ steigen die Kraftkonstanten $f(CX)$ für P um 20%, As 20% und Sb 25% [986]. Dies mag auf dem Wechsel der Hybridisierung $p^3 \rightarrow sp^3$ beruhen. Für $N(CH_3)_4^+$ berechnet sich eine Abnahme von $f(NC)$ um 9% gegenüber $N(CH_3)_3$, in welchem sicher bereits die sp^3-Hybridisierung vorliegt. Die Kraftkonstanten $f(CS)$ von $(CH_3)_2S$ und $(CH_3)_3S^+$ unterscheiden sich nur wenig, da bei beiden p-Bindungen vorliegen. Der Wechsel der Hybridisierung in den dreibindigen (sp^2) und vierbindigen (sp^3) Borverbindungen macht sich in den Kraftkonstanten $f(BC)$ kaum bemerkbar [445, 451].

Bei Vorliegen von (CH_3)-Brücken zwischen zwei Metallatomen werden die (MeC)-Valenzschwingungen erniedrigt, z. B. in $Al_2(CH_3)_6$ auf 400—500 [551]. Auch in den polymeren Verbindungen $(LiCH_3)_x$ (417, 514 [1172]) und

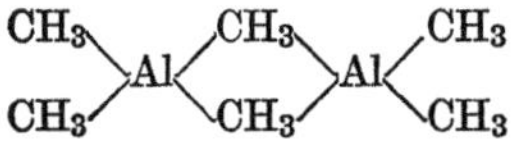

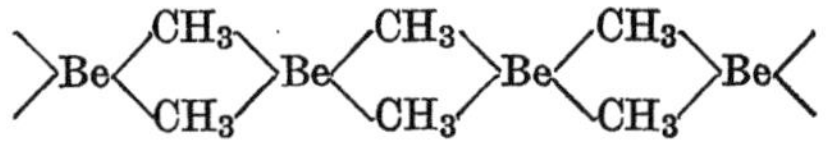

$[Be(CH_3)_2]_x$ [469] sind die (CX)-Valenzschwingungen sehr niedrig.

b) Schwefelverbindungen

Das Schwingungsspektrum des festen und gelösten S_8 steht in Übereinstimmung mit dem Vorliegen eines gewellten Achtringes (Symmetrie D_{4d}, vgl. Tab. 64) [7, 109, 410]. Die (SS)-Valenzschwingungen des Ringes liegen zwischen 430 und 480; für $f(SS)$ wird 2,5 berechnet [964]. Der verhältnismäßig kurze Abstand $r(SS) = 2{,}04$ Å sowie der große Valenzwinkel 107,6° deutet auf einen gewissen π-Bindungsanteil durch $3d$-Orbitale der S-Atome hin.

Tabelle 64. *Punktgruppe* D_{4d}. *Symmetrieelemente:* S_{8z}, C_{4z}, C_{2z}, C_y, C_x, $2C_v$, $4\sigma_d$

Klasse	S_{8z}	C_{4z}	C_{2z}	C_y	σ_d	*Ra*	*UR*	Abzählung S_8	Abzählung S_2F_{10}
A_1	*s*	*s*	*s*	*s*	*s*	*p*	—	$1\nu, 1\delta$	$3\nu, 1\delta$
A_2	*s*	*s*	*s*	*as*	*as*	—	—	—	—
B_1	*as*	*s*	*s*	*s*	*as*	—	—	1ν	1τ
B_2	*as*	*s*	*s*	*as*	*s*	—	$\mathfrak{M}_z$	1δ	$2\nu, 1\delta$
E_1	*e*	*e*	*as*	*e*	*e*	—	$\mathfrak{M}_\perp$	$1\nu, 1\delta$	$1\nu, 3\delta$
E_2	*e*	*as*	*s*	*e*	*e*	*dp*	—	$1\nu, 2\delta$	$1\nu, 2\delta$
E_3	*e*	*e*	*as*	*e*	*e*	*dp*	—	$1\nu, 1\delta$	$1\nu, 3\delta$

Ähnliche (SS)-Valenzschwingungsfrequenzen zwischen 440 und 510 werden in den Sulfanen X_2S_n gefunden. Sie besitzen im Ra-Spektrum hohe Intensität und sind — außer in den Chlorsulfanen Cl_2S_n — charakteristisch, da die Kopplung mit anderen Schwingungen im allgemeinen gering ist. Untersucht wurden z. B.: $H_2S_n (n = 2-8)$ [339], $Cl_2S_n (n = 2-6)$

[340], $(CH_3)_2S_n$(n = 2—4) und $(C_2H_5)_2S_n$(n = 2—5) [338], $(CN)_2S_n$(n = 2—8) [341] sowie $(CCl_3)_2S_n$(n = 2—4) [336]. Weniger charakteristisch ist die (SS)-Valenzschwingung infolge starker Kopplung in Verbindungen wie S_2F_{10} (247) und $S_2O_6^{2-}$ (281). Im *Ra*-Spektrum des gelösten $Na_2S_2O_4$ tritt ν(SS) bei 465 auf; im ganzen werden nur 6 Linien beobachtet [1008], wie für eine trans-Struktur (C_{2h}) zu erwarten ist (vgl. Kap. II, S. 80, Formel I). Im festen $Na_2S_2O_4$ liegt dagegen nach der Kristallstrukturanalyse die cis-Struktur vor (C_{2v}, s. S. 80, Formel II).

Die Schwingungsspektren des S_2F_{10} und Te_2F_{10} lassen sich mit der Symmetrie D_{4d} vereinbaren [284, 1184]. In dem Reaktionsprodukt von S_2F_{10} mit Cl_2 wurde auf *UR*-spektroskopischem Wege zuerst die Existenz des SF_5Cl erkannt [393], dem die Symmetrie C_{4v} zukommt [243].

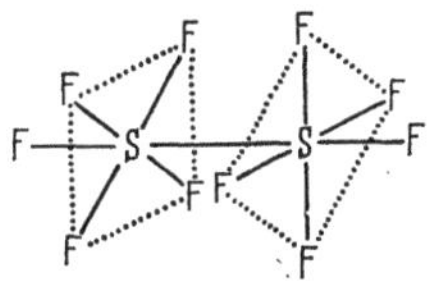

Die Fähigkeit des Schwefels zur Ausbildung von π-Bindungen ist geringer ausgeprägt als beim Sauerstoff. Dieses zeigt sich in den Kraftkonstanten und Bindungsordnungen; z. B. ist für CS_2 f = 7,67 und die Bindungsordnung 2,0, dagegen im CO_2 2,4. Die (CS)-Frequenzen von Verbindungen $\rangle$C=S liegen zwischen 1000 und 1200; für $CSCl_2$ wird f(CS) zu 6,8 [869] berechnet, entsprechend der Bindungsordnung 1,8. Die hohe (BS)-Valenzschwingung des gasförmigen B_2S_3 (1322 [476]) läßt auf lineare (S—B—S)-Anordnung und damit eine Struktur wie die des monomeren B_2O_3 (C_{2v}) schließen. Die Valenzkraftkonstante der äußeren (BS)-Bindung läßt sich zu 7,5 abschätzen entsprechend der Bindungsordnung 2,3 (B_2O_3 2,8).

Noch geringere Bindungsordnungen werden erhalten in Fällen, in denen man $p\pi$—$d\pi$-Bindungen erwarten kann. Die Thiophosphorylverbindungen SPX_3 zeigen (PS)-Valenzschwingungen zwischen 570 und 780. Für f(PS) in $PSCl_3$ wurde 4,14 mdyn/Å berechnet (s. Kap. II), entsprechend einer Bindungsordnung von 1,6. Ähnlich wie bei Phosphorylverbindungen zeigt sich ein induktiver Effekt, indem die (PS)-Frequenz mit der Elektronegativität der Liganden X zunimmt ($SP(CH_3)_3$ 570 [1211], $SPPh_3$ 630 [568, 1211], $SPBr_3$ 723, $SPClBr_2$ 730, $SPCl_2Br$ 740, $SPCl_3$ 753 [271, 649]). Ebenso liegt im Thio-thionylfluorid S=SF_2 eine schwache π-Bindung vor (ν(SS) ~700, vgl. S. 59).

π-Bindungscharakter wurde an Hand der Kraftkonstanten auch für die (SS)-Bindung im $S_2O_3^{2-}$ festgestellt [989]; im SPO_3^{3-} ist dieser geringer [1074]. Über die Bindungsverhältnisse in Alkanthiosulfonaten und Thioschwefelsäureestern vgl. [1009].

In den Silicium-Schwefel-Verbindungen scheinen keine nennenswerten π-Anteile vorhanden zu sein, wie aus Kraftkonstantenberechnungen hervorgeht [455] (z. B. $(CH_3)_3SiSH$: f(SiS) = 2,3; für einfache Bindung nach Gl. (39), Kap. I, 2,2). Hierfür spricht auch der verhältnismäßig kleine (Si—S—Si)-Valenzwinkel (~100°). Dieser ermöglicht die Existenz von ebenen Vierringen in den Cyclodisilthianen:

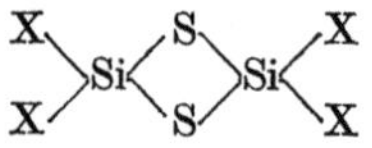

z. B. $Si_2S_2Cl_4$ und $Si_2S_2(CH_3)_4$, denen eine Struktur wie die der Aluminiumhalogenide Al_2Hal_6 (Symmetrie D_{2h}) zukommt [455, 639]. Im Gegensatz zum Cyclotrisiloxan ist der Sechsring im Cyclotrisilthian gewellt [639].

S_8 (Symmetrie D_{4d}). *Ra* (krist) [7, 410]: A_1 216 (10*p*), 470 (10*p*); E_2 85 (5*dp*), 152 (10*dp*), —; E_3 185 (0*b*, *dp*), 434 (2*b*, *dp*; ferner 243 (1*b*, *dp*) = B_2; *UR* (Lsg) [175, 965]: B_2 243 (*s*); E_1 191 (*s*), 471 (*m*).

H_2S_3. *Ra* (fl) [339]: 210 (8), 483 (9), 862 (2*d*), 2502 (3*d*).

S_3Cl_2. *Ra* (fl) [340]: 144 (3), 172 (1), 208 (2), 240 (1), 446 (3), 478 (10), 499 (1), 533 (0 ?).

$S_2(CN)_2$. *Ra* (fl) [341]: 163 (10*d*), 205 (2), 399 (10), 489 (12), 668 (4), 2160 (10); *UR* (Lsg CS_2) [826]: 359, 490, 667, 673, 2171.

$(CH_3)_2S_2$. *Ra* (fl) [338]: 119 (1*d*), 241 (3), 286 (1), 509 (7), 692 (9), 1419 (2*d*), 1436 (1*d*), 2814 (3), 2858 (3), 2913 (8), 2987 (5); *UR*: [511].

$S_2O_4^{2-}$. *Ra* (Lsg) [1008]: 176 (*ms*, *d*), 229 (*s*, *d*), 465 (*s*), 581 (*s*), 998 (*w*), 1070 (*vw*).

S_2F_{10} (Symmetrie D_{4d}) [284, 1184]. *Ra* (fl): A_1 247 (*vs*, *p*), —, 690 (*vs*, *p*), 813 (*m*, *p*); E_2 509 (*m*, *dp*), 629 (*s*, *b*, *dp*), 728 (?); E_3 188 (?), 425 (*s*, *dp*), 629 (*s*, *b*, *dp*), 960 (*s*, *dp*). *UR* (gas): B_2 571 (*m*), 684 (*m*), 938 (*vvs*), E_1 —, 410 (*w*), 544 (*s*), 826 (*vs*).

Te_2F_{10} (Symmetrie D_{4d}) [284]. *Ra* (fl): A_1 168 (*s*, *p*), 475 (*m*, *p*), 682 (*vs*, *p*), 726 (*vs*, *p*); E_2 259 (*m*, *dp*), 319 (*s*, *dp*), 670 (*w*, *dp*); E_3 138 (*w*, *dp*), 259 (*m*, *dp*), 319 (*s*, *dp*), 670 (*w*, *dp*). *UR* (gas): B_2 486 (*m*), 734 (*s*), 752 (*vs*); E_1 —, —, 486 (*m*), 714 (*vs*).

SF_5Cl (Symmetrie C_{4v})[243]. *Ra* (fl): A_1 404 (*vs*, *p*), —, 703 (*vs*, *p*), 834 (*vw*, *p*); B_1 396 (*m*, *dp*), 624 (*m*, *dp*); B_2 504 (*mw*, *dp*); *E* 270 (*m*, *dp*), 442 (*m*, *dp*), 599 (*w*, *p* ?), 892 + 916 (*m*, *b*, *dp*). *UR* (gas) A_1 —, 602 (*vs*), 706 (*vs*), 854 (*vs*); *E* —, —, 578 (*m*), 908 (*vs*).

Cl_3SiSH. *Ra* (fl) [455]: 142 (3), 210 (4), 219 (4), 409 (10), 587 (1), 774 (0,3), 2565 (5).

$S(SiCl_3)_2$. *Ra* (fl) [455, 956]: 120 (4), 132 (4), 193 (3), 219 (3), 262 (1), 395 (10), 416 (2), 542 (1), 590 (2), 627 (1).

$(Cl_2SiS)_2$. *Ra* (fl) [455]: 112 (1), 138 (6), 169 (3), 216 (2), 275 (4), 383 (3), 407 (6), 432 (10), 579 (1*b*), 633 (8*b*).

c) Phosphorverbindungen

Das Diphosphan P_2H_4 hat nach seinem Schwingungsspektrum eine Struktur wie das Hydrazin (Symmetrie C_2); s. S. 80, Formel III, und S. 122) [75,828]. Die (PP)-Valenzschwingung (437) wird nur im *Ra*-Spektrum beobachtet. Nach Alterung von P_2H_4 treten im *Ra*-Spektrum Frequenzen von höheren Phosphanen (161 = δ(PPP); 412, 456 = ν(PP)) auf, deren Existenz hierdurch nachgewiesen wurde [75].

P_2Cl_4 hat nach seinem Schwingungsspektrum trans-Struktur (Symmetrie C_{2h}; vgl. S. 80, Formel I).

Im Spektrum des P_4S_3 liegt die höchste Valenzschwingung bei 480; es sind also nur einfache Bindungen vorhanden. Das Spektrum läßt sich mit einer Struktur der Symmetrie C_{3v} vereinbaren [406], wie sie aus der

Kristallstrukturanalyse hervorgeht. In den übrigen Phosphorsulfiden P_4S_5, P_4S_7, P_4S_{10} und $(P_2S_3)_x$ weisen Frequenzen um 680 auf das Vorhandensein von (P=S)-Gruppen hin [877]. Im $P_4O_6S_4$ beweist eine voll-

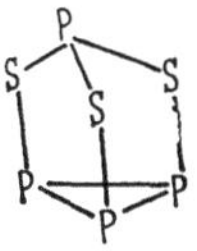

ständig polarisierte Frequenz 694 im *Ra*-Spektrum eine Struktur wie die des P_4O_{10} (Symmetrie T_d), worin die (P=O)- gegen (P=S)-Gruppen ausgetauscht sind [396].

P_2H_4. *Ra* (fl) [75]: 437 (10), 653 (2), 856 (0), 1070 (2), 2286 (6). *UR* (gas) [828]: 633 (*s*), 735 + 743 (*w*), 792 (*s*), 827 (*w*), 1081 (*s*), 2312 (*vs*).

P_2Cl_4 [1321]. (Symmetrie C_{2h}). *Ra* (fl): A_g 149 (5), 238 (7*p*), 410 (2*p*), 494 (4*p*); B_g 189 (3*dp* ?), 480 (10); *UR* (fl): A_u 97 (*w*), 202 (*m*), 501 (*vs*): B_u 139 (*m*), 275 (*m*), 508 (*vs*).

P_4S_3 (Symmetrie C_{3v}) [406]. *Ra* (Schm): A_1 87 (6), 296 (8, *p* ?), 418 (0, *p*), 443 (12*p*); *E* 156 (0—1, *dp*), 223 (1—2, *dp*), 343 (5*dp*), 380 (0), 484 (1*b*). *UR* (krist): 430 (*vs*, *vb*), 473 (*ms*).

d) Silicium- und Germaniumverbindungen

Die Spektren der Silylverbindungen SiH_3X lassen sich ähnlich wie die der Methylverbindungen diskutieren. Charakteristisch für die (SiH_3)-Gruppe sind die (SiH)-Valenzschwingungen, die sich meist nur um wenige cm^{-1} unterscheiden und im Bereich 2150—2210 liegen, sowie die entartete (SiH_3)-Deformationsschwingung um 940. Die symmetrische (SiH_3)-Deformationsschwingung schwankt zwischen 870 und 990 und zeigt die gleiche Abhängigkeit von der Stellung des Atoms X im Periodensystem wie die entsprechende Schwingung der Methylverbindungen [573]. Noch deutlicher ist dies bei der entarteten (HSiX)-Deformationsschwingung ausgeprägt, die zwischen 550 und 760 schwankt. Ganz ähnliche Betrachtungen lassen sich für Germylverbindungen H_3GeX anstellen.

Aus den Schwingungsspektren der Silylacetylene $X_3Si—C{\equiv}C—Y$ wird auf eine Wechselwirkung zwischen den π-Elektronen der (CC)-Bindung mit den freien 3*d*-Orbitalen des Si geschlossen [150, 1173, 1254]. In den Spektren der Disilylacetylene $X_3Si—C{\equiv}C—SiX_3$ wird ein induktiver Effekt der Liganden X auf die (CC)-Valenzschwingung um 2100 beobachtet [638].

Si_3H_8 [1249]. *Ra* (fl): 112 (3*d*), 248 (1), 392 (8), 565 (1), 871 (1), 926 (4*d*), 2130 (6), 2148 (10); *UR* (fl): 447 (*w*), 468 (*w*), 584 (*m*), 704 (*vs*), 716 (*vs*), 876 (*vs*), 937 (*m*), 2150 (*vs*).

CH_3SiH_3 (Symmetrie C_{3v}) [55, 899, 1179]. *UR* (gas): A_1 701 (*s*), 946 (*vs*), 1264 (*m*), 2169 (*s*), 2929 (*m*); *E* 545 (*m*), 871 (*s*), 946 (*vs*), 1403 (*m*), 2166 (*s*), 2982 (*m*).

$P(SiH_3)_3$ [35, 1242]. *Ra* (fl): 134 (*w*), 414 (*vs*, *p*), 455 (*s*, *dp*); *UR* (gas): 455 (*m*) + 461 (*Sch*), 566 (*m*), 623 (*m*), 880 (*Sch*) + 885 + 890 (*vs*), 933 + 944 (*s*), 1065 (*m*), 2196 (*s*).

$As(SiH_3)_3$ [35]. *UR* (gas): 451 (*w*), 539 (*w*), 589 (*w*), 874 (*vs*), 905 + 930 (*s*), 2092 + 2165 (*s*).

$Sb(SiH_3)_3$ [35]. *UR* (gas): 851 (*vs*) + 856 (*Sch*), 895 (*Sch*) + 901 (*s*) + 908 (*s*), 930 (*s*), 2160 (*s*).

$S(SiH_3)_2$ [315]. *Ra* (fl): 159 (*s*, *b*, *p*?), 480 (*vs*, *p*), 508 (*s*, *dp*), 634 (*mw*, *dp*), 678 (*mw*, *dp*), 886 (*mw*, *dp*), 938 (*s*, *vb*, *dp*), 2165—2185 (*vs*, *vb*, *p*). *UR* (gas): 480 (*ms*, *Sch*), 510 + 524 (*s*), ~610 (*s*, *b*), 635 (*s*), ~675 (*ms*, *Sch*), 901 + 907 + 914 (*vs*), 951 + 962 (*vs*), ~1010 (*ms*, *Sch*), 2180 (*vs*).

$Se(SiH_3)_2$ [315]. *Ra* (fl): 130 (*s*, *p*?), 388 (*vs*, *p*), 602 (*mw*, *dp*), 636 (*mw*, *dp*), 869 (*mw*, *dp*), 929 (*s*, *vb*, *dp*), 2160—2185 (*vs*, *vb*, *p*). *UR* (gas): ~400 (*ms*), 597 (*ms*), 635 (*w*, *Sch*), 884 + 889 + 895 (*vs*), 932 (*vs*), 1000 (*ms*, *Sch*), 2185 (*vs*).

$SiH_3—C{\equiv}C—SiH_3$ (Symmetrie D_{3h}) [700]. *Ra* (fl): A_1' 420 (*m*, *p*), —, 2132 (*s*, *p*), 2187 (*vs*, *p*); E' —, —, 946 (*s*, *dp*), 2187 (*vs*, *p*); E'' 297 (*s*, *dp*), 607 (*w*, *dp*), 946 (*s*, *dp*), 2187 (*vs*, *p*). *UR* (gas): A_2'' 807 (*s*), 912 (*vs*), 2170 (*s*); E' —, 682 (*ms*), 946 (*m*), 2190 (*m*).

$SiH_3—C{\equiv}C—H$ (Symmetrie C_{3v}) [308, 910]. *UR* (gas): A_1 659, 935, 2055, 2192, 3311; E 220, 668, 685, 946, 2193.

CH_3GeH_3 (Symmetrie C_{3v}) [480]. *UR* (gas): A_1 602 (*vs*), 843 (*vs*), 1254 (*s*), 2085 (*s*), 2938 (*s*); E 506 (*s*), 848 (*vs*), 900 (*s*), 1428 (*w*), 2084 (*s*), 2997 (*w*).

SiH_3GeH_3 [1036]. *UR* (gas): 778 (*s*), 788 (*s*, *Sch*), 796 (*vs*), 888 (*m*, *Sch*), 903 (*m*), 2100 (*m*), 2180 (*m*).

$S(GeH_3)_2$ [438]. *Ra* (fl): 110, 370 (*p*), 408, 585, 608, 800, 842, 865, 2071; *UR* (gas): 382 (*w*), 412 (*s*), 556 (*m*), 577 (*m*), 820 (*vs*), 849 (*m*), 872 (*m*), 2097 (*s*), 2110 (*s*).

IV. Koordinationsverbindungen

1. Verbindungen von Hauptgruppenelementen

Schwingungsspektroskopisch untersucht wurden Komplexe, in denen als Elektronenacceptoren monomere Hydride, Halogenide und Alkyle von B, Al, Ga, Tetrahalogenide von Si, Ge, Sn, Pb, Pentahalogenide von P, As, Sb sowie J_2, JCl, Br_2, BrCl und SO_3 fungieren, als Donatoren Stickstoffverbindungen (NH_3, Amine, Nitrile, N_2H_4, NO), Phosphorverbindungen (PH_3, Phosphine, PF_3), Sauerstoffverbindungen (H_2O, Äther, Ketone, $POHal_3$, $PO(OR)_3$, POR_3, $SOCl_2$, $SO(CH_3)_2$) sowie CO und Halogenionen.

Von Interesse ist besonders die zwischen Neutralmolekülen gebildete „semipolare" Bindung. Soweit hinreichend genaue Kraftkonstantenberechnungen vorliegen, zeigt sich, daß die fragliche Bindung schwächer ist als eine normale kovalente Bindung. So findet man z. B. für f(BN) in $BF_3 \cdot NH_3$ 3,1 [944], während sich nach Gl. (39), S. 34, 3,9 für eine (BN)-Einfachbindung ergibt. Entsprechend ist f(BC) in $BH_3 \cdot CO$ 2,7 [1087] (Gl. (39):3,4), f(SN) in $NH_3 \cdot SO_3$ 2,7[991] (Gl. (39):3,7), f(AlN) im $AlCl_3 \cdot NH_3$ 1,9 [944] (Gl. (39): 3,0). Die Ursache für die relative Schwäche dieser Bindungen mag in ihrer hohen Polarität zu suchen sein; z. B. wird das Bindungsmoment N→B in den Borazanen zu ~2,7 D gefunden [81].

Neben diesen σ-Bindungen treten Donator- Acceptor-π-Bindungen auf, wie etwa in den Borazenen $\rangle B \leftrightharpoons N \langle$ (vgl. Kap. III, S. 133). Auch hier ist die (BN)-Bindung schwächer als eine Doppelbindung (Bindungsordnung 1,7). Eine solche π-Bindung liegt auch im $B[N(CH_3)_2]_3$ vor, ist aber wegen der Gleichwertigkeit der N-Atome nicht lokalisiert (Bindungsordnung 1,3 [83]). Auf Grund des relativ kleinen Kernabstandes [670] und der hohen Valenzkraftkonstanten [449] wurde auch im BF_3 eine solche nicht lokalisierte π-Bindung angenommen. Die aus den Valenzkraftkonstanten der Borhalogenide ermittelten Bindungsordnungen (BF_3

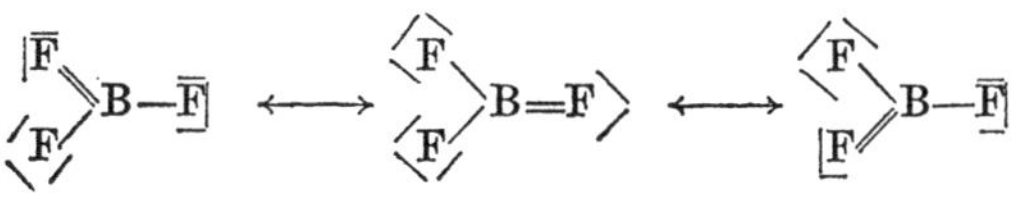

1,36, BCl_3 1,26, BBr_3 1,22, BJ_3 1,20) stützen diese Auffassung, zeigen aber gleichzeitig, daß die Donator-π-Bindung mit fallender Elektronegativität des Halogens schwächer wird. Ebenfalls hohe Bindungsordnungen findet man z. B. für SiF_4 (1,4), GeF_4 (1,3), $SiCl_4$ (1,2), $SnCl_4$ (1,3), $SnBr_4$ (1,2), $PbCl_4$ (1,2) und TeF_6 (1,5). Hier werden offenbar *d*-Orbitale des Zentralatoms zur Bildung von π-Bindungen benutzt [234].

Außer der koordinativen Bindung selbst wurden häufig die Änderungen untersucht, welche die Schwingungsspektren der Donator- und Acceptormoleküle bei der Komplexbildung erfahren.

In den Koordinationsverbindungen von Nitrilen beobachtet man allgemein eine Erhöhung der (C≡N)-Valenzschwingung. So wurde z. B. gemessen CH_3CN (fl) 2249, $CH_3CN \cdot BH_3$ 2280 [324], $CH_3CN \cdot BF_3$ 2359 [208], $CH_3CN \cdot AlCl_3$ 2330 [351] und $(CH_3CN)_2 \cdot SnCl_4$ 2285 [147]. Das gleiche

Tabelle 65. *UR-Spektren von* $XCN \cdot SbCl_5$ [33]

	ν(XC)	ν(CN)	XCN (*fl*) ν(XC)	XCN (*fl*) ν(CN)
$HCN \cdot SbCl_5$	3167	2152	3132	2097
$ClCN \cdot SbCl_5$	779	2266	730	2206
$BrCN \cdot SbCl_5$	630	2246	568	2191
$JCN \cdot SbCl_5$	533	2206	470	2158

gilt für Komplexe von HCN und den Halogencyanen mit $SbCl_5$ (vgl. Tab. 65). In den meisten Fällen ist dieser Effekt nicht durch mechanische Kopplung bedingt, sondern durch eine Vergrößerung der Kraftkonstanten f(CN) [77]. Möglicherweise beruht diese auf einer zunehmenden *sp*-Hybridisierung des freien Elektronenpaares am N-Atom infolge der Koordinierung [147]. Gleichzeitig beobachtet man eine erhebliche Intensitätssteigerung der (CN)-Bande im *UR*-Spektrum [146, 208]. Die Effekte gehen annähernd der Stärke (Azidität) des Acceptors parallel.

Die Erhöhung von ν(CO) im $BH_3 \cdot CO$ (2165) gegenüber CO (2146) bedeutet keine Verstärkung der (CO)-Bindung, sondern ist eine Folge der mechanischen Kopplung mit anderen Systemschwingungen, da f(CO) im Komplex kleiner ist (18,1 gegenüber 18,6 im CO [1087]).

Verbindungen von NO mit Metallhalogeniden zeigen kräftige Erhöhungen der (NO)-Frequenz, z. B. $NO \cdot AlBr_3$ 2142 und $NO \cdot SnCl_4$ 2200 [351] gegenüber 1876 des freien NO. Dies wird auf einen partiellen Übergang des ungepaarten Elektrons vom NO auf das Metallatom zurückgeführt [351].

Phosphoryl- und Thionylverbindungen sowie Ketone koordinieren mit Hauptgruppenelementen allgemein über das O-Atom. Je nach der Acceptorstärke beobachtet man Erniedrigungen der (P=O)-, (S=O)- und (C=O)-Valenzschwingung bis zu 100 cm^{-1}. Dies wird so gedeutet, daß das Sauerstoffatom durch die Koordination positiviert wird, was zu einer Polarisierung und damit Schwächung der (XO)—π-Bindung führt. Untersuchungen an Phosphorylverbindungen z. B. [218, 613, 859, 978, 1154], $SOCl_2 \cdot AlCl_3$ [690], Ketonen [1088].

Veränderungen der Acceptorspektren durch die Koordination werden besonders auffällig bei Halogeniden beobachtet. Die Valenzschwingungen und entsprechend auch die Kraftkonstanten der Halogeno-Komplexe sind stets niedriger als die der zugrunde liegenden freien Halogenide, z. B. BF_4^- $f = 4{,}87$ mdyn/Å, BF_3 7,29; SiF_6^{2-} 2,94, SiF_4 6,33; $SnCl_6^{2-}$ 1,33, $SnCl_4$ 2,47. Dies beruht darauf, daß die π-Bindungen der Halogenide in den Halogeno-Komplexen wegfallen, da die entsprechenden Orbitale des Zentralatoms für σ-Bindungen mit den neuen Liganden herangezogen werden.

Ganz entsprechende Erniedrigungen der Valenzschwingungen und Kraftkonstanten beobachtet man bei Komplexbildung von Halogeniden mit Neutralmolekülen. Dieser Sachverhalt ist qualitativ aus der Erniedrigung der entarteten Valenzschwingungen zu ersehen, z. B. im Falle des Borfluorids: BF_3 1454, $BF_3 \cdot NH_3$ 1144, $BF_3 \cdot O(CH_3)_2$ 1197 [102], BF_4^- 1075. Ganz entsprechend ist ν_e(SiF) in SiF_4 1032, $SiF_4 \cdot 2\,NH_3$ 725 [22], $SiF_4 \cdot 2\,(CH_3)_2SO$ 741 [495], SiF_6^{2-} 741. Untersuchungen an Komplexen von $GeCl_4$ und $SnCl_4$ [146, 147, 78]. In Übereinstimmung mit diesen Vorstellungen ist f(BC) im $B(CH_3)_3 \cdot NH_3$ gegenüber dem $B(CH_3)_3$, in welchem keine π-Bindungsanteile vorhanden sind, nicht erniedrigt [445].

J_2 und JCl zeigen ebenfalls beträchtliche Erniedrigungen ihrer Valenzschwingung bei Komplexbildung: J_2 207, $N(CH_3)_3 \cdot J_2$ 185 [1206], Pyridin · J_2 184 [880]; JCl 382, Pyridin · JCl 275 [865]. Das gleiche gilt für die Halogeno-Komplexe $BrCl_2^-$, Br_3^- und JCl_2^- [864] (vgl. Kap. II, S. 43f.).

Ähnliche Erscheinungen wie bei den Halogeniden beobachtet man bei den Koordinationsverbindungen des SO_3. Infolge Erniedrigung der π-Bindungsordnung der (SO)-Bindungen ist f(SO) in den Komplexen niedriger als im freien (monomeren) SO_3, z. B. 9,1 im $NH_3 \cdot SO_3$ [991] gegenüber 10,3 im SO_3. Das gleiche gilt für die Verbindungen Amin · SO_3, wie aus der ähnlichen Lage ihrer (SO)-Valenzschwingungen wie im $NH_3 \cdot SO_3$ hervorgeht ($\nu_s \approx 1070$, $\nu_e \approx 1300$ [1067]).

$BH_3 \cdot NH_3$ (Symmetrie C_{3v}). *UR* (krist) [467, 1106, 944]: A_1 776 (*w*), 1155 (*s*), 1374 (*s*), 2270 (*s*), 3245 (*s*); *E* 719 (*vw*), 1058 (*s*), 1155 (*s*), 1597 (*m*), 2315 (*vs*), 3315 (*vs*); ferner 790 (*vw*, B^{10}), 1258 (*vw*), 2215 (*m*), 3170 (*m*).

$BH_3 \cdot CO$ (Symmetrie C_{3v}). *Ra* (fl) [1104]: A_1 692 (*ws*, *p*), 1073 (*s*, *p* ?), 2169 (*s*, *p*), 2380 (*s*, *p*); *E* 317 (*m*), 816 (*w*), 1101 (*m*), 2434 (*s*); ferner 705 (*vw*, B^{10}), 1133 (*w*), 2129 (*vw*); *UR* (gas) [116]: A_1 691 (*s*), 1073 (*s*), 2165 (*vs*), —; *E* 313 (*s*), 809 (*m*), ~1100 (*s*), 2444 (*vs*); ferner 502 (*m*), 1376 (*m*), 1412 (*m*), ~1610 (*m*), 1931 (*m*).

$BH_3 \cdot PF_3$ (Symmetrie C_{3v}). *Ra* (fl) [1105]: A_1 441 (*m*, *p*), 607 (*s*, *p*), 944 (*m*, *p* ?), 1077 (*w*, *p*), 2385 (*vs*, *p*); *E* 197 (*m*, *dp*), 370 (*vw*), 697 (*vw*), 957 (*m*, *dp*), 1117 (*s*, *dp*), 2455 (*vs*, *dp*); ferner 799 (*vw*), 886 (*vw*), 920 (*w*, *p*), 1040 (*w*, *p*).

$BF_3 \cdot NH_3$ (Symmetrie C_{3v}) [463, 944]. *Ra* (krist): A_1 450 (4), 735 (8); *E* 335 (2), 500 (2), 1136 (2); ferner 1030 (3*sb*); *UR* (krist): A_1 —, 735 (*w*), 982 (*s*), 1420 + 1440 (*s*), 3285 (*w*, *Sch*); *E* 330 (*s*), 510 (*s*), 860 (*m*), 1144 (*s*), 1596 (*m*), 3340 (*s*); ferner 1028 (*m*, *Sch*, B^{10}), 1210 (*m*, *Sch*, B^{10}), 1735 (*w*), 2917 (*w*), 3170 (*w*).

$BCl_3 \cdot POCl_3$. *UR* (krist) [1154]: 306 (*m*), 382 (*m*), 505 (*s*), 585 (*w*), 642 (*m*), 713 (*Sch*), 727 (*s*), 750 (*Sch*), 765 (*Sch*), 795 (*Sch*), 1067 (*w*), 1167 (*s*).

$AlCl_3 \cdot NH_3$ [994]. *Ra* (krist): 171 (*vw*), 357 (*Sch*), 379 (*vs*), 447 (*vw*), 502 (*w*), 3169 (*m*), 3231 (*s*); *UR* (krist:) 264 (*vw*), 319 (*w*), 379 (*m*), 502 (*vs*), 579 (*m*), 734 (*vs*), 1165(*vw*), 1329 (*vs*), 1408 (*m*), 1605 (*m*), 3169 (*m*), 3231 (*s*), 3292 (*s*).

$AlCl_3 \cdot POCl_3$. *UR* (krist) [1154]: 352 (*w*), 440 (*m*), 495 (*s*), 525 (*s*), 585 (*w*), 635 (*s*), 715 (*Sch*), 1225 (*s*).

$AlCl_3 \cdot SOCl_2$. *Ra* (Schm) [690]: 114 (8*vb*), 166 (7), 181 (3), 218 (10), 272 (5*p*), 319 (3*vb*), 358 (6*p*), 389 (8), 496 (10), 525 (10*p*), 1108 (5*b*, *p*).

$SnCl_4 \cdot 2H_2O$. *Ra* (Schm) [147]: 92 (*w*), 150 (*m*), 154 (*w*), 256 (*m*), 336 (*s*).

$SO_3 \cdot N(CH_3)_3$. *UR* (krist) [1067, 1157]: 313 (*w*), 353 (*w*), 447 (*w*), 540 (*vw*), 559 (*m*), 611 (*s*, *b*), 642 (*m*, *Sch*), 804 (*m*), 876 (*m*), 1059 (*m*), 1115 (*vw*), 1255 (*v*, *Sch*), 1303 (*s*, *b*), 1450 (*w*), 1470 (*m*), 1491 (*m*), 2852 (*w*), 2880 (*w*, *Sch*), 2924 (*w*), 2960 (*w*, *Sch*). $SO_3 \cdot NH_3$ s. S. 130.

2. Ammine

Wenn ein NH_3-Molekül mit seinem N-Atom an ein Metallatom gebunden ist, liegt ein Strukturelement der Eigensymmetrie C_{3v} vor, welches etwa einem Methylhalogenid mit schwerem Halogen entspricht. Da die Bindungskräfte zwischen Metall und Stickstoff verhältnismäßig klein, die Metallmasse verhältnismäßig groß ist, kann man das gesamte Schwingungsspektrum aufteilen in die Schwingungen des Komplexes MeN_n und die des gebundenen Ammoniaks $H_3N{-}Me$. Über die letzteren liegen zahlreiche *UR*-Beobachtungen vor.

Die (NH)-Valenzschwingungen werden gegenüber dem NH_3 erniedrigt. Falls keine Wasserstoffbrücken zum Anion vorliegen, ist die Erniedrigung gering (1—3%, vgl. Tab. 66). Ein Zusammenhang mit der Stabilität der Komplexe ist erkennbar, indem größere Stabilität des Komplexes niedrigere (NH)-Valenzschwingungen verursacht. Wenn von den gebundenen NH_3-Molekülen Wasserstoffbrücken ausgehen, tritt eine weitere Erniedrigung herab bis etwa 3000 auf, ähnlich wie bei den Ammoniumsalzen. Die entartete Deformationsschwingung des NH_3 um 1625 behält ihre Lage in den Komplexen bei, was darauf hindeutet, daß die Deformationskonstante d(HNH) unverändert bleibt. In den Komplexen ist die Frequenz um 1620 von mäßiger Intensität und breit. Die symmetrische (NH_3)-Deformationsschwingung liegt in den Komplexen höher (1160—1355) als im freien Molekül. Diese Erhöhung beruht darauf, daß bei dieser Schwingung auch die Winkel H—N—Me deformiert werden. Die Frequenz steigt mit steigender Komplexstabilität.

Tabelle 66.
(NH)-*Valenzschwingungen in Amminen* [382]

NH_3	3337	3443
$[Ni(NH_3)_6](ClO_4)_2$	3312	3397
$[Cr(NH_3)_6](ClO_4)_3$	3280	3330
$[Co(NH_3)_6](ClO_4)_3$	3240	3320
$(NH_4)_2SiF_6$	3233	3314

Schließlich beobachtet man noch die entartete (HNMe)-Deformationsschwingung, welche zwischen 560 und 940 liegt. Auch diese steigt parallel der Komplexstabilität, und zwar noch deutlicher als die symmetrische (NH_3)-Deformationsschwingung. Die Verhältnisse entsprechen denen bei Methylverbindungen $X(CH_3)_n$, wo eine annähernde Proportionalität zwischen der Valenzkraftkonstanten f(CX) und der Deformationskonstanten d(HCX) festgestellt wurde (vgl. S. 136).

Die Schwingungen des eigentlichen Komplexpolyeders MeN_n sind nur in wenigen Fällen bekannt. Im Spektrum des $[Pt(NH_3)_4]^{2+}$ [889] findet man entsprechend der eben-quadratischen Anordnung eine polarisierte (524, A_{1g}) und zwei depolarisierte *Ra*-Linien (265, B_{1g}; 508, B_{2g}). Das *UR*-Spektrum gibt die Schwingungen 150 (A_{2u}), 236 (E_u) und 510 (E_u). Ebenso zeigt das Spektrum des $[Rh(NH_3)_6]^{3+}$ die einem Oktaedermolekül entsprechenden *Ra*-Linien 515 (A_{1g}), 480 (E_g) und 240 (F_{2g}) sowie die *UR*-Frequenzen 310 und 470 (F_{1u}) [1111].

Tabelle 67. *UR-Spektren von Ammin-Komplexen*

Komplex	δ (MeN)	ν(MeN)	δ_e(HNMe)	δ_s(HNH)	Lit.
$[Cr(NH_3)_6]^{3+}$	—	463*	760	1310	1111
$[Mn(NH_3)_6]^{2+}$	—	307	617	1134	1301
$[Fe(NH_3)_6]^{2+}$	—	321	641	1151	1301
$[Co(NH_3)_6]^{2+}$	192	318	650	1160	113, 886, 1090, 1301
$[Co(NH_3)_6]^{3+}$	333	484*	830	1330	123, 1111
$[Rh(NH_3)_6]^{3+}$	310	470	830	1320	1111
$[Ni(NH_3)_6]^{2+}$	215	337	680	1170	1111, 1307
$[Pd(NH_3)_4]^{2+}$	230	498	820	1310	792, 886, 1090, 1322
$[Pt(NH_3)_4]^{2+}$	236	510	860	1325	889
$[Pt(NH_3)_4Cl_2]^{2+}$	288	524	940	1340	889
$[Cu(NH_3)_4]^{2+}$	250	420	710	1250	886, 1090
$[Zn(NH_3)_6]^{2+}$	—	423	640	1240	1111
$[Cd(NH_3)_6]^{2+}$	—	370	580	1200	1111
$[Hg(NH_3)_2]^{2+}$	—	470	720	1270	113, 142
$AlCl_3 \cdot NH_3$	—	579	734	1329	944

Eine Auswahl der *UR*-Spektren von Amminen (meist an den Chloriden gemessen) zeigt Tab. 67. Die häufigen Aufspaltungen der höheren Frequenzen wurden zu Mittelwerten zusammengezogen. Die charakteristische Frequenzverteilung ändert sich nicht, wenn ein Teil des NH_3 durch andere Liganden ersetzt wird. Man erkennt deutlich die Zusammenhänge zwischen der Komplexstabilität und der Frequenz der (MeN)-Valenzschwingung. Bei den starken Komplexen liegen diese bei $\sim$500, bei den schwachen niedriger. Entsprechendes gilt für die Valenzkraftkonstanten f(MeN): $[Co(NH_3)_6]^{3+}$ 2,0 [123], $[Rh(NH_3)_6]^{3+}$ 2,1, $[Pt(NH_3)_4]^{2+}$ 2,6, $[Ni(NH_3)_6]^{2+}$ 0,9, $[Co(NH_3)_6]^{2+}$ 0,8.

Der bekannte trans-Effekt der Pt(II)-Komplexe macht sich nicht in den Spektren von cis- und trans-$[Pt(NH_3)_2Cl_2]$ bemerkbar, wohl aber bei trans-$[PtS(C_2H_5)_2NH_3Cl_2]$ und trans-$[PtC_2H_4NH_3Cl_2]$: hier sinkt die (PtN)-Valenzfrequenz auf 493 bzw. 481 gegenüber $\sim$510 in den übrigen Komplexen [885]. Ebenso wurde der trans-Effekt für (PtHal)-Bindungen nachgewiesen [15]; z. B. ist ν(PtHal) für $[Pt(PÄt_3)_2Cl_2]$ trans 340, cis 292, für $[Pt(PÄt_3)_2Br_2]$ trans 250, cis 203. Ähnliche Verhältnisse liegen im $K[Pt(C_2H_4)Cl_3]$ vor [1216]. Über den trans-Effekt bei Hydrogeno-Komplexen s. S. 162.

* Eigene Messung am Hexachlorothallat (III). In den Spektren der entsprechenden Halogenide ist ν(MeN) stark aufgespalten.

3. Aquo- und Hydroxo-Komplexe

Hier interessieren besonders komplexe Ionen, bei denen H_2O mit dem Sauerstoffatom an ein Metallion koordiniert ist. Die Schwingungen des MeO_n-Polyeders sind für einige solcher Komplexe bekannt (vgl. Tab. 68). Entsprechend der oktaedrischen Koordination wurden für $[Mg(H_2O)_6]^{2+}$ und $[Al(H_2O)_6]^{3+}$ eine polarisierte und zwei depolarisierte *Ra*-Linien gefunden. Außer den angeführten Ionen wurde noch ν(MeO) im *Ra*-Spektrum von $[Ga(H_2O)_6]^{3+}$ (475) und $[In(H_2O)_6]^{3+}$ (420) [528] sowie im *UR*-Spektrum von $[Cr(H_2O)_6]^{3+}$ (490), $[Ni(H_2O)_6]^{2+}$ (405), $[Mn(H_2O)_6]^{2+}$ (395), $[Fe(H_2O)_6]^{2+}$ (389) [808], $[Co(H_2O)_6]^{2+}$ (370) [1250, 1267], $[Cd(H_2O)_6]^{2+}$ (328) [1267] sowie $[Be(H_2O)_4]^{2+}$ (856, 775) [383] gemessen.

Tabelle 68. *Aquo-Komplexe*

Komplex	ν(MeO)	δ(OMeO)	Lit.
$[Mg(H_2O)_6]^{2+}$	360 (*Ra*, *p*) 315 (*Ra*, *dp*) 310 (*UR*)	240 (*Ra*, *dp*)	253, 808, 1267
$[Zn(H_2O)_6]^{2+}$	390 (*Ra*) 364 (*UR*)	—	528, 655 734, 808
$[Al(H_2O)_6]^{3+}$	525 (*Ra*, *p*) 447 (*Ra*, *dp*) 540 (*UR*)	340 (*Ra*, *dp*) 306 (*UR*)	253 1267
$[Cu(H_2O)_4]^{2+}$	440 (*Ra*) 440 (*UR*)	—	734, 808, 1250

Die Valenzschwingungen des koordinierten Wassers treten im Bereich 3000—3500, die (HOH)-Deformationsschwingungen um 1600 auf. Ferner sind noch (HOMe)-Deformationsschwingungen im Bereich 600—1100 sowie Torsionsschwingungen infolge gehemmter Rotation unterhalb 600 gemessen worden.

In Hydroxo-Komplexen haben wir außer den Schwingungen des Komplex-Polyeders (OH)-Valenzschwingungen und (MeOH)-Deformationsschwingungen zu erwarten. Bei gehemmter Rotation der (OH)-Gruppen können noch Torsionsschwingungen in Erscheinung treten. Das *Ra*-Spektrum einer Zinkat-Lösung [684] zeigt Frequenzen des tetraedrischen $[Zn(OH)_4]^{2-}$-Ions: 300 (1) E, F_2, 420 (2) F_2, 470 (5) A_1; f(ZnO) $= 2{,}2$. In Aluminat-Lösungen scheint nach Ausweis ihres *Ra*-Spektrums $[Al(OH)_4]^-$ vorzuliegen [684]: 310 (1), 615 (5); f(AlO) $= 3{,}8$. Die Spektren weiterer Hydroxo-Komplexe von Hauptgruppenelementen wurden im Abschnitt Sauerstoffverbindungen des Kap. III besprochen.

4. Nitro-Komplexe

In den Nitro-Komplexen besteht eine (MeN)-Bindung; die Gruppe $MeNO_2$ ist eben. Wie bei den Amminen kann man das Spektrum eines Komplexes $[Me(NO_2)_n]$ aufteilen in die Schwingungen des Komplex-Polyeders MeN_n und der Gruppe $MeNO_2$. Die letzteren lassen sich einerseits mit den Frequenzen des NO_2^-, andererseits mit denen einer kovalenten Nitrylverbindung vergleichen (s. Tab. 69). Die Schwingungen δ(ONO) und ν_s(NO) sind annähernd konstant, dagegen variiert ν_{as}(NO) stark. Dies bedeutet, daß f(NO) im Komplex größer ist als im NO_2^- (7,7), aber kleiner als im $ClNO_2$ (10,3); eine Abschätzung liefert 8,7.

Tabelle 69. *Die Nitro-Gruppe in Komplexen*

	δ(XNO)	γ	δ(ONO)	ν_s(NO)	ν_{as}(NO)
NO_2^-	—	—	827	1323	1269
$[Co(NO_2)_6]^{3-}$	292	626	833	1328	1390
$ClNO_2$	367	651	794	1293	1685

Die Spektren anderer Nitro-Komplexe sind dem angegebenen des $[Co(NO_2)_6]^{2-}$ [668, 809] sehr ähnlich. Untersucht wurden $[Pt(NO_2)_4]^{2-}$, $[Rh(NO_2)_6]^{3-}$, $[Pd(NO_2)_4]^{2-}$ und $[Ir(NO_2)_6]^{3-}$ sowie Nitro-Ammine und Nitro-Halogeno-Komplexe [47, 185, 668, 810]. Typische Doppelsalze wie $K_2Pb(NO_2)_4$, $K_2Cu(NO_2)_4$ und $K_4Ni(NO_2)_6$ zeigen dagegen Spektren, die mit dem des freien NO_2^- praktisch identisch sind [668].

Die Valenz- und Deformationsschwingungen des Komplex-Polyeders MeN_n liegen bei etwa 300 bzw. 200 (vgl. Tab. 70). Das $[Pt(NO_2)_4]^{2-}$ hat die Symmetrie D_{4h} [668], die (PtN_4)-Gruppe ist eben, die Ebenen der (NO_2)-Gruppen stehen senkrecht auf der (PtN_4)-Ebene. In den Hexanitrokomplexen hat die (MeN_6)-Gruppe Oktaedergestalt; die Kristallstrukturanalyse ergab für $[Co(NO_2)_6]^{3-}$ die Symmetrie T_h; nach den Schwingungsspektren liegt diese Struktur auch im $[Rh(NO_2)_6]^{3-}$ und $[Ir(NO_2)_6]^{3-}$ vor [668].

Tabelle 70. (MeN)-*Schwingungen in Nitro-Komplexen*

Komplex	ν	δ	Lit.
$[Co(NO_2)_6]^{3-}$	417 (*UR*)	150 (*UR*)	668, 809
$[Rh(NO_2)_6]^{3-}$	304 (*Ra, p*) 277 (*Ra, dp*) 386 (*UR*)	150 (*Ra, dp*)	668
$[Ir(NO_2)_6]^{3-}$	319 (*Ra, p*) 300 (*Ra, dp*) 390 (*UR*)	140 (*Ra, dp*)	668
$[Pt(NO_2)_4]^{2-}$	320 (*Ra, p*) 307 (*Ra, dp*) 367 (*UR*)	271 (*Ra, dp*) 298 (*UR*)	668

In den Spektren von zweikernigen Co- und Pd-Komplexen, in denen eine Nitro-Gruppe als Brücke zwischen den beiden Metallatomen fungiert, findet man die (NO)-Valenzschwingungen um 1200 und 1500 [185, 810]. Diese Verschiebung läßt sich ähnlich deuten wie etwa in dem analogen Fall von NO_2^- und HONO (vgl. S. 95): Im Nitro-Komplex $MeNO_2$ ist eine Mesomerie I anzunehmen; wenn das eine O-Atom an ein weiteres Metallatom koordiniert wird, ist die Mesomerie behindert, so daß im Brückenkomplex die Grenzstruktur II überwiegt.

Me—N
O
O
Me—N
O
O

I

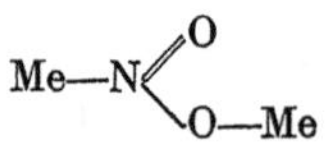
Me—N
O
O—Me

II

5. Sulfito-Komplexe

In den meisten Komplexen, welche das SO_3^{2-}-Ion als Ligand enthalten, ist dieses mit dem Schwefelatom an das Metall gebunden :

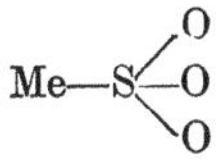

Schwingungsspektroskopisch erkennt man dies daran, daß die (SO)-Valenzschwingungen in diesen Komplexen im Mittel höher liegen als im Sulfit-Ion (vgl. Tab. 71). Bei Koordination über ein O-Atom wäre annähernde Konstanz der mittleren (SO)-Valenzfrequenz zu erwarten (vgl. den nächsten Abschnitt). Die Verhältnisse entsprechen hier also ganz denen der Nitro-Komplexe. Ganz ähnliche Spektren wie das in Tab. 71 angegebene des $[Pt(SO_3)_4]^{6-}$ [822] weisen die anderen untersuchten Komplexe auf: $[Pd(SO_3)_4]^{6-}$, $[Rh(SO_3)_3(NH_3)_3]$ [822], Ir-Komplexe [49], Co-Komplexe [1219], $[Hg(SO_3)_2]^{2-}$ und NH_3HgSO_3 [140]. Die in Tab. 71

Tabelle 71. *Die Sulfito-Gruppe in Komplexen*

	$\delta_e(OSO)$	$\delta_s(OSO)$	$\nu_s(SO)$	$\nu_e(SO)$
SO_3^{2-}	469	620	967	933
$[Pt(SO_3)_4]^{6-}$	540	660	964	1060
$ClSO_3^-$	585	535	1050	1195

gegebene Zuordnung der (SO)-Valenzschwingungen ist gesichert, da $\nu_s(SO)$ stets schmal, $\nu_e(SO)$ dagegen breit, von größerer Intensität und häufig aufgespalten ist. Die Schwingungen des Komplexpolyeders MeS_n wurden bisher nicht untersucht.

In einer Reihe von Komplexen fungiert der Sulfitrest als zweizähliger Ligand (z. B. $K_2[Pd(SO_3)_2]$, $K_3[Rh(SO_3)_3] \cdot 2\,H_2O$, $K_2[Pt(SO_3)_2] \cdot 2\,H_2O$ [822, 48] und $[Coen_2SO_3]ClO_4$ [54]. Deren Schwingungsspektren sind nicht wesentlich verschieden von denen mit einzähligem SO_3-Liganden; nur die höchste (SO)-Valenzschwingung liegt hier höher (~ 1160 gegenüber ~ 1110). Die Struktur dieser Komplexe ist aus den Spektren nicht deutlich zu ersehen; vorgeschlagen wurde [48, 822]:

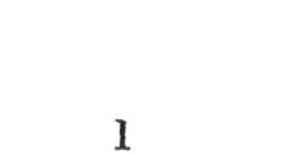

I

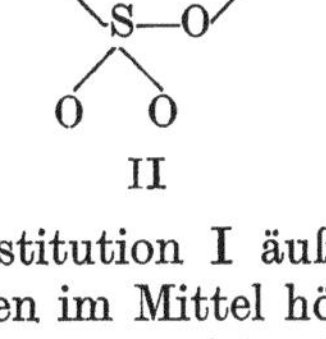

II

Nach Ansicht des Verfassers ist die Konstitution I äußerst unwahrscheinlich, weil die (SO)-Valenzschwingungen im Mittel höher liegen als im SO_3^{2-}, während sie für Strukturen wie I etwa im Mittel gleich denen des Sulfitions sein sollten (vgl. den nächsten Abschnitt). Auch unter-

* Man sollte daher besser von „Sulfo-“ oder „Sulfono-Komplexen“ sprechen in Übereinstimmung mit der analogen Nomenklatur von Nitro- und Nitrito-Komplexen.

scheiden sich die Absorptionsspektren im Sichtbaren und *UV* klar von denen sauerstoffkoordinierter Komplexe. So lange nicht das Vorliegen einkerniger Komplexionen in diesen Verbindungen erwiesen ist, muß die Struktur II als wahrscheinlich gelten.

Die Spektren der Sulfit-Doppelsalze (meist $Me^{II}(SO_3)_2^-$ mit Me = Mg, Zn, Cd, Fe, Mn, Co, Ni) zeigen keine wesentlichen Veränderungen der (SO)-Frequenzen gegenüber denen des freien SO_3^{2-}-Ions [822]. Typisch ist weiter, daß die Frequenzen hier sehr breit sind, während in den starken Sulfito-Komplexen verhältnismäßig schmale Banden im *UR* auftreten.

6. Komplexe mit Ionen von Sauerstoffsäuren

In erster Linie sind hier die Veränderungen des Ligandenspektrums untersucht worden. Es handelt sich stets um Ionen von Sauerstoffsäuren, in denen π-Bindungen vorliegen. Durch die Koordination wird nun eine Verschiebung der π-Elektronendichten verursacht, ähnlich wie bei den undissoziierten Säuren oder den Säureestern. Entsprechend verändern sich die Ligandenspektren derart, daß ein Teil der Valenzschwingungen erniedrigt, ein anderer Teil erhöht wird. Da die komplexe Bindung verhältnismäßig schwach ist, stehen die Spektren der Liganden zwischen denen der freien Ionen und denen der undissoziierten Säuren bzw. der Säureester. Die Größe der Verschiebung gegenüber dem Spektrum des freien Ions kann als Maß für die Stabilität der Komplexe dienen. Ferner ist meist die Symmetrie des Liganden im Komplex gegenüber der des freien Ions erniedrigt, so daß Entartungen und Symmetrieverbote aufgehoben werden.

a) Nitrato-Komplexe

Der NO_3-Rest ist meist über ein O-Atom an das Zentralatom gebunden (I). Seine Eigensymmetrie ist wegen der gewinkelten Gruppe Me—O—N auf C_s erniedrigt, so daß im UR-Spektrum die Frequenz um 1000 beobachtbar wird, welche für NO_3^- verboten ist. Die entartete Valenzschwingung

Tabelle 72. *Die Nitrato-Gruppe in Komplexen*

	δ	γ	ν			Lit.
NO_3^-	720	830	1050	1390		
$[Cu(NO_3)_4]^{2-}$	—	805	1013	1290	1465	1086
$[Co(NH_3)_5NO_3]^{2+}$	720	796	1012	1266	1481	114, 386, 993
$[Pd(H_2O)_2(NO_3)_2]$	—	790	988	1274	1502	386
$[Pt(NH_3)_2(NO_3)_4]$	—	821	970	1253	1522	386
$[Zr(NO_3)_6]^{2-}$	750	800	1016	1287	1570	1221
HNO_3	674 610	770	920	1294	1672	

ν_3 des NO_3^- spaltet in zwei Komponenten auf. Charakteristisch für die Stabilität der Komplexe ist die Frequenzdifferenz zwischen der höchsten und der niedrigsten (NO)-Valenzschwingung. Eine Auswahl der untersuchten Substanzen zeigt Tab. 72, nach Komplexstabilität geordnet. Auf Grund ähnlicher Veränderungen wurde gezeigt, daß die wasserfreien

Nitrate von Hg^{2+}, Mn^{2+}, Cu^{2+}, Zn^{2+}, VO^{3+}, Th^{4+} und NbO^{3+} koordinativ gebundene Nitratogruppen enthalten, dagegen die von Co^{2+}, Ag^+ Cd^{2+} und Pb^{2+} rein ionisch sind [20, 350, 401]. $Sn(NO_3)_4$ [1214] und $Ti(NO_3)_4$ [350] weisen besonders hohe (NO)-Frequenzen um 1630 auf; nach der Kristallstrukturanalyse sind die (NO_3)-Gruppen hier zweizählige Liganden [1214] (II).

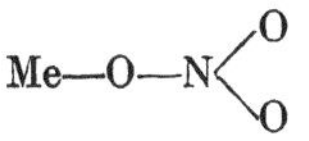

$$\text{Me—O—N} \begin{array}{c} \diagup O \\ \diagdown O \end{array} \qquad \text{Me} \begin{array}{c} \diagup O \\ \diagdown O \end{array} \text{N—O}$$

$$\text{I} \qquad\qquad\qquad \text{II}$$

Ebenso existieren Ni-Komplexe mit zweizähligem NO_3, z. B. $[Ni\,en_2NO_3]^+$. Die höchste (NO)-Valenzschwingung liegt hier bei 1476, im $[Ni\,en_2(NO_3)_2]$ mit einzähligem NO_3 bei 1420 [1317].

b) Nitrito-Komplexe

Wenn das Nitrit-Ion über ein O-Atom an das Zentralion gebunden ist, wird eine (NO)-Valenzschwingung erniedrigt, die andere erhöht. Im Gegensatz zu den Nitro-Verbindungen bleibt aber die Summe der Frequenzquadrate der (NO)-Valenzschwingungen gegenüber dem NO_2^- fast konstant. Dies ist charakteristisch für alle Komplexe, in denen der Rest einer Sauerstoffsäure über ein O-Atom gebunden ist. Die gleiche Erscheinung wurde bei wasserfreien Säuren und Säureestern festgestellt (vgl. Kap. III, S. 95). Eine Auswahl der untersuchten Substanzen ist in Tab. 73 zusammengestellt. Weiter wurden untersucht $[Ir(NH_3)_5ONO]^{2+}$ und $[Rh(NH_3)_5ONO]^{2+}$ [68], deren Spektren etwa dem des $[Co(NH_3)_5ONO]^{2+}$ entsprechen. Die Gleichgewichtseinstellung zwischen Nitro- und Nitrito-Isomeren ist UR-spektroskopisch verfolgt worden [68, 79].

Tabelle 73. *Die Nitrito-Gruppe in Komplexen*

	$\delta(ONO)$	$\nu(NO)$		Lit.
NO_2^-	813	1240	1331	
$[Ni(py)_4(ONO)_2]$	825	1114	1393	440
$[Co(NH_3)_5ONO]^{2+}$	851	1066	1454	79, 810, 993
$[Cr(NH_3)_5ONO]^{2+}$	839	1048	1460	810
$[Pt(NH_3)_5ONO]^{3+}$	850	995	1505	68
cis-HONO	525	855	1639	
trans-HONO	598	793	1700	

c) Sulfato-Komplexe

Das Sulfat kann mit einem oder mit zwei Sauerstoffatomen komplex gebunden werden. Als einzähliger Ligand hat der (SO_4)-Rest streng genommen nur noch die Symmetrie C_s wegen der sicher gewinkelten Gruppierung Me—O—S. Ähnlich wie beim $OHSO_3^-$ ist aber die Symmetriestörung durch diese gewinkelte Gruppe effektiv so klein, daß das Spektrum der scheinbaren Symmetrie C_{3v} entspricht. Gegenüber dem SO_4^{2-} spalten also nur die beiden dreifach entarteten Schwingungen in zwei Komponenten auf. Bisher wurden nur Co(III)-Komplexe unter-

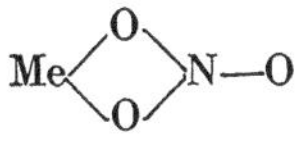

sucht; Tab. 74 zeigt die Stellung des $[Co(NH_3)_5SO_4]^+$ [114, 811, 993, 1095] zwischen denen von SO_4^{2-} und $OHSO_3^-$.

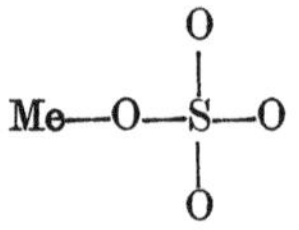

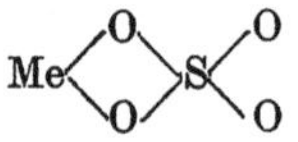

Tabelle 74. *Die einzählige Sulfato-Gruppe in Komplexen*

SO_4^{2-}	541	613	981	1104	
$[Co(NH_3)_5SO_4]^+$	488	604 645	970	1038	1130
$OHSO_3^-$	429	594	887	1051	1200

Für den zweizähligen Liganden (Symmetrie C_{2v}) im $[Co\ en_2SO_4]^+$ wurde gemessen [65]: 515 (*m*), 632 (*s*), 647 (*s*), 993 (*s*), 1075 (*vs*), 1176 (*vs*), 1211 (*s*). Eine ähnliche Frequenzverteilung wird beobachtet, wenn SO_4^{2-} als Brücke zwischen zwei Metallatomen fungiert, wie etwa im $[Co_2(NH_3)_8NH_2SO_4]^{3+}$ [811, 1095].

Auf Grund der Frequenzänderung bei Symmetrieerniedrigung wurde die unvollständige Dissoziation von Indiumsulfat in wäßriger Lösung studiert [526, 749].

d) Phosphato-Komplexe

Im $[Co(NH_3)_4PO_4]$ ist der (PO_4)-Rest ein zweizähliger Ligand. Die Symmetrie T_d des freien PO_4^{3-} ist hier auf C_{2v} erniedrigt, so daß keine Entartung mehr möglich ist und vier (PO)-Valenzschwingungen auftreten: 466 (*m*), 534 (*ms*), 580 (*s*), 644 (*s*), 895 (*ms*), 918 (*s*), 1043 (*vs*), 1109 (*vs*) [992]. Komplexe mit einzähligem (PO_4)-Liganden wurden bisher nicht spektroskopisch untersucht.

e) Carbonato-Komplexe

Auch der Carbonat-Rest kann als ein- und zweizähliger Ligand wirken. In beiden Fällen liegt die (scheinbare) Eigensymmetrie C_{2v} des Liganden vor. Spektroskopisch wurden bisher nur Co(III)-Komplexe untersucht.

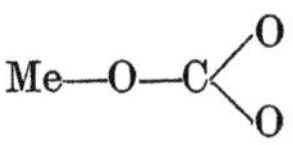

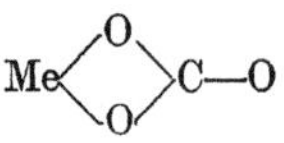

Im einzähligen Fall entsprechen die Verhältnisse ganz denen der Nitrato-Komplexe. Die Zahlen für $[Co(NH_3)_5CO_3]^+$ stimmen nicht gut überein; die letzte Messung [1095] ist: 678, 756, 1070, 1373, 1453.

Für $[Co(NH_3)_4CO_3]^+$ wurde gefunden [114, 380, 662, 993]: 760, 834, 1030, 1265, 1593. Die höchste Frequenz ist der Valenzschwingung der exocyc lischen (CO)-Bindung zuzuordnen, die den höchsten π-Bindungsantei hat. Die (CoO)-Valenzschwingung liegt bei 395 [380].

f) Oxalato-Komplexe

In diesen sehr häufig untersuchten Verbindungen tritt der Oxalatrest meist als zweizähliger Ligand auf. Die Symmetrie des freien Ions $C_2O_4^{2-}$ in Lösung ist D_{2h}, die des Liganden im Komplex höchstens C_{2v}

wenn die Ebenheit erhalten bleibt. Dadurch werden alle ebenen Schwingungen *UR*-aktiv. In Tab. 75 sind die (CO)-Valenzschwingungen einer Auswahl von Oxalato-Komplexen zusammengestellt [387, 381, 472, 527, 571,

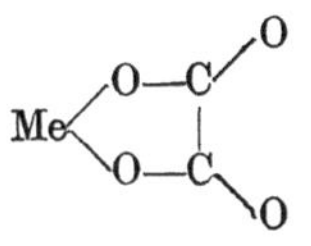

737, 950]. Die Frequenzverschiebungen gegenüber dem freien $C_2O_4^{2-}$ hängen deutlich von der Komplexstabilität ab. Die (MeO)-Valenzschwingungen im niederen Frequenzbereich sind stark mit Deformationsschwingungen des Oxalatrestes gekoppelt und daher nicht charakteristisch.

Tabelle 75. *UR-Spektren von Oxalato-Komplexen im (CO)-Valenzschwingungsbereich*

$C_2O_4^{2-}$	1330	1470	1640	1650
$[Zn(C_2O_4)_2]^{2-}$	1302	1433	1632	
$[Cu(C_2O_4)_2]^{2-}$	1277	1411	1645	1672
$[Pt(C_2O_4)_2]^{2-}$	1236	1388	1674	1709
$[Co(C_2O_4)_3]^{3-}$	1255	1401	1675	1702
$[Al(C_2O_4)_3]^{3-}$	1269 1292	1405	1683 1700	1722

7. Cyano-Komplexe

Nach der allgemeinen Erfahrung sollten die Atome Me—C—N in den Cyano-Komplexen linear angeordnet sein. Dies läßt sich spektroskopisch an Hand der Zahl der (CN)-Valenzschwingungen um 2000 beweisen. Für eine Anzahl von Symmetrietypen ist die Abzählung in Tab. 76 zusammengestellt. Bei gewinkelt angesetzten (CN)-Gruppen wären Zahl und Aktivität der (CN)-Frequenzen anders. Die Abzählung der Tab. 76

Tabelle 76. *Abzählung der Valenzschwingungen für Cyano-Komplexe*

Molekül	Gestalt	Symmetrie	ν(CN) oder ν(MeC)
$Me(CN)_2$	linear	$D_{\infty h}$	1 *Ra* (*p*), 1 *UR*
$Me(CN)_3$	eben	D_{3h}	1 *Ra* (*p*), 1 *Ra* (*dp*) = 1 *UR*
$Me(CN)_4$	Tetraeder	T_d	1 *Ra* (*p*), 1 *Ra* (*dp*) = 1 *UR*
$Me(CN)_4$	eben	D_{4h}	1 *Ra* (*p*), 1 *Ra* (*dp*), 1 *UR*
$Me(CN)_6$	Oktaeder	O_h	1 *Ra* (*p*), 1 *Ra* (*dp*), 1 *UR*
$Me(CN)_8$	Würfel	O_h	1 *Ra* (*p*), 1 *Ra* (*dp*), 1 *UR*
$Me(CN)_8$	Antiprisma	D_{4d}	1 *Ra* (*p*), 2 *Ra* (*dp*), 2 *UR*
$Me(CN)_8$	Dodekaeder	D_{2d}	2 *Ra* (*p*), 4 *Ra* (*dp*) = 4 *UR*

gilt übrigens in der gleichen Weise für die (MeC)-Valenzschwingungen. Natürlich können solche Untersuchungen zur Ermittlung der Symmetrie nur an Lösungen ausgeführt werden, um Symmetrieänderungen durch das Kristallfeld zu vermeiden. In den untersuchten Fällen (vgl. z. B. [739]) sind die Symmetrieforderungen der Tab. 76 erfüllt. Die totalsymmetrische (CN)-Valenzschwingung besitzt in allen bisher untersuchten Cyano-Komplexen die höchste Frequenz.

Außer der Linearität der (MeCN)-Gruppe besteht mit Hilfe solcher Untersuchungen auch die Möglichkeit, die Gestalt der Komplexe festzulegen. Demnach sind $[Cu(CN)_4]^{3-}$, $[Zn(CN)_4]^{2-}$, $[Cd(CN)_4]^{2-}$ und $[Hg(CN)_4]^{2-}$ tetraedrisch, $[Ni(CN)_4]^{2-}$, $[Pd(CN)_4]^{2-}$, $[Pt(CN_4)^{2-}$ und $[Au(CN)_4]^-$ eben gebaut. Die Kristallstrukturanalyse sprach für dodekaedrische Gestalt des $[Mo(CN)_8]^{4-}$. Im *Ra*-Spektrum des gelösten Ions wurde dagegen gefunden: 2114 (8*b*, *Sch*, *dp*), 2121 (20, *dp*), 2135 (50*p*) [1057], im *UR*-Spektrum nur eine Bande 2112 [1266]. Demnach ist für das Ion in Lösung die antiprismatische Struktur (D_{4d}) am wahrscheinlichsten.

Die chemische Erfahrung hat gezeigt, daß in den Cyano-Komplexen der Kohlenstoff an das Metall gebunden ist (Bildung von Methylisonitril bei Methylierung). Für $Hg(CN)_2$, $[Ag(CN_2]^-$ und $[Au(CN)_2]^-$ läßt sich dieser Sachverhalt auch aus den Frequenzen isotopensubstituierter Moleküle ableiten, indem nur die Anordnung Metall-Kohlenstoff sinnvolle Kraftkonstanten liefert [583].

Die (MeC)-Valenzschwingungen liegen etwa zwischen 300 und 500; Beispiele sind in Tab. 77 für Schwingungsklassen gegeben, in denen nur (MeC)- und (CN)-Valenzschwingungen auftreten. In den gleichen Bereich fallen die (MeCN)-Deformationsschwingungen, z. B. $Hg(CN)_2$ 275 (Π_g) und 340 (Π_u), $[Ag(CN)_2]^-$ 250, 300 sowie $[Au(CN)_2]^-$ 304, 354 [580, 529].

Tab. 78 zeigt die Frequenzen von Klassen, in denen außer ν(CN) und ν(MeC) noch δ(CMeC) und δ(MeCN) auftreten, und zwar F_{1u} für Oktaeder, E_u für Quadrate und F_2 für Tetraeder. Die Entscheidung, welche der beiden Frequenzen um 400 und 500 der Valenzschwingung ν(MeC)

Tabelle 77. *Valenzschwingungen in Cyano-Komplexen*

	Klasse	ν(MeC)	ν(CN)	f(MeC)	f(CN)	Lit.
$Hg(CN)_2$	Σ_g^+	413	2195	2,6	17,6	529, 580, 890, 1199
	Σ_u^+	442	2194			
$[Ag(CN)_2]^-$	Σ_g^+	360	2141	2,0	17,0	529, 580
	Σ_u^+	390	2140			
$[Au(CN)_2]^-$	Σ_g^+	448	2164	2,7	17,2	529, 580
	Σ_u^+	427	2141			
$[Cd(CN)_3]^-$	A_1'	339	2140	1,4	17,0	486
$[Hg(CN)_3]^-$	A_1'	358	2160	1,7	17,3	486
$[Cu(CN)_4]^{3-}$	A_1	288	2101	1,3	16,2	195, 739, 890
$[Zn(CN)_4]^{2-}$	A_1	342	2152	1,3	17,2	228, 739
$[Cd(CN)_4]^{2-}$	A_1	324	2145	1,3	17,1	228, 739
$[Hg(CN)_4]^{2-}$	A_1	335	2148	1,5	17,1	890, 1199
$[Pd(CN)_4]^{2-}$	A_{1g}	438	2160	2,4	16,8	7, 128, 739
$[Pt(CN)_4]^{2-}$	A_{1g}	465	2168	2,8	16,8	7, 739
	B_{1g}	455	2149			
$[Au(CN)_4]^-$	A_{1g}	459	2207	3,0	17,4	597
	B_{1g}	450	2198			
$[Co(CN)_6]^{3-}$	A_{1g}	413	2152	2,1	16,8	196, 739
$[Rh(CN)_6]^{3-}$	A_{1g}	445	2166	2,4	16.8	7, 589, 739
	E_g	435	2147			
$[Ir(CN)_6]^{3-}$	A_{1g}	463	2173	2,7	16,7	7, 589, 739
	E_g	450	2148			
$[Os(CN)_6]^{4-}$	A_{1g}	465	2109	2,7	15,5	739
	E_g	450	2062			

Tabelle 78. *Frequenzen der Klasse F_{1u} für* [Me(CN)$_6$], E_u *für ebenes und* F_2 *für tetraedrisches* [Me(CN)$_4$]

	δ(MeC)	ν(MeC)	δ(MeCN)	ν(CN)	Lit.
$[Cr(CN)_6]^{3-}$	—	339	459	2132	529
$[Mn(CN)_6]^{3-}$	—	360	481	2120	529
$[Fe(CN)_6]^{3-}$	89	390	510	2110	124, 529, 704, 806
$[Co(CN)_6]^{3-}$	92	416	564	2128	124, 529, 585, 806
$[Rh(CN)_6]^{3-}$	(88)	386	520	2133	589
$[Ir(CN)_6]^{3-}$	(88)	398	520	2131	589
$[Mn(CN)_6]^{4-}$	—	386	526	2060	529
$[Fe(CN)_6]^{4-}$	72	415	585	2041	529, 704, 806
$[Ru(CN)_6]^{4-}$	—	375	550	2050	529, 806
$[Os(CN)_6]^{4-}$	—	391	552	2049	529, 806, 739
$[Ni(CN)_4]^{2-}$	—	415	539	2127	529, 739, 754
$[Pd(CN)_4]^{2-}$	140	393	558	2140	529, 704, 739
$[Pt(CN)_4]^{2-}$	140	407	503	2135	529, 704, 739, 1091
$[Au(CN)_4]^-$	(110)	462	415	2189	597
$[Cu(CN)_4]^{3-}$	95	300	365	2084	195, 529, 581, 739, 890
$[Zn(CN)_4]^{2-}$	92	357	315	2151	228, 529, 581, 739
$[Cd(CN)_4]^{2-}$	87	317	245	2146	228, 529, 581, 739
$[Hg(CN)_4]^{2-}$	86	330	235	2148	228, 529, 739, 890

zuzuordnen ist, kann nicht ohne weiteres gefällt werden. Die mechanische Kopplung zwischen diesen beiden Schwingungen scheint nach Modellrechnungen [589] allgemein gering zu sein. Im $[Ir(CN)_6]^{3-}$ ist die niedrigere Frequenz 398 eine fast reine ν(MeC)-Schwingung; das gleiche wird für die übrigen oktaedrischen Komplexe angenommen. Im $[Au(CN)_4]^-$ ist die höhere Frequenz 462 die Valenzschwingung; in den übrigen Fällen ist die Zuordnung noch nicht geklärt. Die Deformationsschwingungen des Komplexpolyeders δ(CMeC) liegen meist um 100.

In Tab. 77 sind Kraftkonstanten aufgeführt, die z. T. berechnet [580, 581, 589, 597], z. T. abgeschätzt wurden. In vielen Fällen kann man auch durch Spektrenvergleich zu Schlüssen über die Bindungsverhältnisse kommen. Der gleichmäßige Anstieg der Frequenzen zwischen 300 und 400 in der Reihe $[Cr(CN)_6]^{3-} \rightarrow [Mn(CN)_6]^{3-} \rightarrow [Fe(CN)_6]^{3-} \rightarrow [Co(CN)_6]^{3-}$ läßt auf einen entsprechenden Anstieg von f(MeC) schließen.

In den meisten Cyano-Komplexen liegen die (CN)-Valenzschwingungen und auch die entsprechenden Kraftkonstanten zwischen denen des Cyanid-Ions ($\nu = 2076$; $f = 16{,}4$) und des Methylcyanids (2267; 18,1 [294]). Nur in den Verbindungen $[Me(CN)_6]^{4-}$ (vgl. Tab. 78) werden niedrigere (CN)-Schwingungen um 2000 beobachtet. Gleichzeitig liegen die (MeC)-Valenzschwingungen hier verhältnismäßig hoch (vgl. die Fälle Mn^{2+}/Mn^{3+} und Fe^{2+}/Fe^{3+} der Tab. 78). Nach allgemeiner Ansicht ist dies so zu deuten, daß neben der (MeC)-σ-Bindung hier noch (MeC)-π-Bindungen durch d-Elektronen des Metalls gebildet werden:

$$\text{Me—C}\equiv\text{N|} \longleftrightarrow \text{Me}\rightleftharpoons\text{C}=\text{N}\rangle$$

Entsprechend muß die Bindungsordnung der (MeC)-Bindung zu-, die der (CN)-Bindung abnehmen, und gleiches gilt für Kraftkonstanten und

Valenzschwingungen. Man kann danach in allen Komplexen mit solch niedrigen (CN)-Valenzschwingungen auf π-Bindungen schließen. Besonders auffällig ist diese Frequenzerniedrigung bei Komplexen mit niedriger Oxydationsstufe des Metalls. Hier erhält das Zentralatom durch die Koordination eine hohe formale negative Ladung, die durch Ausbildung von Donator-π-Bindungen vom Metall zum Kohlenstoff ausgeglichen wird. Tab. 79 zeigt die (CN)-Valenzschwingungen der untersuchten Verbindungen. Hier sind auch Abschätzungen der (CN)-Valenzkraftkonstanten und Bindungsordnungen angegeben. Die Intensität der *UR*-aktiven (CN)-Valenzfrequenz wächst mit zunehmender π-Bindungsstärke [588], z. B. $[Fe(CN)_6]^{3-}$ $12 \cdot 10^3$, $[Fe(CN)_6]^{4-}$ $92 \cdot 10^3$ Liter/Mol · cm². Diskussion der Intensität der totalsymmetrischen (CN)-Frequenz in diesen Verbindungen: [176].

Tabelle 79.
(CN)-*Valenzschwingungen in Komplexen mit π-Bindungen*

	ν(CN)	f(CN)	(CN)-Bindungsordnung	Lit.
$[Fe(CN)_6]^{3-}$	2130	17,0	2,9	
$[Fe(CN)_6]^{4-}$	2050	15,7	2,7	
$[Ni(CN)_4]^{4-}$	1985	14,8	2,5	323
$[Mn(CN)_6]^{5-}$	1930	14,0	2,4	963
$[Tc(CN)_6]^{5-}$	1950	14,2	2,4	963
$[Re(CN)_6]^{5-}$	1940	14,1	2,4	963

In den Schwingungsspektren der Koordinationsverbindungen von Übergangsmetallionen mit Nitrilen beobachtet man wie auch bei den entsprechenden Verbindungen von Hauptgruppenelementen (s. S. 141) eine Erhöhung der (CN)-Valenzfrequenz, z. B. $[Me(CH_3CN)_4]^{2+}$ mit Me = Mn, Fe, Co, Ni, Cu und Zn $\sim$2300 [507], cis-$[Pt(CH_3CN)_2Cl_2]$ 2320 [422]. Gleichartiges spektrales Verhalten zeigen Verbindungen, in denen das N-Atom eines Cyano-Komplexes als Donator fungiert: gegenüber dem zugrunde liegenden Komplex ist die (CN)-Bande erhöht und verstärkt. Insbesondere kann man so das Vorliegen von (CN)-Brücken zwischen zwei Metallatomen nachweisen [287]. Beispiele zeigt Tab. 80. (CN)-Brücken der denkbaren Art:

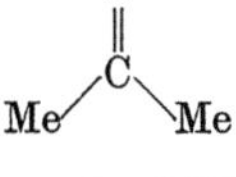

die eine niedrige (CN)-Frequenz ($\sim$1700) besitzen müßten, sind unbekannt. Dagegen findet sich diese Anordnung in dem Komplex $[Fe_2(C_5H_5)_2(CO)_3(CNPh)]$, wo das C-Atom des Phenyl-isonitrils als Brücke zwischen den beiden Eisenatomen fungiert (ν(CN) = 1785) [1264]. Wenn ein mehrkerniger Cyano-Komplex nur normale (CN)-Schwingungen um 2100 aufweist, kann man daraus schließen, daß (Me—Me)-Bindungen vorliegen müssen. So ergeben sich z. B. die Strukturen $[(CN_3)Ni{-}Ni(CN)_3]^{4-}$ (eben, D_{2h}), $[(CN)_5Co{-}Co(CN)_5]^{6-}$ (D_{4h}), $[(CN)_4Co{-}Co(CN)_4]^{8-}$ (D_{4h}) und $[(CN)_4Rh{-}Rh(CN)_4]^{8-}$ (D_{4h})[489].

Auch in Isonitril-Komplexen beobachtet man eine Erhöhung von ν(NC) gegenüber dem freien Isonitril, z. B. CH$_3$NC 2167, [Co(CH$_3$NC)$_4$]Cl$_2$ 2227 [933]. Diese Frequenz kann wie bei Cyano-Komplexen infolge Ausbildung stärkerer π-Bindungen absinken, z. B. [Mn(CH$_3$NC)$_6$]J 2114 [225]. Hierher gehören auch die wasserfreien Cyanometall-Säuren, z. B. H$_3$Co(CN)$_6$ 2202, HAu(CN)$_2$ 2212 und H$_2$Pt(CN)$_4$ 2203 [328].

Tabelle 80. (CN)-*Valenzschwingungen in Brücken*

Bindung	Molekül	ν(CN)	Lit.
Ni^{II}—C≡N → BF$_3$	[Ni(CN · BF$_3$)$_4$]$^{2-}$	2245	984
Co^{III}—C≡N → Ag	Ag$_3$[Co(CN)$_6$]	2187	287
Co^{III}—C≡N → Hg^{II}	[(Co am$_5$CN)$_3$Hg]$^{8+}$	2190	995
Hg^{II}—C≡N → Hg^{II}	Hg(CN)$_2$ + Hg(ClO$_4$)$_2$	2227	861
Au^{I}—C≡N → Au^{I}	AuCN	2239	287, 862
Pd^{II}—C≡N → Pd^{II}	Pd(CN)$_2$	2220	287
Al—C≡N → Al	[(CH$_3$)$_2$AlCN]$_4$	2213	207

8. Thiocyanato- und Selenocyanato-Komplexe

Das Thiocyanat-Ion kann in Komplexen entweder mit dem S- oder mit dem N-Atom koordinieren. Nach Kristallstrukturuntersuchungen kommen beide Fälle vor. Schwingungsspektroskopisch läßt sich die Struktur an der Lage der (CS)-Valenzschwingung und an der Intensität der (CN)-Valenzschwingung erkennen. Zum Vergleich seien die nichtkomplexen Grenzfälle CH$_3$SCN, NCS$^-$ und HNCS herangezogen. Im CH$_3$SCN liegt annähernd die Struktur I mit einfacher (CS)-Bindung vor (niedrige (CS)-Frequenz), im HNCS dagegen die Form III mit Doppelbindungen (hohe (CS)-Frequenz). Im NCS$^-$ ist nach den Kraftkonstanten (s. S. 48) die Mesomerie II anzunehmen. Die gleiche Mesomerie ist im

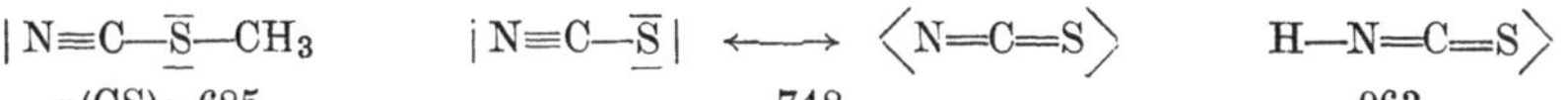

$\mid$N≡C—$\overline{\mathrm{S}}$—CH$_3$	$\mid$N≡C—$\overline{\mathrm{S}}\mid$ ⟷ ⟨N=C=S⟩	H—N=C=S⟩
ν(CS): 685	748	963
I	a) II b)	III

Prinzip in den Thiocyanato-Komplexen auch noch vorhanden (IV und V), jedoch wird sie bei Vorliegen von (MeS)-Bindungen zugunsten der Grenzstruktur (IVa) verschoben, d. h. die (CS)-Frequenz liegt niedriger als im NCS$^-$. Die Gruppe Me—S—C ist stets gewinkelt zu erwarten. Bei der Koordination des N-Atoms wird die Grenzstruktur (Vb) bevorzugt, so daß ν(CS) gegenüber NCS$^-$ erhöht wird. Die Intensität der (CN)-

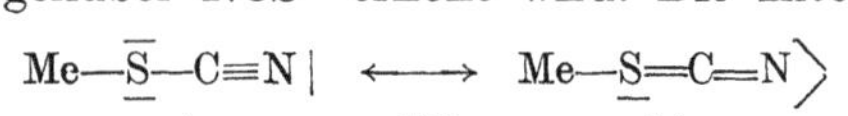

Me—$\overline{\mathrm{S}}$—C≡N$\mid$ ⟷ Me—S=C=N⟩
a) IV b)

Me—N≡C—$\overline{\mathrm{S}}\mid$ ⟷ Me—N=C=S⟩ ⟷ Me$\overset{-}{=}$N=$\overline{\mathrm{C}}$=$\overline{\mathrm{S}}\mid$
a) V b) c)

Valenzfrequenz ist in den UR-Spektren von (Me—SCN)-Komplexen geringer, in denen von (Me—NCS)-Komplexen größer die des freien NCS$^-$. Umgekehrt liegen die Verhältnisse in den Ra-Spektren [379, 1122]. Die Lage der (CN)-Valenzschwingung in diesen Substanzen ist etwas

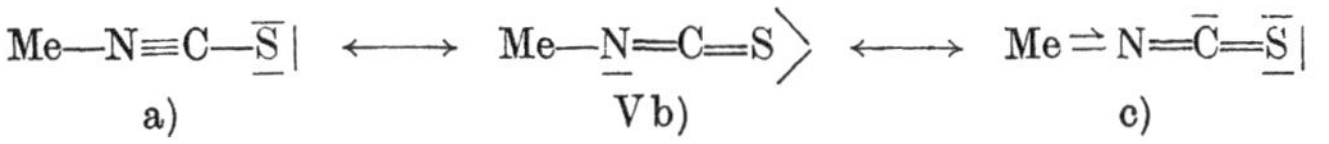

unübersichtlich; Überlegungen über den Zusammenhang mit dem Charakter der Koordinationsbindung: [382]. Wenn zwischen Metall und N-Atom noch eine π-Bindung gebildet wird (Vc), muß die Gruppe Me—N—C linear sein. (Vb) verlangt dagegen gewinkelte Anordnung Me—N—C. Da nach Kristallstrukturuntersuchungen die lineare Struktur häufig auftritt, ist es möglich, daß (Vc) in vielen Komplexen eine Rolle spielt.

Die (MeS)- und die (MeN)-Valenzschwingungen sollen im gleichen Bereich um 300 liegen [1253].

Die Spektren einer Reihe der untersuchten Komplexe sind in Tab. 81 zusammengestellt [174, 672, 1122, 1127, 1190]. Hiernach bevorzugen die leichten Übergangsmetalle die (MeN)-, die schwereren die (MeS)-Bindung. Besonders interessant ist das wechselnde Verhalten von Pt- und Pd-Komplexen. Während hier normalerweise (MeS)-Bindungen vorhanden sind, hat man in den gemischten Komplexen mit Phosphoralkylen

Tabelle 81. *Thiocyanato-Komplexe*

	ν(CS)	ν(CN)		ν(CS)	ν(CN)
HNCS	963	1963	SCN^-	743	2066
$[Pt(PÄt_3)_2(NCS)_2]$	855	2113	$[Cd(SCN)_4]^{2-}$	{754	2115
$[Pd(PÄt_3)_2(NCS)_2]$	846	2089		{726	2073
$[V(NCS)_6]^{3-}$	830	2077	$[Co(CN)_5SCN]^{3-}$	719	2110
$[Fe(NCS)_6]^{3-}$	828	2050	$[Hg(SCN)_4]^{2-}$	710	2120
$[Cr(NCS)_6]^{3-}$	825	2092	$[Rh(SCN)_6]^{3-}$	705	2106
$[Mo(NCS)_6]^{3-}$	820	2071	$[Pd(SCN)_4]^{2-}$	703	2108
$[Co(NCS)_4]^{2-}$	820	2076	$[Pt(SCN)_4]^{2-}$	700	2114
$[Zn(NCS)_4]^{2-}$	815	2079	$[Pt(SCN)_6]^{2-}$	694	2120
$[Co(NH_3)_5NCS]^{2+}$	810	2141	$Mn(CO)_5SCN$	676	2135
$[Ni(NCS)_6]^{4-}$	766	2072	CH_3SCN	685	2153

(MeN)-Bindungen [1127]. Dies wird auf die Eigenschaft der Phosphoalkyle als π-Acceptoren zurückgeführt [164, 1127]. Von dem Komplex [Pd(bipy) $(SCN)_2$] lassen sich beide Isomere *UR*-spektoskopisch nachweisen: Pd—S mit ν(CS) = 700 und Pd—N mit ν(CS) = 842 [164]. Ebenso ist das wechselnde Verhalten der Thiocyanato-Co(III)-Komplexe bemerkenswert, indem im $[Co(NH_3)_5NCS]^{2+}$ N-Koordination vorliegt, im $[Co(CN)_5SCN]^{3-}$ dagegen S-Koordination [163]. Auch für Thiocyanato-Cd-Komplexe wurde sowohl S- wie N-Koordination nachgewiesen [1122]. $Mn(CO)_5SCN$ weist im festen Zustand S-Koordination, dagegen in Lösung in CH_3CN N-Koordination auf (ν(CS) = 813) [1190].

Selenocyanato-Komplexe verhalten sich ganz entsprechend den Thiocyanato-Komplexen. Die Valenzschwingungen sind für $SeCN^-$ 561 und 2070; bei Se-Koordination wird ν(CSe) erniedrigt: $[Hg(SeCN)_4]^{2-}$ 543, $[Pt(SeCN)_6]^{2-}$ 520, dagegen bei N-Koordination erhöht: $[Cr(NCSe)_6]^{3-}$ 666, $[Co(NCSe)_4]^{2-}$ 672 [772, 1128].

In Komplexen mit (SCN)-Brücken beobachtet man ganz ähnlich wie bei Cyano-Komplexen eine Erhöhung der (CN)-Frequenz um etwa 50 cm^{-1} [184, 187], z. B. für die Gruppe Pt—S—C≡N→Pt 2165, für AgSCN 2149. Im Spektrum des $Hg[Cr(NH_3)_2(NCS)_4]_2$ [382] wurde 2084 für endständiges NCS und 2160 für die Brücke Cr—N≡C—S→Hg gefunden.

9. Carbonyle

Schwingungsspektroskopisch verhalten sich Carbonyle ähnlich wie Cyano-Komplexe: Die Gruppe Me—C—O ist linear gebaut, so daß man aus der Anzahl der (CO)-Valenzschwingungen gelöster oder gasförmiger Substanzen auf die Symmetrie schließen kann. Die Spektren einiger einfacher Carbonyle sind vollständig bekannt (vgl. Tab. 82 und 83). $Fe(CO)_5$ hat wahrscheinlich die Gestalt einer trigonalen Bipyramide (D_{3h}, vgl. S. 76); das Spektrum ist [316, 594, 761, 1060]: A_1' 377, 414, 2031, 2114; A_2'' 105, 474, 620, 2034; E' 68, 114, 431, 544, 646, 2013; E'' 95, 492, 752.

Von den übrigen Carbonylverbindungen wurden meist nur die (CO)-Valenzfrequenzen im *UR* vermessen, aber schon hieraus erhält man wertvolle Aufschlüsse über die Struktur dieser Verbindungen. Wie auch

Tabelle 82. *Schwingungsspektren von Hexacarbonylen* (O_h)
Lit. [36, 250, 584, 587, 761]

	A_{1g}	E_g	F_{1u}	F_{2g}	f(MeC)	f(CO)
$Cr(CO)_6$	2110 378	2018 390	2000 668 411 98	534 97	2,0	17,9
$Mo(CO)_6$	2117 400	2019 394	2004 593 368 81	468 91	1,8	18,1
$W(CO)_6$	2120 423	2012 413	1998 585 374 81	481 92	2,2	17,7

bei den Cyano-Komplexen liegt die totalsymmetrische (CO)-Valenzschwingung stets am höchsten. Oktaedrisch gebaut (eine ν(CO)-Frequenz im *UR*-Spektrum) sind [536, 95]: $V(CO)_6$ (1973), $V(CO)_6^-$ (1859), $Mn(CO)_6^+$ (2090), $Re(CO)_6^+$ (2078) und $Ta(CO)_6^-$ (1850 [1171]). Trigonale Bipyramiden wie $Fe(CO)_5$ (zwei ν(CO) im *UR*-Spektrum) sind [317, 539] $Mn(CO)_5^-$ (1898, 1864), $Tc(CO)_5^-$ (1911, 1865) und $Re(CO)_5^-$ (1910, 1864). Die unbeständigen Verbindungen $Cr(CO)_5$, $Mo(CO)_5$ und $W(CO)_5$ zeigen drei (CO)-Frequenzen im *UR*-Spektrum und haben daher wahrscheinlich die Gestalt einer tetragonalen Pyramide [1084] wie etwa JF_5 (Symmetrie C_{4v}, vgl. S. 78). Von $Mo(CO)_5$ existiert auch ein Isomeres mit trigonal-bipyramidaler Struktur [1084].

In den Spektren mancher mehrkerniger Carbonyle findet man außer den Frequenzen ungeladener (CO)-Komplexe um 2000 noch Banden zwischen 1800 und 1900. Diese entsprechen ketonartig gebundenen Carbonylgruppen:

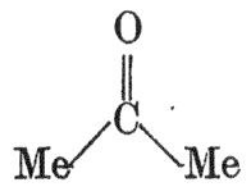

Der einfachste Fall ist das $Fe_2(CO)_9$, welches die Struktur I besitzt. Es treten 2 Frequenzen endständiger (CO)-Gruppen (2080, 2034) und einer Brücken-(CO)-Frequenz (1828) auf [979]. $Fe_3(CO)_{12}$ zeigt ebenfalls Frequenzen von endständigem CO (2050) und Brücken (1838); nach dem

Tabelle 83. *Schwingungsspektren von Tetracarbonylen* (T_d) Lit. [118, 317, 582, 1053, 1056]

	A_1	E	F_2	f(MeC)	f(CO)
$Ni(CO)_4$	2128	—	2057	2,1	17,3
	368	63	459		
			422		
			74		
$Co(CO)_4^-$	1918	—	1883	3,3	14,3
	439	90	619		
			532		
			90		
$Fe(CO)_4^{2-}$	1790	—	1783	3,8	12,2
	464	93	644		
			550		
			93		

UR-Spektrum [281] und dem MÖSSBAUER-Effekt [520] kommt ihm die Struktur II zu. Auf Grund des MÖSSBAUER-Effektes wurde aber auch eine andere Struktur vorgeschlagen: [1320]. Kompliziertere Strukturen mit (CO)-Brücken, die erst mit Hilfe von Kristallstrukturanalysen vollständig geklärt werden konnten, haben $Co_2(CO)_8$, $Co_4(CO)_{12}$, $Rh_4(CO)_{12}$ und $Rh_6(CO)_{16}$ (*UR*-Spektren: [94, 129, 214, 223]).

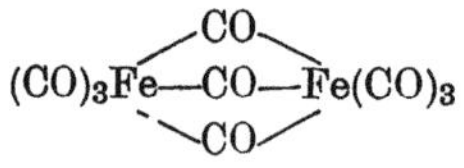

I (D_{3h})

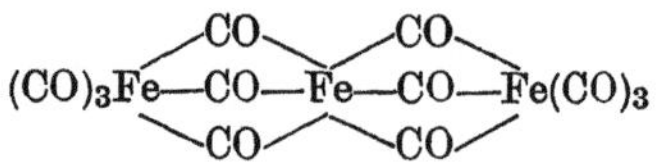

II (D_{3d})

Mehrkernige Carbonyle ohne (CO)-Brückenfrequenzen müssen Metall-Metall-Bindungen besitzen. In den *UR*-Spektren von $Me_2(CO)_{10}$ treten drei (CO)-Frequenzen auf (vgl. Tab. 84); dies beweist eine oktaedrische Koordination der Symmetrie D_{4h} oder D_{4d}. Die Kristallstrukturanalyse spricht für D_{4d} (III). $Ru_3(CO)_{12}$ und $Os_3(CO)_{12}$ haben die Struktur IV; *UR*-Spektren: [94, 1262]. Bei tiefer Temperatur existiert auch ein Isomeres des $Co_2(CO)_8$ ohne (CO)-Brücken (Symmetrie D_{3d}) [131, 831].

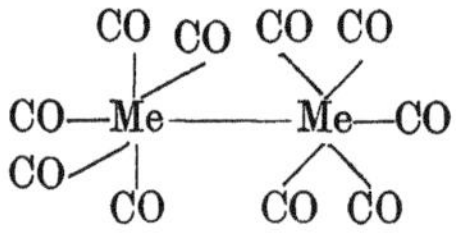

III (D_{4d})

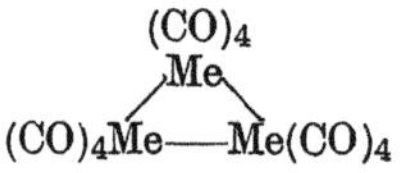

IV (D_{3h})

Tabelle 84.
(CO)-*Valenzschwingungen von* $Me_2(CO)_{10}$
Lit. [222, 530, 534, 539]

$Mn_2(CO)_{10}$	1972	2015	2074
$Tc_2(CO)_{10}$	1982	2018	2065
$Re_2(CO)_{10}$	1983	2013	2049
$Cr_2(CO)_{10}^{2-}$	1897	1922	1945
$W_2(CO)_{10}^{2-}$	1882	1906	1944

Im freien CO ist $\nu = 2143$, $f = 18{,}56$ mdyn/Å entsprechend einer Bindungsordnung von 2,76. Für ein σ-gebundenes CO steigt f an, in erster Linie wohl wegen zunehmender *sp*-Hybridisierung des C-Atoms. Im CH_3CO^+ wird $\nu(CO) = 2300$ gefunden [1089], woraus sich $f(CO)$ zu etwa 19,7 berechnet entsprechend einer Bindungsordnung von 2,9. Für σ-gebundenes CO in Metallcarbonylen sollte man also mit Kraftkonstanten zwischen 18,5 und 20,0 rechnen. In Wirklichkeit findet man stets niedrigere Werte, für die neutralen Carbonyle zwischen 17,3 und 18,1 (vgl. Tab. 82 und 83). Hieraus ist zu schließen, daß die Metall-Kohlenstoff-Bindungen noch π-Anteile enthalten, welche die Bindungsordnung der (CO)-Bindung zwangsläufig erniedrigen. Diese (MeC)-π-Anteile sind in den elektroneutralen Carbonylen offensichtlich nicht sehr groß, steigen aber stark an in den Carbonylat-Anionen (vgl. Tab. 84). $f(CO)$ des $Fe(CO)_4^{2-}$ entspricht einer Bindungsordnung von 1,9; entsprechend ist $f(FeC)$ wesentlich höher als $f(NiC)$ für $Ni(CO)_4$. Eine theoretische Interpretation der Bindungsverhältnisse wird in [216] gegeben. Im ganzen gesehen ist CO ein besserer π-Acceptor als CN^-; andererseits hat es geringere σ-Bindungstendenz.

In Ermangelung von Kraftkonstantenberechnungen für $f(MeC)$ in anderen Carbonylen kann man diese Verhältnisse schon aus den Veränderungen der $\nu(CO)$-Frequenzen beurteilen. Neben dem schon besprochenen Beispiel $Ni(CO)_4 \rightarrow Co(CO)_4^- \rightarrow Fe(CO)_4^{2-}$ lassen sich isostere Reihen aufstellen, in denen Erniedrigung von (CO)-Frequenzen einen stärkeren π-Anteil der (MeC)-Bindungen anzeigt [530, 536]: $Mn(CO)_6^+ \rightarrow Cr(CO)_6 \rightarrow V(CO)_6^-$; $Re(CO)_6^+ \rightarrow W(CO)_6 \rightarrow Ta(CO)_6^-$; $Fe(CO)_5 \rightarrow Mn(CO)_5^-$; $Mn_2(CO)_{10} \rightarrow Cr_2(CO)_{10}^{2-}$; $Re_2(CO)_{10} \rightarrow W_2(CO)_{10}^{2-}$. Mit fallender Frequenz steigen die *UR*-Intensitäten der (CO)-Valenzschwingungen [95, 830].

Das Ausbleiben der Frequenzerniedrigungen in Carbonylen mit Fremdmetallen zeigt nichtionische Bindungen an, z. B. $(CO)_4Co{-}Hg{-}Co(CO)_4$ und $(CO)_4Co{-}Cd{-}Co(CO)_4$ [1054, 831], $(CO)_5Mn{-}Hg{-}Mn(CO)_5$ [538], $(CO)_4Co{-}Mn(CO)_5$ [599], $(CO)_5Re{-}Co(CO)_4$ [647], sowie Eisencarbonyle mit As, Sb, Bi, Sn, Pb [533].

In substituierten Carbonylen beobachtet man häufig eine Veränderung der $\nu(CO)$-Frequenzen. Liganden ohne π-Acceptoreneigenschaften (z. B. Amine, aber auch CH_3CN) führen zu einer Erniedrigung der (CO)-Frequenzen, da die π-Bindungsordnung der (MeC)-Bindungen erhöht wird. Umgekehrt führen starke π-Acceptoren zu einer Konstanz oder sogar zu einer Erhöhung der (CO)-Frequenz, wie z. B. bei Substitution durch PF_3. Ferner können noch Polarisationseffekte eine Rolle spielen. Die Verschiebungen sind proportional der Zahl der Fremdliganden. Aus den Beobachtungen an den Carbonylen läßt sich eine Reihe abnehmender π-Acceptoreneigenschaft bilden: $PF_3 > PCl_3 > AsCl_3 > SbCl_3 > P(OCH_3)_3 > P(C_6H_5)_3 > P(CH_3)_3 > S(CH_3)_2 > CH_3CN >$ Amine. Diskussion der Verhältnisse z. B. [217].

Bei mehrkernigen substituierten Carbonylen, insbesondere Carbonylhalogeniden, kann man wieder aus der Lage der (CO)-Frequenzen erkennen, welche Liganden die Brückenatome bilden. Bei Carbonylhalogeniden und -chalkogeniden treten keine (CO)-Brücken auf.

10. Nitrosyle

Stickstoffoxid kann als σ-Donator fungieren gemäß Struktur I, wo das ungepaarte Elektron des NO bei der Komplexbildung erhalten bleibt. Nach Untersuchungen des MÖSSBAUER-Effektes liegt eine solche Struktur im $[Fe(H_2O)_5NO]^{2+}$ vor [249]. Aus magnetischen Messungen ist jedoch bekannt, daß in den meisten Nitrosyl-Komplexen kein ungepaartes Elektron am NO mehr vorhanden ist. Für die Konstitution der (Me—N—O)-Gruppe ergeben sich dann die Möglichkeiten II und III.

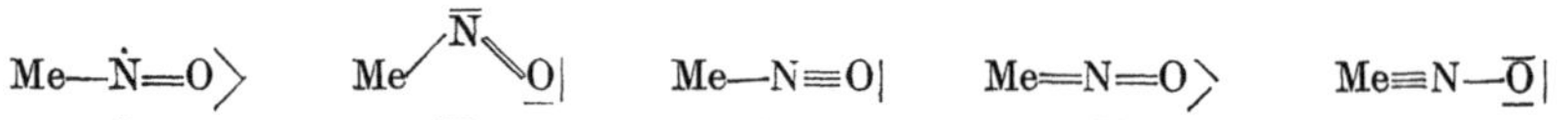

$$Me\!-\!\dot{N}\!=\!O\rangle \quad Me\diagup^{\overline{N}}\!\diagdown O| \quad Me\!-\!N\!\equiv\!O| \quad Me\!=\!N\!=\!O\rangle \quad Me\!\equiv\!N\!-\!\overline{O}|$$
$$\text{I} \qquad \text{II} \qquad \text{III} \qquad \text{IV} \qquad \text{V}$$

Bei II ist formal ein Elektron des Metallatoms auf NO übergegangen; die Koordination des entstandenen NO^- führt zu einer gewinkelten Anordnung Me—N—O. Bei III gibt ein NO ein Elektron an das Metall ab; Koordination des NO^+ ergibt eine lineare Anordnung Me—N—O. Soweit bisher bekannt, herrscht die lineare Gruppierung vor.

Die Valenzschwingung des freien NO^+ liegt bei $\sim$2300; die Kraftkonstante 23,3 entspricht einer Bindungsordnung von 2,9. In den Nitrosylkomplexen liegen die (NO)-Valenzschwingungen allgemein viel niedriger (1445—1940; vgl. Tab. 85). $f(NO)$ läßt sich zu 9,2—15,8 abschätzen entsprechend Bindungsordnungen von 1,4—2,1. Diese niedrigen Bindungsordnungen sind nur zu erklären, wenn man das Vorhandensein starker (MeN)-π-Bindungen annimmt entsprechend den Grenzstrukturen IV und möglicherweise auch V. Demnach ist NO^+ ein noch wesentlich besserer π-Acceptor als CN^- und CO. Dies zeigt sich auch in der relativ hohen Lage von $\nu(CoN)$ (594) im $Co(CO)_3NO$; für $f(CoN)$ wurde 3,9 ermittelt [762]; $f(CoC)$ ist für die gleiche Verbindung 2,9 [762]. Den gleichen Sachverhalt kann man auch aus den (CN)-Valenzschwingungen in Nitrosyl-Cyano-Komplexen entnehmen, welche höher liegen als in den

Tabelle 85. (NO)-*Valenzschwingungen von Nitrosyl-Komplexen*

	$\nu(NO)$	Lit.		$\nu(NO)$	Lit.
$[Fe(CN)_5NO]^{2-}$	1940	130, 224, 671	$[Fe(NH_3)_5NO]^{2+}$	1750	488
$[Ru(CN)_5NO]^{2-}$	1930	671	$[Cr(NH_3)_5NO]^{2+}$	1670	485
$[Mn(CN)_5NO]^{2-}$	1885	224	$[Co(NH_3)_5NO]^{2+}$	1620—1644	112
$[Mn(CN)_5NO]^{3-}$	1725	671, 224	$[Ru(NH_3)_5NO]^{3+}$	1929	1042
$[Pt(CN)_5NO]^{3-}$	1720	488	$[Fe(H_2O)_5NO]^{2+}$	1765—1815	488
$[Cr(CN)_5NO]^{3-}$	1645	485	$[Cr(H_2O)_5NO]^{2+}$	1747	485
$[V(CN)_5NO]^{5-}$	1575	488	$[Ru(NO)Cl_5]^{2-}$	1911	671
$[Cr(CN)_5NO]^{4-}$	1515	485	$[Ir(NO)Cl_5]^-$	1930	720
$[Mo(CN)_5NO]^{4-}$	1445	914	$[Pt(NO)Cl_5]^{2-}$	1711—1765	488
$[Co(CO)_3NO]$	1822	95, 762	$[Pd(NO)_2Cl_2]$	1818, 1833	488
$[Fe(CO)_2(NO)_2]$	1756, 1810	531	$[Co(NO)_2Cl]_2$	1790, 1859	564, 535
$[Fe(CO)_3NO]^-$	1652	95, 90, 532	$[Fe(NO)_2J]_2$	1771, 1818	535, 564
$[Mn(CO)_4NO]$	1759	1123	$[Fe(NO)_3Cl]$	1763, 1826	535, 564
$[MnCO(NO)_3]$	1734, 1823	63, 531	$[Fe_2S_2(NO)_4]^{2-}$	1683, 1706	564
$[V(CO)_5NO]$	1700	537	$[Fe_4S_3(NO)_7]^-$	1714—1797	564
$[Co(PF_3)_3NO]$	1844	648			
$[Fe(PF_3)_2(NO)_2]$	1788, 1838	648			

reinen Cyano-Komplexen. Theoretische Betrachtungen über die Bindungsverhältnisse: [57].

Zur räumlichen Struktur der angeführten Nitrosylverbindungen ist zu bemerken: Die sechsfach koordinierten Komplexe sind oktaedrisch, die vierfach koordinierten tetraedrisch gebaut, außer $[Pd(NO)_2Cl_2]$, welches eben ist. $[Mn(CO)_4NO]$ hat die Gestalt einer trigonalen Bipyramide. Die dimeren Halogenide $[Co(NO)_2Hal]_2$ haben die (nicht ebene) Struktur I. Ebenso ist die Verbindung $[Fe(NO)_2J]_2$ gebaut, jedoch mit einer zusätzlichen (Fe—Fe)-Bindung (II). In den roten ROUSSINschen Salzen $[Fe_2S_2(NO)_4]^{2-}$ tritt S an Stelle von J.

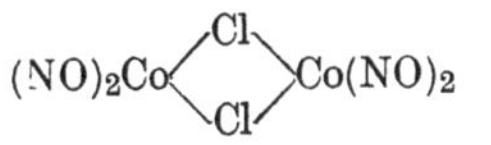
(NO)2Co
Cl
Cl
Co(NO)2

I

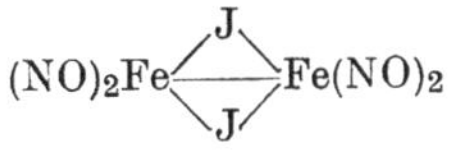
(NO)2Fe
J
J
Fe(NO)2

II

Verbindungen mit (NO)-Brücken zwischen zwei Metallatomen ähnlich den Carbonylbrücken weisen (NO)-Frequenzen um 1500 auf, z. B. $(C_5H_5)_3Mn_2(NO)_3$ 1510 (Brücke), 1732 (endständiges NO) [671, 873], $(C_5H_5)_2Cr_2(NO)_4$ 1505, 1672 [615].

Unklarheit besteht noch über die Existenz von Komplexen, in denen NO^- koordiniert. Frequenzen um 1100—1200 scheinen hierauf hinzuweisen, z. B. im $[Co(CN)_5NO]^{3-}$ 1165 [817] und $[Co(8\text{-Aminochinolin})_2NO]^{2+}$ 1170 [814]. In dem tetraedrisch gebauten $Fe(NO)_4$ sollen drei (NO)-Gruppen als NO^+ (1730, 1810), eine als NO^- (1140) koordiniert sein [488]. Auch in den roten Salzen $[Co(NH_3)_5NO]^{2+}$ wurde aus dem Auftreten von Frequenzen zwischen 1150 und 1200 auf koordiniertes NO^- geschlossen [487]; nach Leitfähigkeitsmessungen liegt jedoch ein zweikerniger Komplex vor [348], der wahrscheinlich N-koordiniertes Hyponitrit $N_2O_2^{2-}$ enthält:

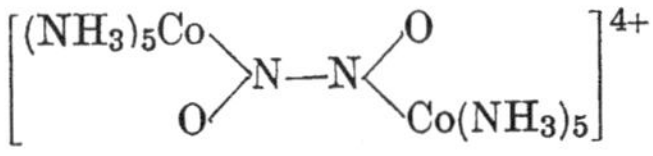

An Hand der (NO)-Valenzschwingung allein läßt sich nicht entscheiden, ob in einem Nitrosyl-Komplex eine σ-Bindung der Art I oder (σ, π)-Bindungen der Art IV vorliegen. ν(NO) liegt in beiden Fällen im gleichen Bereich, wie das Beispiel des $[Fe(H_2O)_5NO]^{2+}$ zeigt. Schwingungsspektroskopisch wäre eine Entscheidung durchaus möglich, da die Valenzschwingung ν(MeN) für I viel niedriger liegen müßte als für IV. Diesbezügliche Messungen sind bisher nur in ganz wenigen Fällen durchgeführt worden.

11. Hydrogeno-Komplexe

Hydrogeno-Komplexe von Übergangsmetallen werden im allgemeinen nur gebildet, wenn gleichzeitig Liganden vorhanden sind, welche durch Ausbildung von π-Bindungen stabilisierend wirken, also etwa CN^-, CO oder PR_3. Nach kernmagnetischen Untersuchungen ist das Proton stark diamagnetisch abgeschirmt, also an das Metall gebunden.

Im *UR*-Spektrum findet man (MeH)-Valenzschwingungen meist geringer Intensität im Bereich 1600—2200. Beispiele sind in Tab. 86 zusammengestellt. Die Frequenzen lassen sich durch die Verschiebung bei Deuterierung eindeutig erkennen (ν_H/ν_D = 1,37—1,40). Deformationsschwingungen treten im Bereich 500—800 auf. Die Frequenzen sind vielfach in hohem Maße von den übrigen Liganden abhängig; z. B. fällt ν(PtH) der Komplexe trans- [Pt(PÄt$_3$)$_2$HX] in der Reihe X = NO_3—Br—J—NO_2—SCN—CN von 2242 bis 2041 [188]. Dies ist auch die Reihe zunehmenden trans-Effektes. Im Komplex [Pt$_2$H$_2$(PÄt$_2$)(PPh$_2$)$_2$] mit P(C_6H_5)$_2$-Brücken wird 2005 gefunden, so daß brückenständiges P(C_6H_5)$_2$ einen noch stärkeren trans-Effekt zeigt als CN [183]. Einen besonders starken trans-Effekt bewirkt Wasserstoff selbst, wie aus der extrem niedrigen Lage der (MeH)-Valenzschwingung in Komplexen hervorgeht, die zwei H-Atome in trans-Stellung aufweisen (vgl. Tab. 86).

In den Hydrogeno-Komplexen besetzt nach den bisherigen Kenntnissen Wasserstoff im allgemeinen eine normale Koordinationsstelle.

Tabelle 86. (MeH)-*Frequenzen von Hydrogeno-Komplexen* (Ät = *Äthyl*, Ph = *Phenyl*, DP = Ät$_2$P—C_2H_4—PÄt oder Ph$_2$P—C_2H_4—PPh$_2$)

Molekül	ν(MeH)	f(MeH)	Lit.
[Mn(CO)$_5$H]	1783	1,85	219, 1189
[Re(CO)$_5$H]	1832	1,98	93
[Co(CO)$_4$H]	1934	2,18	318
[Ta(C_5H_5)$_2$H$_3$]	1735	1,78	474
[Mo(C_5H_5)$_2$H$_2$]	1847	2,00	355, 374, 474
[W(C_5H_5)$_2$H$_2$]	1904	2,14	355, 374, 474
[Re(C_5H_5)$_2$H]	2030	2,43	374, 475
[Re(PPh$_3$)$_4$H$_3$]	2050	2,48	722
trans-[Fe(DP)$_2$HCl]	1849	1,99	191
trans-[Fe(DP)$_2$H$_2$]	1726	1,74	191
trans-[Ru(DP)$_2$HCl]	1938	2,21	191
trans-[Ru(DP)$_2$H$_2$]	1615	1,53	191
trans-[Os(DP)$_2$HCl]	2039	2,46	191
trans-[Os(DP)$_2$H$_2$]	1721	1,75	191
[Ir(PPh$_3$)$_3$HCl$_2$]	2200	2,86	1134
[Ir(PPh$_3$)$_3$H$_2$Cl]	2215, 2110	2,90 2,63,	1134
cis-[Ir(PPh$_3$)$_3$H$_3$]	2075	2,54	721
trans-[Ir(PPh$_3$)$_3$H$_3$]	2130, 1750	2,67, 1,80	721
[Pd(PÄt$_3$)$_2$HCl]	2035	2,44	188
[Pt(PÄt$_3$)$_2$HCl]	2183	2,81	188
[Rh en$_2$HCl]$^+$	2100	2,59	1181

12. Komplexe mit ungesättigten Kohlenwasserstoffen

In diesen Komplexen koordinieren die π-Elektronen der mehrfachen Bindungen mit dem Zentralatom. Im einfachsten Fall des K[Pt(C_2H_4)Cl$_3$] liegt die Struktur I vor. Im *UR*-Spektrum findet man eine sehr schwache

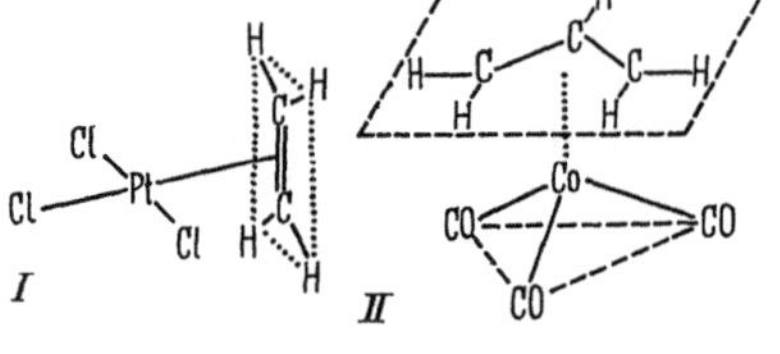

I *II*

Bande 405, welche als (PtC)-Valenzschwingung gedeutet werden kann [887]. Besonders interessant ist hier aber die Veränderung der (CC)-Bindung durch die Koordination. Im freien Äthylen (D_{2h}) liegt die (CC)-Valenzschwingung bei 1623, sie ist im *UR* verboten. Dem koordinierten C_2H_4 kommt nur noch die Symmetrie C_{2v} zu, so daß die Schwingung erlaubt wird. Man findet für $K[Pt(C_2H_4)Cl_3]$ eine sehr schwache *UR*-Bande bei 1516 [887]. Auch bei anderen koordinierten Olefinen und anderen Zentralatomen beobachtet man stets eine solche schwache Bande zwischen 1490 und 1540. Es läßt sich beweisen, daß diese Bande keine (CH)-Schwingung ist [13, 887]. Aus dieser Erniedrigung läßt sich abschätzen, daß die Bindungsordnung der (CC)-Bindung hier nur noch 1,7 beträgt. Die (CH)-Valenz- und Deformationsschwingungen des Äthylens werden durch die Koordination wenig beeinflußt.

An den Spektren von Komplexen mit koordinierten Diolefinen kann man durch das Nichtauftreten von Banden um 1600 nachweisen, daß beide π-Elektronenpaare koordiniert sind. Beispiele für solche Diolefine sind: Butadien, 1,4-Pentadien, Cyclopentadien, Norbornadien.

Wenn ein delokalisiertes π-Elektronenpaar koordiniert wird, etwa wie das des Allylions $C_3H_5^-$, hat man Strukturen wie die angegebene des $Co(CO)_3C_3H_5$ (II). Die Erniedrigung der (CC)-Valenzschwingungen ist hier schwankend, aber im Mittel geringer als bei lokalisierter Doppelbindung. Dies ist verständlich, da das π-Elektronenpaar sich über zwei (CC)-Bindungen verteilt, die gesamte Frequenzerniedrigung sich daher auf zwei (CC)-Frequenzen verteilen muß. Im freien $C_3H_5^-$-Ion (NaC_3H_5) liegt die antisymmetrische (CC)-Valenzschwingung bei 1535 [750], in den π-Allylkomplexen zwischen 1455 und 1505. σ- und π-gebundenes Allyl läßt sich an Hand der (CC)-Schwingung leicht unterscheiden; z. B. σ-$C_3H_5Mn(CO)_5$ 1620, π-$C_3H_5Mn(CO)_4$ 1505 [750]. Die (Me-Allyl)-Valenzschwingungen liegen um 400 [353, 354, 373].

Ähnlich wie Olefine verhalten sich Acetylene. Die (C≡C)-Valenzschwingung um 2240 in substituierten Acetylenen wird bei der Koordination an Pt auf etwa 2000 erniedrigt [190]. Dies bedeutet eine Erniedrigung der (CC)-Bindungsordnung auf etwa 2,5. Das Alkin besetzt eine Koordinationsstelle.

Besonders eingehend sind die Spektren von π-Komplexen mit aromatischen Kohlenwasserstoffen untersucht worden, insbesondere mit Cyclopentadienyl und Benzol. Die Verbindungen $Me(C_5H_5)_2$ und $Me(C_6H_6)_2$ haben die bekannte „sandwich"-Struktur mit parallelen aromatischen Ringen, zwischen denen sich das Metall befindet:

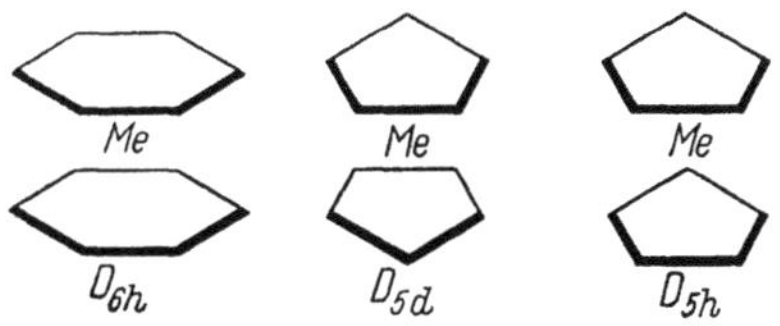

Nach den Schwingungsspektren ist für die Dibenzol-Komplexe die Symmetrie D_{6h} wahrscheinlich; für $Cr(C_6H_6)_2$ zeigt dies auch die Kristallstrukturanalyse. Untersucht wurden $(C_6H_6)_2Cr$, $(C_6H_6)_2Cr^+$, $V(C_6H_6)_2$. $Mo(C_6H_6)_2$, $Mo(C_6H_6)_2^+$, $W(C_6H_6)_2$, $W(C_6H_6)_2^+$ [357, 376]. Die (CC)-Valenzschwingungen des Benzols (993, 1482, 1599) erscheinen in den *UR*-Spektren der Komplexe bei 960—980 und 1410—1430, sind also deutlich erniedrigt. Die dritte (CC)-Frequenz ist im *UR* verboten; im *Ra*-Spektrum des $(C_6H_6)_2Cr^+$ wurde sie erhöht (1620) beobachtet [376]. Die antisymmetrische *UR*-aktive (Metall-Ring)-Valenzschwingung liegt in der Reihenfolge $W^+ < W < Mo^+ < Mo < Cr^+ < V < Cr$ zwischen 306 und 459 cm^{-1}. Die entsprechende symmetrische Schwingung wurde in den *Ra*-Spektren der Chromverbindungen bei $\sim$ 280 gefunden.

Sehr viel untersucht wurden Komplexe mit Cyclopentadienyl $C_5H_5^-$. Die einfachsten Vertreter sind die Verbindungen $Me(C_5H_5)_2$, denen auf Grund von Kristallstrukturanalysen meist die antiprismatische Struktur der Symmetrie D_{5d} zukommt. Die prismatische Struktur (Symmetrie D_{5h}) kommt jedoch auch vor. Von den meisten Substanzen liegen nur *UR*-Spektren vor, von $Fe(C_5H_5)_2$, $Ru(C_5H_5)_2$ und $Mg(C_5H_5)_2$ auch das *Ra*-Spektrum [683, 687]. Die (Metall-Ring)-Valenzschwingungen liegen im *UR* zwischen 330 und 500. Daraus wurden Kraftkonstanten abgeschätzt: $Os(C_5H_5)_2$ 2,8, $Fe(C_5H_5)_2$ 2,7; $Ru(C_5H_5)_2$ 2,4, $Cr(C_5H_5)_2$ 1,6; $Co(C_5H_5)_2$ 1,5, $V(C_5H_5)_2$ 1,5, $Ni(C_5H_5)_2$ 1,5, $Zn(C_5H_5)_2$ 1,5 [378]. Parallel zu der Abnahme der (Metall-Ring)-Valenzschwingung geht eine Zunahme der (CC)-Valenzschwingungen des Ringes (im *UR* bei $\sim$1400 und 1100 cm^{-1}). Ionische Cyclopentadienyle (Alkalimetalle, Ca, Sr, Ba, Lanthaniden) geben keine Metall-Ring-Valenzschwingungen [358, 378, 377]. Ausführlichere Diskussionen und Zuordnungen: [372, 378, 683].

Außer diesen π-koordinierten Komplexen kommen auch Verbindungen vor, in denen C_5H_5 durch σ-Bindung gebunden ist:

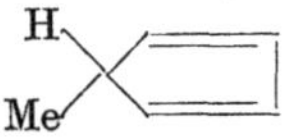

Die Spektren dieser (metallorganischen) Verbindungen unterscheiden sich charakteristisch von denen der π-Komplexe. Beispiele: $Hg(C_5H_5)_2$ [874], $Nb(C_5H_5)_4$ und $Ta(C_5H_5)_4$ [359] (je 2π- und 2σ-gebundene Ringe), $Mo(C_5H_5)_4$ [356] (1π-, 3σ-gebundene Ringe).

13. Sonstige Liganden

a) PF_3

Im *Ra*-Spektrum des $Ni(PF_3)_4$ (Symmetrie T_d) werden die (NiP)-Valenzschwingungen bei 195 (A_1) und 219 (F_2) gefunden [1198]. Daraus wird die Kraftkonstante f(NiP) zu 2,7 abgeschätzt. Dieser Wert zeigt, daß hier verhältnismäßig starke Bindungen vorliegen. Man kann annehmen, daß ähnlich wie bei den Carbonylen Stabilisierung durch π-Bindungen zustandekommt, indem die leeren *d*-Orbitale des P als Acceptoren gegenüber den *d*-Elektronen des Ni wirken. Ähnliche Verhältnisse findet man für $P(OCH_3)_3$ [117] mit ν(NiP) = 178 im *Ra*-Spektrum, f(NiP) $\approx$ 2,8. Auch $Pd(PF_3)_4$ und $Pt(PF_3)_4$ haben tetraedrische Gestalt [646]. *UR*-Spektren von $Cr(PF_3)_6$, $Mo(PF_3)_6$, $W(PF_3)_6$, $HCo(PF_3)_4$ und $Fe(PF_3)_5$: [646].

Ni(PF$_3$)$_4$ (Symmetrie T_d). *Ra* (fl) [1198]: A_1 195 (*vs, p*), 534 (*s, p*), 954 (*ms, p*); *E* 54 (*s, b, dp*), 385 (*m, b, dp*), 505 (*m, dp*), 851 (*vs, dp*); F_2 54 (*s, b, dp*), 219 (*vs, dp*), 385 (*m, dp*), 505 (*m, dp*), 851 (*vs, dp*), 883 (*m, dp*); *UR* (gas) [966]: F_2 386 (*vs*), 503 (*vs*), 859 (*vs*), 898 (*vs*).

b) $(CH_3)_2SO$

Dimethylsulfoxid koordiniert mit Übergangsmetallionen meist durch das Sauerstoffatom (I). In diesen Fällen wird die (SO)-Valenzschwingung, die im freien (gelösten) $(CH_3)_2SO$ bei 1055 liegt, auf etwa 1000 erniedrigt [220, 292, 970]. Nur bei Pd(II)- und Pt(II)-Komplexen beobachtet man eine Erhöhung der (SO)-Valenzschwingung auf 1120, woraus zu schließen ist, daß hier das Schwefelatom koordiniert ist (II). Wie bei Sulfito-Komplexen oder im $(CH_3)_3SO^+$ führt Erhöhung der Bindigkeit des S-Atoms zu einer Erhöhung der (SO)-Bindungsordnung.

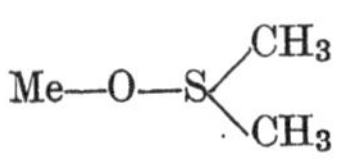
I

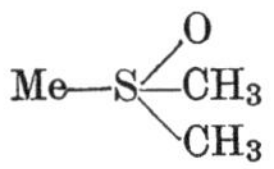
II

Frequenzerniedrigungen infolge Koordination beobachtet man auch für die (PO)- und (AsO)-Frequenzen von Phosphin- bzw. Arsinoxiden [218, 368].

c) Acetylid C_2H^-

Die (C≡C)-Valenzschwingung von Acetylid-Komplexen liegt meist höher als die von freiem C_2H^- (1867) (vgl. Tab. 87), was auf zunehmende *sp*-Hybridisierung des freien Elektronenpaares am C-Atom durch die Koordination zurückgeführt werden kann. Eine noch höhere (CC)-Frequenz (2180) wurde für $[Cr(CO)_3(C_2H)_3]^{3-}$ gefunden [816]. Dies zeigt, daß in den Komplexen der Tab. 87 noch erhebliche π-Anteile in den (MeC)-Bindungen vorhanden sein müssen, die zu einer Schwächung der (CC)-Bindung führen. Da CO offenbar ein besserer π-Acceptor als C_2H^- ist, entfallen diese π-Anteile im genannten Chromkomplex.

Tabelle 87.
UR-Spektren von Acetylid-Komplexen [813]

	ν(CC)	ν(CH)
$[Zn(C_2H)_4]^{2-}$	1940	3290
$[Cd(C_2H)_4]^{2-}$	1940	3226
$[Ag(C_2H)_2]^-$	1934	3205
$[Au(C_2H)_2]^-$	1963	3220
$[Pt(C_2H)_4]^{2-}$	1931	3226

d) SO_2

Bisher wurde nur die Verbindung $Fe_2(CO)_8SO_2$ *UR*-spektroskopisch untersucht [138]. Die (SO)-Valenzschwingungen treten bei 1048 und 1209 auf, sind also gegenüber denen des SO_2 und der Sulfurylverbindungen erniedrigt. f(SO) läßt sich zu 7,7 abschätzen entsprechend einer Bindungsordnung von 1,6. Offenbar wirkt das SO_2 als π-Acceptor für d-Elektronen der Fe-Atome. Vorgeschlagen wurde die Struktur [138]:

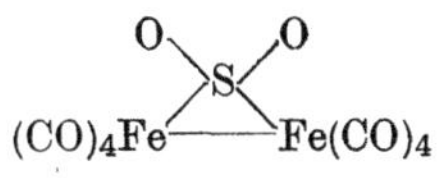

e) $S_2O_3^{2-}$

Wenn das $S_2O_3^{2-}$ als einzähliger Ligand fungiert, koordiniert es mit dem S-Atom. Wie bei den Ionen von Sauerstoffsäuren wird die Mesomerie des freien Ions bei Komplexbildung behindert, so daß die (SS)-Valenzschwingung erniedrigt, die entartete (SO)-Schwingung erhöht wird (vgl. Tab. 88). Spektroskopisch untersucht wurden bisher nur $[Co(CN)_5S_2O_3]^{4-}$ und $[Co(NH_3)_5S_2O_3]^{+}$ [46]; die (S_2O_3)-Frequenzen des letzteren sind sehr ähnlich den angegebenen des $[Co(CN)_5S_2O_3]^{4-}$.

Tabelle 88. *Die Thiosulfato-Gruppe in Komplexen*

	ν(SS)	$\delta_s(SO_3)$	$\delta_e(SO_3)$	ν_s(SO)	ν_e(SO)	Lit.
$S-SO_3^{2-}$	447	538	670	1004	1106	
$[Co(CN)_5S-SO_3]^{4-}$	420	540	642	1012	1180	46
$CH_3S-SO_3^-$	412	542	653	1032	1209	1009

f) Fulminat CNO^-

In diesen Komplexen koordinierte offenbar das C-Atom mit dem Metallatom. Die beobachteten Valenzschwingungen der (CNO)-Gruppe sind z. B.: $[Fe(CNO)_6]^{4-}$ 1049, 2195; $[Co(CNO)_6]^{4-}$ 1097, 2161, 2241; $[Ni(CNO)_4]^{2-}$ 1126, 2185, 2267 [92]. Die höhere Frequenz ist in den letzten beiden Spektren durch Fermi-Resonanz aufgespalten.

g) N_2H_4

Ähnlich wie bei den Hydrazoniumionen beobachtet man eine Erhöhung der (NN)-Valenzschwingung des Hydrazins (882) bei der Koordination; z. B. $BH_3 \cdot N_2H_4$ 912 [467]. In den Spektren der Komplexe $Me(N_2H_4)_2Cl_2$ von Übergangsmetallen geht ν(NN) der Valenzschwingung ν(MeN) parallel (vgl. Tab. 89). Außer den aufgeführten Beispielen wurde noch untersucht $[Hg(N_2H_4)_2]^{2+}$ (952) und $[Hg(N_2H_4)^{2+}]_\infty$ (976) [141].

Tabelle 89. *Hydrazino-Komplexe* [934]

	ν(MeN)	ν(NN)
$Mn(N_2H_4)_2Cl_2$	343	960
$Fe(N_2H_4)_2Cl_2$	369	964
$Co(N_2H_4)_2Cl_2$	388	974
$Ni(N_2H_4)_2Cl_2$	409	978
$Cu(N_2H_4)_2Cl_2$	440	985
$Zn(N_2H_4)_2Cl_2$	385	976

h) Cyanat NCO^-

In den bisher bekannten Komplexen koordiniert das Cyanation mit dem N-Atom. Eine Auswahl der beobachteten *UR*-Spektren [1252] zeigt Tab. 90.

Tabelle 90. *Cyanato-Komplexe*

	ν(MeN)	δ(NCO)	ν_s(NCO)	ν_{as}(NCO)
$[Mn(NCO)_4]^{2-}$	325	625	1321	2196
$[Fe(NCO)_4]^{2-}$	325	622	1322	2199
$[Co(NCO)_4]^{2-}$	345	619	1325	2206
$[Ni(NCO)_4]^{2-}$	341	619	1321	2237
$[Cu(NCO)_4]^{2-}$	338	620	1318	2198
$[Zn(NCO)_4]^{2-}$	321	624	1326	2208

Literaturverzeichnis

a) Monographien und Handbücher

1 BARROW, G. M.: Introduction to Molecular Spectroscopy. London: McGraw-Hill 1962.
2 BHAGAVANTAM, S. and T. VENKATARAYUDU: Theory of Groups and its Application to Physical Problems. Bangalore Press 1961.
3 BRANDMÜLLER, J. u. H. MOSER: Einführung in die Raman-Spektroskopie, Darmstadt: Steinkopff 1962.
4 BRÜGEL, W.: Einführung in die Ultrarotspektroskopie. Darmstadt: Steinkopff 1957.
5 DAVIES, M.: Infra-Red Spectroscopy and Molecular Structure, Elsevier 1963.
6 HERZBERG, G.: Molecular Spectra and Molecular Structure, Bd. I, Spectra of Diatomic Molecules; Bd. II, Infrared and Raman Spectra of Polyatomic Molecules. D. van NOSTRAND 1945, 1950.
7 KOHLRAUSCH, K. W. F.: Ramanspektren. Akad. Verlagsges. 1943.
8 LANDOLT-BÖRNSTEIN: Zahlenwerte und Funktionen. I. Band, 2. Teil, Molekeln I (Kerngerüst). Berlin/Göttingen/Heidelberg: Springer 1951 (Ergänzungen im 3. Teil); 4. Teil, Kristalle. Berlin/Göttingen/Heidelberg: Springer 1955.
9 NAKAMOTO, K.: Infrared Spectra of Inorganic and Coordination Compounds. Wiley 1963.
10 WILSON, E. B. jun., J. C. DECIUS and P. C. CROSS: Molecular Vibrations, Mc Graw-Hill 1955.

b) Einzelpublikationen

11 ABEL, E. W. u. A. SINGH: J. chem. Soc. **1959**, 690.
12 ABRAHAMS, S. C., A. P. GINSBERG u. K. KNOX: Inorg. Chem. **3**, 558 (1964).
13 ADAMS, D. M., u. J. CHATT: J. chem. Soc. **1962**, 2821.
14 —, —, J. M. DAVIDSON u. J. GERRATT: J. chem. Soc. **1963**, 2189.
15 —, —, J. GERRATT u. A. D. WESTLAND: J. chem. Soc. **1964**, 734.
16 — u. H. A. GEBBIE: Spectrochim. Acta **19**, 925 (1963).
17 —, — u. R. D. PEACOCK: Nature **199**, 278 (1963).
18 —, M. GOLDSTEIN u. E. F. MOONEY: Trans. Faraday Soc. **59**, 2228 (1963).
19 ADAMS, R. M. u. J. J. KATZ: J. opt. Soc. Amer. **46**, 895 (1956).
20 ADDISON, C. C. u. B. M. GATEHOUSE: J. chem. Soc. **1960**, 613.
21 AFTANDILIAN, V. D., H. C. MILLER u. E. L. MUETTERTIES: J. Amer. chem. Soc. **83**, 2471 (1961).
22 AGGARWAL, R. C. u. M. ONYSZCHUK: Canad. J. Chem. **41**, 876 (1963).
23 AGAHIGIAN, H., A. P. GRAY u. G. D. VICKERS: Canad. J. Chem. **40**, 157 (1962).
24 AGRON, P. A., G. M. BEGUN, H. A. LEVY, A. A. MASON, C. G. JONES u. D. F. SMITH: Science **139**, 842 (1963).
25 ALBERT, N. u. R. M. BADGER: J. chem. Physics **29**, 1193 (1958).
26 ALDOUS, J. u. I. M. MILLS: Spectrochim. Acta **19**, 1567 (1963).
27 ALLEN, E. A., B. J. BRISDON, D. A. EDWARDS, G. W. A. FOWLES u. R. G. WILLIAMS: J. chem. Soc. **1963**, 4649.
28 ALLEN, G. u. C. A. MCDOWELL: J. chem. Physics **23**, 209 (1955).

29 Allen, H. C. jun., L. R. Blaine u. E. K. Plyler: J. chem. Physics **24**, 35, **25**, 1132 (1956).
30 — u. E. K. Plyler: J. chem. Physics **26**, 972 (1957).
31 —, E. D. Tidwell u. E. K. Plyler: J. chem. Physics **25**, 302 (1956).
32 —, — u. —: J. Res. nat. Bur. Standards **57**, 213 (1956).
33 Allenstein, E. u. A. Schmidt: Chem. Ber. **97**, 1286, 1863 (1964).
34 Alti, G. de, G. Costa u. V. Galasso: Spectrochim. Acta **20**, 965 (1964).
35 Amberger, E. u. H. Boeters: Chem. Ber. **97**, 1999 (1964).
36 Amster, R. L., R. B. Hannan u. M. C. Tobin: Spectrochim. Acta **19**, 1489 (1963).
37 Andrychuk, D.: Canad. J. Physics **29**, 151 (1951).
38 Arakawa, E. T. u. A. H. Nielsen: J. mol. Spect. **2**, 413 (1958).
39 Arnold, J., J. E. Bertie u. D. J. Millen: Proc. chem. Soc. **1961**, 121; J. chem. Soc. **1965**, 497, 503, 510, 514.
40 Arvìa, A. J., L. F. R. Cafferata u. H. J. Schumacher: Chem. Ber. **96**, 1187 (1963).
41 Aubrey, D. W., M. F. Lappert u. H. Pyszora: J. chem. Soc. **1960**, 5239.
42 Austin, S.: Diss. Göttingen 1963.
43 Aylett, B. J., J. R. Hall, D. C. McKean, R. Taylor u. L. A. Woodward: Spectrochim. Acta **16**, 747 (1960).
44 Aynsley, E. E., R. E. Dodd u. R. Little: Spectrochim. Acta **18**, 1005 (1962).
45 —, N. N. Greenwood u. M. J. Sprague: J. chem. Soc. **1964**, 704.
46 Babajewa, A. W., I. B. Baranowskij u. Ju. Ja. Charitonow: J. anorg. Chem. [UdSSR] **8**, 307 (1963).
47 — u. Ju. Ja. Charitonow: J. anorg. Chem. [UdSSR] **5**, 1196 (1960).
48 — u. —: Ber. Akad. Wiss. UdSSR **144**, 559 (1962).
49 —, — u. Z. M. Nowoschenjuk: J. anorg. Chem. [UdSSR] **6**, 2273 (1961).
50 Bacon, R. G. R., R. S. Irwin, J. McC. Pollock u. A. D. E. Pullin: J. chem. Soc. **1958**, 764.
51 Bagnall, K. W. u. D. Brown: J. chem. Soc. **1964**, 3021.
52 —, — u. R. Colton: J. chem. Soc. **1964**, 3017.
53 Bailey, R. T. u. E. R. Lippincott: Spectrochim. Acta **20**, 1327 (1964).
54 Baldwin, M. E.: J. chem. Soc. **1961**, 3123.
55 Ball, D. F., T. Carter, D. C. McKean u. L. A. Woodward: Spectrochim. Acta **20**, 1721 (1964).
56 Ballhausen, C. J. u. H. B. Gray: Inorg. Chem. **1**, 111 (1962).
57 — u. —: Inorg. Chem. **2**, 426 (1963).
58 Banister, A. J., N. N. Greenwood, B. P. Straughan u. J. Walker: J. chem. Soc. **1964**, 995.
59 Barakat, T. M., N. Legge u. A. D. E. Pullin: Trans. Faraday Soc. **59**, 1764, 1773 (1963).
60 Barker jun., A. S. u. M. Tinkham: J. chem. Physics **38**, 2257 (1963).
61 Barnard, D., J. M. Fabian u. H. P. Koch: J. chem. Soc. **1949**, 2442.
62 Barraclough, C. G., D. C. Bradley, J. Lewis u. I. M. Thomas: J. chem. Soc. **1961**, 2601.
63 — u. J. Lewis: J. chem. Soc. **1960**, 4842.
64 —, — u. R. S. Nyholm: J. chem. Soc. **1959**, 3552.
65 — u. M. L. Tobe: J. chem. Soc. **1961**, 1993.
66 Bartlett, N. u. L. E. Levchuk: Proc. chem. Soc. **1963**, 342.
67 — u. D. H. Lohmann: J. chem. Soc. **1962**, 5253; **1964**, 619.
68 Basolo, F. u. G. S. Hammaker: J. Amer. chem. Soc. **82**, 1001 (1960); Inorg. Chem. **1**, 1 (1962).
69 Bass, C. D., L. Lynds, T. Wolfram u. R. E. DeWames: J. chem. Physics **40**, 3611 (1964).
70 Baudler, M.: Z. Elektrochem. **59**, 173 (1955).
71 —: Z. anorg. allg. Chem. **279**, 115 (1955), **292**, 325 (1957); Z. Naturf. **12b**, 347 (1957).
72 —: Z. anorg. allg. Chem. **288**, 171 (1956), **290**, 258 (1957).
73 —, G. Fricke u. K. Fichtner: Z. anorg. allg. Chem. **327**, 124 (1964).

74 —, BAUDLER, M. R. KLEMENT u. E. ROTHER: Chem. Ber. **93**, 149 (1960).
75 — u. L. SCHMIDT: Z. anorg. allg. Chem. **289**, 219 (1957); Naturwiss. **44**, 488 (1957), **46**, 577 (1959).
76 BEACHELL, H. C.: J. chem. Physics **28**, 991 (1959).
77 BEATTIE, I. R. u. T. GILSON: J. chem. Soc. **1964**, 2292.
78 —, G. P. MCQUILLAN, L. RULE u. M. WEBSTER: J. chem. Soc. **1963**, 1514.
79 — u. D. P. N. SATCHELL: Trans. Faraday Soc. **52**, 1590 (1956).
80 — u. M. WEBSTER: J. chem. Soc. **1963**, 38.
81 BECHER H. J.: Z. anorg. allg. Chem. **270**, 273 (1952).
82 —: Z. physik. Chem. N. F. **2**, 276 (1954).
83 —: Z. anorg. allg. Chem. **287**, 285 (1956).
84 —: Z. anorg. allg. Chem. **289**, 262 (1957).
85 —: Z. anorg. allg. Chem. **291**, 151 (1957).
86 —: Spectrochim. Acta **19**, 575 (1963).
87 — u. J. GOUBEAU: Z. anorg. allg. Chem. **268**, 133 (1952).
88 —, W. SAWODNY, H. NÖTH u. W. MEISTER: Z. anorg. allg. Chem. **314**, 226 (1962).
89 — u. F. SEEL: Z. anorg. allg. Chem. **305**, 148 (1960).
90 BECK W.: Chem. Ber. **94**, 1214 (1961).
91 —: Chem. Ber. **95**, 341 (1962).
92 —: Z. Naturf. **17b**, 130 (1962); Z. anorg. allg. Chem. **333**, 115 (1964); Chem. Ber. **98**, 298 (1965).
93 —, W. HIEBER u. G. BRAUN: Z. anorg. allg. Chem. **308**, 23 (1961).
94 — u. K. LOTTES: Chem. Ber. **94**, 2578 (1961).
95 — u. R. E. NITSCHMANN: Z. Naturf. **17b**, 577 (1962).
96 BECKE-GOEHRING, M., A. DEBO, E. FLUCK u. W. GOETZE: Chem. Ber. **94**, 1383 (1961).
97 —, E. FLUCK u. W. LEHR: Z. Naturf. **17b**, 126 (1962); Chem. Ber. **94**, 1591 (1961).
98 —, H. JENNE u. V. REHALIČ: Chem. Ber. **92**, 855 (1959).
99 —, R. SCHWARZ u. W. SPIESS: Z. anorg. allg. Chem. **293**, 294 (1958).
100 BEGUN, G. M. u. W. H. FLETCHER: J. mol. Spect. **4**, 388 (1960).
101 — u. —: Spectrochim. Acta **19**, 1343 (1963).
102 — u. A. A. PALKO: J. chem. Physics **38**, 2112 (1963).
103 BELL, J. V., J. HEISLER, H. TANNENBAUM u. J. GOLDENSON: J. Amer. chem. Soc. **76**, 5185 (1954).
104 BENDER, P. u. J. M. WOOD jun.: J. chem. Physics **23**, 1316 (1955).
105 BENEDICT, W. S., N. GAILAR u. E. K. PLYLER: J. chem. Physics **24**, 1139 (1956).
106 —, E. K. PLYLER u. E. D. TIDWELL: Canad. J. Physics **35**, 1235 (1957); J. chem. Physics **29**, 829 (1958), **32**, 32 (1960).
107 BENOIT, A.: Spectrochim. Acta **19**, 388, 2011 (1963).
108 BENT, R. u. W. R. LADNER: Spectrochim. Acta **19**, 931 (1963).
109 BERNSTEIN, H. J. u. J. POWLING: J. chem. Physics **18**, 1018 (1950), **19**, 139 (1951).
110 BERNSTEIN, J., M. HALMANN, S. PINCHAS u. D. SAMUEL: J. chem. Soc. **1964**, 821.
111 BERTIE, J. E. u. E. WHALLEY: J. chem. Physics **40**, 1637, 1646 (1964).
112 BERTIN, E. P., S. MIZUSHIMA, T. J. LANE u. J. V. QUAGLIANO: J. Amer. chem. Soc. **81**, 3821 (1959).
113 —, I. NAKAGAWA, S. MIZUSHIMA, T. J. LANE u. J. V. QUAGLIANO: J. Amer. chem. Soc. **80**, 525 (1958).
114 —, R. B. PENLAND, S. MIZUSHIMA, C. CURRAN u. J. V. QUAGLIANO: J. Amer. chem. Soc. **81**, 3818 (1959).
115 BETHKE, G. W. u. M. K. WILSON: J. chem. Physics **26**, 1107 (1957).
116 — u. —, J. chem. Physics **26**, 1118, **27**, 978 (1957).
117 BIGORGNE, M.: C. R. **250**, 3484 (1960); Bull. Soc. chim. France **1960**, 1986.
118 —: C. R. **251**, 355, 538 (1960).
119 BLAU, E. J. u. B. F. HOCHHEIMER: J. chem. Physics **41**, 1174 (1964).
120 BLAU, H. H. u. H. H. NIELSEN: J. mol. Spect. **1**, 124 (1957).

121 Blinc, R. u. D. Hadži: Spectrochim. Acta **16**, 853 (1960).
122 —, — u. A. Novak: Z. Elektrochem. **64**, 567 (1960).
123 Block, H.: Trans. Faraday Soc. **55**, 867 (1959).
124 Bloor, D.: J. chem. Physics **41**, 2573 (1964).
125 Bobowitsch, Ja. Ss.: Opt. u. Spekt. [UdSSR] **11**, 161 (1961).
126 —: Opt. u. Spekt. [UdSSR] **13**, 459 (1962).
127 Bock, H. u. K. L. Kompa: Angew. Chem. **74**, 327 (1962).
128 Bonino, G. B., P. Chiorboli u. G. Fabbri: Atti Linc. [8] **26**, 137 (1958).
129 Bor, G.: Spectrochim. Acta **15**, 747 (1959), **19**, 1209 (1962).
130 —: J. inorg. nucl. Chem. **17**, 174 (1961).
131 —: Spectrochim. Acta **19**, 2065 (1963).
132 Bovey, L. F. H.: J. chem. Physics **18**, 1684 (1950).
133 Boyd, R. J. u. H. W. Thompson: Spectrochim. Acta **5**, 308 (1952).
134 Brändle, K., M. Schmeisser u. W. Lüttke: Chem. Ber. **93**, 2300 (1960).
135 Brahms, S. u. J.-P. Mathieu: C. R. **251**, 938 (1960).
136 Brame, E. G. jun., S. Cohen, J. L. Margrave u. V. W. Meloche: J. inorg. nucl. Chem. **4**, 90 (1957).
137 Brand, J. C. D. u. T. M. Cawthon: J. Amer. chem. Soc. **77**, 319 (1955).
138 Braye, E. H. u. W. Hübel: Angew. Chem. **75**, 345 (1963).
139 Brecher, C. u. R. S. Halford: J. chem. Physics **35**, 1109 (1961).
140 Brodersen, K.: Chem. Ber. **90**, 2703 (1957).
141 —: Z. anorg. allg. Chem. **290**, 24 (1957).
142 — u. H. J. Becher: Chem. Ber. **89**, 1487 (1956).
143 Brooks, W.V. F. u. B. Crawford jun.: J. chem. Physics **23**, 363 (1955).
144 Brown, M. P., E. Cartnell u. G. W. A. Fowles: J. chem. Soc. **1960**, 506.
145 — u. E. G. Rochow: J. Amer. chem. Soc. **82**, 4166 (1960).
146 Brown, T. L. u. M. Kubota: J. Amer. chem. Soc. **83**, 4175 (1961).
147 Brune, H. A. u. W. Zeil: Z. Naturf. **16a**, 1251 (1961); Z. physik. Chem. N. F. **32**, 384 (1962).
148 Brunner, G. O., H. Wondratschek u. F. Laves: Z. Elektrochem. **65**, 735 (1961).
149 Bryant, J. I. u. G. C. Tyrrell: J. chem. Physics **37**, 1069 (1962), **38**, 2845 (1963), **40**, 3195 (1964).
150 Buchert, H. u. W. Zeil: Z. physik. Chem. N. F. **29**, 317 (1961); Spectrochim. Acta **18**, 1043 (1962).
151 Büchler, A., J. B. Berkowitz-Mattuck u. D. H. Dugre: J. chem. Physics **34**, 2202 (1961).
152 Büchler, A. u. W. Klemperer: J. chem. Physics **29**, 121 (1958).
153 —, — u. A. G. Emslie: J. chem. Physics **36**, 2499 (1962).
154 Bühler, K.: Diss. Stuttgart 1959.
155 — u. W. Bues: Z. anorg. allg. Chem. **308**, 62 (1961).
156 Bues, W.: Z. anorg. allg. Chem. **279**, 104 (1955).
157 —, K. Bühler u. P. Kuhnle: Z. anorg. allg. Chem. **325**, 8 (1963).
158 — u. H. W. Gehrke: Z. anorg. allg. Chem. **288**, 291, 307 (1956).
159 Burg, A. B.: Inorg. Chem. **3**, 1325 (1964).
160 Burgess, J. S.: Phys. Rev. [2] **76**, 302 (1949).
161 Burke, T. G.: J. chem. Physics **25**, 791 (1956).
162 —, D. F. Smith u. A. H. Nielsen: J. chem. Physics **20**, 447 (1952).
163 Burmeister, J. L.: Inorg. Chem. **3**, 919 (1964).
164 — u. F. Basolo: Inorg. Chem. **3**, 1587 (1964).
165 Busey, R. H. u. O. L. Keller jun.: J. chem. Physics **41**, 215 (1964).
166 Busing, W. R.: J. chem. Physics **23**, 933 (1955).
167 Cabannes-Ott, C.: C. R. **242**, 2825 (1956); **244**, 2491 (1957).
168 Cairns, T., G. Eglinton u. D. T. Gibson: Spectrochim. Acta **20**, **31**, 159 (1964).
169 Cannon, C. G.: Spectrochim. Acta **10**, 341 (1958).
170 Carlson, G. L.: Spectrochim. Acta **18**, 1529 (1962).
171 —: Spectrochim. Acta **19**, 1291 (1963).
172 Catalano, E., R. H. Sanborn u. J. W. Frazer: J. chem. Physics **38**, 2265 (1963).

173 CERATO, C. C., J. L. LAUER u. H. C. BEACHELL: J. chem. Physics 22, 1 (1954).
174 CHAMBERLAIN, M. M. u. J. C. BAILAR jun.: J. Amer. chem. Soc. 81, 6412 (1959).
175 CHANTRY, G. W., A. ANDERSON u. H. A. GEBBIE: Spectrochim. Acta 20, 1223 (1964).
176 — u. R. A. PLANE: J. chem. Physics 33, 736 (1960), 35 1027 (1961).
177 — u. L. A. WOODWARD: Trans. Faraday Soc. 56, 1110 (1960); Spectrochim. Acta 21, 1007 (1965).
178 CHAPMAN, A. C. u. N. L. PADDOCK: J. chem. Soc. 1962, 635.
179 —, —, D. H. PAINE, T. H. SEARLE u. D. R. SMITH: J. chem. Soc. 1960, 3608.
180 — u. L. E. THIRLWELL: Spectrochim. Acta 20, 937 (1964).
181 CHAPMAN, D., R. J. WARN, A. G. FITZGERALD u. A. D. YOFFE: Trans. Faraday Soc. 60, 294 (1964).
182 CHARITONOW, JU. JA., I. A. ROSANOW u. I. W. TANANAJEW: Nachr. Akad. Wiss. UdSSR, Abt. chem. Wiss. 1963, 596.
183 CHATT, J. u. J. M. DAVIDSON: J. chem. Soc. 1964, 2433.
184 — u. L. A. DUNCANSON: Nature 178, 997 (1956).
185 —, —, B. M. GATEHOUSE, J. LEWIS, R. S. NYHOLM, M. L. TOBE, P. F. TODD u. L. M. VENANZI: J. chem. Soc. 1959, 4073.
187 —, —, F. A. HART u. P. G. OWSTON: Nature 181, 43 (1958).
188 —, — u. B. L. SHAW: Chem. and Ind. 1958, 859.
189 —, J. D. GARFORTH, N. P. JOHNSON u. G. A. ROWE: J. chem. Soc. 1964, 1012.
190 — u. R. G. GUY: J. chem. Soc. 1961, 827.
191 — u. R. G. HAYTER: J. chem. Soc. 1961, 2605, 5507.
192 CHÉDIN, J.: C. R. 200, 1397, 201, 724 (1935), 202, 220, 1067, 203, 722, 1509 (1936).
193 CHEREMISSINOW, W. P. u. W. P. SLOMANOW: Opt. u. Spekt. [UdSSR] 12, 208 (1962).
194 CHIN, D. u. P. A. GIGUÈRE: J. chem. Physics 34, 690 (1961).
195 CHIORBOLI, P.: Ann. Chimica 47, 639 (1957); J. inorg. nucl. Chem. 8, 133 (1958).
196 — u. E. TEDESCHI: Atti Linc. [8] 22, 44 (1957).
197 CILENTO, G., D. A. RAMSAY u. R. N. JONES: J. Amer. chem. Soc. 71, 2753 (1949).
198 CLAASSEN, H. H., C. L. CHERNICK u. J. G. MALM: J. Amer. chem. Soc. 85, 1927 (1963).
199 — u. G. KNAPP: J. Amer. chem. Soc. 86, 2341 (1964).
200 —, J. G. MALM u. H. SELIG: J. chem. Physics 36, 2890 (1962).
201 —, H. SELIG u. J. G. MALM: J. chem. Physics 36, 2888 (1962).
202 — u. B. WEINSTOCK: J. chem. Physics 33, 436 (1960).
203 —, — u. J. G. MALM: J. chem. Physics 25, 426 (1956).
204 —, — u. —: J. chem. Physics 28, 285 (1958).
205 CLARK, R. J. H. u. T. M. DUNN: J. chem. Soc. 1963, 1198; Spectrochim. Acta 21, 955 (1965).
206 CLIFFORD, A. F. u. R. R. OLSEN: Inorg. Synth. 6, 167 (1960).
207 COATES, D. E. u. R. N. MUKHERJEE: J. chem. Soc. 1963, 229.
208 COERVER, H. J. u. D. E. CURRAN: J. Amer. chem. Soc. 80, 3522 (1958).
209 COHN, H., C. K. INGOLD u. H. G. POOLE: J. chem. Soc. 1952, 4272.
210 COMEFORD, J. J., D. E. MANN, L. J. SCHOEN u. D. R. LIDE: J. chem. Physics 38, 461 (1963).
211 COON, J. B. u. E. ORTIZ: J. mol. Spect. 1, 81 (1957).
212 CORBETT, J. D.: Inorg. Chem. 1, 700 (1962).
213 CORBRIDGE, D. E. C. u. E. J. LOWE: J. chem. Soc. 1954, 4555.
214 COREY, E. R., L. F. DAHL u. W. BECK: J. Amer. chem. Soc. 85, 1202 (1963).
215 COSTAIN, C. C. u. G. B. B. M. SUTHERLAND: J. physic. Chem. 56, 321 (1952).
216 COTTON, F. A.: J. chem. Soc. 1960, 5269.
217 —: Inorg. Chem. 3, 702 (1964).
218 — u. a.: J. chem. Soc. 1960, 2199, 5267, 1961, 2298, 3735, J. Amer. chem. Soc. 82, 5774 (1960).
219 —, J. L. DOWN u. G. WILKINSON: J. chem. Soc. 1959, 833.
220 —, R. FRANCIS u. W. D. HORROCKS jun.: J. physic. Chem. 64, 1534 (1960).
221 — u. W. D. HORROCKS jun.: Spectrochim. Acta 16, 358 (1960).

222 Cotton, F. A., A. Liehr u. G. Wilkinson: J. inorg. nucl. Chem. **2**, 141 (1956).
223 — u. R. R. Monchamps: J. chem. Soc. **1960**, 1882.
224 —, —, R. J. M. Henry u. R. C. Young: J. inorg. nucl. Chem. **17**, 174 (1961).
225 — u. F. Zingales: J. Amer. chem. Soc. **83**, 351 (1961).
226 Coulson, C. A.: Proc. roy. Soc. **A 169**, 413 (1939).
227 —: Spectrochim. Acta **14**, 161 (1959).
228 Couture-Mathieu, L. u. J.-P. Mathieu: Ann. Physique [12] **3**, 521 (1948).
229 — u. —: J. Phys. Radium **12**, 826 (1951).
230 — u. —: J. Chim. physique **49**, 226 (1952).
231 — u. —: Ann. Physique [12] **9**, 255 (1954).
232 Coyle, T. D., J. J. Ritter u. T. C. Farrar: Proc. chem. Soc. **1964**, 25.
233 Cradock, S., E. A. V. Ebsworth u. A. G. Robiette: Trans. Faraday Soc. **60**, 1502 (1964).
234 Craig, D. P., A. Maccoll, R. S. Nyholm, L. E. Orgel u. L. E. Sutton: J. chem. Soc. **1954**, 332.
235 — u. E. A. Magnusson: J. chem. Soc. **1956**, 4895.
236 — u. N. L. Paddock: J. chem. Soc. **1962**, 4118.
237 Craine, G. D. u. H. W. Thompson: Trans. Faraday Soc. **49**, 1273 (1953).
238 Crandall, H. W.: J. chem. Physics **17**, 602 (1949).
239 Crawford, B. L. u. J. T. Edsall: J. chem. Physics **7**, 223 (1939).
240 Creighton, J. A. u. E. R. Lippincott: J. chem. Soc. **1963**, 5134.
241 — u. —: J. chem. Physics **40**, 1779 (1964).
242 — u. L. A. Woodward: Trans. Faraday Soc. **58**, 1077 (1962).
243 Cross, L. H., H. L. Roberts, P. Goggin u. L. A. Woodward: Trans. Faraday Soc. **56**, 945 (1960).
244 Cruickshank, D. W. J.: J. chem. Soc. **1961**, 5486.
245 —, B. C. Webster u. D. F. Mayers: J. chem. Physics **40**, 3733 (1964).
246 Cyvin, S. J.: Spectrochim. Acta **15**, 828 (1959); J. mol. Spect. **6**, 338 (1961).
247 Daasch, L. W.: Spectrochim. Acta **13**, 257 (1958).
248 —: J. Amer. chem. Soc. **80**, 5301 (1958).
249 Danon, J.: J. chem. Physics **39**, 236 (1963).
250 Danti, A. u. F. A. Cotton: J. chem. Physics **28**, 736 (1958).
251 Dasent, W. E. u. T. C. Waddington: J. chem. Soc. **1960**, 2429.
252 — u. —: J. inorg. nucl. Chem. **25**, 132 (1963).
253 Da Silveira, A. M. A. Marques u. N. M. Marques: C. R. **252**, 3983 (1961).
254 Dautel, R. u. W. Zeil: Z. Elektrochem. **64**, 1234 (1960).
255 Davies, M. u. N. Jonathan: Trans. Faraday Soc. **54**, 469 (1958).
256 Davis, P. W. u. R. A. Oetjen: J. mol. Spect. **2**, 253 (1958).
257 Deb, S. K. u. A. D. Yoffe: Trans. Faraday Soc. **55**, 106 (1959).
258 Decius, J. C. u. D. P. Pearson: J. Amer. chem. Soc. **75**, 2436 (1953).
259 Dehnicke, K.: Z. anorg. allg. Chem. **308**, 72 (1961); Naturwiss. **51**, 535 (1964); Chem. Ber. **98**, 290 (1965).
260 —: Z. anorg. allg. Chem. **309**, 266 (1961).
261 —: Z. anorg. allg. Chem. **312**, 237 (1961).
262 —: Z. anorg. allg. Chem. **331**, 121 (1964).
263 —: unveröffentlicht.
264 — u. J. Weidlein: Z. anorg. allg. Chem. **323**, 267 (1963).
265 — u. —: Chem. Ber. **98**, 1087 (1965).
266 Delwaulle, M.-L.: J. physic. Chem. **56**, 355 (1952).
267 —: C. R. **238**, 2522 (1954).
268 —: Bull. Soc. chim. France [5] **1955**, 1294; C. R. **240**, 2132 (1955).
269 — u. M. Bridoux: C. R. **248**, 1342 (1959).
270 — u. F. François: J. Phys. Radium **15**, 206 (1954); Bull. Soc. chim. France **13**, 205 (1946).
271 — u. —: C. R. **226**, 894 (1948).
272 — u. —: J. Chim. physique **45**, 50 (1948), **46**, 87 (1949).
273 — u. —: C. R. **228**, 1007 (1949), **230**, 743 (1950).
274 —, u. —: M. Delhaye-Buisset: J. Phys. Radium **15**, 206 (1954).
275 — u. G. Schilling: C. R. **244**, 70 (1957).

276 DEMIDENKOWA, I. W., L. D. SCHTSCHERBA: Nachr. Akad. Wiss. UdSSR, Phys. Ser. **22**, 1122 (1958).
277 DETONI, S. u. D. HADŽI: Spectrochim. Acta **20**, 949 (1964).
278 DEWAMES, R. E. u. T. WOLFRAM: J. chem. Physics **40**, 853 (1964).
279 DICKSON, A. D., I. M. MILLS u. B. CRAWFORD: J. chem. Physics **27**, 445 (1957).
280 DIXON, R. N. u. N. SHEPPARD: Trans. Faraday Soc. **53**, 282 (1957); J. chem. Physics **23**, 215 (1955).
281 DOBSON, G. R. u. R. K. SHELINE: Inorg. Chem. **2**, 1313 (1963).
282 DODD, R. E., J. A. ROLFE u. L. A. WOODWARD: Trans. Faraday Soc. **52**, 145 (1956).
283 —, L. A. WOODWARD u. H. L. ROBERTS: Trans. Faraday Soc. **52**, 1052 (1956).
284 —, — u. —: Trans. Faraday Soc. **53**, 1545 (1957).
285 DONALDSON, J. D., J. F. KNITTON u. S. D. ROSS: Spectrochim. Acta **20**, 847 (1964).
286 DOWNS, A. J.: Spectrochim. Acta **19**, 1165 (1963).
287 DOWS, D. A., A. HAIM u. W. K. WILMARTH: J. inorg. nucl. Chem. **21**, 33 (1961).
288 — u. G. C. PIMENTEL: J. chem. Physics **23**, 1258 (1955).
289 — u. R. F. PORTER: J. Amer. chem. Soc. **78**, 5165 (1956).
290 DOVE, M. F. A., J. A. CREIGHTON u. L. A. WOODWARD: Spectrochim. Acta **18**, 267 (1962).
291 DRAGO, R. S.: J. Amer. chem. Soc. **79**, 2049 (1957).
292 — u. D. MEEK: J. physic. Chem. **65**, 1446 (1961).
293 DUDLEY, F. B., G. H. CADY u. D. F. EGGERS jun.: J. Amer. chem. Soc. **78**, 290 (1956).
294 DUNCAN, J. L.: Spectrochim. Acta **20**, 1197 (1964).
295 —: Spectrochim. Acta **20**, 1807 (1964).
296 —: J. mol. Spect. **13**, 338 (1964).
297 — u. I. M. MILLS: Spectrochim. Acta **20**, 523, 1089 (1964).
298 DUNN, M. G., K. WARK u. J. T. AGNEW: J. chem. Physics **37**, 2445 (1962).
299 DUPUIS, T.: C. R. **246**, 3332 (1958), **250**, 1237 (1960).
300 —: Rec. Trav. chim. Pays-Bas **79**, 518 (1960).
301 — u. J. LECOMTE: C. R. **252**, 26 (1961); Mikrochim. Acta **1962**, 289.
302 — u. M. VILTANGE: C. R. **255**, 2582 (1962).
303 DURIG, J. R. u. R. C. LORD: Spectrochim. Acta **19**, 1877 (1963).
304 DUVAL, C. u. J. LECOMTE: C. R. **234**, 2445 (1952).
305 — u. —: Z. Elektrochem. **64**, 582 (1960).
306 — u. —: Rec. Trav. chim. Pays-Bas **79**, 523 (1960).
307 EARLEY, J. E., D. FORTNUM, A. WOJCIKI u. J. O. EDWARDS: J. Amer. chem. Soc. **81**, 1295 (1959).
308 EBSWORTH, E. A. V., S. G. FRANKISS u. W. J. JONES: J. mol. Spect. **13**, 9 (1964).
309 —, J. R. HALL, M. J. MACKILLOP, D. C. MCKEAN, N. SHEPPARD u. L. A. WOODWARD: Spectrochim. Acta **13**, 202 (1959).
310 — u. M. J. MAYS: Spectrochim. Acta **19**, 1127 (1963).
311 — u. —: J. chem. Soc. **1964**, 3450.
312 —, R. MOULD, R. TAYLOR, G. R. WILKINSON u. L. A. WOODWARD: Trans. Faraday Soc. **58**, 1069 (1962).
313 —, M. ONYSZCHUK u. N. SHEPPARD: J. chem. Soc. **1958**, 1453.
314 — u. A. G. ROBIETTE: Spectrochim. Acta **20**, 1639 (1964).
315 —, R. TAYLOR u. L. A. WOODWARD: Trans. Faraday Soc. **55**, 211 (1959).
316 EDGELL, W. F. u. a.: Spectrochim. Acta **19**, 863 (1963); J. chem. Physics **38** 2039 (1963).
317 —, J. HUFF, J. THOMAS, H. LEHMAN, C. ANGELL u. G. ASATO: J. Amer. chem. Soc. **82**, 1254 (1960).
318 — u. R. SUMMITT: J. Amer. chem. Soc. **83**, 1772 (1961).
319 EDWARDS, J. O., G. C. MORRISON, V. F. ROSS u. J. W. SCHULTZ: J. Amer. chem. Soc. **77**, 266 (1955).
320 EDWARDS, A. J., M. A. MOUTY, R. D. PEACOCK u. A. J. SUDDEN: J. chem. Soc. **1964**, 4087.

321 EHRLICH, R., A. R. YOUNG, B. M. LICHSTEIN u. D. D. PERRY: Inorg. Chem. 2, 650 (1963).
322 ELMER, T. H., I. D. CHAPMAN u. M. E. NORDBERG: J. physic. Chem. **66**, 1517 (1962).
323 EL-SAYED, M. F. A. u. R. K. SHELINE: J. Amer. chem. Soc. **80**, 2047 (1958); J. inorg. nucl. Chem. **6**, 187 (1958).
324 EMELEUS, H. J. u. K. WADE: J. chem. Soc. **1960**, 2614.
325 EMERY, A. R. u. R. C. TAYLOR: J. chem. Physics **28**, 1029 (1958).
326 — u. —: Spectrochim. Acta **16**, 1455 (1960).
327 ETTINGER, R.: J. chem. Physics **38**, 2427 (1963).
328 EVANS, D. F., D. JONES u. G. WILKINSON: J. chem. Soc. **1964**, 3164.
329 EVANS, J. C.: J. mol. Spect. **4**, 435 (1960).
330 —, Inorg. Chem. **2**, 372 (1963).
331 — u. H. J. BERNSTEIN: Canad. J. Chem. **33**, 1270 (1955).
333 FATELEY, W. G., H. A. BENT u. B. CRAWFORD jun.: J. chem. Physics **31**, 204 (1959).
334 FAWCETT, F. S. u. R. D. LIPSCOMB: J. Amer. chem. Soc. **86**, 2576 (1964).
335 FEAIRKELLER, W. R. u. J. E. KATON: Spectrochim. Acta **20**, 1099 (1964).
336 FEHÉR, F. u. H. J. BERTHOLD: Chem. Ber. **88**, 1634 (1955).
337 — u. A. BLÜMCKE: Chem. Ber. **90**, 1934 (1957).
338 —, G. KRAUSE u. K. VOGELBRUCH: Chem. Ber. **90**, 1570 (1957).
339 —, E. LAUE u. G. WINKHAUS: Z. anorg. allg. Chem. **288**, 113, 123 (1956).
340 —, K. NAUSED u. H. WEBER: Z. anorg. allg. Chem. **290**, 303 (1957).
341 — u. H. WEBER: Chem. Ber. **91**, 642 (1958).
342 — u. —: Chem. Ber. **91**, 2523 (1958).
343 FEILCHENFELD, H.: J. physic. Chem. **62**, 117 (1958).
344 FELDMAN, T., J. ROMANKO u. H. L. WELSH: Canad. J. Physics **33**, 138 (1955).
345 —, — u. —: Canad. J. Physics **34**, 737 (1956).
346 —, G. G. SHEPHERD u. H. L. WELSH: Canad. J. Physics **34**, 1425 (1956).
347 FELTHAM, R. D.: Inorg. Chem. **3**, 900 (1964).
348 —: Inorg. Chem. **3**, 1038 (1964).
349 FERGUSSON, J. E., C. J. WILKINS u. J. F. YOUNG: J. chem. Soc. **1962**, 2136.
350 FIELD, B. O. u. C. J. HARDY: J. chem. Soc. **1963**, 5278; Proc. chem. Soc. **1963**, 11.
351 FILIMONOW, W. N., D. Ss. BYSTROW u. A. N. TERENIN: Opt. u. Spekt. [UdSSR] **3**, 480 (1957); Z. Elektrochem. **62**, 180 (1958).
352 FINKELSTEIN, A. I.: Opt. u. Spekt. [UdSSR] **3**, 82 (1957).
353 FISCHER, E. O. u. a.: Z. Naturf. **15b**, 676 (1960), **16b**, 475 (1961), Angew. Chem. **73**, 581 (1961), **74**, 76 (1962).
354 — u. G. BÜRGER: Z. Naturf. **16b**, 77 (1961).
355 — u. Y. HRISTIDU: Z. Naturf. **15b**, 135 (1960).
356 — u. —: Chem. Ber. **95**, 253 (1962).
357 —, F. SCHERER u. H. O. STAHL: Chem. Ber. **93**, 2065 (1960).
358 — u. G. STÖLZLE: Chem. Ber. **94**, 2187 (1961).
359 — u. A. TREIBER: Chem. Ber. **94**, 2193 (1961).
360 FISHER, H.D., W. J. LEHMANN u. I. SHAPIRO: J. physic. Chem. **65**, 1166 (1961).
361 FLETCHER, W. H. u. F. B. BROWN: J. chem. Physics **39**, 2478 (1963).
362 FLUCK, E., M. BECKE-GOEHRING: Z. anorg. allg. Chem. **292**, 229 (1957).
363 FÖRSTER, W. u. H. KRIEGSMANN: Z. physik. Chem. **225**, 396 (1964).
364 FORNERIS, R. u. E. FUNCK: Z. Elektrochem. **62**, 1130 (1958).
365 FORT, R., J. FAVRE u. L. DENIVELLE: Bull. Soc. chim. France **1955**, 534.
366 FRANCOIS, F. u. M. B. BUISSET: C. R. **230**, 1946 (1950).
367 FRASER, G. W., N. N. GREENWOOD u. B. P. STRAUGHAN: J. chem. Soc. **1963**, 3742.
368 FRAZER, M. J., W. GERRARD u. R. TWAITS: J. inorg. nucl. Chem. **25**, 637 (1963).
369 FREEMAN, D. E., K. H. RHEE u. M. K. WILSON: J. chem. Physics **39**, 2908 (1963).
370 FREITAG, W. O. u. E. R. NIXON: J. chem. Physics **24**, 109 (1956).
371 FRISSOW, O. B.: J. exp. theor. Physik [UdSSR] **33**, 696 (1957).

372 FRITZ, H. P.: Chem. Ber. 92, 780 (1959); Adv. organomet. Chem. 1, 239 (1964).
373 —: Chem. Ber. 94, 1217 (1961).
374 —, Y. HRISTIDU, H. HUMMEL u. R. SCHNEIDER: Z. Naturf. 15b, 419 (1960).
375 — u. H. KELLER: Chem. Ber. 94, 1524 (1961).
376 —, W. LÜTTKE, H. STAMMREICH u. R. FORNERIS: Spectrochim. Acta 17, 1068 (1961).
377 — u. L. SCHÄFER: Chem. Ber. 97, 1829 (1964).
378 — u. R. SCHNEIDER: Chem. Ber. 93, 1171 (1960).
379 FRONAEUS, S. u. R. LARSSON: Acta. chem. scand. 16, 1447 (1962).
380 FUJITA, J., A. E. MARTELL u. K. NAKAMOTO: J. chem. Physics 36, 339 (1962).
381 —, — u. —: J. chem. Physics 36, 324, 331 (1962).
382 —, K. NAKAMOTO u. M. KOBAYASHI: J. Amer. chem. Soc. 78, 3295 (1956).
383 FUNCK, E.: Ber. Bunsenges. 68, 617 (1964).
384 FURLANI, C. u. G. SARTORI: Ann. chimica 47, 124 (1957).
385 GARINO-CANINA, V.: C. R. 239, 705 (1954).
386 GATEHOUSE, B. M., S. E. LIVINGSTONE u. R. S. NYHOLM: J. chem. Soc. 1957, 4222; J. inorg. nucl. Chem. 8, 75 (1959).
387 GAUFRES, R. u. J.-P. MATHIEU: C. R. 248, 81 (1959).
388 GAUNT, J.: Trans. Faraday Soc. 49, 1122 (1953), 50, 546 (1954), 51, 893 (1955).
389 — u. J. B. AINSCOUGH: Spectrochim. Acta 10, 52, 57 (1957).
390 GAUNT, A. D., L. N. SHORT u. L. A. WOODWARD: Trans. Faraday Soc. 48, 873 (1952).
391 GAYLES, J. N. u. J. SELF: J. chem. Physics 40, 3530 (1964).
392 GEISELER, G. u. H. KESSLER: Ber. Bunsenges. 68, 571 (1964).
393 GEORGE, J. W. u. F. A. COTTON: Proc. chem. Soc. 1959, 317.
394 GERBAUX, X. u. A. HADNI: J. Phys. Radium 23, 877 (1962).
395 GERDING, H.: J. Chim. physique 45, 55 (1948).
396 —, H. v. BREDERODE u. H. C. J. DE DECKER: Rec. Trav. chim. Pays-Bas 61, 19 (1942), 64, 183, 191 (1945), 67, 677 (1948).
397 — u. K. ERIKS: Rec. Trav. chim. Pays-Bas 69, 659 (1950).
398 — u. —: Rec. Trav. chim. Pays-Bas 69, 724 (1950).
399 — u. —: Rec. Trav. chim. Pays-Bas 71, 773 (1952).
400 —, H. GIJBEN, B. NIEUWENKUIJSE u. J. G. v. RAAPHORST: Rec. Trav. chim. Pays-Bas 79, 41 (1960).
401 —, W. F. HAAK u. C. v. d. VLIES: Rév. univ. Mines [9] 15 (102), 452 (1959).
402 — u. H. HOUTGRAAF: Rec. Trav. chim. Pays-Bas 73, 737, 759 (1954), 75, 589 (1956).
403 — u. J. A. KONINGSTEIN: Rec. Trav. chim. Pays-Bas 79, 46 (1960).
404 — u. A. C. v. d. LINDEN: Rec. Trav. chim. Pays-Bas 61, 735 (1942).
405 — u. J. W. MAARSEN: Rec. Trav. chim. Pays-Bas 77, 374 (1958).
406 —, — u. P. C. NOBEL: Rec. Trav. chim. Pays-Bas 76, 757 (1957).
407 —, — u. D. H. ZIJP: Rec. Trav. chim. Pays-Bas 77, 361 (1958).
408 — u. P. C. NOBEL: Rec. Trav. chim. Pays-Bas 77, 472 (1958).
409 — u. W. I. WALKOW: Ber. Akad. Wiss. UdSSR 74, 453 (1950).
410 — u. R. WESTRIK: Rec. Trav. chim. Pays-Bas 62, 68 (1943).
411 GIER, T. E.: J. Amer. chem. Soc. 83, 1769 (1961).
412 GIGUÉRE, P. A.: Canad. J. Chem. 36, 1680 (1958).
413 — u. D. CHIN: Canad. J. Chem. 39, 1214 (1961).
414 — u. M. FALK: Spectrochim. Acta 16, 1 (1960).
415 — u. I. D. LIU: Canad. J. Chem. 30, 948 (1952).
416 — u. —: J. chem. Physics 20, 136 (1952).
417 — u. R. SAVOIE: Canad. J. Chem. 38, 2467 (1960); J. Amer. chem. Soc. 85, 287 (1963).
418 — u. —: Canad. J. Chem. 40, 495 (1962).
419 — u. A. WEINGARTSHOFER-OLMOS: Canad. J. Chem. 30, 821 (1952).
420 — u. R. ZENGIN: Canad. J. Chem. 36, 1013 (1958).
421 GILLARD, R. D. u. G. WILKINSON: J. chem. Soc. 1964, 1640.
422 — u. —: J. chem. Soc. 1964, 2835.
423 GILLESPIE, R. J. u. E. A. ROBINSON: Canad. J. Chem. 39, 2171 (1961).

424 Gillespie, R. J. u. E. A. Robinson: Canad. J. Chem. **39**, 2179, 2189 (1961), **40**, 644, 658, 675, 784 (1962).
425 — u. —: Spectrochim. Acta **19**, 741 (1963). Canad. J. Chem. **42**, 2496 (1964).
426 Ginsberg, A. P.: Inorg. Chem. **3**, 567 (1964).
427 Ginsberg, H., W. Hüttig u. H. Stiehl: Z. anorg. allg. Chem. **309**, 233 (1961), **318**, 238 (1962).
428 Glemser, O.: Angew. Chem. **73**, 785 (1961).
429 — u. E. Hartert: Z. anorg. allg. Chem. **283**, 111 (1956).
430 —, U. Hauschild u. H. Richert: Z. anorg. allg. Chem. **290**, 58 (1957).
431 —, H. Meyer u. A. Haas: Chem. Ber. **97**, 1704 (1964).
432 — u. H. Richert: Z. anorg. allg. Chem. **307**, 313 (1961).
433 — u. G. Rieck: Angew. Chem. **67**, 652 (1955), **68**, 182 (1956); Z. anorg. allg. Chem. **297**, 175 (1958).
434 Goehring, M. u. a.: Z. anorg. allg. Chem. **273**, 319 (1953), **278**, 260, **282**, 83 (1955), **287**, 51 (1956).
435 Goggin, P. L., H. L. Roberts u. L. A. Woodward: Trans. Faraday Soc. **57**, 1877 (1961).
436 — u. L. A. Woodward: Trans. Faraday Soc. **56**, 1591 (1960).
437 Goldfarb, T. D.: J. chem. Physics **37**, 642 (1962); **41**, 3653 (1964).
438 — u. S. Sujishi: J. Amer. chem. Soc. **86**, 1679 (1964).
439 Gora, E. K.: J. mol. Spect. **3**, 78 (1959).
440 Goodgame, D. M. L. u. M. A. Hitchman: Inorg. Chem. **3**, 1389 (1964).
441 Goubeau, J.: Angew. Chem. **73**, 305 (1961).
442 —, unveröffentlicht.
443 — u. W. Anselment: Z. anorg. allg. Chem. **310**, 248 (1961).
444 — u. R. Baumgärtner: Z. Elektrochem. **64**, 598 (1961).
445 — u. H. J. Becher: Z. anorg. allg. Chem. **268**, 1 (1952).
446 — u. H. Behr: Z. anorg. allg. Chem. **272**, 2 (1953).
447 — u. O. Beurer: Z. anorg. allg. Chem. **310**, 110 (1961).
448 — u. W. Berger: Z. anorg. allg. Chem. **304**, 147 (1960).
449 — u. W. Bues: Z. anorg. allg. Chem. **268**, 221 (1952).
450 —, — u. F. W. Kampmann: Z. anorg. allg. Chem. **283**, 123 (1956).
451 — u. J. W. Ewers: Z. physik. Chem. N. F. **25**, 276 (1960).
452 — u. H. Gräbner: Chem. Ber. **93**, 1379 (1960).
453 —, H. Haeberle u. H. Ulmer: Z. anorg. allg. Chem. **311**, 110 (1961).
454 —, E. Heubach, D. Paulin u. I. Widmaier: Z. anorg. allg. Chem. **300**, 194 (1959).
455 — u. D. Hiersemann: Z. anorg. allg. Chem. **290**, 292 (1957).
456 — u. D. Hummel: Z. physik. Chem. N. F. **20**, 15 (1959).
457 — u. J. Jimenez-Barbera: Z. anorg. allg. Chem. **303**, 217 (1960).
458 — u. H. Kallfass: Z. anorg. allg. Chem. **299**, 160 (1959).
459 — u. H. Keller: Z. anorg. allg. Chem. **272**, 303 (1953).
460 — u. U. Kull: Z. anorg. allg. Chem. **316**, 182 (1962).
461 — u. K. Laitenberger: Z. anorg. allg. Chem. **320**, 78 (1963).
462 — u. K. E. Lücke: Liebigs Ann. Chem. **575**, 37 (1952).
463 — u. H. Mitschelen: Z. physik. Chem. N. F. **14**, 61 (1958).
464 —, M. Rahtz u. H. J. Becher: Z. anorg. allg. Chem. **275**, 161 (1954).
465 — u. J. Reyhing: Z. anorg. allg. Chem. **294**, 96 (1958).
466 —, D. E. Richter u. H. J. Becher: Z. anorg. allg. Chem. **278**, 12 (1955).
467 — u. E. Ricker: Z. anorg. allg. Chem. **310**, 123 (1961).
468 — u. P. Schulz: Z. physik. Chem. N. F. **14**, 49 (1958).
469 — u. K. Walter: Z. anorg. allg. Chem. **322**, 58 (1963).
470 Goulden, J. D. S.: Spectrochim. Acta **15**, 657 (1959).
471 — u. D. J. Millen: J. chem. Soc. **1950**, 2620.
472 Graddon, D. P.: J. inorg. nucl. Chem. **3**, 308 (1956); Chem. and Ind. **1956**, 80.
473 Gray, H. B. u. C. R. Han: Inorg. Chem. **1**, 363 (1963).
474 Green, M. L. H., J. A. McCleverty, L. Pratt u. G. Wilkinson: J. chem. Soc. **1961**, 4854.
475 —, L. Pratt u. G. Wilkinson: J. chem. Soc. **1958**, 3916.

476 GREENE, F. T. u. J. L. MARGRAVE: J. Amer. chem. Soc. **91**, 5555 (1959).
477 GREENWOOD, N. N., R. LITTLE u. M. J. SPRAGUE: J. chem. Soc. **1964**, 1292.
478 —, A. STORR u. M. G. H. WALLBRIDGE: Inorg. Chem. **2**, 1036 (1963).
479 — u. M. G. H. WALLBRIDGE: J. chem. Soc. **1963**, 3912.
480 GRIFFITH, J. E.: J. chem. Physics **38**, 2879 (1963).
481 —, R. P. CARTER jun. u. R. R. HOLMES: J. chem. Physics **41**, 863 (1964); **42**, 2632 (1965).
482 — u. D. E. IRISH: Inorg. Chem. **3**, 1134 (1964).
483 — u. G. E. WALRAFEN: J. chem. Physics **40**, 321 (1964).
484 GRIFFITH, W. P.: J. chem. Soc. **1962**, 3948, **1963**, 5345; **1964**, 5248.
485 —: J. chem. Soc. **1963**, 3286.
486 —: J. chem. Soc. **1964**, 4070.
487 —: J. LEWIS u. G. WILKINSON: J. inorg. nucl. Chem. **7**, 38 (1958).
488 —, — u. —: J. chem. Soc. **1958**, 3993, **1959**, 872, 1632, **1961**, 775.
489 — u. G. WILKINSON: J. inorg. nucl. Chem. **7**, 295 (1958); J. chem. Soc. **1959**, 2757.
490 GROSS, J. F. u. W. I. WALKOW: Ber. Akad. Wiss. UdSSR (N. S.) **67**, 619, **68**, 473 (1949), **81**, 761 (1951).
491 GROSSO, R. P. u. T. K. McCUBBIN jun.: J. mol. Spect. **13**, 240 (1964).
492 GRUBB, E. L. u. R. L. BELFORD: J. chem. Physics **39**, 244 (1963).
493 GULLIKSON, G. W., J. R. NIELSEN u. A. T. STAIS jun.: J. mol. Spect. **1**, 151 (1957).
494 GUPTA, J. u. M. P. GUHA: Indian J. Physics **22**, 64 (1948).
495 GUTMANN, V. u. K. UTVARY: Mh. Chem. **90**, 706 (1959).
496 GUTOWSKY, H. S. u. A. D. LIEHR: J. chem. Physics **20**, 1652 (1952).
497 GUTTMANN, A. u. S. S. PENNER: J. chem. Physics **36**, 98 (1962).
498 GUY, J. u. M. CHAIGNEAU: Bull. Soc. chim. France [5] **1956**, 257.
499 HADNI, A., C. HENRY, J.-P. MATHIEU u. H. POULET: C. R. **252**, 1585 (1961).
500 HALFORD, R. S.: J. chem. Physics **14**, 8 (1946).
501 HALL, J. R., L. A. WOODWARD u. E. A. V. EBSWORTH: Spectrochim. Acta **20**, 1249 (1964).
502 HALL, R. T. u. G. C. PIMENTEL: J. chem. Physics **38**, 1889 (1963).
503 HARMONY, M. D. u. R. J. MYERS: J. chem. Physics **37**, 636 (1962).
504 HARRAND, M.: Ann. Physique [13] **2**, 309 (1957).
505 HARTERT, E. u. O. GLEMSER: Z. Elektrochem. **60**, 746 (1956).
506 HARVEY, K. B., B. A. MORROW u. H. F. SHURVELL: Canad. J. Chem. **41**, 1181 (1963).
507 HATHAWAY, B. J. u. D. G. HOLAH: J. chem. Soc. **1961**, 3215, **1962**, 2444, **1964**, 2400, 2408.
508 HAWKINS, J. A. u. M. K. WILSON: J. chem. Physics **21**, 360, 1122 (1953).
509 HAWKINS, N. J., H. C. MATTRAW u. W. W. SABOL: J. chem. Physics **23**, 2191 (1955).
510 — u. W. W. SABOL: J. chem. Physics **25**, 775 (1956).
511 HAYASHI, M.: J. chem. Soc. Japan, pure chem. Sect. **78**, 101 (1957).
512 HAYNIE, W. H. u. H. H. NIELSEN: J. chem. Physics **21**, 1839 (1953).
513 HEATH, D. F. u. J. W. LINNETT: Trans. Faraday Soc. **44**, 556 (1948).
514 HEDBERG, K.: J. chem. Physics **19**, 509 (1951).
515 — u. R. M. BADGER: J. chem. Physics **19**, 508 (1951).
516 HEICKLEN, J.: J. chem. Physics **36**, 721 (1962).
517 — u. V. KNIGHT: Spectrochim. Acta **20**, 295 (1964).
518 HEINEMANN, A.: Ber. Bunsenges. **68**, 280, 287 (1964).
519 HEITSCH, C. W. u. R. N. KNISELEY: Spectrochim. Acta **19**, 1385 (1963).
520 HERBER, R. H., W. R. KINGSTON u. G. K. WERTHEIM: Inorg. Chem. **2**, 153 (1963).
521 HERGET, W. F., W. E. DEEDS, N. M. GAILAR, R. J. LOVELL u. A. H. NIELSEN: J. opt. Soc. Amer. **52**, 1113 (1962).
522 HERRANZ, J. u. B. P. STOICHEFF: J. mol. Spect. **10**, 448 (1963).
523 HERSCHBACH, D. R. u. V. W. LAURIE: J. chem. Physics **35**, 458 (1961).
524 HERZBERG, G. u. C. REID: Discuss. Faraday Soc. **1950**, Nr. 9, 92.

525 HESS, H. u. L. DORN: Angew. Chem. **76**, 587 (1964).
526 HESTER, R. E. u. R. A. PLANE: J. chem. Physics **38**, 249 (1963).
527 — u. —: Inorg. Chem. **3**, 513 (1964).
528 — u. —: Inorg. Chem. **3**, 768 (1964).
529 HIDALGO, A. u. J.-P. MATHIEU: C. R. **249**, 233 (1959).
530 HIEBER, W., W. BECK u. G. BRAUN: Angew. Chem. **72**, 795 (1960).
531 —, — u. H. TENGLER: Z. Naturf. **15b**, 411 (1960).
532 — u. K. BEUTNER: Z. Naturf. **15b**, 323 (1960).
533 —, J. GRUBER u. F. LUX: Z. anorg. allg. Chem. **300**, 275 (1959).
534 — u. C. HERGET: Angew. Chem. **73**, 579 (1961).
535 — u. A. JAHN: Z. Naturf. **13b**, 195 (1958).
536 — u. T. KRUCK: Z. Naturf. **16b**, 709 (1961).
537 —, J. PETERHAUS u. E. WINTER: Chem. Ber. **94**, 2572 (1961).
538 — u. W. SCHROPP jun.: Chem. Ber. **93**, 455 (1960).
539 HILEMAN, J. C., D. K. HUGGINS u. H. D. KAESZ: Inorg. Chem. **1**, 933 (1962); J. Amer. chem. Soc. **83**, 2953 (1961).
540 HIRAISHI, J., I. NAKAGAWA u. T. SHIMANOUCHI: Spectrochim. Acta **20**, 819 (1964).
541 HIROTA, E.: J. chem. Physics **28**, 839 (1958).
542 HISATSUNE, I. C. u. J. P. DEVLIN: Spectrochim. Acta **16**, 401 (1960); J. mol. Spect. **1**, 139 (1952).
543 —, — u. S. CALIFANO: Spectrochim. Acta **16**, 450 (1960).
544 —, — u. Y. WADA: J. chem. Physics **31**, 1130 (1959), **33**, 714 (1960).
545 —, — u. —: Spectrochim. Acta **18**, 1641 (1962).
546 — u. R. V. FITZSIMMONS: Spectrochim. Acta **15**, 206 (1959).
547 — u. P. MILLER: J. chem. Physics **38**, 49 (1963).
548 — u. N. H. SUAREZ: Inorg. Chem. **3**, 168 (1964).
549 HOBBS, W. E.: J. chem. Physics **28**, 1220 (1958).
550 HOFFMAN, J. M., H. H. NIELSEN u. K. N. RAO: Z. Elektrochem. **64**, 606 (1960).
551 HOFFMANN, E. G.: Z. Elektrochem. **64**, 616 (1960).
552 — u. G. SCHOMBURG: Z. Elektrochem. **61**, 1101 (1957).
553 HOFMANN, H. J. u. K. ANDRESS: Z. anorg. allg. Chem. **284**, 234 (1956).
554 HOLLIDAY, A. K., M. E. PEACH u. T. C. WADDINGTON: Proc. chem. Soc. **1961**, 220.
555 HOOD, G. C., A. C. JONES u. C. A. REILLY: J. physic. Chem. **63**, 101 (1959).
556 HORNIG, D. F. u. D. C. MCKEAN: J. physic. Chem. **59**, 1133 (1955).
557 HORROCKS, W. D. jun. u. F. A. COTTON: Spectrochim. Acta **17**, 134 (1961).
558 HUNT, G. R. u. M. K. WILSON: Spectrochim. Acta **18**, 1005 (1962).
559 INGOLD, C. K. u. D. J. MILLEN: J. chem. Soc. **1950**, 2576, 2612.
561 JACOB, J.: C. R. **247**, 1990 (1958); J. Chim. physique **56**, 296 (1959).
562 JACOX, M. E. u. D. E. MILLIGAN: J. chem. Physics **40**, 2457 (1964).
563 JAFFE, H. H.: J. inorg. nucl. Chem. **4**, 372 (1957).
564 JAHN, A.: Z. anorg. allg. Chem. **301**, 301 (1959).
565 JANDER, J. u. V. DOETSCH: Angew. Chem. **70**, 704 (1958); **77**, 96 (1965).
566 JANZ, G. J. u. D. W. JAMES: J. chem. Physics **38**, 902 (1963).
567 — u. —: J. chem. Physics **38**, 905 (1963).
568 JENSEN, K. A. u. P. H. NIELSEN: Acta chem. scand. **17**, 1875 (1963).
569 JENŠOVSKÝ, L.: Z. Chem. **2**, 334 (1962).
570 JERE, G. V. u. C. C. PATEL: Canad. J. Chem. **40**, 1576 (1962); Z. anorg. allg. Chem. **319**, 175 (1962); J. inorg. nucl. Chem. **25**, 1155 (1963).
571 JOHNSON, F. A. u. E. M. LARSEN: Inorg. Chem. **1**, 159 (1962).
572 JOHNSON, N. P., C. J. L. LOCK u. G. WILKINSON: J. chem. Soc. **1964**, 1054.
573 JOLLY, W. L.: J. Amer. chem. Soc. **85**, 3083 (1963).
574 JONATHAN, N. B. H.: J. mol. Spect. **4**, 75 (1960).
575 JONES, A. V.: J. chem. Physics **18**, 1263 (1950).
576 JONES, E. A., J. S. KIRBY-SMITH, P. J. H. WOLTZ u. A. H. NIELSEN: J. chem. Physics **19**, 242 (1951).
577 —, —, — u. —: J. chem. Physics **19**, 337 (1951).
578 JONES, L. H.: J. chem. Physics **25**, 1069 (1956), **28**, 1234 (1958).

579 JONES, L. H.: J. mol. Spect. **1**, 179 (1957).
580 —: J. chem. Physics **26**, 1578, **27**, 468, 665 (1957); Spectrochim. Acta **19**, 1675 (1963).
581 —: J. chem. Physics **29**, 463 (1958); Spectrochim. Acta **17**, 188 (1961).
582 —: J. chem. Physics **28**, 1215 (1958); Spectrochim. Acta **19**, 1899 (1963).
583 —: Spectrochim. Acta **15**, 156 (1959).
584 —: J. mol. Spect. **5**, 133 (1960), **9**,130 (1962).
585 —: J. chem. Physics **36**, 1209 (1962).
586 —: J. mol. Spect. **8**, 105 (1962).
587 —: Spectrochim. Acta **19**, 329 (1963); J. chem. Physics **36**, 2375 (1962).
588 —: Inorg. Chem. **2**, 777 (1963).
589 —: J. chem. Physics **41**, 856 (1964).
590 — u. a.: J. chem. Physics **21**, 542 (1953), **23**, 2105 (1955); Spectrochim. Acta **10**, 395 (1958), **15**, 409 (1959).
591 —, R. M. BADGER u. G. E. MOORE: J. chem. Physics **19**, 1599 (1951).
592 —, W. W. BRIM u. K. N. RAO: J. mol. Spect. **7**, 362 (1961), **11**, 389 (1963).
593 — u. M. GOLDBLATT: J. mol. Spect. **1**, 43 (1957).
594 — u. R. S. MCDOWELL: Spectrochim. Acta **20**, 248 (1964).
595 — u. R. A. PENNEMAN: J. chem. Physics **22**, 781 (1954).
596 — u. E. S. ROBINSON: J. chem. Physics **24**, 1246 (1956).
597 — u. J. M. SMITH: J. chem. Physics **41**, 2507 (1964).
598 JONES, W. H., W. J. ORVILLE-THOMAS u. U. OPIK: J. chem. Soc. **1959**, 1625.
599 JOSHI, K. K. u. P. L. PAUSON: Z. Naturf. **17b**, 565 (1962).
600 JOSIEN, M.-L. u. G. SOURISSEAU: Bull. Soc. chim. France **1955**, 178.
601 KAHOVEC, L. u. K. W. F. KOHLRAUSCH: Mh. Chem. **77**, 180 (1947).
602 KAPLAN, L. D., M. V. MIGEOTTE u. L. NEVEN: J. chem. Physics **24**, 1183 (1956).
603 KATAYAMA, M., T. SIMANOUTI, Y. MORINO u. S. MIZUSHIMA: J. chem. Physics **18**, 506 (1950).
604 KATS, A. u. Y. HAVEN: Physics Chem. Glasses **1**, 99 (1960), **3**, 69 (1962).
605 KAUFMAN, J. J., W. S. KOSKI u. R. ANACREON: J. mol. Spect. **11**, 1 (1963).
606 KAYLOR, H. M. u. A. H. NIELSEN: J. chem. Physics **23**, 2139 (1955).
607 KEEN, N. u. M. C. R. SYMONS: Proc. chem. Soc. **1960**, **383**.
608 KELLER, F. L. u. A. H. NIELSEN: J. chem. Physics **22**, 294 (1954).
609 KELLER, O. L. jun.: Inorg. Chem. **2**, 783 (1963).
610 KEMPTER, H. u. R. MECKE: Z. Naturf. **2a**, 549 (1947).
611 KETELAAR, J. A. A. u. R. L. FULTON: Z. Elektrochem. **64**, 641 (1960).
612 —, C. HAAS u. J. v. d. ELSKEN: J. chem. Physics **24**, 624 (1956).
613 KINELL, P.-O., J. LINDQUIST u. M. ZACKRISSON: Acta chem. scand. **13**, 190 (1959).
614 — u. B. STRANDBERG: Acta chem. scand. **13**, 1607 (1959).
615 KING, R. B. u. M. B. BISNETTE: J. Amer. chem. Soc. **85**, 2528 (1963); Inorg. Chem. **3**, 791 (1964).
616 KINUMAKI, S. u. K. AIDA: Sci. Rep. Res. Inst. Tokohu Univ. Ser. **A6**, 186 (1954).
617 KIRBY-SMITH, J. S. u. E. A. JONES: Phys. Rev. [2] **76**, 200 (1949).
618 KIVELSON, D.: J. chem. Physics **22**, 904 (1954).
619 — u. E. B. WILSON jun.: J. chem. Physics **21**, 1229, 1236 (1953).
620 KLANBERG, F.: Z. anorg. allg. Chem. **316**, 197 (1963).
621 KLEMPERER, W.: J. chem. Physics **24**, 353 (1956).
622 —: J. chem. Physics **25**, 1066 (1956).
623 — u. a.: J. chem. Physics **27**, 573 (1957), **33**, 1534 (1960), **38**, 1203 (1963).
624 — u. L. LINDEMAN: J. chem. Physics **25**, 397 (1956).
625 KNOP, O. u. P. A. GIGUÈRE: Canad. J. Chem. **37**, 1794 (1959).
626 KOHLRAUSCH, K. W. F. u. H. WITTEK: Acta phys. austriaca. **1**, 292 (1948).
627 KOLDITZ, L. u. H. PREISS: Z. anorg. allg. Chem. **325**, 252 (1963).
628 — u. —: Z. anorg. allg. Chem. **325**, 263 (1963).
629 KOLESSOWA, W. A.: Opt. u. Spekt. [UdSSR] **2**, 165 (1957).
630 KOTOW, JU. I. u. W. M. TATEWSKI: Opt. u. Spekt. [UdSSR] **13**, 855 (1962).
631 KRAUSE, L. u. H. L. WELSH: Canad. J. Physics **34**, 1431 (1956).

632 KRIEGSMANN, H.: Z. Elektrochem. **61**, 1088 (1957).
633 —: Z. anorg. allg. Chem. **299**, 78, 138 (1959).
634 —: Z. anorg. allg. Chem. **298**, 223, 232 (1959).
635 —: Z. Elektrochem. **64**, 541 (1960).
636 —: Z. Elektrochem. **65**, 336, 342 (1961).
637 — u. a.: Z. anorg. allg. Chem. **315**, 283 (1962), **321**, 224, **323**, 170 (1963).
638 — u. H. BEYER: Z. anorg. allg. Chem. **311**, 180 (1961).
639 — u. H. CLAUSS: Z. anorg. allg. Chem. **300**, 210 (1959).
640 — u. G. ENGELHARDT: Z. anorg. allg. Chem. **310**, 320 (1961).
641 — u. G. KESSLER: Z. anorg. allg. Chem. **318**, 277 (1962).
642 — u. K. LICHT: Z. Elektrochem. **62**, 1163 (1958).
643 — u. K. ULBRICHT: Z. anorg. allg. Chem. **328**, 90 (1964).
644 KRISHNAMURTI, D.: Proc. Indian Acad. Sci. **A47**, 276 (1958).
645 —: Proc. Indian Acad. Sci. **A50**, 223 (1959).
646 KRUCK, T.: Z. Naturf. **19b**, 165, 669 (1964); Angew. Chem. **76**, 893 (1964); **77**, 132, 505 (1965); Chem. Ber. **97**, 2018 (1964).
647 — u. M. HÖFLER: Angew. Chem. **76**, 786 (1964).
648 — u. W. LANG: Angew. Chem. **76**, 787 (1964).
649 KUCHEN, W., H. ECKE u. H. G. BECKERS: Z. anorg. allg. Chem. **313**, 138 (1961).
650 —, K. STROLENBERG u. J. METTEN: Chem. Ber. **96**, 1733 (1963).
651 KUCHITSU, K. u. L. S. BARTELL: J. chem. Physics **36**, 2461 (1962).
652 KUHN, M. u. R. MECKE: Chem. Ber. **94**, 3010 (1961).
653 KUJUMZELIS, T. G.: Physik. Z. **39**, 665 (1938).
654 KUTZELNIGG, W. u. R. MECKE: Z. Elektrochem. **65**, 109 (1961).
655 LAFONT, R.: C. R. **244**, 1481 (1957); Ann. Physique [13] **4**, 905 (1958).
656 LAGEMAN, R. T., E. A. JONES u. P. J. H. WOLTZ: J. chem. Physics **20**, 1768 (1952).
657 LANDAU, L. u. W. H. FLETCHER: J. mol. Spect. **4**, 276 (1960).
658 LANGSETH, A. u. C. K. MØLLER: Acta chem. scand. **4**, 725 (1950).
659 — u. —: Nature **166**, 147 (1950); Acta chem. scand. **4**, 937 (1950).
660 LASAREW, A. N.: J. techn. Physik [UdSSR] **27**, 426 (1957).
661 —: Opt. u. Spekt. [UdSSR] **8**, 511 (1960).
662 LASCOMBE, J.: J. Chim. physique **56**, 79 (1959).
663 LATTRE, A. DE: J. chem. Physics **20**, 1180 (1952).
664 LEADBEATER, R.: C. R. **230**, 829 (1950).
665 LECOMTE, J., A. BOULLÉ, C. DORÉMIEUX-MORIN u. B. BELONG: C. R. **255**, 621 (1962); **258**, 131, 1447 (1964).
666 —, C. DUVAL u. C. WADIER: C. R. **249**, 1991 (1959).
667 LEHMANN, W. J., T. P. ONAK u. I. SHAPRO: J. chem. Physics **30**, 1215 (1959).
668 LE POSTOLLEC, M., J.-P. MATHIEU u. H. POULET: J. Chim. physique **60**, 1319 (1963).
669 LERIO, G. E., T. C. JAMES, J. T. HOUGEN u. W. KLEMPERER: J. chem. Physics **36**, 2879 (1962).
670 LEVY, H. A. u. L. O. BROCKWAY: J. Amer. chem. Soc. **59**, 2085 (1937).
671 LEWIS, J., R. J. IRVING u. G. WILKINSON: J. inorg. nucl. Chem. **7**, 32 (1958).
672 —, R. S. NYHOLM u. P. W. SMITH: J. chem. Soc. **1961**, 4590.
673 — u. G. WILKINSON: J. inorg. nucl. Chem. **6**, 12 (1958).
674 LICHT, K. u. H. KRIEGSMANN: Z. anorg. allg. Chem. **323**, 190, 239 (1963).
675 LIDE, D. R. jun. u. D. E. MANN: J. chem. Physics **25**, 1128 (1956).
676 —, — u. J. J. COMEFORD: Spectrochim. Acta **21**, 497 (1965).
677 LINDEMAN, L. P. u. M. K. WILSON: J. chem. Physics **24**, 242 (1956).
678 — u. —: Z. physik. Chem. N. F. **9**, 29 (1956).
679 LINEVSKY, M. J., D. WHITE u. D. E. MANN: J. chem. Physics **41**, 542 (1964).
680 LINTON, H. R. u. E. R. NIXON: Spectrochim. Acta **12**, 41 (1958).
681 — u. —, J. chem. Physics **28**, 990 (1958); Spectrochim. Acta **10**, 299 (1958).
682 LIPPINCOTT, E. R. u. a.: J. chem. Physics **21**, 2070 (1953), **23**, 1131 (1955), **26**, 1678 (1957), **35**, 123, 2065 (1961); J. Amer. chem. Soc. 78, 5171 (1956); J. physic. Chem. **61**, 921 (1957); Spectrochim. Acta **16**, 807 (1960).

683 LIPPINCOTT, E. R. u. R. D. NELSON: J. chem. Physics **21**, 1307 (1953); Spectrochim. Acta **10**, 307 (1958).
684 —, J. A. PSELLOS u. M. C. TOBIN: J. chem. Physics **20**, 536 (1952).
685 — u. M. C. TOBIN: J. chem. Physics **21**, 1559 (1953); J. Amer. chem. Soc. **73**, 4990 (1951).
686 —, A. v. VALKENBURG, C. E. WEIR u. E. N. BUNTING: Res. nat. Bur. Standards **61**, 61 (1958).
687 —, J. XAVIER u. D. STEELE: J. Amer. chem. Soc. **83**, 2262 (1961).
688 LOCK, C. J. L. u. G. WILKINSON: J. chem. Soc. **1964**, 2281.
689 LOLLY, W. J.: Angew. Chem. **72**, 268 (1960); J. Amer. chem. Soc. **83**, 335 (1961).
690 LONG, D. A. u. R. T. BAILEY: Trans. Faraday Soc. **59**, 594 (1963).
691 — u. —: Spectrochim. Acta **19**, 1607 (1963).
692 —, R. A. CARRINGTON u. R. B. GRAVENOR: Nature **196**, 371 (1962).
693 — u. D. T. L. JONES: Trans. Faraday Soc. **59**, 1033 (1963).
694 —, T. V. SPENCER, D. N. WATERS u. L. A. WOODWARD: Proc. roy. Soc. **A240**, 499 (1957).
695 — u. D. STEELE: Spectrochim. Acta **19**, 1731 (1963).
696 LONG, G. G., G. O. DOAK u. L. D. FREEDMAN: J. Amer. chem. Soc. **86**, 209 (1964).
697 LONG, L. H. u. D. DOLLIMORE: J. chem. Soc. **1954**, 4457.
698 LONGHI, R. u. R. S. DRAGO: Inorg. Chem. **2**, 85 (1963).
699 LORD, R. C., M. A. LYNCH jun., W. C. SCHUMB u. E. J. SLOWINSKI jun.: J. Amer. chem. Soc. **72**, 522 (1950).
700 —, D. W. MAYO, H. E. OPITZ u. J. S. PEAKE: Spectrochim. Acta **12**, 147 (1958).
701 — u. R. E. MERRIFIELD: J. chem. Physics **21**, 166 (1953).
702 — u. E. NIELSEN: J. chem. Physics **19**, 1 (1951).
703 —, D. W. ROBINSON u. W. C. SCHUMB: J. Amer. chem. Soc. **78**, 1327 (1956).
704 LORENZELLI, V. u. P. DELORME: C. R. **253**, 2908 (1961), **254**, 846 (1962); Spectrochim. Acta **19**, 2033 (1963).
705 — u. K. D. MÖLLER: C. R. **248**, 1980 (1959).
706 LOVEJOY, R. W., J. H. COLWELL, D. F. EGGERS jun. u. G. D. HALSEY jun.: J. chem. Physics **36**, 612 (1962).
707 — u. E. L. WAGNER: J. physic. Chem. **68**, 544 (1964).
708 LÜTTKE, W.: Z. Elektrochem. **61**, 302, 976 (1957).
709 —: Privatmitteilung.
710 LUFT, N. W. u. K. H. TODHUNTER: J. chem. Physics **21**, 2225 (1953).
711 LUND, L. G., N. L. PADDOCK, J. E. PROCTOR u. H. T. SEARLE: J. chem. Soc. **1960**, 2542.
712 LYON, R. J. P.: Nature **196**, 266 (1962).
713 MACCOLL, A.: Trans. Faraday Soc. **46**, 369 (1950).
714 MADDEN, R. P.: J. chem. Physics **35**, 2083 (1961).
715 — u. W. S. BENEDICT: J. chem. Physics **25**, 594 (1956).
716 MAKI, A.: J. chem. Physics **38**, 1261 (1963).
717 — u. J. C. DECIUS: J. chem. Physics **31**, 772 (1959).
718 —, E. K. PLYLER u. R. THIBAULT: J. chem. Physics **37**, 1899 (1962).
719 —, — u. E. D. TIDWELL: J. Res. nat. Bur. Standards **A66**, 163 (1962).
720 MALATESTA, L. u. M. ANGELOTTA: Angew. Chem. **75**, 209 (1963).
721 —, —, A. ARÀNEO u. F. CANZIANI: Angew. Chem. **73**, 273 (1961).
722 MALATESTA, L., M. FRENI u. V. VALENTI: Angew. Chem. **73**, 273 (1961).
723 MALM, J. G., H. SELIG u. S. FRIED: J. Amer. chem. Soc. **82**, 1510 (1960).
724 —, I. SHEFT u. C. L. CHERNICK: J. Amer. chem. Soc. **85**, 110 (1963).
725 —, B. WEINSTOCK u. H. H. CLAASSEN: J. chem. Physics **23**, 2192 (1955).
726 MAMANTOV, G., J. H. BURNS, J. R. HALL u. D. B. LAKE: Inorg. Chem. **3**, 1043 (1964).
727 MANN, D. E. u. L. FANO: J. chem. Physics **26**, 1665 (1957).
728 MARICIC, S. u. J. A. S. SMITH: J. chem. Soc. **1958**, 886.
729 MARKIN, JE. P. u. N. N. SSOBOLEW: Opt. u. Spekt. [UdSSR] **9**, 587 (1960).

730 MARTIN, K.: Diss. Dresden 1964.
731 MARTIN, R. B.: J. Amer. chem. Soc. **81**, 1574 (1959).
732 MARTZ, D. E. u. R. T. LAGEMANN: J. chem. Physics **22**, 1193 (1954).
734 MATHIEU, J.-P.: C. R. **231**, 896 (1951).
735 —: C. R. **234**, 2272 (1952).
736 —: C. R. **238**, 74 (1954).
737 —: C. R. **253**, 2232 (1961); J. chim. physique **59**, 369 (1962).
738 — u. L. COUTURE-MATHIEU, L.: C. R. **230**, 1054 (1950).
739 — u. H. POULET: C. R. **248**, 2315 (1959); Spectrochim. Acta **19**, 1966 (1963).
740 — u. —: Spectrochim. Acta **16**, 696 (1960).
741 MATHIS, R. u. a.: Spectrochim. Acta **18**, 1463 (1962); Bull. Soc. chim. France **1962**, 1913.
742 —, M. CONSTANT, J. SATGER u. F. MATHIS: Spectrochim. Acta **20**, 515 (1964).
743 MATHIS-NOEL, R., M.-T. BOISDON, J. P. VIVES u. F. MATHIS: C. R. **257**, 402 (1963).
744 MATTRAW, H. C., N. J. HAWKINS, D. R. CARPENTER u. W. W. SABOL: J. chem. Physics **23**, 985 (1955).
745 MAURIN, M.: Bull. Soc. chim. France **1962**, 1497.
746 MAY, L. u. C. R. DILLARD: J. chem. Physics **34**, 694 (1961).
747 MAYO, D. W., H. E. OPITZ u. J. S. PEAKE: J. chem. Physics **23**, 1344 (1955).
748 McBRIDE, J. J. jun. u. H. C. BEACHELL: J. Amer. chem. Soc. **74**, 5247 (1952).
749 McCARROLL, B. u. M. H. LIETZKE: J. chem. Physics **32**, 1277 (1960).
750 McCLELLAN, W. R., H. H. HOEHN, H. N. CRIPPS, E. L. MUETTERTIES u. B. W. HOWK: J. Amer. chem. Soc. **83**, 1601 (1961).
751 McCONAGHIE, V. M. u. H. H. NIELSEN: Phys. Rev. [2] **75**, 633 (1949).
752 — u. —: J. chem. Physics **21**, 1836 (1953).
753 McCORY, L. D., R. C. PAULE u. J. L. MARGRAVE: J. physic. Chem. **67**, 1086 (1963).
754 McCULLOGH, R. L., L. H. JONES u. G. A. CROSBY: Spectrochim. Acta **16**, 929 (1960).
755 McDANIEL, D. H. u. R. E. VALLEE: Inorg. Chem. **2**, 996 (1963).
756 McDEWITT, N. T. u. W. L. BRAUN: Spectrochim. Acta **20**, 799 (1964).
757 McDIARMID, A. G.: J. inorg. nucl. Chem. **2**, 88 (1956).
758 McDONALD, R. S.: J. Amer. chem. Soc. **79**, 850 (1957); J. physic. Chem. **62**, 1168 (1958).
759 — u. R. C. LORD: unveröffentlicht (1949).
761 McDOWELL, R. S. u. L. H. JONES: J. chem. Physics **36**, 3321 (1962).
762 —, W. D. HORROCKS jun. u. J. T. YATES: J. chem. Physics **34**, 530 (1961).
763 McGLYNN, S. P. u. J. K. SMITH: J. mol. Spect. **6**, 164 (1961).
764 —, — u. W. C. NEELY: J. chem. Physics **35**, 105 (1961).
765 McKEAN, D. C., R. TAYLOR u. L. A. WOODWARD: Proc. chem. Soc. **1959**, 321.
766 MEAKINS, G. D. u. R. J. MOSS: J. chem. Soc. **1957**, 993.
767 MECKE, R.: Z. Elektrochem. **54**, 38 (1950).
768 MEISTER, A. G. u. F. F. CLEVELAND: J. chem. Physics **17**, 212 (1949).
769 MENEFEE, A., D. ALFORD u. C. B. SCOTT: J. chem. Physics **25**, 370 (1956); Chem. and Ind. **1959**, 514.
770 MEYERS, M. D. u. F. A. COTTON: J. Amer. chem. Soc. **82**, 5027 (1960).
771 MEYRICK, C. I. u. H. W. THOMPSON: J. chem. Soc. **1950**, 225.
772 MICHELSEN, K.: Acta chem. scand. **17**, 1811 (1963).
773 MILLEN, D. J.: J. chem. Soc. **1950**, 2600, 2606.
774 —, C. N. POLYDOROPOULOS u. D. WATSON: J. chem. Soc. **1960**, 687.
775 MILLER, C. D., R. C. MILLER u. W. ROGERS jun.: J. Amer. chem. Soc. **80**, 1562 (1958).
776 MILLER, F. A. u. a.: Analytic. Chem. **24**, 1253 (1952); Spectrochim. Acta **16**, 135 (1960).
777 — u. W. K. BAER: Spectrochim. Acta **17**, 112 (1961).
778 — u. —: Spectrochim. Acta **18**, 1311 (1962).
779 — u. —: Spectrochim. Acta **19**, 73 (1963).
780 — u. G. L. CARLSON: Spectrochim. Acta **16**, 6 (1960).

781 Miller, F. A. u. G. L. Carlson: Spectrochim. Acta **16**, 1148 (1960).
782 — u. —: Spectrochim. Acta **17**, 977 (1961).
783 —, — u. W. B. White: Spectrochim. Acta **15**, 709 (1959).
784 — u. L. R. Cousins: J. chem. Physics **26**, 329 (1957).
785 Milligan, D. E. u. M. E. Jacox: J. chem. Physics **38**, 2627 (1963).
786 — u. —: J. chem. Physics **39**, 712 (1963).
787 — u. —: J. chem. Physics **40**, 2461, **41**, 2838 (1964).
788 —, —, S. W. Charles u. G. C. Pimentel: J. chem. Physics **37**, 2302 (1962).
789 —, D. E. Mann u. M. E. Jacox: J. chem. Physics **41**, 1199 (1964).
790 Mills, I. M.: Spectrochim. Acta **19**, 1585 (1963).
791 Mitra, G. u. G. H. Cady: J. Amer. chem. Soc. **81**, 2646 (1959).
792 Mizushima, S., I. Nakagawa, M. J. Schmelz, C. Curran u. J. V. Quagliano: Spectrochim. Acta **13**, 31 (1958).
793 Moffitt, W.: Proc. roy. Soc. **A 200**, 409 (1950).
794 Monostori, B. u. A. Weber: J. chem. Physics **33**, 1867 (1960).
795 Moore, G. E. u. R. M. Badger: J. Amer. chem. Soc. **74**, 6076 (1952).
796 Morgan, H. W.: J. inorg. nucl. Chem. **16**, 367 (1961).
797 — u. P. A. Staats: J. appl. Physics, Suppl. **33**, 364 (1962).
798 Morino, Y.: J. chem. Physics **24**, 164 (1956).
799 —, Y. Kikuchi, S. Saito u. E. Hirota: J. mol. Spect. **13**, 95 (1964).
800 —, Y. Nakamura u. T. Iijima: J. chem. Physics **32**, 643 (1960).
801 Morrey, J. R., A. B. Johnson, Y. Fu u. G. R. Hill: Advances Chem. Ser. Nr. **32**, 157 (1961).
802 Morris, D. F. C., E. L. Short u. D. N. Waters: J. inorg. nucl. Chem. **25**, 975 (1963).
803 Mould, H. M., W. C. Price u. G. R. Wilkinson: Spectrochim. Acta **15**, 313 (1959).
804 Mulliken, R. S.: J. Amer. chem. Soc. **77**, 884 (1955).
805 Murrell, J. N.: J. mol. Spect. **4**, 446 (1960).
806 Nakagawa, I. u. T. Shimanouchi: Spectrochim. Acta **18**, 101 (1962).
807 — u. —: Spectrochim. Acta **18**, 513 (1962).
808 — u. —: Spectrochim. Acta **20**, 429 (1964).
809 —, — u. K. Yamasaki: Inorg. Chem. **3**, 772 (1964).
810 Nakamoto, K., J. Fujita u. H. Murata: J. Amer. chem. Soc. **80**, 4817 (1958).
811 —, —, S. Tanaka u. M. Kobayashi: J. Amer. chem. Soc. **79**, 4904 (1957).
812 —, M. Margoshes u. R. E. Rundle: J. Amer. chem. Soc. **77**, 6480 (1955).
813 Nast, R. u. a.: Chem. Ber. **91**, 2861 (1958), **95**, 1470, 1478, 2155 (1962); Z. anorg. allg. Chem. **319**, 320, **326**, 201 (1963), **330**, 311 (1964).
814 —, H. Brier u. J. Gremm: Chem. Ber. **94**, 1185 (1961).
815 — u. J. Gremm: Z. anorg. allg. Chem. **325**, 62 (1963).
816 — u. H. Köhl: Z. anorg. allg. Chem. **320**, 135; Chem. Ber. **97**, 207 (1964).
817 — u. R. Thome: Z. anorg. allg. Chem. **309**, 283 (1961).
818 Natalis, P.: Ann. Soc. sci. Bruxelles I **73**, 261 (1959).
819 Neu, J. T. u. W. D. Gwinn: J. Amer. chem. Soc. **70**, 3463 (1948).
820 Newman, C., J. K. O'Loane, S. R. Polo u. M. K. Wilson: J. chem. Physics **25**, 855 (1956).
821 —, S. R. Polo u. M. K. Wilson: Spectrochim. Acta **15**, 793 (1959).
822 Newman, G. u. D. B. Powell: Spectrochim. Acta **19**, 213 (1963).
823 Niedenzu, K., P. Fritz u. H. Jenne: Angew. Chem. **76**, 535 (1964).
824 Nielsen, A. H. u. E. A. Jones: J. chem. Physics **19**, 1117 (1951).
825 — u. P. J. H. Woltz: J. chem. Physics **20**, 1878 (1952).
826 Nielsen, M. J. u. A. D. E. Pullin: J. chem. Soc. **1960**, 604.
827 Nightingale, R. E. u. E. L. Wagner: J. chem. Physics **22**, 203 (1954).
828 Nixon, E. R.: J. physic. Chem. **60**, 1054 (1956).
829 Nixon, J. u. R. A. Plane: J. Amer. chem. Soc. **84**, 4445 (1962).
830 Noack, K.: Helv. chim. Acta **45**, 1847 (1960).
831 —: Spectrochim. Acta **19**, 1925 (1963); Helv. chim. Acta **47**, 1555 (1964).
832 Nöth, H., W. A. Dorochov, P. Fritz u. F. Pfab: Z. anorg. allg. Chem. **318**, 293 (1962).

833 NÖTH, H. u. W. REGNET: Z. Naturf. **18b**, 1138 (1963).
834 NOVAK, A., P. SAUMAGNE u. L. D. C. BOCK: J. Chim. physique **60**, 1385 (1963).
835 NUTTALL, R. H., E. R. ROBERTS u. D. W. A. SHARP: Spectrochim. Acta **17**, 947 (1961).
836 OKA, T. u. Y. MORINO: J. mol. Spect. **6**, 472 (1961).
837 — u. —: J. mol. Spect. **8**, 9 (1962).
838 OLAFSON, R. A., M. A. THOMAS u. H. L. WELSH: Canad. J. Physics **39**, 419 (1961).
839 O' LOANE, J. K. u. M. K. WILSON: J. chem. Physics **23**, 1313 (1955).
840 OR, L. D', R. ALEWAETERS u. J. COLLIN: Rec. Trav. chim. Pays-Bas **75**, 862 (1956).
841 — u. J. FUGER: Bull. Soc. roy. Sci. Liège **25**, 14 (1956).
842 — u. P. TARTE: Bull. Soc. roy. Sci. Liège **20**, 478 (1951); J. chem. Physics **19**, 1064 (1951).
843 — u. —: Bull. Soc. roy. Sci. Liège **22**, 276 (1953).
844 ORTNER, M. H.: J. chem. Physics **34**, 556 (1961).
845 OVEREND, J. u. J. C. EVANS: Trans. Faraday Soc. **55**, 1817 (1959).
846 PACE, E. L. u. L. PIERCE: J. chem. Physics **23**, 1248 (1955).
847 PAETZOLD, R.: Z. Chem. **4**, 272 (1964).
848 —: Z. Chem. **4**, 321 (1964).
849 — u. H. AMOULONG: Z. anorg. allg. Chem. **317**, 166 (1962); **337**, 225 (1965).
850 — u. —: Z. anorg. allg. Chem. **317**, 288 (1962).
851 — u. K. AURICH: Z. anorg. allg. Chem. **317**, 156 (1962).
852 — u. E. RÖNSCH: Z. anorg. allg. Chem. **315**, 64 (1962).
853 PALIK, E. D.: J. mol. Spect. **3**, 259 (1959).
854 PALMER, W. G.: J. chem. Soc. **1961**, 1552.
855 PAPAZIAN, H. A.: J. chem. Physics **34**, 1614 (1961).
856 PARKER, F. W. u. A. H. NIELSEN: J. mol. Spect. **1**, 107 (1957).
857 PARSHALL, G. W., R. CRAMER u. R. E. FOSTER: Inorg. Chem. **1**, 677 (1962).
858 PARSONS, J. L.: J. chem. Physics **33**, 1860 (1960).
859 PEACH, M. E. u. T. C. WADDINGTON: J. chem. Soc. **1962**, 3450.
860 PEACOCK, R. D. u. D. W. A. SHARP: J. chem. Soc. **1959**, 2762.
861 PENNEMAN, R. A. u. L. H. JONES: J. inorg. nucl. Chem. **20**, 19 (1961).
862 — u. —: J. chem. Physics **28**, 169 (1958).
863 PERSCHINA, E. W. u. S. S. RASKIN: Opt. u. Spekt. [UdSSR] **13**, 488 (1962).
864 PERSON, W. B., G. R. ANDERSON, J. N. FORDEMWALT, H. STAMMREICH u. R. FORNERIS: J. chem. Physics **35**, 908 (1961).
865 —, R. E. HUMPHREY, W. A. DESKIN u. A. I. POPOV: J. Amer. chem. Soc. **80**, 2049 (1958).
866 PHILLIPS, B. A. u. W. R. BUSING: J. physic. Chem. **61**, 502 (1957).
867 PIERCE, L.: J. chem. Physics **24**, 139 (1956).
868 —, N. DICIANNI u. R. H. JACKSON: J. chem. Physics **38**, 730 (1963).
869 PILLAI, M. G. K. u. F. F. CLEVELAND: J. mol. Spect. **6**, 465 (1961).
870 — u. R. F. CURL: J. chem. Physics **37**, 2921 (1962).
871 PIMENTEL, G. C. u. C. H. SEDERHOLM: J. chem. Physics **24**, 639 (1956).
872 PIPER, T. S.: Chem. and Ind. **1957**, 1101.
873 — u. G. WILKINSON: J. inorg. nucl. Chem. **2**, 38 (1956).
874 — u. —: J. inorg. nucl. Chem. **3**, 104 (1956).
875 PISTORIUS, C. W. F. T.: J. chem. Physics **29**, 1421 (1958).
876 —: J. chem. Physics **31**, 1454 (1959).
877 PITOCHELLI, A. R. u. L. F. AUDRIETH: J. Amer. chem. Soc. **81**, 4458 (1959).
878 PLYLER, E. K.: J. Res. nat. Bur. Standards **A64**, 377 (1960).
879 —, L. R. BLAINE u. E. D. TIDWELL: J. Res. nat. Bur. Standards **A55**, 183 (1955).
880 — u. R. S. MULLIKEN: J. Amer. chem. Soc. **81**, 823 (1959).
881 PLIVA, J.: J. mol. Spect. **12**, 360 (1964).
882 POESKY, H. W., O. GLEMSER u. D. BORMANN: Angew. Chem. **76**, 713 (1964).
883 POLO, S. R. u. M. K. WILSON: J. chem. Physics **22**, 900 (1954).
884 PONOMARENKO, W. A., G. JA. SUJEWA u. N. SS. ANDREJEW: Nachr. Akad. Wiss. UdSSR, Abt. chem. Wiss. **1961**, 1758.

885 POWELL, D. B.: J. chem. Soc. **1956**, 4495; Chem. and Ind. **1956**, 314.
886 — u. N. SHEPPARD: J. chem. Soc. **1956**, 3108.
887 — u. —: Spectrochim. Acta **13**, 69 (1958); J. chem. Soc. **1960**, 2519.
888 POWELL, F. X. u. E. R. LIPPINCOTT: J. chem. Physics **32**, 1883 (1960).
889 POULET, H., P. DELORME u. J.-P. MATHIEU: Spectrochim. Acta **20**, 1855 (1964).
890 — u. J.-P. MATHIEU: C. R. **248**, 2079 (1959); Spectrochim. Acta **15**, 932 1959).
891 PRICE, W. C.: J. chem. Physics **17**, 1044 (1948).
892 —, R. D. B. FRASER, T. S. ROBINSON u. H. C. LONGUET-HIGGINS: Discuss. Faraday Soc. **1950**, Nr. 9, 131.
893 PUMP, J., E. ROCHOW u. U. WANNAGAT: Mh. Chem. **94**, 588 (1963).
894 — u. U. WANNAGAT: Liebigs Ann. Chem. **652**, 21 (1962).
895 PURANIK, P. G. u. E. V. RAO: Indian J. Physics **35**, 177 (1961).
896 PUSTINGER, J. V., W. T. CAVE u. M. L. NIELSEN: Spectrochim. Acta **15**, 909 (1959).
897 RADELL, J., J. W. ÇONNOLLY u. A. J. RAYMOND: J. Amer. chem. Soc. **83**, 3958 (1961).
898 RANDALL, S. P., F. T. GREENE u. J. L. MARGRAVE: J. physic. Chem. **63**, 758 (1959).
899 RANDIC, M.: Spectrochim. Acta **18**, 115 (1962).
900 RANK, D. H., D. P. EASTMAN, B. S. RAO u. T. A. WIGGINS: J. opt. Soc. Amer. **51**, 929 (1961).
901 —, —, — u. —: J. opt. Soc. Amer. **52**, 1 (1962).
902 —, G. SHORINKO, D. P. EASTMAN u. T. A. WIGGINS: J. opt. Soc. Amer. **50**, 421 (1960).
903 RAO, P. B. u. K. S. MURTY: Current Sci. [Bangalore] **29**, 14 (1960).
904 RAO, P. K. u. P. B. RAO: Z. physik. Chem. N. F. **42**, 166 (1964).
905 REDING, F. P. u. D. F. HORNIG: J. chem. Physics **19**, 594 (1951).
906 REDINGTON, R. L.: J. mol. Spect. **9**, 469 (1962).
907 —, W. B. OLSON u. P. C. CROSS: J. chem. Physics **36**, 1311 (1962).
908 REDLICH, O. u. J. BIGELEISEN: J. Amer. chem. Soc. **65**, 1883 (1943).
909 — u. I. I. FRIEDMAN: J. Amer. chem. Soc. **67**, 893 (1945).
910 REEVES, R. B., R. E. WILDE u. D. W. ROBINSON: J. chem. Physics **40**, 125 (1964).
911 RENNER, H. u. O. THEIMER: Acta phys. austriaca. **6**, 78 (1952).
912 RICHERT, H.: Z. anorg. allg. Chem. **309**, 171 (1961).
913 — u. O. GLEMSER: Z. anorg. allg. Chem. **307**, 328 (1961).
914 RILEY, R. F. u. L. HO: J. inorg. nucl. Chem. **24**, 1121 (1962).
915 RITCHIE, R. K. u. H. LEW: Canad. J. Physics **42**, 43 (1964).
916 ROBERTS, H. L.: J. chem. Soc. **1960**, 2774.
917 ROBINSON, D. W.: J. Amer. chem. Soc. **80**, 5924 (1958).
918 ROBINSON, E. A.: Canad. J. Chem. **39**, 247 (1962).
919 —: Canad. J. Chem. **40**, 1725 (1962).
920 ROCCHICCIOLI, C.: Ann. Chimie [2] **5**, 999 (1960).
921 —: C. R. **253**, 838 (1961).
922 —: C. R. **256**, 1707 (1963).
923 ROLFE, J. A., D. E. SHEPPARD u. L. A. WOODWARD: Trans. Faraday Soc. **50**, 1275 (1954).
924 —, WOODWARD, L. A. u. D. A. LONG: Trans. Faraday Soc. **49**, 1388 (1953).
925 ROMANKO J., T. FELDMAN u. H. L. WELSH: Canad. J. Physics **33**, 588 (1955).
926 ROSS, S. D.: Spectrochim. Acta **18**, 225 (1962).
927 —: Spectrochim. Acta **18**, 1575 (1962).
928 ROSZINSKI, H., R. DAUTEL u. W. ZEIL: Z. physik. Chem. N. F. **36**, 26 (1963).
929 RUNDLE, R. E. u. M. PARASOL: J. chem. Physics **20**, 1487 (1952).
930 RYASON, R. u. M. K. WILSON: J. chem. Physics **22**, 2000 (1954).
931 RYSSKIN, I. u. G. P. STAWITZKAJA: Opt. u. Spekt. [UdSSR] **8**, 606 (1960).
932 SABATINI, A. u. L. SACCONI: J. Amer. chem. Soc. **86**, 17 (1964).
933 SACCO, A. u. F. A. COTTON: J. Amer. chem. Soc. **84**, 2043 (1962).
934 SACCONI, L. u. A. SABATINI: J. inorg. nucl. Chem. **25**, 1389 (1963).
935 SAFARI, E.: Ann. Physique [12] **9**, 203 (1954).

936 Saksena, B. D.: Trans. Faraday Soc. **57**, 242 (1961).
937 Salem, L.: J. chem. Physics **38**, 1227 (1963).
938 Sanborn, R. H.: J. chem. Physics **33**, 1855 (1960).
939 Sastri, M. L. N. u. D. F. Hornig: J. chem. Physics **39**, 3497 (1963).
940 Sathianandan, K. u. J. L. Margrave: J. mol. Spect. **10**, 442 (1963).
941 —, K. Ramaswamy, S. Sundaram u. F. F. Cleveland: J. mol. Spect. **13**, 214 (1964).
942 Savoie, R. u. P. A. Giguère: Canad. J. Chem. **40**, 991 (1962).
943 — u. —: Canad. J. Chem. **42**, 277 (1964).
944 Sawodny, W., u. J. Goubeau; Z. physik. Chem. N. F. **44**, 227 (1965).
945 Sawodny, W., A. Fadini u. K. Ballein: Spectrochim. Acta **21**, 995 (1965).
946 Schatz, P. N.: J. chem. Physics **29**, 481 (1958).
947 Scheler, H.: Z. anorg. allg. Chem. **314**, 298 (1962).
948 Schilling, G.: C. R. **245**, 2499 (1957).
949 Schlick, S. u. O. Schnepp: J. chem. Physics **41**, 463 (1964).
950 Schmelz, M. J., T. Miyazawa, S. Mizushima, T. J. Lane u. J. V. Quagliano: Spectrochim. Acta **9**, 51 (1957).
951 Schmidtbaur, H.: Angew. Chem. **77**, 206 (1965).
952 Scholl, G. K.: Diss. Stuttgart 1959.
953 Schomburg, G. u. E. G. Hoffmann: Z. Elektrochem. **61**, 1110 (1957).
954 Schroeder, R. u. E. R. Lippincott: J. physic. Chem. **61**, 921 (1957).
955 Schrötter, H. W. u. E. G. Hoffmann: Ber. Bunsenges. **68**, 627 (1964).
956 Schumb, W. C. u. W. J. Bernard: J. Amer. chem. Soc. **77**, 862 (1955).
957 Schutte, C. J. H.: Spectrochim. Acta **16**, 1054 (1960).
958 Schwarz, R. u. H. W. Hennicke: Z. anorg. allg. Chem. **283**, 346 (1956).
959 Schwarzmann, E.: Z. anorg. allg. Chem. **317**, 176 (1962).
960 — u. O. Glemser: Z. anorg. allg. Chem. **312**, 45 (1961).
961 Schwochau, K.: Angew. Chem. **76**, 608 (1964).
962 — u. W. Herr: Z. anorg. allg. Chem. **318**, 198 (1962).
963 — u. —: Z. anorg. allg. Chem. **319**, 148 (1962).
964 Scott, D. W. u. J. P. McCullogh: J. mol. Spect. **6**, 372 (1961).
965 —, — u. F. H. Cruse: J. mol. Spect. **13**, 313 (1964).
966 Seel, F., K. Ballreich u. R. Schmutzler: Chem. Ber. **94**, 1173 (1961).
967 — u. R. Budenz: Chem. Ber. **98**, 251 (1965).
968 — u. O. Detmer: Z. anorg. allg. Chem. **301**, 113 (1959).
969 — u. G. Simon: Z. Naturf. **19b**, 354 (1964).
970 Selbin, J., W. E. Bull u. L. H. Holmes: J. inorg. nucl. Chem. **16**, 219 (1961).
971 Selig, H.: Science **144**, 537 (1964).
972 —, H. H. Claassen, C. L. Chernick, J. G. Malm u. J. L. Huston: Science **143**, 1322 (1964).
973 Servoss, R. R. u. H. M. Clark: J. chem. Physics **26**, 1175 (1957).
974 Seyferth, D. u. N. Kahlen: J. org. Chem. **25**, 809 (1960).
975 Sharp, D. W. A.: J. chem. Soc. **1957**, 3761.
976 — u. J. Thorley: J. chem. Soc. **1963**, 3557.
977 Shaw, J. H.: J. chem. Physics **24**, 399 (1956).
978 Sheldon, J. C. u. S. Y. Tyree jun.: J. Amer. chem. Soc. **80**, 4775 (1958), **81**, 2290 (1959).
979 Sheline, R. K. u. K. S. Pitzer: J. Amer. chem. Soc. **72**, 1107 (1950).
980 Shelton, R. D., A. H. Nielsen u. W. H. Fletcher: J. chem. Physics **21**, 2178 (1953).
981 Sheppard, N.: Trans. Faraday Soc. **51**, 1465 (1955).
982 Shimanouchi, T.: Pure appl. Chem. **7**, 131 (1963).
983 Short, E. L., D. N. Waters u. D. F. C. Morris: J. inorg. nucl. Chem. **26**, 902 (1964).
984 Shriver, D. F.: J. Amer. chem. Soc. **84**, 4610 (1962), **85**, 1405 (1963).
985 —, R. L. Amster u. R. C. Taylor: J. Amer. chem. Soc. **84**, 1321 (1962).
986 Siebert, H.: Z. anorg. allg. Chem. **268**, 13, 177, **271**, 65 (1952), **273**, 161 (1953).
987 —: Z. anorg. allg. Chem. **273**, 170 (1953).
988 —: Z. anorg. allg. Chem. **273**, 21 (1953), **303**, 162, **304**, 266 (1960).

989 SIEBERT, H.: Z. anorg. allg. Chem. **275**, 210, 225 (1954).
990 —: Z. anorg. allg. Chem. **289**, 15 (1957).
991 —: Z. anorg. allg. Chem. **292**, 167 (1957).
992 —: Z. anorg. allg. Chem. **296**, 280 (1958).
993 —: Z. anorg. allg. Chem. **298**, 51 (1959).
994 —: Z. anorg. allg. Chem. **301**, 161 (1959).
995 —: Z. anorg. allg. Chem. **327**, 63 (1964).
996 —: unveröffentlicht.
997 — u. H. H. EYSEL: unveröffentlicht.
998 — u. H. WEDEMEYER: Angew. Chem. **77**, 507 (1965)
999 SILVER, A. H. u. P. J. BRAY: J. chem. Physics **29**, 984 (1958).
1000 SIMANOUTI, T.: J. chem. Physics **17**, 245, 848 (1949).
1001 SIMON, A. u. H. ARNOLD: J. prakt. Chem. [4] **8**, 241 (1959).
1002 — u. H. KRIEGSMANN: Naturwiss. **42**, 12 (1955).
1003 — u. —: Naturwiss. **42**, 14 (1955).
1004 — u. —: Z. physik. Chem. **204**, 369 (1955).
1005 — u. —: Chem. Ber. **89**, 1718 (1956).
1006 — u. —: Chem. Ber. **89**, 2390 (1956).
1007 — u. —: Chem. Ber. **89**, 2443 (1956).
1008 — u. H. KÜCHLER: Z. anorg. allg. Chem. **260**, 161 (1949).
1009 — u. D. KUNATH: Z. anorg. allg. Chem. **308**, 321, **311**, 203 (1961); Chem. Ber. **94**, 1776, 1980 (1961), **96**, 157 (1963); J. prakt. Chem. **285**, 205 (1961).
1010 — u. R. LEHMANN: Z. anorg. allg. Chem. **311**, 212, 224 (1961).
1011 — u. R. PAETZOLD: Naturwiss. **44**, 108 (1957), Z. anorg. allg. Chem. **301**, 246 (1959), **303**, 39, 46, 53, 79 (1960); Z. Elektrochem. **64**, 209 (1959).
1012 — u. H. RICHTER: Z. anorg. allg. Chem. **304**, 1 (1960), **315**, 196 (1962).
1013 — u. W. SCHMIDT: Z. Elektrochem. **64**, 737 (1960).
1014 — u. W. SCHULZE: Z. anorg. allg. Chem. **296**, 287 (1958).
1015 — u. E. STEGER: Z. anorg. allg. Chem. **277**, 209 (1954), **296**, 305 (1958).
1016 — u. H. WAGNER: Z. anorg. allg. Chem. **311**, 102 (1961).
1017 — u. K. WALDMANN: Z. anorg. allg. Chem. **281**, 113, 135 (1955), **283**, 359, **284**, 36, 47 (1956); Naturwiss. **45**, 128 (1958).
1018 —, — u. E. STEGER: Z. anorg. allg. Chem. **288**, 131 (1957).
1019 — u. M. WEIST: Z. anorg. allg. Chem. **268**, 301 (1952).
1020 SMITH, A. L. u. N. C. ANGELOTTI: Spectrochim. Acta **15**, 412 (1959).
1021 —, W. E. KELLER u. H. L. JOHNSTON: J. chem. Physics **19**, 189 (1951).
1022 SMITH, D. F.: J. chem. Physics **28**, 1040 (1958).
1023 —: J. Amer. chem. Soc. **85**, 816 (1963).
1025 —: Science **141**, 61 (1963).
1027 —, G. M. BEGUN u. W. H. FLETCHER: Spectrochim. Acta **20**, 1763 (1964).
1028 SMITH, L. G.: J. chem. Physics **17**, 139 (1949).
1029 SMITH, T. D.: J. inorg. nucl. Chem. **15**, 95 (1960).
1030 SMITH, W. L. u. I. M. MILLS: J. mol. Spect. **11**, 11 (1963).
1031 — u. —: J. chem. Physics **40**, 2095 (1964).
1032 SNYDER, R. G. u. J. C. DECIUS: Spectrochim. Acta **13**, 280 (1959).
1033 SOMMER, A., D. WHITE, M. J. LINEVSKY u. D. E. MANN: J. chem. Physics **38**, 87 (1963).
1034 SOULEN, J. R. u. W. F. SCHWARTZ: J. physic. Chem. **66**, 2066 (1962).
1035 SOWERBY, D. B.: J. inorg. nucl. Chem. **22**, 205 (1961); J. Amer. chem. Soc. **84**, 1831 (1962).
1036 SPANIER, E. J. u. A. G. MCDIARMID: Inorg. Chem. **2**, 215 (1963).
1037 SPRAGUE, J. W., J. G. GRASSELLI u. M. W. RITCHEY: J. physic. Chem. **68**, 431 (1964).
1038 SSEWTSCHENKO, N. A. u. W. A. FLORINSKAJA: Ber. Akad. Wiss. UdSSR **109**, 1115 (1956).
1039 SSIDOROW, T. A. u. N. N. SSOBOLEW: Opt. u. Spekt. [UdSSR] **2**, 710, 717 (1957).
1040 — u. —: Opt. u. Spekt. [UdSSR] **3**, 560 (1957), **4**, 9 (1958).

1041 SSOBOLEW, N. N. u. W. P. TSCHEREMISSINOW: Opt. u. Spekt. [UdSSR] **9**, 446 (1960).
1042 SSINITZYN, N. M. u. O. JE. SWJAGINZEW: Ber. Akad. Wiss. UdSSR **145**, 109 (1962).
1043 STAATS, P. A., H. W. MORGAN u. J. H. GOLDSTEIN: J. chem. Physics **25**, 582 (1956).
1044 STAMMREICH, H., D. BASSI u. O. SALA: Spectrochim. Acta **12**, 403 (1958).
1045 —, —, — u. H. SIEBERT: Spectrochim. Acta **13**, 192 (1958).
1046 — u. R. FORNERIS: Spectrochim. Acta **8**, 46 (1956).
1047 — u. —: Spectrochim. Acta **16**, 363 (1960).
1048 —, — u. K. SONE: J. chem. Physics **23**, 972 (1955).
1049 —, — u. Y. TAVARES: J. chem. Physics **25**, 580 (1956).
1050 —, — u. —: J. chem. Physics **25**, 1277 (1956).
1051 —, — u. —: J. chem. Physics **25**, 1278 (1956).
1052 —, — u. —: Spectrochim. Acta **17**, 1173 (1961).
1053 —, K. KAWAI, O. SALA u. P. KRUMHOLZ: J. chem. Physics **35**, 2168 (1961).
1054 —, —, — u. —: J. chem. Physics **35**, 2175 (1961).
1055 —, — u. Y. TAVARES: Spectrochim. Acta **15**, 438 (1959).
1056 —, —, —, P. KRUMHOLZ, J. BEHMOIRAS u. S. BRIL: J. chem. Physics **32**, 1482 (1960).
1057 — u. O. SALA: Z. Elektrochem. **64**, 741 (1960), **65**, 149 (1961).
1058 —, — u. D. BASSI: Spectrochim. Acta **19**, 593 (1963).
1059 —, — u. K. KAWAI: Spectrochim. Acta **17**, 226 (1961).
1060 —, — u. Y. TAVARES: J. chem. Physics **30**, 856 (1963).
1061 —, Y. TAVARES u. D. BASSI: Spectrochim. Acta **17**, 661 (1961).
1062 STANEWITSCH, A. J. u. N. G. JAROSSLAWSKI: Ber. Akad. Wiss. UdSSR **137**, 60 (1961).
1063 STEELE, D., E. R. LIPPINCOTT u. J. T. VANDERSLICE: Rev. mod. Physics **34**, 239 (1962).
1064 STEELE, W. C. u. J. C. DECIUS: J. chem. Physics **25**, 1184 (1956).
1065 STEGER, E.: Z. Elektrochem. **61**, 1004 (1957); Z. anorg. allg. Chem. **309**, 304, **310**, 114 (1961).
1066 —: Z. anorg. allg. Chem. **332**, 314 (1964); Chem. Ber. **94**, 266 (1961).
1067 —: Z. anorg. allg. Chem. **325**, 89 (1963).
1068 — u. K. DANZER: Ber. Bunsenges. **68**, 635 (1964).
1069 — u. C. FISCHER-BARTELK: Z. anorg. allg. Chem. (im Druck).
1070 — u. K. HERZOG: Z. anorg. allg. Chem. **331**, 169 (1964).
1071 — u. —: J. inorg. nucl. Chem. (im Druck).
1072 — u. —: unveröffentlicht.
1073 — u. K. LUNKWITZ: Z. anorg. allg. Chem. **313**, 262, 271 (1961), **316**, 293 (1962).
1074 — u. K. MARTIN: Z. anorg. allg. Chem. **308**, 330 (1961), **323**, 108 (1963).
1075 — u. G. MILDER: Z. Naturf. **16b**, 836 (1961).
1076 — u. W. SCHMIDT: Ber. Bunsenges. **68**, 102 (1964).
1077 — u. A. SIMON: Z. anorg. allg. Chem. **291**, 76 (1957), **294**, 1, 146 (1958).
1078 — u. R. STAHLBERG: Z. Naturf. **17b**, 780 (1962); Z. anorg. allg. Chem. **326**, 243 (1964).
1080 STOICHEFF, B. P.: Canad. J. Physics **32**, 630 (1954).
1081 —: Canad. J. Physics **35**, 730 (1957).
1082 —: Canad. J. Physics **36**, 218 (1958).
1083 —, C. CUMMING, G. E. ST. JOHN u. H. L. WELSH: J. chem. Physics **20**, 498 (1952).
1084 STOLZ, I. W., G. R. DOBSON u. R. K. SHELINE: J. Amer. chem. Soc. **85**, 1014 (1963).
1085 STRALEY, J. W., C. H. TINDALL u. H. H. NIELSEN: Phys. Rev. **62**, 161 (1942).
1086 STRAUB, D. K., R. S. DRAGO u. J. T. DONOGHUE: Inorg. Chem. **1**, 848 (1962).
1087 SUNDARAM, S. u. F. F. CLEVELAND: J. chem. Physics **32**, 166 (1960).
1088 SUSZ, B. P. u. P. CHALANDON: Helv. chim. Acta **41**, 1332 (1958); Arch. d. Sci. **9** (**161**), 461 (1956).
1089 — u. J.-J. WUHRMANN: Helv. chim. Acta **40**, 722, 971 (1957).

1090 Svatos, G. F., D. M. Sweeny, S. Mizushima, C. Curran u. J. V. Quagliano: J. Amer. chem. Soc. **79**, 3313 (1957).
1091 Sweeny, D. M., I. Nakagawa, S. Mizushima u. J. V. Quagliano: J. Amer. chem. Soc. **78**, 889 (1956).
1092 Talley, R. M., H. M. Kaylor u. A. H. Nielsen: Physic. Rev. [2] **77**, 529 (1950).
1093 — u. A. H. Nielsen: J. chem. Physics **22**, 2030 (1954).
1094 Tanaka, M., K. Balasubramanyan u. J. O'M. Bockris: Elektrochim. Acta **8**, 621 (1963).
1095 Tanaka, N., H. Sugi u. J. Fujita: Bull. chem. Soc. Japan **37**, 640 (1964).
1096 Tanner, K. N. u. A. B. F. Duncan: J. Amer. chem. Soc. **73**, 1164 (1951).
1097 — u. R. T. King: Nature **181**, 963 (1958).
1098 Tarte, P.: Bull. Soc. chim. Belges **60**, 227, 240 (1951), **62**, 401 (1953); Bull. Soc. roy. Sci. Liege **20**, 16 (1951).
1099 —: Spectrochim. Acta **13**, 107 (1958).
1100 —: Nature **191**, 1002 (1961).
1101 —: Spectrochim. Acta **18**, 467 (1962), **19**, 25, 49 (1963).
1102 — u. G. Nizet: Spectrochim. Acta **20**, 503 (1964).
1104 Taylor, R. C.: J. chem. Physics **26**, 1131, **27**, 979 (1957).
1105 — u. T. C. Bissot: J. chem. Physics **25**, 780 (1956).
1106 — u. C. L. Cluff: Nature **182**, 390 (1958).
1107 — u. P. C. Cross: J. chem. Physics **24**, 41 (1956).
1108 — u. A. R. Emery: Spectrochim. Acta **10**, 419 (1958).
1109 Taylor, M. J. u. L. A. Woodward: J. chem. Soc. **1963**, 4670.
1110 Teranishi, R. u. J. C. Decius: J. chem. Physics **21**, 1116, **22**, 896 (1954).
1111 Terrasse, J. M., H. Poulet u. J.-P. Mathieu: Spectrochim. Acta **20**, 305 (1964).
1112 Thayer, J. S. u. R. West: Inorg. Chem. **3**, 889 (1964).
1113 Theodoresco: C. R. **216**, 117 (1943).
1114 Thomas, L. C. u. R. A. Chittenden: Spectrochim. Acta **20**, 467, 489 (1964).
1115 Thompson, H. W.: Spectrochim. Acta **14**, 145 (1959).
1116 —: Spectrochim. Acta **16**, 238 (1960).
1117 — u. B. A. Green: Spectrochim. Acta **8**, 129 (1956).
1118 — u. J. W. Linnett: J. chem. Soc. **1937**, 1384.
1119 Tidwell, E. D., E. K. Plyler u. W. S. Benedict: J. opt. Soc. Amer. **50**, 1243 (1960).
1120 Tindall, C. H., J. W. Straley u. H. H. Nielsen: Physic. Rev. **62**, 151 (1942).
1121 Torkar, K., H. Egghart, H. Krischner u. H. Warel: Mh. Chem. **92**, 512 (1961).
1122 Tramer, A.: C. R. **250**, 3150 (1960), J. Chim. physique **59**, 232 (1962).
1123 Treichel, P. M., E. Pitcher, R. B. King u. F. G. A. Stone: J. Amer. chem. Soc. **83**, 2593 (1961).
1124 Tsuboi, M.: J. Amer. chem. Soc. **79**, 1351 (1957).
1125 Tullock, C. W., D. D. Coffman u. E. L. Muetterties: J. Amer. chem. Soc. **86**, 357 (1964).
1126 Tunder, R. u. B. Siegel: J. inorg. nucl. Chem. **25**, 1097 (1963).
1127 Turco, A. u. C. Pecile: Nature **191**, 66 (1961).
1128 —, — u. M. Nicolini: J. chem. Soc. **1962**, 3008.
1129 Turner, J. J. u. G. C. Pimentel: Science **140**, 974 (1963).
1130 Ulmschneider, D. u. J. Goubeau: Z. physik. Chem. N. F. **14**, 56 (1958).
1131 Vandi, A., T. Moeller u. T. L. Brown: Inorg. Chem. **2**, 899 (1963).
1132 Varshni, Y. P.: J. chem. Physics **28**, 1081 (1958).
1133 — u. S. S. Mitra: Indian J. theoret. Physics **2**, 179 (1955).
1134 Vaska, L.: J. Amer. chem. Soc. **83**, 756 (1961).
1135 Vedder, W. u. D. F. Hornig: Advances in Spectroscopy **2**, 189 (1961).
1136 Venkateswaran, C. S.: Proc. Indian Acad. Sci. **A4**, 345 (1946).
1137 Venkateswarlu, K. u. P. Thirugnanasambandam: Proc. Indian Acad. Sci. **A48**, 344 (1958).
1138 Verdier, P. H. u. E. B. Wilson jun.: J. chem. Physics **30**, 1372 (1959).

1139 VUAGNAT, A. M. u. E. L. WAGNER: J. chem. Physics **26**, 77 (1957).
1140 WADDINGTON, T. C.: J. chem. Soc. **1959**, 2499.
1141 WAGNER, E. L.: J. chem. Physics **37**, 751 (1962).
1142 —: J. Amer. chem. Soc. **85**, 161 (1963).
1143 — u. D. F. HORNIG: J. chem. Physics **18**, 296, 305 (1950).
1144 WAGNER, J.: Acta phys. austriaca **8**, 175 (1955); J. Physique Radium **15**, 526 (1954).
1145 WALRAFEN, G. E.: J. chem. Physics **36**, 90, **37**, 1468 (1962).
1146 —: J. chem. Physics **36**, 1035 (1962), **40**, 3249 (1964).
1147 —: J. chem. Physics **39**, 1479 (1963).
1148 —: J. chem. Physics **40**, 2326 (1964).
1149 — u. D. M. DODD: Trans. Faraday Soc. **57**, 1286 (1961).
1150 —: D. E. IRISH u. T. F. YOUNG: J. chem. Physics **37**, 662 (1962).
1151 WANNAGAT, U. u. R. PFEIFFENSCHNEIDER: Z. anorg. allg. Chem. **297**, 151 (1958).
1152 — u. J. PUMP: Mh. Chem. **94**, 141 (1963).
1153 WARD, J. K.: Physic. Rev. **96**, 845 (1954).
1154 WARTENBERG, E. W. u. J. GOUBEAU: Z. anorg. allg. Chem. **329**, 269 (1964).
1155 WASON, S. K. u. R. F. PORTER: J. physic. Chem. **68**, 1443 (1964).
1156 WATANABE, H., M. NARISADA, T. NAKAGAWA u. M. KUBO: Spectrochim. Acta **16**, 78, 1076 (1960).
1157 WATARI, F.: Z. anorg. allg. Chem. **332**, 322 (1964).
1158 WAZER, J. R. van: J. Amer. chem. Soc. **78**, 5709 (1956).
1159 WEAVER, E. E., B. WEINSTOCK u. C. P. KNOP: J. Amer. chem. Soc. **85**, 111 (1963).
1160 WEBER, A., E. A. MCGINNIS: J. mol. Spect. **4**, 195 (1960).
1161 WEIDLEIN, J. u. K. DEHNICKE: Z. anorg. allg. Chem. **337**, 113 (1965).
1162 WEINSTOCK, B., H. H. CLAASSEN u. C. L. CHERNICK: J. chem. Physics **38**, 1470 (1963).
1163 —, — u. J. G. MALM: J. chem. Physics **32**, 181 (1960).
1164 WELSH, H. K.: J. chem. Physics **26**, 710 (1957).
1165 WELSH, H. L., M. F. CRAWFORD, T. R. THOMAS u. G. R. LOVE: Canad. J. Physics **30**, 577 (1952).
1166 WELTNER, W. jun. u. a.: J. chem. Physics **40**, 1299, 1305 (1964).
1167 — u. J. R. W. WARN: J. chem. Physics **37**, 292 (1962).
1168 WENDLING, E., R. ROHMER u. R. WEISS: C. R. **256**, 1117 (1963).
1169 WENTINK, T. jun.: J. chem. Physics **29**, 188 (1958), **30**, 105 (1959).
1170 — u. V. H. TIENSUU: J. chem. Physics **28**, 826 (1958).
1171 WERNER, R. P. M. u. H. E. PODALL: Chem. and Ind. **1961**, 144.
1172 WEST, R. u. W. GLAZE: J. Amer. chem. Soc. **83**, 3580 (1961).
1173 — u. C. S. KRAIHANZEL: Inorg. Chem. **1**, 967 (1962).
1174 WHITE, D., D. E. MANN, P. N. WALSH u. A. SOMMER: J. chem. Physics **32**, 481, 488 (1960).
1175 —, K. S. SESHARDI, D. F. DEVER, D. E. MANN u. M. J. LINEVSKY: J. chem. Physics **39**, 2463 (1963).
1176 WIBERG, N. u. A. GIEREN: Angew. Chem. **74**, 942 (1962).
1177 WICKERSHEIM, K. A., R. A. LEFEVER u. B. M. HANKING: J. chem. Physics **32**, 271 (1960).
1178 WIGGINS, T. A., E. K. PLYLER u. E. D. TIDWELL: J. opt. Soc. Amer. **51**, 1219 (1961).
1179 WILDE, R. E.: J. mol. Spect. **8**, 427 (1962).
1180 —: J. mol. Spect. **8**, 455 (1962).
1181 WILKINSON, G.: Proc. chem. Soc. **1961**, 72.
1182 WILLIAMS, R. L.: J. chem. Physics **25**, 656 (1956).
1183 WILMSHURST, J. K.: J. mol. Spect. **5**, 343 (1960).
1184 — u. H. J. BERNSTEIN: Canad. J. Chem. **35**, 191 (1957).
1185 WILSON, E. B. jun.: J. chem. Physics **27**, 986 (1957).
1186 WILSON, M. K. u. R. M. BADGER: J. chem. Physics **16**, 741 (1948).
1187 — u. —: J. chem. Physics **17**, 1232 (1949).

1188 WILSON, M. K. u. S. R. POLO: J. chem. Physics **20**, 1716 (1952).
1189 WILSON, W. E.: Z. Naturf. **13b**, 349 (1958).
1190 WOJCICKI, A. u. M. F. FARONA: Inorg. Chem. **3**, 151 (1964); **4**, 857 (1965).
1191 WOLTZ, P. J. H. u. A. H. NIELSEN: J. chem. Physics **20**, 307 (1952).
1192 WOODHEAD, J. L. u. J. M. FLETCHER: J. chem. Soc. **1961**, 5039.
1193 WOODWARD, L. A.: Phil. Mag. **18**, 823 (1934).
1194 — u. a.: J. chem. Soc. **1955**, 1699, 2655, **1956**, 3721, 3723, **1958**, 716, 1505, **1960**, 4473.
1195 — u. L. E. ANDERSON: J. chem. Soc. **1957**, 1284.
1196 — u. J. A. CREIGHTON: Spectrochim. Acta **17**, 594 (1961).
1197 —, — u. K. A. TAYLOR: Trans. Faraday Soc. **56**, 1267 (1960).
1198 — u. J. R. HALL: Spectrochim. Acta **16**, 654 (1960).
1199 — u. H. F. OWEN: J. chem. Soc. **1959**, 1055.
1200 — u. H. L. ROBERTS: Trans. Faraday Soc. **52**, 615 (1956).
1201 — u. —: Trans. Faraday Soc. **52**, 1458 (1956).
1202 — u. M. J. TAYLOR: J. chem. Soc. **1962**, 407.
1203 — u. M. J. WARE: Spectrochim. Acta **19**, 775 (1963).
1204 — u. —: Spectrochim. Acta **20**, 711 (1964).
1205 WYMAN, G. M., K. NIEDENZU u. J. W. DAWSON: J. chem. Soc. **1962**, 4068.
1206 YADA, H., J. TANAKA u. S. NAGAKURA: J. mol. Spect. **9**, 461 (1962).
1207 YAMADA, S. u. R. TSUCHIDA: Bull. chem. Soc. Japan **32**, 721 (1959).
1208 YAMAGUCHI, A., I. ICHISHIMA, T. SHIMANOUCHI u. S. MIZUSHIMA: Spectrochim. Acta **16**, 1471 (1961).
1209 YATES, D. J. C.: J. physic. Chem. **65**, 746 (1961).
1210 YOSHINO, T. u. H. J. BERNSTEIN: J. mol. Spect. **2**, 213 (1958).
1211 ZINGARO, R. A.: Inorg. Chem. **2**, 192 (1963).
1212 ZIOMEK, J. S., J. R. FERRARO u. D. F. PEPPARD: J. mol. Spect. 8, 212 (1962).
1213 — u. M. D. ZEIDLER: J. mol. Spect. **11**, 163 (1964).
1214 ADDISON, C. C., u. W. B. SIMPSON: J. chem. Soc. **1965**, 598.
1215 AKERS, L. K.: Vanderbilt Univ. Nashville, Tenn., Univ. Microfilms (Ann. Arbor, Mich.) Publ. No. 12, 965.
1216 ALLEN, A. D., u. T. THEOPHANIDES: Canad. J. Chem. **42**, 1551 (1964).
1217 ALLENSTEIN, E., u. E. LATTEWITZ: Z. anorg. allg. Chem. **333**, 1 (1964).
1218 ARKELL, A., R. R. REINHARD u. L. P. LARSON: J. Amer. chem. Soc. **87**, 1016 (1965).
1219 BABAJEWA, A. W., Ju. Ja. Charitonow u. I. B. BARANOWSKIJ: J. anorg. Chem. [UdSSR] **7**, 1247 (1962).
1220 BAECHLE, H. T. u. H. J. BECHER: Spectrochim. Acta **21**, 579 (1965).
1221 BAGNALL, K. W., D. BROWN u. J. G. H. du PREEZ: J. chem. Soc. **1964**, 5523.
1222 BALL, D. F., M. J. BUTTLER u. D. C. MCKEAN: Spectrochim. Acta **21**, 451 (1965.)
1223 BANFORD, L. u. G. E. COATES: J. chem. Soc. **1964**, 5591.
1224 BAUMGÄRTNER, R., W. SAWODNY u. J. GOUBEAU: Z. anorg. allg. Chem. **333**, 171 (1964).
1225 BECK, W. u. E. SCHUIERER: Chem. Ber. **97**, 3517 (1964).
1226 BEGUN, G. M. u. W. H. FLETCHER: J. chem. Physics **42**, 2236 (1965).
1227 BIRD, G. R. u. a.: J. chem. Physics **40**, 3378 (1964).
1228 BLANCHARD, S.: J. chim. physique **61**, 747 (1964).
1229 BLUKIS, N. u. R. J. MYERS: J. physic. Chem. **69**, 1154 (1965).
1230 BOBOWITSCH, JA. Ss.: Opt. u. Spekt. [UdSSR] **15**, 759 (1963).
1231 BRIEUX DE MANDIROLA, O. u. J. F. WESTERKAMP: Spectrochim. Acta **21**, 1101 (1965).
1232 BROWN, D.: J. chem. Soc. **1964**, 4944.
1233 CAMPBELL, J. A.: Spectrochim. Acta **21**, 851 (1965).
1234 CARTER, R. P. jun. u. R. R. HOLMES: Inorg. Chem. **4**, 738 (1965).
1235 CAVELL, R. G. u. H. C. CLARK: Inorg. Chem. **4**, 738 (1965).
1236 CHANTRY, G. W.: Spectrochim. Acta **21**, 1007 (1965).
1237 CHARITONOW, JU. JA. u. JU. A. BUSLAJEW: Nachr. Akad. Wiss. UdSSR, Abt. chem. Wiss. **1964**, 808.

1238 Chittenden, R. A. u. L. C. Thomas: Spectrochim. Acta **21,** 861 (1965).
1239 Christe, K. O. u. A. E. Pavlath: Z. anorg. allg. Chem. **335,** 210 (1965).
1240 Claassen, H. H., G. L. Goodman, J. G. Malm u. F. Schreiner: J. chem. Physics **42,** 1229 (1965).
1241 Clifford, A. F. u. C. S. Kobayashi: Inorg. Chem., **4,** 571 (1965).
1242 Davidson, G., E. A. V. Ebsworth, G. M. Sheldrick u. L. A. Woodward: Chem. Comm. **1965,** 122.
1243 Dehnicke, K.: Chem. Ber. **97,** 3354 (1964).
1244 —: Chem. Ber. **97,** 3358 (1964).
1245 Dunken, H. u. W. Haase: Z. Chem. **3,** 433 (1963), **4,** 156, 193 (1964).
1246 Engelhardt, G. u. H. Kriegsmann: Z. anorg. allg. Chem. **336,** 286 (1965).
1247 Fadini, A.: Z. angew. Math. Mech. **44,** 506 (1964).
1248 —: Privatmitteilung.
1249 Fehér, F. u. H. Fischer: Naturwiss. **51,** 461 (1964).
1250 Ferraro, J. R. u. A. Walker: J. chem. Physics **42,** 1278 (1965).
1251 Finch, A., I. J. Hyams u. D. Steele: Trans. Faraday Soc. **61,** 398 (1965).
1252 Forster, D. u. D. M. L. Goodgame: J. chem. Soc. **1965,** 262, 1286.
1253 — u. —: Inorg. Chem. **4,** 715 (1965); J. chem. Soc. **1965,** 268.
1254 Gastilowitsch, E. A., D. N. Schigorin u. N. W. Komarow: Opt. u. Spekt. [UdSSR] **16,** 46 (1964).
1255 Glemser, O., H. Meyer u. A. Haas: Chem. Ber. **98,** 2049 (1965).
1256 Greenwood, N. N. u. A. Storr: J. chem. Soc. **1965,** 3426.
1257 Guillory, W. A. u. H. S. Johnston: J. chem. Physics **42,** 2457 (1965).
1258 Gutmann, V., A. Meller u. E. Schaschel: Mh. Chem. **95,** 1188 (1964).
1259 Hanst, P. L., V. H. Early u. W. Klemperer: J. chem. Physics **42,** 1097 (1965).
1260 Heal, H. G.: Nature **199,** 371 (1963); **203,** 971 (1964).
1261 Hoekstra, H. R.: J. inorg. nucl. Chem. **27,** 801 (1965).
1262 Huggins, D. K., N. Flitcroft u. H. D. Kaesz: Inorg. Chem. **4,** 166 (1965).
1263 Hyman, H. H.: Science **145,** 773 (1964).
1264 Joshi, K. K., O. S. Mills, P. L. Pauson, B. W. Shaw u. W. H. Stubbs: Chem. Comm. **1965,** 181.
1265 Kauer, J. C. u. W. W. Henderson: J. Amer. chem. Soc. **86,** 4732 (1964).
1266 Kettle, S. F. A. u. R. V. Parish: Spectrochim. Acta **21,** 1087 (1965).
1267 Kermarrec, Y.: C. R. **258,** 5836 (1964).
1268 Kotow, Ju. I. u. W. M. Tatewskij: Opt. u. Spekt. [UdSSR] **14,** 443 (1963).
1269 Krishnan, K.: Proc. Indian Acad. Sci. **A 57,** 103 (1962).
1270 Krishnan, R. S. u. K. Balasubramanian: Proc. Indian Acad. Sci. **A 59,** 285 (1964).
1271 Lasarew, A. N. u. W. S. Akselrod: Opt. u. Spekt. [UdSSR] **9,** 326 (1960).
1272 Long, D. A. u. J. Y. H. Chau: Trans Faraday Soc. **58,** 2325 (1962).
1273 Louis, R. V. St. u. B. Crawford jun.: J. chem. Physics **42,** 857 (1965).
1274 Lynds, L.: J. chem. Physics **42,** 1124 (1965).
1275 — u. C. D. Bass: J. chem. Physics **41,** 3165 (1964).
1276 Malzewa, N. N. u. Ju. Ja. Charitonow: J. anorg. Chem. [UdSSR] **7,** 947 (1962).
1277 Marchand, A., M.-T. Forel, F. Metras u. J. Valade: J. chim. physique **61,** 343 (1964).
1278 McGraw, G. E., D. L. Bernitt u. I. C. Hisatsune: J. chem. Physics **42,** 237 (1965).
1279 Miller, F. A., S. G. Frankiss u. O. Sala: Spectrochim. Acta **21,** 775 (1965).
1280 Milligan, D. E. u. M. E. Jacox: J. chem. Physics **41,** 3032 (1964).
1281 —, —, A. M. Bass. J. J. Comeford u. D. E. Mann: J. chem Physics **42,** 3187 (1965).
1282 Misri, A. M., F. Scappini u. P. G. Favero: Spectrochim. Acta **21,** 965 (1965).
1283 Moenke, H.: Naturwiss. **51,** 239 (1964).
1284 Morino, Y. u. Y. Murata: Bull. chem. Soc. Japan **38,** 104 (1965).
1285 — u. J. Nakamura: Bull. chem. Soc. Japan **38,** 443 (1965).

1286 MOSKWITINA, E. M., JU. JA. KUSJAKOW, N. A. KNIASEWA u. W. M. TATEWSKIJ: Opt. u. Spekt. [UdSSR] **16**, 768 (1964).
1287 MOY, D. u. A. R. YOUNG: J. Amer. chem. Soc. **87**, 1889 (1965).
1288 MUSCHKIN, JU. I. u. A. I. FINKELSTEIN: Opt. u. Spekt. [UdSSR] **13**, 289 (1962).
1289 NIBLER, J. W. u. G. C. PIMENTEL: Spectrochim. Acta **21**, 877 (1965).
1290 OBUCHOW-DENISOW, W. W., N. N. SSOBOLEW u. W. P. TSCHEREMISSINOW: Opt. u. Spekt. [UdSSR] **8**, 505 (1960).
1291 PAETZOLD, P. I., M. GAYOSO u. K. DEHNICKE: Chem. Ber. **98**, 1173 (1965).
1292 PAETZOLD, R., H. AMOULONG u. A. RUZICKA: Z. anorg. allg. Chem. **336**, 278 (1965).
1293 — u. K. AURICH: Z. anorg. allg. Chem. **335**, 281 (1965).
1294 — u. M. GARSOFFKE: Z. anorg. allg. Chem. **336**, 52 (1965).
1295 — u. K.-H. ZIEGENBALG: Z. chem. **4**, 461 (1964).
1296 PAPOUSEK, D. u. J. PLIVA: Spectrochim. Acta **21**, 1147 (1965).
1297 PITTS, J. J., S. KONGPSICHA u. A. W. JACHE: Inorg. Chem. **4**, 257 (1965).
1298 RIETTI, S. B. u. J. LOMBARDO: J. inorg. nucl. Chem. **27**, 247 (1965).
1299 ROCHKIND, M. M. u. G. C. PIMENTEL: J. chem. Physics **42**, 1361 (1965).
1300 RYSSKIN, JA. I., G. P. STAWITZKAJA u. N. A. MITROPOLSKIJ: Nachr. Akad. Wiss. UdSSR, Abt. chem. Wiss. **1964**, 416.
1301 SACCONI, L., A. SABATINI u. P. GANS: Inorg. Chem. **3**, 1772 (1964).
1302 SATHYANARAYANA, D. N. u. C. C. PATEL: Bull. chem. Soc. Japan **37**, 1736 (1964).
1303 SCHMIDTBAUR, H., W. FINDEISS u. E. GAST: Angew. Chem. **77**, 170 (1965).
1304 SCHWANGIRADSE, R. R. u. SCH. SS. DSCHAMAGIDSE: Opt. u. Spekt. [UdSSR] **10**, 583 (1961), **12**, 364 (1962).
1305 SEIDEL, H.: Naturwiss. **52**, 257 (1965).
1306 SELBIN, J., L. H. HOLMES jun. u. S. P. MCGLYNN: J. inorg. nucl. Chem. **25**, 1354 (1963).
1307 SHIMANOUCHI, T. u. I. NAKAGAWA, Inorg. Chem. **3**, 1805 (1964).
1308 STAWITZKAJA, G. P. u. JA. I. RYSSKIN: Opt. u. Spekt. [UdSSR] **10**, 343 (1961).
1309 TICE, P. A. u. D. B. POWELL: Spectrochim. Acta **21**, 835 (1965).
1310 TSCHEREMISSINOW, W. P.: Opt. u. Spekt. [UdSSR] **7**, 454 (1959).
1311 URCH, D. S.: J. chem. Soc. **1965**, 5775.
1312 VALLIER, J. u. R. LIRA: C. R. **259**, 4579 (1964).
1313 WALRAFEN, G. E.: J. chem. Physics **41**, 3249 (1964).
1314 —: J. chem. Physics **42**, 485 (1965).
1315 CHRISTE, K. O. u. J. P. GUERTIN: Inorg. Chem. **4**, 905 (1965).
1316 COTTON, F. A. u. R. M. WING: Inorg. Chem. **4**, 867 (1965).
1317 CURTIS, N. F. u. Y. M. CURTIS: Inorg. Chem. **4**, 804 (1965).
1318 DEHNICKE, K.: J. inorg. nucl. Chem. **27**, 809 (1965).
1319 —: Z. anorg. allg. Chem. **339**, 171 (1965).
1320 FLUCK, E., W. KERLER u. W. NEUWIRTH: Z. anorg. allg. Chem. **333**, 235 (1964).
1321 FRANKISS, S. G. u. F. A. MILLER: Spectrochim. Acta **21**, 1235 (1965).
1322 HENDRA, P. J. u. N. SADASIVAN: Spectrochim. Acta **21**, 1271 (1965).
1323 NIEDENZU, K. u. J. W. DAWSON: Boron-Nitrogen Compounds (Anorganische und allgemeine Chemie in Einzeldarstellungen, Bd VI), Berlin/Heidelberg/New York: Springer 1965.
1324 BRADLEY, E. B., C. R. BENNETT u. E. A. JONES: Spectrochim. Acta **21**, 1505 (1965).
1325 HERRICK, I. W., u. E. L. WAGNER: Spectrochim. Acta **21**, 1569 (1965).

Substanzverzeichnis

Acetylen-Komplexe 163
Alkalihalogenide 41
Alkalihydroxide 41
Alkalimetaborate 118, 119
Alkaliperoxide 93
Alkanthiosulfonate 137
Alkylperchlorate 104
Aluminium
$Al(BH_4)_3$ 88f.
Al_2Br_6 85
$Al_2(CH_3)_6$ 85, 135f.
$[Al(CH_3)_2CN]_4$ 155
$[Al(C_2O_4)_3]^{3-}$ 151
$AlCl_3$ 53
$AlCl_4^-$ 66
Al_2Cl_6 85
$AlCl_3 \cdot POCl_3$ 143
$AlCl_3 \cdot SOCl_2$ 143
AlF_3 53
AlH_3 89f.
AlH_4^- 64f., 89f.
$AlH_3 \cdot N(CH_3)_3$ 89
$AlH_3 \cdot 2N(CH_3)_3$ 89
$AlH_2Br \cdot N(C_2H_5)_3$ 89
$AlHBr_2 \cdot N(C_2H_5)_3$ 89
$[Al(H_2O)_6]^{3+}$ 145
Al_2J_6 85
Al_2O 49
α-AlOOH 90
$Al(OH)_3$ 90f.
$[Al(OH)_4]^-$ 145
Aluminiumhydroxide 90
Aluminium-Wasserstoffverbindungen 89
Americium
AmO_2^+ 43, 122
AmO_2^{2+} 43, 122
Aminoxide 98
Antimon
$SbBr_3$ 57
$Sb(CH_3)_3$ 135
$Sb(CH_3)_4^+$ 35, 136
$Sb(CH_3)_3Hal_2$ 77
$SbCl_3$ 57f.
$SbCl_4^+$ 65ff.
$SbCl_5$ 77
$SbCl_6^-$ 82
$SbCl_4F$ 67, 77
SbD_3 57
SbF_5 77
SbF_5^{2-} 78
SbF_3Cl_2 77
SbH_3 57f.
SbO_3^- 111f.
Sb_4O_6 111
SbO_2Cl 111
$SbOCl_3$ 111f.
$SbOF_3$ 72, 111f.
$[Sb(OH)_6]^-$ 111f.
SbS_4^{3-} 68
$Sb(SiH_3)_3$ 140
Arsen
$AsBr_3$ 57
$As(CH_3)_3$ 135
$As(CH_3)_4^+$ 35, 136
$As(CN)_3$ 127
$AsCl_3$ 57f.
$AsCl_4^+$ 65ff.
$AsCl_2Br$ 60
$AsClBr_2$ 60
$As_2Cl_4F_6$ 67
AsD_3 57
AsF_3 57f.
AsF_5 77
AsH_3 57f.
AsH_4^+ 64f.
AsJ_3 57
$As(NCS)_3$ 126
AsO_4^{3-} 68, 111
As_4O_6 111
$As_2O_7^{4-}$ 111
As_4O_{10} 111
$As(OCH_3)_3$ 111
$AsO(C_6H_5)_3$ 111
AsO_2Cl 111
$AsOF_3$ 72, 111
$As_2O_2F_8^{2-}$ 111
AsO_4H^{2-} 111
$AsO_4H_2^-$ 92, 111
AsO_4H_3 111
AsS_4^{3-} 68
$As(SiH_3)_3$ 139
Azide RN_3 123
Azido-Komplexe 123
trans-Azomethan 123
Azoverbindungen RNNR 122
Barium
$BaCl_3^-$ 54

Beryllium
$Be(CH_3)_2$ 135f.
$BeCl_2$ 43f.
BeF_2 43f.
BeF_4^{2-} 67
BeH_2 90
$[Be(H_2O)_4]^{2+}$ 145
Blei
$Pb(CH_3)_4$ 135
$Pb(CH_3)_3N_3$ 123
$Pb(C_6H_5)_3CNO$ 126
$PbCl_4$ 66, 141
$PbCl_6^{2-}$ 82
Bor
BBr_3 53f., 141
$(BBr_2N_3)_3$ 134
$B(CH_3)_3$ 135, 142 B(n-Propyl)$_3$ 1330
$B(CH_3)_3 \cdot NH_3$ 88, 142
$B(CH_3)_2F$ 133
$B(CH_3)_2NCO$ 125
$B(CH_3)_2OH$ 118, 133
$B(CN)_3$ (?) 124
$[B(CN)NCH_3]_3$ 124
BCl_3 53f., 141
B_2Cl_4 80
$B_2Cl_6^{2-}$ 85
$BCl_3 \cdot POCl_3$ 142
$(BCl_2N_3)_3$ 134
BD_4^- 65
BF_3 53f., 140ff.
$BF_3 \cdot NH_3$ 56, 140, 142
$BF_3 \cdot O(CH_3)_2$ 142
BF_4^- 66, 69, 142
B_2F_4 80
BF_3O^{2-} (?) 72
BF_2OCH_3 118
BH_3 53
$BH_3 \cdot CO$ 140ff.
$BH_3 \cdot NH_3$ 133, 142
$BH_3 \cdot N_2H_4$ 166
$BH_3 \cdot PF_3$ 142
BH_4^- 64f.
B_2H_6 84f., 88f.
$BHBr_2$ 55
$BHCl_2$ 55, 88
$BHClNR_2$ 88
BHF_2 55, 88
BH_3F^- 72
$BH(NR_2)_2$ 88
BH_3OH^- 119
$BH(OCH_3)_2$ 88
$[B(HSO_4)_4]^-$ 100
BJ_3 53f., 141
BN_2^{3-} 43f.
$B[N(CH_3)_2]_3$ 133, 140
$B_2[N(CH_3)_2]_4$ 134
$B_3N_3H_6$ 134
$B(NCS)_3$ 126
$B(NCS)_4^-$ 126
BO_2 118
BO_2^- 42ff.
BO_3^{3-} 53f.
B_2O_2 60, 118
B_2O_3 117ff.
$B_3O_6^{3-}$ 119
$B(OCH_3)_3$ 118f.
$B_2(OCH_3)_4$ 80
$B_3O_3(CH_3)_3$ 119
$B_3O_3Cl_3$ 119
$B_3O_3F_3$ 119
BO_2H 63, 117
$B(OH)_3$ 53f., 90f., 118f.
$B(OH)_4^-$ 68, 118f.
$B_3O_3H_3$ 119
$B_3O_3(OH)_3$ 119
$B(OSiR_3)_3$ 118
B_2S_3 137
Borane 88
Borazane 133
Borazene 133 1332 mit B^{10}
Borazolderivate 134
Borhalogenide, gemischte 56
Boroxolderivate 118
Bor-Wasserstoffverbindungen 88
Brom
Br_2 40f.
Br_3^- 43f., 142
$BrCN$ 45, 47
$BrCN \cdot SbCl_5$ 141
$BrCl$ 40f.
$BrCl_2^-$ 43f., 142
BrF_3 56
BrF_5 78
BrN_3 63
BrO_3^- 57f., 105
$BrSCN$ 63, 126
Cadmium
Cd_2^{2+} 40
$CdBr_4^{2-}$ 66
$Cd(CH_3)_2$ 135
$[Cd(C_2H)_4]^{2-}$ 165
$[Cd(CN)_3]^-$ 152
$[Cd(CN)_4]^{2-}$ 152f.
$CdCl_3^-$ 53
$Cd[Co(CO)_4]_2$ 159
$[Cd(H_2O)_6]^{2+}$ 145
CdJ_2 42
CdJ_4^{2-} 66
$[Cd(NH_3)_6]^{2+}$ 144
$Cd(OH)_2$ 90
$[Cd(SCN)_4]^{2-}$ 156
Cadmiumsalze, basische 90
Carbonylchalkogenide 159
Carbonylhalogenide 159
Chlor
Cl_2 20, 40f.
$ClCN$ 42, 45, 47
$ClCN \cdot SbCl_5$ 141
ClF 40f.

ClF_2^+ 49
ClF_2^- 43
ClF_3 55f.
ClF_5 78
ClN_3 63
$ClNO_2$ 54f., 96, 146
$ClNO_3$ 96ff.
Cl_2O 48ff., 94
ClO^- 40, 104f.
ClO_2 48ff., 104
ClO_2^- 48ff., 104f.
ClO_3^- 57f., 104
ClO_4^- 68, 104f.
Cl_2O_7 104f.
$ClOCH_3$ 104
ClO_2F 59f., 104
ClO_3F 70f., 104f.
ClO_4F 104f.
ClOH 51f., 88, 90, 104f.
ClO_4H 70, 91, 104f.

Chrom
$Cr(C_5H_5)_2$ 164
$[Cr(C_5H_5)(NO)_2]_2$ 161
$Cr(C_6H_6)_2$ 164
$Cr(C_6H_6)_2^+$ 164
$[Cr(CN)_6]^{3-}$ 153
$[Cr(CN)_5NO]^{3-}$ 160
$[Cr(CN)_5NO]^{4-}$ 160
$Cr(CO)_5$ 157
$Cr(CO)_6$ 157, 159
$[Cr_2(CO)_{10}]^{2-}$ 158
$[Cr(CO)_3(C_2H)_3]^{3-}$ 165
$[Cr(H_2O)_6]^{3+}$ 145
$[Cr(H_2O)_5NO]^{2+}$ 160
$[Cr(NCS)_6]^{3-}$ 156
$[Cr(NCSe)_6]^{3-}$ 156
$[Cr(NH_3)_6]^{3+}$ 143f.
$[Cr(NH_3)_2(NCS)_4]_2Hg$ 156
$[Cr(NH_3)_5NO]^{2+}$ 160
$[Cr(NH_3)_5ONO]^{2+}$ 149
CrO_3 120f.
CrO_4^{2-} 68, 121
CrO_4^{3-} 69
CrO_4^{4-} 69
CrO_5 94, 120
CrO_8^{3-} 94
$Cr_2O_7^{2-}$ 121f.
CrO_3Cl^- 70, 121
CrO_2Cl_2 73f., 121
$CrOCl_5^{2-}$ 83, 120
CrO_3F^- 70, 121
CrO_2F_2 73, 121
CrOOH 90
$Cr(PF_3)_6$ 164

Coesit 115
Cristobalit 115
Cyanit 114
Cyanometallsäuren 155
Cyclopentadienyl-Komplexe 163f.
Cyclosiloxane 113
Cyclosilthiane 138
Cyclotrisilazane 133

Deuterium
D_2 40
DBr 40
DCN 11, 18, 45
DCO 51
DCO_2^- 55
DCl 40
$DCl \cdot O(CH_3)_2$ 93
DF 40
$(DF)_4$ 93
$(DF)_6$ 93
DF_2^- 43
DJ 40
DN_3 63
DNC 45
DNCS 63
DNO 51
DNO_2 63
DNO_3 96
DNSO 22, 63
D_2O 48ff., 92
DOCN 63
DOCl 51
D_2Se 48ff.
D_3SiCN 124

Dialkylaluminiumhydride 89
Dialkylcyanamide 125
Dialkylphosphite 109
Diäthylperoxid 93
Diazoniumsalze 123
Dibenzolkomplexe 163
Difluordisulfan 62
Diimide 125
Dimethylacetylen 35
Disilazane 113, 132f.
Disilmethylene 113
Disiloxane 113
Disilylacetylene 139
Eis 91f.

Eisen
$FeBr_4^-$ 67
$FeBr_4^{2-}$ 67
$Fe(C_5H_5)_2$ 164
$[Fe_2(C_5H_5)_2(CO)_3(CNPh)]$ 154
$[Fe(CH_3CN)_4]^{2+}$ 154
$[Fe(CN)_6]^{3-}$ 153f.
$[Fe(CN)_6]^{4-}$ 153f.
$[Fe(CN)_5NO]^{2-}$ 160
$[Fe(CNO)_6]^{4-}$ 166
$Fe(CO)_4^{2-}$ 158f.
$Fe(CO)_5$ 157, 159
$Fe_2(CO)_9$ 157f.
$Fe_3(CO)_{12}$ 158
$[Fe(CO)_3NO]^-$ 160
$[Fe(CO)_2(NO)_2]$ 160
$[Fe_2(CO)_8SO_2]$ 165
$FeCl_2$ 43
$FeCl_4^-$ 66

$FeCl_4^{2-}$ 67
Fe_2Cl_6 85
[Fe(Diphosphin)$_2$H$_2$] 162
[Fe(Diphosphin)$_2$HCl] 162
$[Fe(H_2O)_6]^{2+}$ 145
$[Fe(H_2O)_5NO]^{2+}$ 160f.
$[Fe(NCS)_6]^{3-}$ 156
$[Fe(NCO)_4]^{2-}$ 166
$[Fe(NH_3)_6]^{2+}$ 144
$Fe(N_2H_4)_2Cl_2$ 166
$[Fe(NH_3)_5NO]^{2+}$ 160
$Fe(NO)_4$ 161
$Fe(NO)_3Cl$ 160
$[Fe(NO)_2J]_2$ 160f.
FeO_4^{2-} 68, 121
FeOOH 90
$Fe(PF_3)_5$ 164
$Fe(S_2N_2H)_2$ 129
$[Fe_2S_2(NO)_4]^{2-}$ 160f.
$[Fe_4S_3(NO)_7]^-$ 160
Eisencarbonyle, gemischte 159
Eisenhydroxide 90
Erdalkalihalogenide 42
Erdalkaliperoxide 93
Fluor
F_2 40, 94, 98, 122
FCN 45, 47
FCO 51
$FClO_2$ 59f., 104
$FClO_3$ 70f., 104f.
$FClO_4$ 104f.
FN_3 63
FNO_2 54f., 96
FNO_3 96ff., 104
F_2O 48ff., 94, 104
$FOCF_3$ 104
$FOSO_2F$ 104
$FOSeF_5$ 104
FRÉMYS Salz 123
Fulminate X—CNO 126
Gallium
$GaBr_4^-$ 65f.
$Ga(CH_3)_3$ 135
$GaCl_4^-$ 65f.
Ga_2Cl_6 85
GaH_3 90
$GaH_3 \cdot N(CH_3)_3$ 90
$GaH_3 \cdot 2N(CH_3)_3$ 90
$(GaHCl_2)_2$ 90
$[Ga(H_2O)_6]^{3+}$ 145
GaJ_4^- 66
GaOOH 90
Gallium-Wasserstoff-Verbindungen 90
Germanium
$GeBr_4$ 66
$Ge(CH_3)_4$ 135
$Ge_2(CH_3)_6$ 85
$Ge(CH_3)_3CN$ 124
$Ge(CH_3)_3H$ 87
$Ge(CH_3)_3N_3$ 123
$Ge(C_6H_5)_3CNO$ 126
$GeCl_3^-$ 57f.
$GeCl_4$ 66, 142
GeD_4 64f.
GeF_4 66, 141
GeF_6^{2-} 82
$[(GeF_5)_2O]^{4-}$ 116
GeH_4 65f., 87
Ge_2H_6 85
GeH_3Br 70f.
GeH_2Br_2 73
$GeHBr_3$ 70, 87
GeH_3CH_3 140
GeH_3Cl 70f.
GeH_2Cl_2 73
$GeHCl_3$ 58, 70, 87
GeH_3F 70f.
GeH_2F_2 73
GeH_3J 70f.
$(GeH_3)_2O$ 116
GeJ_4 66
$Ge(NCO)_4$ 125
GeO_2 116
GeO_4^{4-} 69, 116
$Ge(OH)_2$ 90
$GeO_4H_2^{2-}$ 116
Germaniumhalogenide, gemischte 71, 73
Germanium-Wasserstoff-Verbindungen 87
Germylverbindungen 139f.
Glimmer 115
Gold
$AuBr_4^-$ 75
$[Au(C_2H)_2]^-$ 165
AuCN 155
$[Au(CN)_2]^-$ 152
$[Au(CN)_4]^-$ 152f.
$Au(CN)_2H$ 155
$AuCl_4^-$ 75
GRAHAMsches Salz 108
Hafnium
$HfCl_4$ 67
HfF_4 67
$[HfO(NCS)_3(H_2O)]^-$ 120
Halogencyane 11, 35, 45ff.
Halogenopolyschwefelsäuren 100
Heterosiloxane 114
Hydrogenorthosilicate 114, 116
Hydrogenperoxide, organische 93
Hydrogenpolyjodate 105
Hydrogensalze von Sauerstoffsäuren 91f.
Hydrogenselenite 103
Hydrogensulfite 101
Hydroxide X—OH 46, 90
Indium
$InBr_4^-$ 66
$In(CH_3)_3$ 135
$InCl_4^-$ 66
$[In(H_2O)_6]^{3+}$ 145

InJ_4^- 66
$In(OH)_3$ 90
Indiumsulfat 150
Iridium
$[Ir(CN)_6]^{3-}$ 152f.
IrF_6 81f.
$[Ir(NH_3)_5ONO]^{2+}$ 149
$[Ir(NO_2)_6]^{3-}$ 146
$[Ir(NO)Cl_5]^-$ 160
$[Ir(PPh_3)_3H_3]$ 162
$[Ir(PPh_3)_3H_2Cl]$ 162
$[Ir(PPh_3)_3HCl_2]$ 162
Isonitrile 124
Jod
J_2 40, 142
$J_2 \cdot C_5H_5N$ 142
$J_2 \cdot N(CH_3)_3$ 142
JBr 40
JCN 45, 47
$JCN \cdot SbCl_5$ 141
JCl 40f., 142
$JCl \cdot C_5H_5N$ 142
JCl_2^- 43f., 142
JCl_4^- 75
JF_5 78
JF_7 83, 106
J_2O_4 105
J_2O_5 105f.
JO_3^- 57f., 105f.
JO_4^- 68, 105f.
JO_6^{5-} 105f.
JOF_5 83, 105f.
$JO_2F_2^-$ 74
JO_3H 105
$JO_6H_2^{3-}$ 92, 105f.
$JO_6H_3^{2-}$ 92, 105f.
$JO_6H_4^-$ 92, 105f.
JO_6H_5 82, 91f., 105f.
J_3O_8H 105
$J_2O_{10}H_2^{4-}$ 105f.
JSCN 63, 126
Jodate, komplexe 105
Jodosoverbindungen 105
Jodoverbindungen 105
Kieselsäuren 115
Kobalt
$CoBr_2$ 43
$CoBr_4^{2-}$ 67
$[Co(CH_3CN)_4]^{2+}$ 154
$[Co(CH_3NC)_4]^{2+}$ 155
$Co(C_5H_5)_2$ 164
$[Co(C_{10}H_8N_2)NO]^{2+}$ 161
$[Co(CN)_6]^{3-}$ 152f.
$[Co_2(CN)_8]^{8-}$ 154
$[Co_2(CN)_{10}]^{6-}$ 154
$[Co(CN)_6]H_3$ 155
$[Co(CN)_5NO]^{3-}$ 161
$[Co(CNO)_6]^{4-}$ 166
$[Co(CN)_5SCN]^{3-}$ 156
$[Co(CN)_5S_2O_3]^{4-}$ 166
$Co(CO)_4^-$ 158f.
$Co_2(CO)_8$ 158
$Co_4(CO)_{12}$ 158
$Co(CO)_3C_3H_5$ 162f.
$[Co(CO)_4]_2Cd$ 159
$[Co(CO)_4]_2Hg$ 159
$Co(CO)_4Mn(CO)_5$ 159
$[Co(CO)_3NO]$ 160
$Co(CO)_4Re(CO)_5$ 159
$[Co(C_2O_4)_3]^{3-}$ 151
$CoCl_2$ 43
$CoCl_4^{2-}$ 67
$[Co\,en_2SO_3]^+$ 147
$[Co\,en_2SO_4]^+$ 150
CoF_4^{2-} 67
$[Co(H_2O)_6]^{2+}$ 145
$[CoH(PF_3)_4]$ 164
$[Co(NCO)_4]^{2-}$ 166
$[Co(NCS)_4]^{2-}$ 156
$[Co(NCSe)_4]^{2-}$ 156
$[Co(NH_3)_6]^{2+}$ 144
$[Co(NH_3)_6]^{3+}$ 143f.
$[Co(NH_3)_5CN]_3Hg^{8+}$ 155
$[Co(NH_3)_5CO_3]^+$ 150
$[Co(NH_3)_5NCS]^{2+}$ 156
$[Co(NH_3)_5NO]^{2+}$ 160
$[Co(NH_3)_5NO]_2^{4+}$ 161
$[Co(NH_3)_5NO_3]^{2+}$ 148
$[Co(NH_3)_5ONO]^{2+}$ 149
$[Co(NH_3)_5SO_4]^+$ 150
$[Co(NH_3)_5S_2O_3]^+$ 166
$[Co(NH_3)_4CO_3]^+$ 150
$[Co(NH_3)_4PO_4]$ 150
$[Co_2(NH_3)_8NH_2SO_4]^{3+}$ 150
$Co(N_2H_4)_2Cl_2$ 166
$[Co(NO)_2Cl]_2$ 160f.
$[Co(NO_2)_6]^{3-}$ 146
CoOOH 90
$[Co(PF_3)_3NO]$ 160
$Co(S_2N_2H)_2$ 129
Kohlenstoff
C_3 43
CBr_4 66
$C(CH_3)_4$ 135
$C(C_6H_5)_3CNO$ 126
$C(CN)_3^-$ 125, 127
CCl_4 65f., 69
CD_4 64f.
C_2D_2 60
CD_2O 55
CF_2 49
CF_4 66, 69
CF_3OF 104
CH 35
CH_4 35, 64f., 69
C_2H^- 45, 47, 165
C_2H_2 35, 47, 60
C_2H_4 35, 78, 163
C_2H_6 35, 84f.
$C_3H_5^-$ 163

$C_5H_5^-$ 164
C_6H_6 87, 164
CH_3Br 70f., 135
CH_3CN 35, 45f., 56, 124, 126, 141, 153f.
$CH_3CN \cdot AlCl_3$ 141
$CH_3CN \cdot BF_3$ 141
$CH_3CN \cdot BH_3$ 141
$(CH_3CN)_2 \cdot SnCl_4$ 141
CH_3CO^+ 159
$(CH_3)_2CO$ 95
CH_3Cl 70f., 135
CH_3F 70f., 135
CH_3J 70f., 135
CH_3N_3 123
CH_3NC 45f., 124, 126, 155
CH_3NCS 126
CH_3NO 96
$(CH_3)_3NO$ 98
$[(CH_3)_3NOH]^+$ 98
CH_3NO_2 55f., 96
CH_2O 54f.
$(CH_3)_2O$ 135
$(CH_3O)_2CO$ 95
CH_3OCl 104
CH_3OH 88, 90
CH_3ONO 96
CH_3ONO_2 96f.
CH_3SCN 155f.
$CH_3SSO_3^-$ 166
CJ_4 66
C_2J_2 60
CN^- 40, 47, 124, 153
CN_2^{2-} 43f., 124
C_2N_2 60
CNO^- 45ff.
$C(NSiH_3)_2$ 133
CO 3, 36, 40f., 159
CO^+ 36
CO_2 11f., 31, 36, 42ff.
CO_3^{2-} 53f.
$C_2O_4^{2-}$ 80, 150f.
$COBr_2$ 55
$COCl_2$ 55, 95
COF_2 55, 95
CO_2H^- 55
CO_3H^- 55f.
COS 45, 47f.
$COSe$ 45, 48
CS_2 42ff., 137
CS_3^{2-} 53
$CSCl_2$ 55, 137
CSF_2 55
CS_3H_2 93
$CSSe$ 45, 48
$CSTe$ 45
CSe_2 43f.

Krypton
KrF_2 43f.

Kupfer
$CuBr_2^-$ 43
$CuBr_4^{2-}$ 67
$[Cu(CN)_4]^{3-}$ 152f.
$[Cu(CH_3CN)_4]^{2+}$ 154
$CuCl_2$ 43
$CuCl_2^-$ 43
$CuCl_4^{2-}$ 67
CuF_4^{2-} 67
$[Cu(H_2O)_4]^{2+}$ 145
$[Cu(NCO)_4]^{2-}$ 166
$[Cu(NH_3)_4]^{2+}$ 144
$Cu(N_2H_4)_2Cl_2$ 166
$[Cu(NO_3)_4]^{2-}$ 148
$Cu(OH)_2$ 90

Kupfersalze, basische 90
Kurrollsche Salze 108

Lithium
$LiAlH_4$ 89f.
$(LiCH_3)_x$ 136
$(LiF)_2$ 63
LiO 41
Li_2O 43
Li_2O_2 63

Magnesium
$MgBr_2$ 43
$Mg(C_5H_5)_2$ 164
$MgCl_2$ 43f.
MgH_2 90
$[Mg(H_2O)_6]^{2+}$ 145
$Mg(OH)_2$ 91

Mangan
$MnBr_4^{2-}$ 67
$[Mn(CH_3CN)_4]^{2+}$ 154
$[Mn(CH_3NC)_6]^+$ 155
$[Mn(C_3H_5)(CO)_4]$ 163
$[Mn(C_3H_5)(CO)_5]$ 163
$[Mn_2(C_5H_5)_3(NO)_3]$ 161
$[Mn(CN)_6]^{3-}$ 153
$[Mn(CN)_6]^{4-}$ 153
$[Mn(CN)_6]^{5-}$ 154
$[Mn(CN)_5NO]^{2-}$ 160
$[Mn(CN)_5NO]^{3-}$ 160
$[Mn(CO)_5]^-$ 157, 159
$[Mn(CO)_6]^+$ 157, 159
$Mn_2(CO)_{10}$ 158
$Mn(CO)_5Co(CO)_4$ 159
$[Mn(CO)_5H]$ 162
$[Mn_2(CO)_{10}]Hg$ 159
$[Mn(CO)_4NO]$ 160f.
$[MnCO(NO)_3]$ 160
$[Mn(CO)_5SCN]$ 156
$MnCl_2$ 43
$MnCl_4^{2-}$ 67
$[Mn(H_2O)_6]^{2+}$ 145
$[Mn(NH_3)_6]^{2+}$ 144
$Mn(N_2H_4)_2Cl_2$ 166
$[Mn(NCO)_4]^{2-}$ 166
MnO_4^- 68, 121
MnO_4^{2-} 69, 121

MnO_4^{3-} 69, 121
$MnOOH$ 90
Metallhydroxide 90
Metaphosphate, geschmolzene 108
Methylhalogenide 26, 70f., 135
Methylhydrogenpolysiloxane 113
Methylpolysiloxane 113
Methylverbindungen 46, 134
Molybdän
$Mo(C_5H_5)_4$ 164
$Mo(C_6H_6)_2$ 164
$Mo(C_6H_6)_2^+$ 164
$[Mo(C_5H_5)_2H_2]$ 162
$[Mo(CN)_8]^{4-}$ 152
$[Mo(CN)_5NO]^{4-}$ 160
$Mo(CO)_5$ 157
$Mo(CO)_6$ 157
MoF_6 82
$[Mo(NCS)_6]^{3-}$ 156
$MoNCl_3$ 134
MoO_3 120f.
$MoO_3 \cdot H_2O$ 90
$MoO_3 \cdot 2H_2O$ 90
MoO_4^{2-} 67f.
MoO_8^{2-} 94
$Mo_2O_7^{2-}$ 122
$MoOCl_5^{2-}$ 83, 120f.
$Mo(PF_3)_6$ 164
Neptunium
NpF_6 82
NpO_2^+ 43, 122
NpO_2^{2+} 43, 122
Nickel
$NiBr_4^{2-}$ 67
$Ni(C_5H_5)_2$ 164
$[Ni(CH_3CN)_4]^{2+}$ 154
$[Ni(CN)_4]^{2-}$ 152f.
$[Ni(CN)_4]^{4-}$ 154
$[Ni_2(CN)_6]^{4-}$ 154
$[Ni(CN \cdot BF_3)_4]^{2-}$ 155
$[Ni(CNO)_4]^{2-}$ 166
$[Ni(CO)_4]$ 158f.
$NiCl_2$ 43
$NiCl_4^{2-}$ 67
$[Ni\,en_2NO_3]^+$ 149
$[Ni\,en_2(NO_3)_2]$ 149
$[Ni(H_2O)_6]^{2+}$ 145
$[Ni(NH_3)_6]^{2+}$ 144
$Ni(N_2H_4)_2Cl_2$ 166
$[Ni(NCO)_4]^{2-}$ 166
$[Ni(NCS)_6]^{4-}$ 156
$Ni(PF_3)_4$ 164f.
$Ni[P(OCH_3)_3]_4$ 164
$[Ni(py)_4(ONO)_2]$ 149
$Ni(S_2N_2H)_2$ 129
Niob
$Nb(C_5H_5)_4$ 164
$NbCl_5$ 77
NbF_6^- 82
NbO_8^{3-} 94
$NbOCl_3$ 121
$NbOCl_5^{2-}$ 120
$NbOF_5^{2-}$ 83, 120f.
$NbO(NO_3)_3$ 120f.
Nitrate, wasserfreie 149
Nitrite, Doppel- 146
Nitrosylverbindungen 95f.
Nitrylverbindungen 96
Olefin-Komplexe 162f.
Olivintyp 67, 114, 116
Orthosilicate 67f., 114
Osmium
$Os(C_5H_5)_2$ 164
$[Os(CN)_6]^{4-}$ 152f.
$Os_3(CO)_{12}$ 158
$OsCl_6^{2-}$ 82
$[Os(Diphosphin)_2H_2]$ 162
$[Os(Diphosphin)_2HCl]$ 162
OsF_6 82
$OsNCl_5^{2-}$ 83, 134
$[OsN(H_2O)Br_4]^-$ 134
$OsNO_3^-$ 70, 134
OsO_4 67f., 121
$OsO_2Cl_4^{2-}$ 120
$[OsO_2(NH_3)_4]^{2+}$ 120
$[OsO_4(OH)_2]^{2-}$ 120
Oxid-aquate 90
Oxid-hydrate 90
Oxid-Wasser-Systeme 90
Palladium
$[Pd\,(bipy)\,(SCN)_2]$ 156
$Pd\,(CN)_2$ 155
$[Pd\,(CN)_4]^{2-}$ 152f.
$PdCl_6^{2-}$ 81f.
$[Pd\,(H_2O)_2(NO_3)_2]$ 148
$[Pd\,(NH_3)_4]^{2+}$ 144
$[Pd\,(NO_2)_4]^{2-}$ 146
$[Pd\,(NO)_2Cl_2]$ 160
$[Pd\,(PÄt_3)_2(NCS)_2]$ 156
$Pd\,(PF_3)_4$ 164
$[Pd\,(SCN)_4]^{2-}$ 156
$[Pd\,(S_2N_2H)_2]$ 129
$[Pd\,(SO_3)_2]^{2-}$ 147
$[Pd\,(SO_3)_4]^{6-}$ 147
Perameisensäure 93
Peroxide, organische 93
Phosphane 138
Phosphate, kondensierte 108
—, substituierte 108
Phosphatgläser 108
Phosphor
P_4 63
PBr_3 57
PBr_4^+ 66
PBr_5 66
$P(CH_3)_3$ 135f.
$P(CH_3)_4^+$ 35, 136
$[P(CH_3)_3Hal]^+$ 77
$P(CN)_3$ 127
PCl_3 57ff.

PCl_4^+ 66, 77
PCl_5 66, 77
$PCl_5 \cdot AlCl_3$ 66
PCl_6^- 77, 82
P_2Cl_4 138f.
PF_3 57f.
PF_5 77
PF_6^- 82
PF_4Cl 76, 78
PF_3Cl_2 76f.
PF_2Cl_3 76f.
$PFCl_4$ 76f.
PH_3 57f., 88
PH_4^+ 64f., 88
P_2H_4 138f.
$PH(CH_3)_2$ 88
$PH(CH_3)_2 \cdot BH_3$ 88
$PHO(C_8H_{17})_2$ 87
$PHO(OCH_3)_2$ 87, 110
PJ_3 57
P_3N_5 131
$P(NCO)_3$ 125
$P(NCS)_3$ 126
$P_3N_3Cl_6$ 130ff.
$P_2NCl_6^+$ 131f.
P_3NCl_{12} 131f.
$P_3N_3F_6$ 130ff.
PN_2H 131
PNO 131
PO_4^{3-} 68, 108
$P_2O_6^{4-}$ 85
$P_2O_7^{4-}$ 107, 110
$P_2O_8^{4-}$ 93f.
$P_3O_9^{3-}$ 109f.
P_4O_6 107, 110
P_4O_{10} 106f., 110
$P_4O_{12}^{4-}$ 109
$POBr_3$ 70, 106
$PO_3CH_3^{2-}$ 108, 110
$PO_2(CH_3)_2^-$ 108, 110
$PO(CH_3)_3$ 106f., 109
$P(OCH_3)_3$ 107, 109
PO_2Cl 108
$POCl_3$ 70f., 106
$POCl_3 \cdot AlCl_3$ 143
$POCl_3 \cdot BCl_3$ 142
PO_2Cl_2H 108, 110
$P_2O_3Cl_4$ 107, 110
POF_3 70f., 106f.
$PO_2F_2^-$ 73, 108
PO_3F^{2-} 70, 108
$P_2O_3F_4$ 110
$PO_2H_2^-$ 73f., 109
PO_2H_3 87, 110
PO_3H^{2-} 70f., 109
PO_3H_3 109f.
PO_4H^{2-} 70, 92, 108, 110
$PO_4H_2^-$ 73, 92, 108, 110
PO_4H_3 91f., 108, 110
$PO_5H_2^-$ 93f.
$PO(NCO)_3$ 125
$PO(NCS)_3$ 126
P_2ONCl_5 131
$PO_3NH_2^{2-}$ 108, 131f.
$PO_3NH_3^-$ 131f.
$PO(NH_2)_3$ 106, 131f.
$(PO_2NH)_4^{4-}$ 131
$PO(OCH_3)_3$ 106f., 109
PO_3S^{3-} 70, 137
$P_4O_6S_4$ 139
PR_2SSH 93
P_4S_3 56, 138f.
$PSBr_3$ 70, 137
$PSCl_3$ 70f., 137
PSF_3 70f.
PSJ_3 72
$PS(NCS)_3$ 126
$P(SiH_3)_3$ 132, 139
Phosphornitridhalogenide 130ff.
Phosphorsäuren, niedere 109f.
Phosphorsulfide 138f.
Phosphortrihalogenide, gemischte 59f.
Phosphor-Wasserstoff-Verbindungen 87
Phosphorylverbindungen 106f.
Platin
$PtBr_4^{2-}$ 75
$PtBr_6^{2-}$ 81f.
$[Pt(C_2H)_4]^{2-}$ 165
$[Pt(C_2H_4)Cl_3]^-$ 162f.
$[Pt(CH_3CN)_2Cl_2]$ 154
$[Pt(C_2H_4)NH_3Cl_2]$ 144
$[Pt(C_2H_5)_2SNH_3Cl_2]$ 144
$[Pt(CN)_4]^{2-}$ 152f.
$Pt(CN)_4H_2$ 155
$[Pt(CN)_5NO]^{3-}$ 160
$[Pt(C_2O_4)_2]^{2-}$ 151
$PtCl_4^{2-}$ 75
$PtCl_6^{2-}$ 81f.
$[PtCl_5NO]^{2-}$ 160
PtF_6 82
PtF_6^{2-} 82
$[Pt(NH_3)_4]^{2+}$ 75, 144
$[Pt(NH_3)_2Cl_2]$ 144
$[Pt(NH_3)_4Cl_2]^{2+}$ 144
$[Pt(NH_3)_2(NO_3)_4]$ 148
$[Pt(NH_3)_5ONO]^{3+}$ 149
$[Pt(NO_2)_4]^{2-}$ 146
$[Pt(PÄt_3)_2Br_2]$ 144
$[Pt(PÄt_3)_2Cl_2]$ 144
$[Pt(PÄt_3)_2(NCS)_2]$ 156
$Pt(PF_3)_4$ 164
$[Pt(SCN)_4]^{2-}$ 156
$[Pt(SCN)_6]^{2-}$ 156
$[Pt(S_2N_2H)_2]$ 129
$[Pt(SO_3)_2]^{2-}$ 147
$[Pt(SO_3)_4]^{6-}$ 147
$[Pt(SeCN)_6]^{2-}$ 156
Platin-Wasserstoff-Verbindungen 162
Plutonium
PuF_6 82

PuO_2^{2+} 43, 122
Polygermoxane 116
Polyschwefelsäuren 100
Polysilicate 115
Pyrosulfite 101f.
Quarz 115f.
Quarztyp 116
Quarzglas 115
Quecksilber
Hg_2^{2+} 40
$HgBr_2$ 43f.
$HgBr_3^-$ 53
$HgBr_4^{2-}$ 67
$Hg(CH_3)_2$ 135
$Hg(C_5H_5)_2$ 164
$Hg(CN)_2$ 152
$[Hg(CN)_3]^-$ 152
$[Hg(CN)_4]^{2-}$ 152f.
$HgCl_2$ 42ff.
$HgCl_3^-$ 53
$HgCl_4^{2-}$ 66
Hg_2Cl_2 60
$Hg[Co(CO)_4]_2$ 159
$Hg[Cr(NH_3)_2(NCS)_4]_2$ 156
HgJ_2 43f.
HgJ_3^- 53
HgJ_4^{2-} 67
$[Hg(NH_3)_2]^{2+}$ 144
$[Hg(N_2H_4)]^{2+}$ 166
$[Hg(N_2H_4)_2]^{2+}$ 166
$HgNH_3SO_3$ 147
$[Hg(SCN)_4]^{2-}$ 156
$[Hg(SO_3)_2]^{2-}$ 147
$[Hg(SeCN)_4]^{2-}$ 156
Rhenium
$ReBr_6^{2-}$ 82
$[Re(C_5H_5)_2H]$ 162
$[Re(CN)_6]^{5-}$ 154
$Re(CO)_5^-$ 157
$Re(CO)_6^+$ 157
$Re_2(CO)_{10}$ 158
$[Re(CO)_5H]$ 162
$Re(CO)_5Co(CO)_4$ 159
$ReCl_6^{2-}$ 82
ReF_6 82
ReF_7 84
ReH_9^{2-} 85
$[ReN(H_2O)(CN)_4]^{2-}$ 134
$[ReN(PR_3)_3Cl_2]$ 134
ReO_4^- 67f., 121
ReO_3Br 70f., 121
$[ReO_2(CN)_4]^{3-}$ 120
ReO_3Cl 70f., 121
$ReOCl_4$ 120
$Re_2OCl_{10}^{4-}$ 120
ReO_3N^- 70, 134
$[ReO(OH)(CN)_4]^{3-}$ 120
$[Re(PPh_3)_4H_3]$ 162
Rhodium
$[Rh(CN)_6]^{3-}$ 152f.
$[Rh_2(CN)_8]^{8-}$ 154
$Rh_4(CO)_{12}$ 158
$Rh_6(CO)_{16}$ 158
$[Rh\ en_2HCl]^+$ 162
RhF_6 82
$[Rh(NH_3)_6]^{3+}$ 144
$[Rh(NH_3)_5ONO]^{2+}$ 149
$[Rh(NH_3)_3(SO_3)_3]$ 147
$[Rh(NO_2)_6]^{3-}$ 146
$[Rh(SCN)_6]^{3-}$ 156
$[Rh(SO_3)_3]^{3-}$ 147
ROUSSINsche Salze, rote 161
Ruthenium
$Ru(C_5H_5)_2$ 164
$[Ru(CN)_6]^{4-}$ 153
$[Ru(CN)_5NO]^{2-}$ 160
$Ru_3(CO)_{12}$ 158
$[Ru(Diphosphin)_2H_2]$ 162
$[Ru(Diphosphin)_2HCl]$ 162
RuF_6 82
$[Ru(NH_3)_5NO]^{3+}$ 160
$[Ru(NO)Cl_5]^{2-}$ 160
RuO_4 68, 121
RuO_4^- 69, 121
$RuO_2Cl_4^{2-}$ 120
Rutiltyp 115f.
Salpetersäureester 97
Salzhydrate 92
Sauerstoff
O_2 40f., 94
O_2^- 40
O_3 48ff., 94
$O(CH_3)_2$ 135
OD^- 40
OF 41
OF_2 48ff.
OH^- 40f., 91
Sauerstoffsäuren 92, 95, 148
—, Ester von 96, 148
—, Ionen von 95, 148
Schichtsilicate 115
Schwefel
S_8 136, 138
S_2Br_2 62
$S_n(CCl_3)_2$ 137
$S(CH_3)_2$ 135f.
$S_2(CH_3)_2$ 138
$S_n(CH_3)_2$ 137
$S(CH_3)_3^+$ 136
$S_n(C_2H_5)_2$ 137
SCN^- 45, 47f., 155f.
$S(CN)_2$ 127
$S_2(CN)_2$ 126, 138
$S_n(CN)_2$ 137
$SCNCl_3$ 126
SCl_2 48ff.
S_2Cl_2 62, 136
S_nCl_2 136
S_2F_2 59, 62
SF_3^+ 57

SF_4 73
SF_5^- 78
SF_6 82
S_2F_{10} 136ff.
$SF_4 \cdot BF_3$ 57
SF_5Cl 83, 137f.
SF_4NCF_3 129
SF_2NCOF 129
$(SF_5)_2O$ 102
$S(GeH_3)_2$ 140
$S_4N_3^+$ 129
S_4N_4 80, 127ff.
S_7NH 128
$S_6(NH)_2$ 128
$S_5(NH)_3$ 128
$S_4N_4H_4$ 127, 129
SO_2 36, 48ff.
SO_3 36, 53f., 100
SO_3^{2-} 57f., 147
SO_4^{2-} 68, 101, 150
S_2O 51
$S_2O_3^{2-}$ 70, 137, 166
$S_2O_4^{2-}$ 80, 137f.
$S_2O_5^{2-}$ 101f.
$S_2O_6^{2-}$ 85, 101, 137
$S_2O_7^{2-}$ 102
$S_2O_8^{2-}$ 93f., 101
S_3O_9 99f.
$SOBr_2$ 59f.
$SO(CH_3)_2$ 99, 101, 165
$SO(CH_3)_3^+$ 99, 101, 165
$SO_2(CH_3)_2$ 99, 101
$SO_3CH_3^-$ 102
$SO_4CH_3^-$ 102
$SOCl_2$ 24, 34, 36, 59f., 99
$SOCl_2 \cdot AlCl_3$ 142f.
SO_2Cl_2 33, 36, 73f., 99
SO_3Cl^- 70, 101, 147
SO_3ClH 100, 102
$S_2O_5Cl_2$ 100, 102
SOF_2 34, 36, 59f., 99
SOF_4 78, 99, 101
SO_2F^- 59
SO_2F_2 36, 73f., 99
SO_3F^- 70, 101
SO_3FH 100, 102
SO_3F_2 104
$S_2O_5F_2$ 102
SO_3H^- 70f., 101
SO_4H^- 70, 100ff., 150
SO_4H_2 73, 91, 99f., 102
$S_2O_7H_2$ 100
$S_3O_{10}H_2$ 100
$S_4O_{13}H_2$ 100
$SO_3 \cdot N(CH_3)_3$ 143
$(SONH)_4$ 128
$(SONH)_x$ 128
$SO_3NH_2^-$ 129f.
$SO_3 \cdot NH_3$ 129f., 140, 142f.
$SO_2(NH_2)_2$ 100, 102, 129
$SO(OCH_3)_2$ 99ff.
$SO_2(OCH_3)_2$ 99f., 102
SOR_2 36
SO_2R_2 36
$S(SiCl_3)_2$ 138
$S(SiH_3)_2$ 27, 140
Schwefel-Sauerstoffsäuren 100f.
Selen
Se_2Br_2 62
$Se(CH_3)_2$ 135
$SeCN^-$ 45, 47, 156
$Se(CN)_2$ 127
Se_2Cl_2 62
$SeCl_3^+$ 57f.
$SeCl_4$ 58
$SeCl_4 \cdot AlCl_3$ 57f.
$SeCl_6^{2-}$ 83
SeF_4 74
SeF_6 82
Se_4N_4 127, 129
SeO_2 48, 102f.
$(SeO_3)_4$ 103
SeO_3^{2-} 57f., 103
SeO_4^{2-} 68, 103
$Se_2O_5^{2-}$ 103
$Se_2O_7^{2-}$ 103
$SeOCl_2$ 59f., 102
$SeOF_2$ 59f., 102
$SeOF_6$ 104
SeO_2F^- 59
SeO_2F_2 73, 103
SeO_3H^- 59, 92, 103
SeO_3H_2 59, 92, 102f.
$Se(OH)_3^+$ 57, 103
SeO_4H^- 70, 92, 103
SeO_4H_2 73, 92, 103
$SeO(OCH_3)_2$ 102f.
$Se(SiH_3)_2$ 140
Seleninylverbindungen 102
Silber
$[Ag(C_2H)_2]^-$ 165
$[Ag(CN)_2]^-$ 152
$Ag_3[Co(CN)_6]$ 155
AgSCN 156
Silicatgläser 115
Silicium
$SiBr_4$ 66
$Si(CH_3)_4$ 135
$Si_2(CH_3)_6$ 85
$Si(CH_3)_3CN$ 124
$Si(CH_3)_3H$ 87
$Si(CH_3)_3N_3$ 123
$Si(CH_3)_3NCO$ 125
$Si(CH_3)_3OCH_3$ 112
$Si(CH_3)_3SH$ 137
$Si(C_6H_5)_3CNO$ 126
$SiCl_4$ 25, 66, 69
Si_2Cl_6 85
$SiCl_3Br$ 25
$SiCl_3NCS$ 126

- $SiCl_3OCH_3$ 112, 115
- $SiCl_3SH$ 138
- SiF_4 24, 66, 69, 142
- $SiF_4 \cdot 2(CH_3)_2SO$ 142
- $SiF_4 \cdot 2NH_3$ 142
- SiF_6^{2-} 82, 142
- SiH_4 64f., 87
- Si_2H_6 85
- Si_3H_8 139
- SiH_3Br 70f.
- SiH_2Br_2 73
- $SiHBr_3$ 70, 87
- SiH_3CH_3 139
- $(SiH_3)_2C_2$ 140
- SiH_3CCH 140
- SiH_3CN 127
- $(SiH_3)_2CN_2$ 133
- SiH_3Cl 70f.
- SiH_2Cl_2 73
- $SiHCl_3$ 70, 87
- SiH_3F 70f.
- SiH_2F_2 73
- $SiHF_3$ 70, 87
- SiH_3GeH_3 140
- SiH_3J 70f.
- SiH_3N_3 123
- SiH_3NCS 126f.
- $(SiH_3)_2O$ 25, 113, 116
- SiJ_4 66
- $Si(NCO)_4$ 125, 127
- $[Si(NCO)_3]_2O$ 125
- $Si(NCS)_4$ 126f.
- SiO_2 115f.
- SiO_4^{4-} 67f., 114
- $Si(OCH_3)_4$ 112, 115
- $Si_3O_3(CH_3)_6$ 113, 116
- Si_2OCl_6 113, 116
- SiO_4H^{3-} 92, 116
- $SiO_4H_2^{2-}$ 114, 116
- $SiO_4H_3^-$ 92, 116
- $Si_2O_5H_2$ 115
- $Si_3(PO_4)_4$ 115
- SiP_2O_7 115
- $Si_2S_2(CH_3)_4$ 138
- $Si_3S_3(CH_3)_6$ 138
- $(SiSCl_2)_2$ 138

Siliciumhalogenide, gemischte 71, 73
Silicium-Schwefel-Verbindungen 137
Silicium-Wasserstoff-Verbindungen 87
Siloxane 113
Silylacetylene 139
Silylperoxide 93
Silylverbindungen 139
Spinelltyp 67, 69, 114, 116
Stickstoff
- N_2 40f., 123
- N_3^- 43f., 123
- NBr 41
- $N(CH_3)_3$ 135f.
- $N(CH_3)_3 \cdot J_2$ 142
- $N(CH_3)_3 \cdot SO_3$ 143
- $N(CH_3)_4^+$ 98, 136
- $N(CH_3)_2N_3$ 123
- $NCH_3(SCN)_2$ 126
- $N(CN)_2^-$ 125f.
- NCO^- 45ff.
- NCS^- 45, 47f., 155f.
- $NCSe^-$ 45, 47, 156
- NCl 41
- ND_3 56f.
- NF 41
- NF_2 48ff.
- NF_3 57f., 94
- N_2F^+ 46
- N_2F_2 61f., 122
- N_2F_4 122, 124
- NF_2Cl 59
- $NFCl_2$ 59
- N_2FCl 63
- NH 41
- NH_2 48
- NH_2^- 48
- NH_3 56ff., 88, 93
- NH_4^+ 64f.
- N_2H_2 62, 122
- $N_2H_3^-$ 122, 124
- N_2H_4 61, 80, 94, 122, 124
- $N_2H_4 \cdot BH_3$ 166
- $N_2H_5^+$ 122, 124
- $N_2H_6^{2+}$ 85, 122
- $NH(CH_3)_2$ 88
- NH_2CN 124, 126
- NH_2Cl 59
- $NHCl_2$ 59, 88
- NHF_2 59, 88
- NH_3HgSO_3 147
- NH_2NO_2 96ff.
- NH_2OH 88, 90, 94, 97f.
- NH_3OBF_3 98
- NH_3OH^+ 98
- NH_3OSO_3 98f., 101
- $(NH_2)_3PO$ 106, 109, 131f.
- $NH_2PO_3^{2-}$ 108, 131f.
- $NH_3PO_3^-$ 131f.
- $NHSF_2O$ 129
- $NHSO$ 22, 63, 129
- $NH_2SO_3^-$ 129f.
- NH_3SO_3 129f., 140, 142
- $(NH_2)_2SO_2$ 100, 102, 129f.
- $NH(SO_3)_2^{2-}$ 129
- NO 36, 40, 62, 160
- $NO \cdot AlBr_3$ 141
- $NO \cdot SnCl_4$ 141
- NO^+ 40f., 94, 160
- NO_2 36, 48ff., 94
- NO_2^+ 36, 43f., 95, 97
- NO_2^- 36, 48ff., 95, 146, 149
- NO_3 95
- NO_3^- 36, 53f., 94ff., 148
- N_2O 22, 36, 45ff.

N_2O_2 41, 62, 122
$N_2O_2^{2-}$ 62
N_2O_3 94, 98
$N_2O_3^{+}$ 94
$N_2O_3^{2-}$ 97f.
N_2O_4 79, 94, 122
N_2O_5 95, 98
$N_2O_5 \cdot 2SO_3$ 95
$N_2O_5 \cdot 3SO_3$ 95
NOBr 50ff.
NOCl 33, 50ff., 95f.
NO_2Cl 54f., 96, 146
NO_3Cl 96ff.
NOF 51f., 95f.
NO_2F 54f., 96
NO_3F 96ff.
NO_2H 63, 95f., 149
NO_3H 55f., 96ff., 148
$N_2O_2N(C_2H_5)_2^-$ 123
$N_2O_2SO_3^{2-}$ 123f.
$N_2O_2(SO_3)_4^{4-}$ 123f.
$NP_2Cl_6^+$ 131f.
$(NS)_x$ 127, 129
N_4S_4 127ff.
$N_3S_4^+$ 129
NSCl 51
NSF 51f., 129
NSF_3 70f., 129
$NSF_2N(C_2H_5)_2$ 129
$N_3S_3F_3$ 128
$N_4S_4H_4$ 128f.
$(NSO_2)_3^{3-}$ 129f.
$(NSOCl)_3$ 128, 130
$(NSOF)_3$ 128f.
N_4Se_4 127, 129
$N[Si(CH_3)_3]_3$ 132
$N(SiH_3)_3$ 132f.
$N_2(SiH_3)_4$ 132
NT_3 57
Stischowit 115f.
Sulfane 136
Sulfanurhalogenide 128ff.
Sulfite, Doppel- 148
Sulfoperamidsäure 98
Sulfurylverbindungen 99
Talk 115
Tantal
$Ta(C_5H_5)_4$ 164
$[Ta(C_5H_5)_2H_3]$ 162
$Ta(CO)_6^-$ 157, 159
$TaCl_5$ 77
TaO_8^{3-} 94
$TaOF_4^-$ 121
Technetium
$[Tc(CN)_6]^{5-}$ 154
$Tc(CO)_5^-$ 157
$Tc_2(CO)_{10}$ 158
TcF_6 82
TcH_9^{2-} 85
TcO_4^- 68, 121
$[TcO(OH)(CN)_4]^{3-}$ 120
Teepleit 118
Tellur
$Te(CH_3)_2$ 135
$Te(CN)_2$ 127
$TeCl_3^+$ 57f.
$TeCl_4$ 58
$TeCl_4 \cdot AlCl_3$ 57f.
TeF_5^- 78
TeF_6 82, 141
Te_2F_{10} 138
TeO_2 103f.
TeO_3^{2-} 57f., 103
TeO_4H_2 104
$TeO_6H_4^{2-}$ 104
$Te(OH)_6$ 82, 103f.
Thallium
$TlBr_4^-$ 66
$Tl(CH_3)_2^+$ 135
Thaumasit 115
Thiophosphorylverbindungen 137
Thioschwefelsäureester 137
Thio-thionylfluorid 59
Thionylverbindungen 99
Thorium
$ThCl_4$ 67
ThF_4 67
Titan
$TiBr_4$ 66
$TiCl_4$ 66
$TiCl_6^{2-}$ 82
$TiCl_3N_3$ 123
$Ti(NO_3)_4$ 149
TiO_2^{2+} 94
TiO_4^{4-} 69, 120
$TiO(acac)_2$ 120
$TiOBr_2$ 120
$Ti(OCH_3)_4$ 120
$Ti(OC_3H_7)_4$ 120
$TiOCl_2$ 120
$TiOCl_2 \cdot 2POCl_3$ 120
$TiOF_4^{2-}$ 120
Titanhalogenide, gemischte 71
Titanhydroxide 90
Titansäureester 120
Tonmineralien 115
Trialkylsilanole 112
Tridymit 115
Triorganosilanole 112
Tris-aminoborane 134
Trithiazylverbindungen 128
Tritium
TBr 40
TCN 45
TCl 40
TF 40
Uran
UF_6 82
UO_2^{2+} 43, 122
UO_4^{2-} 122

$U_2O_7^{2-}$ 122
Vanadin
$V(C_5H_5)_2$ 164
$V(C_6H_6)_2$ 164
$[V(CN)_5NO]^{5-}$ 160
$V(CO)_6$ 157
$V(CO)_6^-$ 157, 159
$[V(CO)_5NO]$ 160
VCl_4 66
VCl_3NCl 134
VF_5 77
$[V(NCS)_6]^{3-}$ 156
VO_4^{3-} 68
VO_8^{3-} 94
V_2O_5 120
$V_2O_7^{4-}$ 121f.
$VOBr_3$ 70, 120
$[VO(C_2O_4)_2]^{2-}$ 120
$[VO_2(C_2O_4)_2]^{3-}$ 121
$VOCl_3$ 70f., 120
VO_2Cl 120
VOF_3 72
$V_2O_4F_5^{3-}$ 120
$[VO(H_2O)_5]^{2+}$ 120
$VO(NO_3)_3$ 120
Vanadylverbindungen 120
Wasser, flüssig 91f.
Wasserstoff
H_2 40
H_3AsO_4 111
$H_2AsO_4^-$ 92, 111
$HAsO_4^{2-}$ 111
$HAu(CN)_2$ 155
HBO_2 63, 117
H_3BO_3 53f., 91, 118f.
HBr 40f.
HBr_2^- 43
HCN 10, 18, 27, 45ff.
$HCN \cdot SbCl_5$ 141
HCO 51f.
HCO_2^- 55
HCO_3^- 55f.
HCP 45, 47
H_2CS_3 93
HCl 8, 20, 40f.
$HCl \cdot O(CH_3)_2$ 93
HCl_2^- 43
$HClO_4$ 70, 91, 104f.
$H_3Co(CN)_6$ 155
HD 40
HF 40
$HF \cdot O(CH_3)_2$ 93
$(HF)_2$ 92
$(HF)_4$ 92
$(HF)_6$ 92
HF_2^- 43f., 93
$H_2GeO_4^{2-}$ 116
HJ 40f.
HJ_2^- 43
HJO_3 105
H_5JO_6 82, 91f., 105f.
$H_4JO_6^-$ 92, 105f.
$H_3JO_6^{2-}$ 92, 105f.
$H_2JO_6^{3-}$ 92, 105f.
HJ_3O_8 105
$H_2J_2O_{10}^{4-}$ 105f.
HN_3 63, 123
HNC 45, 47, 88
HNCO 63, 125
HNCS 63, 126, 155f.
HNO 51f.
HNO_2 63, 95f., 149
HNO_3 55f., 96ff., 148
HNSO 22, 63, 129
HO_2 51f.
HO_2^- 51, 94
H_2O 12f., 15ff., 32, 48ff., 88, 90ff.
H_2O_2 62, 88, 90, 94
H_3O^+ 57f.
HOCN 63
HOCl 51f., 88, 90, 104
HPO_3^{2-} 70f., 109
HPO_4^{2-} 70, 92, 108, 110
$H_2PO_2^-$ 73f., 109
$H_2PO_4^-$ 73, 92, 108, 110
$H_2PO_5^-$ 93f.
H_3PO_2 87, 110
H_3PO_3 109f.
H_3PO_4 91f., 108, 110
$H_3PO_4 \cdot {}^1/_2H_2O$ 108
HPO_2Cl_2 108, 110
$H_2Pt(CN)_4$ 155
H_2S 48ff.
H_2S_2 62
H_2S_3 138
H_2S_n 136
HSO_3^- 70f., 101
HSO_4^- 70, 100ff., 150
H_2SO_4 73, 91, 99f., 102
$H_2S_2O_7$ 100
$H_2S_3O_{10}$ 100
$H_2S_4O_{13}$ 100
$H_3SO_4^+$ 100
HSO_3Cl 100, 102
HSO_3F 100, 102
H_2Se 48ff.
$HSeO_3^-$ 59, 92, 103
$HSeO_4^-$ 70, 92, 103
H_2SeO_3 59, 92, 102f.
$H_2SeO_3 \cdot HClO_4$ 103
H_2SeO_4 73, 92, 103
$HSiO_4^{3-}$ 92, 116
$H_2SiO_4^{2-}$ 114, 116
$H_3SiO_4^-$ 92, 116
$H_2Si_2O_5$ 115
H_2TeO_4 104
$H_4TeO_6^{2-}$ 104
Wasserstoffverbindungen, Isotopie 22
Wismut
$Bi(CH_3)_3$ 135

Wolfram
$W(C_6H_6)_2$ 164
$W(C_6H_6)_2^+$ 164
$[W(C_5H_5)_2H_2]$ 162
$W(CO)_5$ 157
$W(CO)_6$ 157, 159
$W_2(CO)_{10}^{2-}$ 158
WF_6 82
$WNCl_3$ 134
WO_4^{2-} 67f.
WO_8^{2-} 94
$W_2O_7^{2-}$ 122
$WOCl_5^{2-}$ 83, 120
$WO_3 \cdot H_2O$ 91
$WO_3 \cdot 2H_2O$ 91
$W(PF_3)_6$ 164
Xenon
XeF_2 43f.
XeF_4 75
XeF_5^+ 78
XeF_6 81, 83
XeO_3 57f.
XeO_4 69
$XeOF_4$ 78
Zink
$ZnBr_2$ 42ff.
$ZnBr_3^-$ 53
$ZnBr_4^{2-}$ 66
$Zn(CH_3)_2$ 135
$[Zn(CH_3CN)_4]^{2+}$ 154
$[Zn(C_2H)_4]^{2-}$ 165
$Zn(C_5H_5)_2$ 164
$[Zn(CN)_4]^{2-}$ 152f.
$[Zn(C_2O_4)_2]^{2-}$ 151
$ZnCl_2$ 42ff.
$ZnCl_3^-$ 53
$ZnCl_4^{2-}$ 66
ZnF_4^{2-} 67
ZnJ_2 42
ZnJ_3^- 53
ZnJ_4^{2-} 66
$[Zn(NH_3)_6]^{2+}$ 144
$Zn(N_2H_4)_2Cl_2$ 166
$[Zn(NCO)_4]^{2-}$ 166
$[Zn(NCS)_4]^{2-}$ 156
$Zn(OH)_2$ 90f.
$[Zn(OH)_4]^{2-}$ 145
Zinn
$SnBr_3^-$ 57f.
$SnBr_4$ 66, 141
$SnBr_6^{2-}$ 82
$Sn(CH_3)_4$ 135
$Sn_2(CH_3)_6$ 85
$Sn(CH_3)_3N_3$ 123
$[Sn(CH_3)_3]_2O$ 117
$Sn(CH_3)_3OH$ 117
$Sn(C_6H_5)_3CNO$ 126
$SnCl_3^-$ 57f.
$SnCl_4$ 66, 141f.
$SnCl_4 \cdot 2H_2O$ 143
$SnCl_6^{2-}$ 82, 142
$SnCl_3N_3$ 123
$SnCl_3OCH_3$ 117
$SnCl_3OH$ 117
SnF_6^{2-} 82
SnH_4 65
Sn_2H_6 84
SnJ_4 66
$Sn(NO_3)_4$ 149
SnO_2 117
$SnO_2 \cdot xH_2O$ 117
$SnOBr_2$ 117
$SnOCl_2$ 117
$(SnOCl_2 \cdot 2POCl_3)_3$ 117
$[Sn(OH)_6]^{2-}$ 117
Zinnsäuren 90, 117
Zinn-Wasserstoff-Verbindungen 87
Zirkonium
$ZrCl_4$ 66
ZrF_4 67
$[Zr(NO_3)_6]^{2-}$ 148
ZrO^{2+} 120
$ZrOCl_2$ 120

Sachverzeichnis

Alternativverbot 15
Amplituden 6, 9f., 30
Anharmonizität 7f., 12, 35
Auswahlregeln 15

Bindungen, mehrfache 36
Bindung, semipolare 98, 140
Bindungsenergie 34
Bindungsgrad 36
Bindungsmomente 37
Bindungsordnung 36
Bindungspolarisierbarkeiten 38
Bindungszustand 34

Coriolis-Konstanten 30

Deformationskonstante 12
Deformationsschwingungen 12
—, nichtebene 16, 52
Depolarisationsgrad 4
Diederwinkel 61, 122
Dielektrizitätskonstante 20
Dipolmoment 3, 16, 20
Dissoziationsenergie 35
Drehachsen 13
Drehspiegelachsen 13

Elektronenbandenspektrum 1
Energie, kinetische 6, 8
—, potentielle 5f., 8, 10f.

FADINI, Methode von 33
Faktorgruppe 20
FERMI-Resonanz 42
F-Matrix 28
Freiheitsgrade, Bewegungs- 8
Frequenzen 6f.
—, charakteristische 10, 27
—, erlaubte 15
—, inaktive 3
—, verbotene 3, 15
Frequenzkopplung 11

Gitterschwingungen 3f., 21
Gleichgewichtskernabstand 5
G-Matrix 28
Grundschwingung 7f., 12
Gruppenfrequenzen 10, 27, 34
Gruppentheorie 14
γ-Schwingungen 52

Hybridisierung 35

Identität 13
Induktive Effekte 36
Intensität von *Ra*-Linien 4, 15, 30, 38
—, von *UR*-Banden 3, 37
Inversionszentrum 13

Kernabstand 5, 34, 37
Koordinate, innere 7, 16
Kräfte, zwischenmolekulare 19
Kraftkonstante 5, 7
Kreisel, asymmetrische 18
—, symmetrische 18
Kugelkreisel 18

Lagesymmetrie 20
Librationsschwingungen 92
Lichtabsorption 1ff.
Lichtemission 2
Lichtstreuung 1, 4
LIPPINCOTT, Funktion von 35

Massen, reziproke 6
Matrixisolierung 41
Mikrowellenspektren 2f.
MORSE, Funktion von 35

Normalkoordinaten 17
Normalschwingungen 9ff.

Oberschwingungen 8
Obertöne 8, 12
Oszillator, harmonischer 7

Polarisierbarkeit 4
Polarisationszustand von *Ra*-Linien 4, 15f.
Potential, harmonisches 5, 7
Potentialfunktion 5, 30
Punktgruppe 14
— C_s 50
— C_2 61
— C_{2h} 61
— C_{2v} 16
— C_{3h} 118, 132
— C_{3v} 56
— C_{4v} 77
— C_{5v} 81

Punktgruppe $C_{\infty v}$ 45
— D_{2d} 80
— D_{2h} 78
— D_{3d} 84
— D_{3h} 53
— D_{4d} 136
— D_{4h} 75
— D_{5d} 163f.
— D_{5h} 83, 164
— D_{6h} 87, 163f.
— $D_{\infty h}$ 42
— O_h 81
— S_4 113
— T_d 64
P-Zweig 18f., 37

Q-Zweig 19

Raman-Linien 4
—, depolarisierte 15
—, polarisierte 15
Rayleigh, Satz von 21
Reihen, spektrale 26
Rocking-Schwingung 70, 73
Rotationskonstante 37
Rotationsschwingungsspektren 3f.
Rotationsspektren 2ff.
Rotationsstruktur der Schwingungsspektren 3f., 18, 20
R-Zweig 18f., 37

Säkulardeterminante 9, 28f.
Schwingungen, antisymmetrische 11, 14
—, äußere 3, 21
—, entartete 12, 14
—, harmonische 6
—, innere 3, 21
—, symmetrische 11, 14
—, totalsymmetrische 15
Schwingungsgleichungen für ebenes XY_3 54
— für ebenes XY_4 75
— für gewinkeltes XY_2 29
— für gewinkeltes XYZ 51
Schwingungsgleichungen für lineares XY_2 43
— für lineares XYZ 46
— für oktaedrisches XY_6 83
— für pyramidenförmiges XY_3 58
— für tetraedrisches XY_4 69
— für XY 6
Schwingungsspektrum 1ff.
Spiegelebenen 13
Symmetrieachsen 13
Symmetrieebenen 13
Symmetrieelemente 12f.
Symmetrieklassen 14f.
Symmetriekoordinaten 16
Symmetrieoperationen 12f.
—, Charaktere der 15
Symmetriezentrum 13

Taftsche σ^*-Konstanten 36, 87
Teller-Redlichsche Produktregel 21
Thermodynamische Größen 38
Torsionsschwingungen 16, 72
Trägheitsdefekt 30
Trägheitsmomente 18, 30, 37
Trans-Effekt 144, 162
Twisting-Schwingung 72

Übergänge, spektrale 25f.
Urey-Bradley-Feld 32

Valenzkraftfeld, allgemeines 30f.
—, einfaches 30
Valenzkraftkonstante 34ff.
Valenzschwingung 10, 16
Valenzwinkel 37

Wagging-Schwingung 73
Wasserstoffbrücken 91
Wechselwirkungskonstanten 31
Wellenzahlen 4, 7
Wilsonsche Matrix-Methode 28

Zentrifugaldehnungseffekt 30
Zuordnungskriterien 23

III/18/97 721/10/66

MIX
Papier aus verantwortungsvollen Quellen
Paper from responsible sources
FSC® C105338

If you have any concerns about our products,
you can contact us on
ProductSafety@springernature.com

In case Publisher is established outside the EU,
the EU authorized representative is:
Springer Nature Customer Service Center GmbH
Europaplatz 3, 69115 Heidelberg, Germany

Printed by Libri Plureos GmbH
in Hamburg, Germany